제2판

통계학

기본개념과 원리

여인권 지음

자유아카데미

머리말

통계학 기본개념과 원리의 초판을 발간한 지 6년이 지났다. 지난 6년 동안 초판에 사용되었던 예제 중에는 시기적으로 미래에 다루었던 내용이 과거의 것이 되었고 통계적으로 그 당시와 다른 관심거리들이 생겨났다. 일반인의 관심거리가 아니었던 민감도나 특이도와 같은 조건부확률이 코로나 진단키트로 인해 이슈화되는 등 통계학 주변의 환경적 변화가 많이 일어났다. 이번 개정판에서는 이러한 변화에 부합하는 예제들을 추가하여 시의성 있는 책을 만들고자 하였다.

이 책에서는 통계학에서 사용되는 다양한 수식을 단순히 소개하는 것을 지양하고 그 식이 어떻게 유도되었으며 이를 어떻게 확장할 수 있는지를 자세히 설명하고자 하였다. 하지만 통계학을 처음 접하거나 전공자가 아닌 독자의 경우 이를 잘 풀어서 글로 설명한다고 그 개념과 원리를 이해하는 데는 무리가 있을 수 있다. 이런 독자를 위해 이 책을 준비하는 동안 강의했던 기초통계학 강의 영상을 KOCW 사이트에 올려놓았다. 이 영상은 http://kocw.net/home/index.do에 접속하여 기초통계학을 검색하면 2014년에 강의한 기초통계학 I, II 강의가 있는데 이곳에서 볼 수 있다. 일부 예제 등은 다를 수 있으나 이론적 개념 및 원리는 차이가 없으므로 기초통계학을 공부하는 데 많은 도움이 될 것으로 생각한다. 이와 별도로 KMOOC 사이트에서도 통계학의 이해 I, II라는 강좌를 개설하여 강의를 들을 수 있도록 하였다. 이 강좌의 경우 이 책의 수준을 벗어나는 내용이 일부 포함되어 있고 지정된 기간에만 수강할 수 있기 때문에 통계학을 처음 공부하는 학생이라면 KOCW에서 제공하는 기초통계학 I, II 강좌를 수강하는 것을 추천한다.

여러 번 읽어가며 오탈자를 찾고 수정 과정을 거쳤으나 여전히 잘못된 부분이 많을 것이다. 공부하다 잘못된 부분을 찾으면 inkwon.yeo@gmail.com으로 알려 주기를 바란다. 출간 후 나올 수 있는 수정사항과 연습문제의 정답, 책에서 사용되었던 프로그램은 독자들이 쉽게 다운로드받을 수 있도록 https://github.com/Statfunny/OpenCampus에 올려놓을 것이며, 수정사항(정오표)은 자유아카데미 홈페이지(www.freeaca.com) 자료실에도 올려놓을 예정이니 참고하기를 바란다.

마지막으로 이 책이 나오기까지 도움을 주었던 많은 분들께 감사의 말씀을 드린다.

2022년 8월

저자 여인권

차례

1 통계학이란

2 기술통계

3 확률

4 확률분포

8 통계적 추론 개요

9 단일모집단에 대한 통계적 추론

10 두 모집단의 비교

11 분산분석

12 회귀분석

13 범주형 자료분석

01

통계학이란

포털사이트의 검색창에서 "그냥도전! 500원 동전 천번 돌리기!"를 검색하면 2분 26초짜리 동영상을 찾을 수 있다. 이 재미난 동영상은 통계학에서 다루고 있는 문제가 무엇이고 이 문제를 어떻게 해결하는지를 보여준다. 이 장에서는 통계학이 어떤 학문인지를 알아보기 위해 필요한 기본 개념들과 통계분석에 사용되는 자료를 어떻게 수집하는지 등에 대해 간략하게 알아본다.

▶ 동영상의 주요과정

- 동영상의 초반부에 실험자는 인터넷에서 500원짜리 동전을 돌렸을 때 학이 나올 확률이 70% 정도 된다는 주장을 보게 된다.
- 실험자는 이 주장이 옳은지 확인하기 위해 동전을 1,000번 돌리는 실험을 하고 매 결과를 기록지에 표시한다.
- 실험 결과 1,000번 중 학이 679번 나온 것을 확인한다.
- 이 1,000번의 결과를 통해 학이 나올 확률이 70% 정도 된다는 주장이 얼추 맞다는 결론을 낸다.

1 모집단과 표본

통계학이 어떤 학문인지를 알기 위해서는 먼저 모집단과 표본에 대한 충분한 이해가 있어야 한다. 통계학을 그림으로 표시하면 【그림 1.1】과 같이 그릴 수 있다. 통계학의 출발점과 끝점에는 모집단이 있으며 중간 과정에는 표본이 있다. 그림에서 왼쪽에 있는 모집단과 오른쪽에 있는 모집단은 약간의 차이가 있다. 왼쪽의 것은 우리가 알고 싶어 하는 실제 모집단이고 오른쪽의 것은 표본에 의해 유추된 모집단이다. 이에 대한 자세한 내용을 이 책을 통해 설명할 것이다.

그림 1.1 통계학의 구조

통계학을 이해하기 위해서는 모집단과 표본에 대한 충분한 개념 정립이 있어야 한다. 먼저 간단한 예제를 통해 모집단과 표본이 무엇인지 알아보자.

예제 1.1

조선(대한제국 포함)시대에는 총 27명의 임금이 있었다. 【표 1.1】은 이들의 수명과 재위기간을 정리한 것이다. 만약 조선시대 임금의 평균수명이 얼마나 되는지를 알고 싶다고 하자. 이 자료는 전체 임금의 자료이기 때문에 이 자료를 이용하여 평균수명을 계산하면, 그것은 우리가 알고 싶어 하는 전체 임금의 평균수명이 된다. 평균뿐만 아니라 조선시대 임금의 수명이나 재위기간에 관련된 다른 통계값들도 전체 임금에 대한 값이 된다.

하지만 조선시대 임금이 아닌 다른 신분에 속한 사람들의 평균수명에 관심이 있다면 이야기는 좀 달라진다. 왜냐하면 해당 신분인 사람들의 전체 자료를 얻기 힘들기 때문이다. 예를 들어, 궁에서 임금과 같이 생활했던 내시의 수명에 대해 알고 싶다고 하면 이들의 전체 기록이 있어야 하는데 이에 대한 기록은 찾기 어렵다. 조선시대 이윤묵(1741~1816)이 작성한 양세계보(養世係譜)에는 777명의 내시 가계도가 기록되어 있다. 이 책에는 수명을 계산할 수 있는 81명의 내시 기록이 있다고 한다. 이 기록에 의하면 이들 내시의 평균수명은 70세이며 81명 중 100세 이상 생존한 사람은 3명이나 된다. 그러나 이 기록에 있는 81명은 전체 내시의 일부분으로 만약 기록에 다른 내시가 포함되었다면 평균수명이 달라질 수 있기 때문에 전체 내시의 평균수명을 정확히 알 수는 없다.

표 1.1 조선 임금의 수명과 재위기간

임금	수명	재위기간	임금	수명	재위기간	임금	수명	재위기간
태조	74	7	연산군	31	12	숙종	60	46
정종	63	2	중종	57	39	경종	37	4
태종	56	18	인종	31	0.75	영조	83	52
세종	54	32	명종	32	22	정조	49	24
문종	39	2	선조	57	41	순조	45	34
단종	17	3	광해군	67	15	헌종	23	15
세조	52	14	인조	55	27	철종	33	14
예종	20	1.083	효종	41	10	고종	68	44
성종	38	25	현종	34	15	순종	53	3

1.1 모집단

위의 예제에서 우리는 임금의 평균수명과 내시의 평균수명에 관심이 있었다. 통계학의 출발점에서는 이렇게 잘 정의된 연구목적과 이에 해당하는 명확한 연구대상을 설정해야 한다. 연구대상이 되는 모든 개체의 집합을 **모집단**(population)이라고 한다. 위의 예제에서는 조선시대의 임금 전체와 내시 전체가 모집단이 된다. 여기서 실제로 관심을 가지는 것은 사람 자체보다는 그 사람의 수명에 관심을 가지기 때문에 이 사람들의 전체 수명이 모집단이라고 할 수 있다.

대부분의 모집단은 규모가 매우 커 전체를 조사하기 힘들다. 예를 들어, 대통령선거에서 어떤 후보자의 지지율이 얼마나 되는지 알고 싶다고 하자. 이 경우 전체 유권자가 모집단이 된다. 2012년 18대 대통령선거(대선)에서 유권자인 선거인 수는 40,507,842명, 2017년 19대 대선은 42,432,413명, 2022년 20대 대선은 44,197,682명으로 지속적으로 늘어났다[1]. 모집단의 크기에 따라서 **유한모집단**(finite population)과 **무한모집단**(infinite population)으로 구분하기도 하는데, 임금 수명과 같은 모집단은 유한모집단이다. 대통령선거에서의 모집단은 엄밀히 말하면 유한모집단이지만 모집단이 상당히 크기 때문에 무한모집단으로 보아도 무방하며 실제 분석에서도 무한모집단으로 가정하고 분석하는 경우가 많다. 앞의 예제와 같이 모집단이 명확하게 정의할 수 있는 경우도 있지만 애매한 경우도 있다. 예를 들어, "그냥도전! 500원 동전 천번 돌리기!"에서의 모집단은 어떻게 정의해야 할까? 통계분석을 할 때 이런 형태의 문제를 심심치 않게 만나게 된다. 이 경우 모집단을 동전 돌리기 실험을 무한히 많이 반복수행한 결과를 모아 놓은 것으로 이해하면 된다. 그러므로 동전 돌리기에서의 모집단은 무한모집단이라고 할 수 있다.

모집단 전체의 자료를 알 수 있다면 연구목적에 맞는 결과를 얻을 수 있다. 임금의 수명과 같이 모집단의 자료를 얻기 위해 연구대상 전체를 조사하는 경우가 있는데 이런 조사를 **전수조사**라고 한다. 전수조사의 뜻으로 흔히 사용하는 **센서스**(census)라는 용어는 추정하다(to estimate)라는 뜻의 라틴어 "censere"에서 유래되었으며 고대 로마에서 사용되기 시작했다. 센서스, 공공치안, 국가재정 등의 일을 담당하던 로마 관료를 censor라고 불렀다. 센서스와 관련된 일화 중 하나가 예수의 출생 과정에서 나온다. 당시 로마의 유대 총독이었던 퀴리누스(Quirinus)에 의해 실시된 센서스 때문에 예수의 부모는 베들레헴에 가게 되었고 이 과정에서 예수를 출산하게 된다. 이러한 일련의 조사는 국가를 운영하는 데 필요한 물적·인적 자원을 확보하기 위해 고대 이집트, 그리스, 중국에서도 실시되었다고 한다. 서기 2년 중국 한나라의 센서스가 현존하는 최고의 센서스 기록으로 당시 1,236만 가구에 5,767만 명이 살았던 것으로 기록되어 있으며 144년 조사에서는 994만 가구에 4,973만 명이 살았던 것으로 기록되어 있다고 한다.

우리나라의 경우 1925년 10월 일제강점기에 간이국세(國勢)조사라는 인구센서스가 시작되었으며 1930년과 1935년 조선국세조사가 실시되었다. 정식적인 총조사는 1940년

1 19대에서의 증가는 선거연령(19세 이상)에 속한 인구수가 늘어남에 의한 것이고 20대 증가는 선거연령이 19세 이상에서 18세 이상으로 하향되어 증가한 것으로 현재와 같은 출생률과 사망률이 유지된다면 다음 대선의 선거인 수는 감소 될 것으로 예상된다.

에 국세조사라는 이름으로 실시되었고 1944년 5월 전시동원을 위한 간이국세조사가 실시되었다. 정부 수립 후 1949년 5월에 공보처통계국 주관으로 총인구조사를 실시하였으나 한국전쟁 중 자료가 모두 소실되었다고 한다. 1955년에 간이총인구조사를 거쳐 1960년 인구주택 국세조사라는 이름으로 실시되다가 1963년 통계위원회에서 일본식 용어인 국세조사를 사용 금지하였다. 이후 '총인구 및 주택조사'와 '인구 및 주택센서스'라는 용어를 사용하다가 1990년 이후 '인구주택총조사'로 통일하였다. 2005년 11월에 실시한 조사에서는 인터넷조사방식이 최초로 도입되었으며 2015년부터 전수조사 대신 행정자료를 이용하고 20% 표본조사를 병행해 오고 있다. 인구주택총조사의 주요 연혁은 이 장 끝부분에 정리하였다.

1.2 표본

선거에서는 각 후보자의 지지율이 얼마나 되는지 선거관계자들뿐만 아니라 일반 유권자들도 알고 싶어 한다. 대부분의 경우 전체 유권자 리스트는 선거 전에 작성이 되어 알 수 있으나 각 후보자의 지지율은 전체 선거인을 다 조사해야 알 수 있다. 하지만 여건상 전체 유권자를 조사한다는 것은 불가능하다. 이런 경우 흔히 사용되는 방법이 모집단에서 일부의 개체를 선택하여 알아보는 것이다. 이렇게 모집단에서 선택된 일부의 자료를 **표본(sample)**이라고 한다. 예를 들어, 양세계보에 수록된 81명의 내시가 표본이 되고 "그냥도전! 500원 동전 천번 돌리기!"에서 나온 1,000번의 동전 결과도 표본이 된다.

표본을 뽑을 때 가장 중요한 것은 모집단 특성을 잘 반영하는 표본을 어떻게 뽑을 것인가이다. 만약 양세계보에 기록된 내시가 모두 특정 시기의 내시라고 한다면 그 시기의 정치, 사회적 상황과 의학기술에 영향을 받을 수 있기 때문에 조선시대 전체 내시를 대표하기 어렵다.

예제 1.2

적절한 표본 선정의 중요성에 대한 예로 1936년 미국 대통령선거에 대한 여론조사가 많이 인용되고 있다. 이 선거에서 공화당의 랜던(Landon)과 민주당의 루스벨트(Roosevelt) 중 누가 대통령이 될 것인지에 대한 조사가 두 회사에 의해 실시되었다. 'Literary Digest'는 전화기 및 자동차 보유자 대상으로 엽서를 보내 회송된 236만여 명의 의견을 분석하여 랜던 57%, 루스벨트 43%로 랜던이 14%P 차로 이길 것으로 예측했다. 이 회사에서는 1916년부터 1932년까지의 이전 선거에서 당선자를 정확히 예측해 오고 있었다. 이에 반해 1934년 설립된 Gallup은 모집단을 몇 개의 그룹으로 나눈 후, 그룹별로 표본 수를 할당하여 조사한 5만여 명을 분석한 결과 루스벨트 56%, 랜던 44%로 루스벨트가 이길 것으로 예측했다.

선거결과는 루스벨트 63%, 랜던 37%로 루스벨트가 당선되었다. 당시 전화기 및 자동차를 보유했던 사람들은 대부분 중산층 이상으로 통계적 관점에서 보면 엽서를 보내온 236만여 명은 전체 모집단을 대표하지 못한다고 볼 수 있다. 비록 Gallup이 루스벨트의 당선을 예측했지만, 예측한 득표율과 실제 득표율 간에 차이가 현재 시행되는 조사방법에 비해 클 뿐만 아니라 표본의 수도 매우 크다. 또한, 1948년 듀이(Dewey)와 투르만(Truman)의 대선에서 Gallup은 잘못된 예측을 하게 되고 그 결과 그때까지 사용했던 할당추출법을 확률추출법으로 변경하게 되었다.

여건이나 상황, 정확성 등을 고려하여 연구목적에 맞는 표본을 어떻게 수집할 것인가를 **표본론**(sampling theory)이나 **실험계획법**(experimental design) 등에서 배운다. 표본론에서는 결과의 정확도를 높이는 다양한 표본추출 방법들을 배우는데 기본적으로 모집단을 대표할 수 있는 표본을 얻을 수 있는 유일한 방법은 **확률표본추출법**(probability sampling)이다. 기본적인 표본추출 방법을 다음 절에서 간략하게 소개할 것이다.

1.3 기술통계

조사나 실험 등을 통해 얻은 표본을 표나 그래프와 같은 방법으로 요약정리하거나 평균과 분산 같은 대푯값을 이용하여 표본의 특성을 파악하는데 이러한 일련의 방법이나 결과를 **기술통계**(descriptive statistics)라고 한다. 기술통계에 대한 자세한 내용들은 다음 장에서 알아본다. 중요한 것은 우리가 모집단의 무엇에 대해 알고 싶은지에 따라 기술통계의 다양한 방법 중 어떤 것을 사용할지 결정해야 한다는 것이다. 예를 들어, 우리가 표본의 평균을 계산한다고 할 때는 우리가 알고 싶은 것이 모집단의 평균이고 표본평균이 모집단의 평균을 가장 잘 대표할 수 있는 통계값이라고 생각하기 때문이다. "그냥 도전! 500원 동전 천번 돌리기!"에서 500원 동전의 학이 나올 확률이 얼마인지 궁금했기 때문에 1,000번 중 학이 나온 비율을 구한 것이다.

1.4 통계적 추론

선거여론 조사에서 같은 시기의 방송이나 신문들에 발표되는 지지율을 비교해 보면 조금씩 차이가 있는 것을 볼 수 있다. 이는 각 조사에서 선택된 표본이 다르기 때문이다. "그냥도전! 500원 동전 천번 돌리기!"에서는 1,000번 중 학이 679번 나왔지만, 우리가 동일한 실험을 다시 한다면 다른 값이 나올 수 있다. 예를 들어, 어떤 사람은 690번, 668번, 684번 나왔다면 500원 동전을 돌렸을 때 학이 나올 확률에 대한 결론은 조금씩 달라진다. 이렇게 선택할 때마다 달라지는 표본의 정보를 이용하여 전체 모집단의 특성을 완벽하게 파악하는 것은 불가능하다. 통계학에서는 변동성을 갖는 표본 정보에 확률을 적용하여 모집단의 특성을 추론하는데 이것을 **통계적 추론**(statistical inference)이라고 한다. 통계적 추론에 의해 만들어진 모집단이 【그림 1.1】의 오른쪽에 있는 모집단으로 앞에 있는 모집단과 비슷할 수도 있고 전혀 다른 모집단일 수도 있다. 두 모집단이 얼마나 비슷한지는 표본을 어떻게 선택하고 사용된 분석방법이 얼마나 적절한지에 따라 결정된다.

우리는 궁극적으로 표본의 특성에 관심이 있는 것이 아니라 모집단의 특성에 관심이 있다. 모집단의 특성을 알아보기 위해 표본을 뽑고 표본이 가지고 있는 특성을 기반으로 확률적으로 모집단의 특성을 추론하는 것이다. 위의 내용을 다시 정리하면 통계학을 다음과 같이 정의할 수 있다.

통계학이란

- 관심 또는 연구의 대상이 되는 집단(모집단)의 특성을 파악하기 위해
- 모집단부터 일부의 자료(표본)를 수집하고
- 수집된 표본을 정리, 요약, 분석하여 표본의 특성을 파악한 후
- 표본의 특성을 이용하여 모집단의 특성을 확률적으로 추론하는 원리와 방법을 제공하는 학문

2 자료수집방법

우리나라에도 통계조사에 대한 여러 기록이 전해지고 있는데, 그중 통계학 관점에서 흥미로운 여론조사가 조선 초 세종의 명에 의해 실시되었다. 당시 세수의 대부분을 차지했던 전세(田稅)는 중앙에서 파견한 조사관이 정한 풍·흉 정도에 따라 세액을 매겼다고 한다. 세종은 이를 토지의 비옥도를 상·중·하로 나누고 지역별 일기에 따라 국가에서 정한 일정액을 내도록 하는 공법(貢法)으로 변경하고자 하였다. 이 공법에 대한 신하들의 반발이 심해지자 국민을 대상으로 이에 대한 찬반 조사 '실방가부이문'(悉訪可否以聞, 모두를 방문하여 가부를 물어라)를 실시하여 보고하라고 했다. 1430년 3월 5일부터 8월 10일까지 5개월에 거쳐 전국 신민(臣民)을 대상으로 여론조사를 실시했는데, 이 조사에 172,806명이 참여했고 이들 중 57.1%인 98,657명이 찬성하고 나머지는 반대한 것으로 기록되어 있다. 1432년 편찬된 신찬팔도지리지(新撰八道地理志)의 내용을 보완한 세종실록 지리지에 의하면 당시 한성인구를 제외한 조선인구[2]는 702,870명인 것으로 기록되어 있다. 당시 호수 당 평균인구를 고려하면 한성인구는 58,000여 명(최소 32,651명, 최대 85,405명) 정도로 추측되는데, 이를 근거로 보면 위의 조사에 전체 국민 중 22.7% 정도가 참여한 것을 알 수 있다.

통계학에서는 일반적으로 조사, 실험, 관찰 등을 통해 자료를 수집하고 있다. 이 절에서는 자료수집 과정에서 많이 사용되고 있는 조사를 중심으로 설명하고자 한다. 앞 절에

2 경향신문 박병률 기자의 기사(2015년 9월 11일)에 의하면 조선 호구조사는 16세 이상의 장정을 대상으로 이루어졌으며 10세 이하의 아동, 노비, 유랑민은 제외되었다고 한다. 호구조사에서 제외된 이들은 전체인구의 70%를 넘는 것으로 추산하고 있다.

서도 언급한 것과 같이 조사의 목적은 관심의 대상인 모집단 특성을 알아보는 것이다. 그런데 여건상 실제 조사 대상이 연구목적에 부합하는 전체 조사 대상과 차이가 있는 경우가 종종 있다. 예를 들어, 통계청에서 매달 실시하고 있는 경제활동인구조사의 경우, 군인 및 수감자 등을 제외한 대한민국 영토 내에 거주하는 15세 이상 모든 국민이 조사 대상이다. 하지만 실제 조사의 편의나 여건을 고려해 도서 지역, 기숙시설 및 특수시설 거주자는 조사 대상에서 제외하고 있다. 전자와 같이 개념적으로 규정한 조사 대상 전체를 **목표모집단**(target population) 또는 **대상모집단**이라고 하고 후자와 같이 실제로 표본을 추출하기 위해 규정한 조사 대상 전체를 **조사모집단**(survey population)이라고 한다. 만약 목표모집단과 조사모집단에 차이가 있다면 그 차이점을 해당 조사 계획서나 보고서에 명시해 주는 것이 좋다.

예제 1.3

어떤 모집단이 5개의 개체 {①, ②, ③, ④, ⑤}로 이루어져 있다고 하자. 모집단에서 한꺼번에 2개를 무작위로 뽑는다고 하면 다음과 같이 10가지 표본을 얻을 수 있다.

(①,②), (①,③) (①,④), (①,⑤), (②,③), (②,④), (②,⑤), (③,④), (③,⑤), (④,⑤)

각 개체가 선택될 가능성이 같다면 각 쌍이 표본으로 뽑힐 확률은 1/10이 된다. 또는 각 개체가 매 추출에서 무작위로 선택될 확률은 1/5이고 어떤 개체가 표본으로 뽑힐 확률은 2/5가 된다.

위의 예제에서 {①, ②, ③, ④, ⑤}는 일종의 조사모집단 명부로 생각할 수 있다. 모집단을 대표하는 표본을 추출하기 위해 이와 같은 명부가 필요한데 이를 **표본추출틀**(sampling frame)이라고 한다. 이러한 추출틀이 있으면 위의 예제에서와 같이 각 개체에 대해 표본으로 선택될 확률을 설정할 수 있다. 표본추출단위에 대해 사전에 정해진 추출확률이 있고 이에 따라 표본을 추출하는 방법을 **확률추출**(probability sampling)이라고 한다. 이러한 확률추출방법에 의해 얻어진 표본을 이용해야 모집단에 대한 통계적 추론이 가능하다. 만약 확률추출이 아닌 방법을 통해 얻어진 표본을 이용하여 통계적 추론을 한다면, 모집단에 대해 왜곡된 결론을 도출할 수 있어 주의해야 한다. 확률추출과 반대로 각 단위의 표본추출 가능성이 객관적이지 않은 방법을 **비확률추출**(nonprobability sampling)이라고 하는데, 인터넷 포털 등에서 실시되는 온라인 여론조사나 길거리조사, 전문가조사 등이 여기에 속한다. 이러한 비확률추출법은 간편하고 비용이 적게 든다는 이유로 일반조사에서 광범위하게 사용되고 있다. 하지만 이런 조사 자료는 모집단을 대표할 수 있는 표본으로 보기 어렵기 때문에 분석결과를 모집단 전체로 확대 해석하는 것은 문제가 될 수 있다. 이와 관련된 자세한 내용은 김영원 등(2019)을 참고하기 바란다.

이 책에서는 기본적이지만 중요한 확률추출법과 가중치에 대해 간략하게 알아보고자 한다.

2.1 단순확률추출

단순확률추출(simple random sampling, SRS)은 단순임의추출이라고도 하는데, 실제 대규모 조사에서는 거의 사용되지 않지만 가장 기본이 되는 표본추출방법으로 다른 확률추출법의 중간 과정에서 이용된다. 이 방법은 전체 모집단에서 무작위로 표본을 선택하는 것으로 모집단의 전체 개체가 표본으로 추출될 확률이 동일하도록 하는 방법이다. 만약 모집단의 개체가 N개라고 할 때, 개체 하나를 무작위로 뽑는다면 각각의 개체가 뽑힐 확률은 $1/N$이 되고 표본을 n개 추출하고자 한다면, 【예제 1.3】과 같이 모든 개체들이 표본으로 선택될 확률은 n/N이 된다.

2.2 계통추출

계통추출(systematic sampling)은 각 개체에 일련번호를 부여하고 등간격으로 개체를 선택하여 표본으로 사용하는 방법이다. 예를 들어, 크기가 500인 모집단에서 계통추출법을 이용하여 50개의 표본을 얻고자 한다면, 아래 표와 같이 표본 단위에 번호를 부여하고 1에서 10번 중 하나를 무작위로 선택하여 그 번호에 해당하는 표본을 첫 번째 표본으로 결정한다. 이후 해당 열에 있는 개체를 표본으로 선정한다.

⇩

1	2	3	4	5	6	7	8	9	10
11	12	13	14	15	16	17	18	19	20
⋮	⋮	⋮	⋮	⋮	⋮	⋮	⋮	⋮	⋮
491	492	493	494	495	496	497	498	499	500

만약 1에서 10까지 번호 중 하나를 무작위로 선택했는데 3이었다고 하면, 3, 13, 23, … , 493번째 개체를 표본으로 선택하는 것이다. 이때 표본으로 선택된 개체 간의 간격을 **추출간격(sampling interval)**이라고 하는데, 이 예제에서는 표본간격이 10이 된다. 이를 일반화하면 계통표본 추출은 다음과 같은 과정을 거친다. N개에서 n개의 표본을 얻기 위해서는 추출간격은 $k = N/n$이 된다. $1 \sim k$에서 무작위로 하나를 시작점을 선정하고 시작점에서 k를 반복적으로 더하면서 표본을 추출한다.

이 방법은 주요 선거의 출구조사에서 많이 사용되고 있다. 출구조사의 경우 몇 명이나 투표를 할지 정확하게 모르는 상황으로 모집단의 크기를 사전에 파악할 수 없다. 이와 같이 여건상 표본추출틀을 이용하기 어려운 경우에도 사용할 수 있는 확률추출법이다. 또한, 표본추출틀이 관심을 가지는 변수의 특성에 따라 정렬이 되어 있는 경우 전체 모집단에서 골고루 개체가 선택되기 때문에 모집단을 대표하는 표본을 얻을 수 있다.

2.3 층화확률추출

현재 우리나라와 같이 지역이나 연령에 따라 정당지지도에 차이가 있는 경우를 생각해보자. 만약 단순확률추출법을 이용하여 표본을 얻는다면, 모집단에서의 지역이나 연령대 구성비율이 표본에서의 비율과 차이가 날 수 있다. 예를 들어, 어떤 선거구는 지지성향이 다른 두 지역 A, B로 나누어지고 전체에서 A 지역의 유권자 비율은 60%이고 B 지역은 40%라고 하자. 이 경우 단순확률추출에 의해 표본을 추출하면, 표본 중 A 지역과 B 지역에서 정확히 60%, 40%로 추출되는 경우는 매우 드물다. 만약 이런 사전정보를 이용하여 전체표본에서 60%를 A 지역에서, 40%를 B 지역에서 추출하게 만든다면 보다 정확한 결과를 얻을 수 있을 것이다. 이렇게 모집단에 대한 사전정보를 이용하여 모집단을 여러 개의 **부모집단**(subpopulation)으로 나누고 각각의 부모집단에서 모집단의 비율만큼 단순확률추출하는 표본추출방법을 **층화확률추출**(stratified random sampling)이라고 한다.

3 가중치

모집단의 구성정보는 표본을 추출하는 데 있어 매우 중요한 사전정보로 표본조사 결과의 정확도를 높일 수 있는 핵심요소 중 하나이다. 모집단이 서로 다른 특성을 가지는 부모집단들로 이루어진 경우, 특정 부모집단에서 표본이 많이 추출되거나 적게 추출되면 전체 모집단에 대해 왜곡된 결과가 나올 수 있다. 층화확률추출을 사용하여 부모집단 비율에 맞게 표본을 추출했다면 문제가 없으나 상황에 따라 비율을 맞추지 못하는 경우도 있고, 표본추출 이후에 추가정보가 주어져 부모집단의 형태와 비율이 달라지는 경우도 있다.

예를 들어, n_A, n_B는 표본으로 선택된 A와 B 지역의 유권자 수이고 x_A, x_B는 이들 표본 중 특정 후보자를 지지한 사람의 수라고 하자. 다른 정보가 없다는 가정하에서 이 후보자의 지지율은 전체표본 중 지지한 사람의 비율이므로

$$\text{지지율} = \frac{x_A + x_B}{n_A + n_B}$$

가 된다. 만약, A와 B 지역의 유권자 비율이 각각 60%, 40%인데, 표본에서는 반대로 A와 B 지역의 유권자 비율이 각각 40%, 60%라고 하면, 표본에서 B 지역의 유권자 비율이 모집단의 비율보다 높아 B 지역의 특성이 좀 더 반영될 수 있다. 이렇게 모집단의 구성과 표본의 구성이 다른 경우 발생할 수 있는 왜곡을 보정하는 방법 중 하나가 가중치를 활용하는 것이다. **가중치**(weight)는 해당 자료가 몇 명을 대표하는지를 표시한 값이라고 생각할 수 있으며 상대적 중요도를 나타내는 값이다.

여기서는 다음과 같이 각 지역의 지지율을 구한 뒤 전체 모집단에서 각 지역의 유권자 비율을 가중치로 곱하여 더한 가중지지율이 더 모집단 전체를 나타낸다고 볼 수 있다.

$$\text{가중 지지율} = 0.6 \times \frac{x_A}{n_A} + 0.4 \times \frac{x_B}{n_B}$$

예제 1.4

A 지역에서 6만 명이 투표했고 10% 개표된 상황에서 ①번 후보자의 득표율이 45%이고 ②번 후보자의 득표율이 55%라고 하자. B 지역에서는 4만 명이 투표했고 30% 개표된 상황에서 ①번 후보자의 득표율이 55%이고 ②번 후보자의 득표율이 45%라고 하자. 현재까지의 개표결과를 보면 각 후보자의 전체 득표수는

①후보자 득표수 = 6만 × 0.1 × 0.45 + 4만 × 0.3 × 0.55 = 9300

②후보자 득표수 = 6만 × 0.1 × 0.55 + 4만 × 0.3 × 0.45 = 8700

으로 ①후보자의 득표율이 9300/(9300+8700)≃0.517, 즉 51.7%로 ②후보자의 목표율보다 높다. 하지만 현재까지 A 지역에서 개표된 10%는 개표된 한 표가 10명을 대표하는 것을 의미하고 B 지역에서 개표된 30%는 개표된 한 표가 10/3명을 대표한다는 것을 의미한다. 만약 현재까지의 추세로 개표가 진행된다는 가정하에서 각 후보자의 최종 득표수는

①후보자 득표수 = 6만 × 0.45 + 4만 × 0.55 = 49000

②후보자 득표수 = 6만 × 0.55 + 4만 × 0.45 = 51000

이 된다. 즉, ②후보자의 최종득표율이 51%가 되고 이를 근거로 ② 후보자의 당선 가능성이 높다고 예측할 수 있다.

3.1 추출확률에 따른 가중치

단순확률추출에서 모집단 크기가 N이고 표본크기가 n이라고 하면 어떤 개체가 표본으로 선택될 확률인 표본추출률은 n/N이 된다. 이는 어떤 한 표본이 N/n개의 개체를 대표한다고 할 수 있다. 단순확률추출과 같이 표본으로 선택될 확률이 모두 동일하다면 특

별히 가중치를 고려할 필요가 없으나 추출확률이 다르다면 가중치를 반영하는 것이 적절하다. 이렇게 설계과정에서 다른 추출확률이 발생하는 경우 적용되는 가중치를 **표본추출 가중치** 또는 **설계가중치**라고 한다. 표본추출가중치는 해당 자료가 표본으로 선정될 추출 확률의 역수로 정의한다.

예제 1.5

대학졸업자의 취업 현황을 크게 A 지역과 B 지역으로 나누어 조사하려고 한다고 하자. A 지역의 졸업자는 20만 명이고 B 지역의 졸업자는 10만 명인데 표본크기는 A와 B 지역에서 각각 500명씩을 뽑는다면, 표본추출 설계과정에서의 표본추출률은 다음과 같다.

$$\text{A 지역: } \frac{500}{20\text{만}} = \frac{1}{400}, \ \text{B 지역: } \frac{500}{10\text{만}} = \frac{1}{200}$$

즉, 각 표본이 몇 명을 대표하는지를 나타내는 설계가중치는 A 지역의 경우 400이고 B 지역은 200이 된다.

3.2 무응답에 따른 가중치

대부분의 조사에서는 응답자가 연결되지 않거나 무응답인 경우 대체표본을 선정하여 목표로 한 표본수가 될 때까지 계속 표본을 수집한다. 하지만 응답률이 낮은 자료의 경우 적극적 응답층의 의견이 많이 반영되어 왜곡된 결과를 도출될 수 있기 때문에 적절한 응답률을 유지하는 것이 중요하다.

조사과정에서 대체표본이 없거나 특정 항목에서 무응답이 발생하는 경우 무응답에 따른 가중치를 반영하여 결과를 보완할 수 있다. **무응답가중치**는 해당 문항에 대한 응답률의 역수로 정의한다.

예제 1.6

【예제 1.5】의 대학졸업자의 취업 현황 조사에서 어떤 문항에 대해 A 지역의 표본 중

80%, 즉 400명이 답을 했으며 B 지역의 90%, 450명이 응답했다고 한다. 이 경우 A 지역의 응답률은 80%로 응답가중치는 응답률의 역수인 10/8이 되며, B 지역의 응답 가중치는 10/9이 된다. 즉 설계가중치와 응답가중치를 모두 고려했을 때 A 지역의 응답자 한 명은 400×10/8=500명을 대표하고, B 지역 응답자 한 명은 200×10/9= 222.2명을 대표한다.

3.3 사후층화를 위한 가중치

조사가 완료된 이후 표본 구성이 설계했을 때와 다르거나 조사 설계에 반영하지 못했던 부분에서 모집단과 표본의 구성이 다르게 나타났을 때 이를 보완하는 방법으로 사후층화 가중치를 반영할 수 있다. **사후층화가중치**는 해당 층에서의 모집단 비율을 표본의 비율로 나눈 값으로 정의한다.

결론적으로 w_1 을 표본추출가중치, w_2 를 무응답가중치, w_3 을 사후층화가중치라고 하면 각 표본에 대한 최종가중치 w_f 는 다음과 같이 각각의 가중치를 곱한 값으로 계산할 수 있다.

$$w_f = w_1 \times w_2 \times w_3$$

예제 1.7

【예제 1.6】의 대학졸업자의 취업 현황 조사에서 조사가 끝난 후 표본수집과정에서 고려하지 않았던 성별에 따라 취업 현황에 차이가 있음을 알게 되었고, 이 문항에 답한 A 지역의 남성 표본비율은 60%, B 지역 남성 표본비율은 50%였으며, A 지역 졸업생 중 45%가 남성, B 지역 졸업생 중 60%가 남성이었다고 한다. A 지역 졸업자의 남자 비율이 45%인데 불구하고 표본은 60%로 과잉 추출되었다. 이를 보정해주기 위해 남자의 경우 45/60, 여자의 경우 반대로 55/40=(100-45)/(100-60)을 사후층화가중치로 적용해야 한다. B 지역의 경우에도 사후층화가중치는 남자 60/50, 여자 40/50이 된다. 결론적으로 각 지역의 성별 응답자의 가중치는 다음과 같다.

$$\text{A 지역 남자 응답자 가중치: } w = 400 \times \frac{10}{8} \times \frac{45}{60} = 375$$

$$\text{A 지역 여자 응답자 가중치: } w = 400 \times \frac{10}{8} \times \frac{55}{40} = 687.5$$

$$\text{B 지역 남자 응답자 가중치: } w = 200 \times \frac{10}{9} \times \frac{60}{50} = 266.7$$

$$\text{B 지역 여자 응답자 가중치: } w = 200 \times \frac{10}{9} \times \frac{40}{50} = 177.8$$

인구주택총조사의 역사

○ 광복 이전

- 1925.10.1. 간이국세조사 (주관: 조선총독부)
  - 최초의 인구센서스, 일제의 착취목적으로 시작
  - 조사항목: 성명, 성별, 출생연월, 배우자관계, 본적 또는 국적
- 1930.10.1. 조선국세조사 (주관: 조선총독부)
  - 최초로 직업 등 경제활동 사항 포함
  - 추가조사항목: 출생지, 읽고 쓰는 능력, 직업
- 1935.10.1. 조선국세조사 (주관: 조선총독부)
  - 추가조사항목: 상주지
- 1940.5.1. 국세조사 (주관: 조선총독부)
  - 병력 관련 항목, 3년 전 직업·산업 항목 조사
- 1944.5.1. 간이국세조사 (주관: 조선총독부)
  - 전쟁국면의 진전에 따라 군수생산 및 식량생산, 교통운수 등에 필요한 인구통계자료 정비 목적으로 자원조사법에 의거 실시

○ 광복 이후

- 1949.5.1. 총인구조사 (주관: 공보처통계국)
  - 최초로 인구이동 사항포함
- 1955.9.1. 간이총인구조사 (주관: 내무부 통계국)
  - 가구항목 처음조사
- 1960.12.1. 인구주택 국세조사 (주관: 경제기획원 조사통계국)
  - 경제활동 및 출산력 사항의 20% 표집집계
  - 노동력 개념 설정
  - UN 통계처 지원으로 최초로 주택에 관한 사항 포함시켜 명칭변경
- 1966.10.1. 인구센서스 (주관: 경제기획원 조사통계국)
  - 10% 표본조사병행(경제활동 및 출산력)

- 1970.10.1. 총인구 및 주택조사 (주관: 경제기획원 조사통계국)
  - 표본조사병행(경제활동, 출산력, 인구이동 및 일부 주택에 관한 사항)
- 1975.10.1. 총인구 및 주택조사 (주관: 경제기획원 조사통계국)
  - 5% 표본조사병행(경제활동, 출산력, 인구이동 및 일부 주택에 관한 사항)
- 1980.11.1. 인구 및 주택센서스 (주관: 경제기획원 조사통계국)
  - 조사기준시점변경(10.1→11.1)
  - 15% 표본조사병행(경제활동, 출산력, 인구이동)
- 1985.11.1. 인구 및 주택센서스 (주관: 경제기획원 조사통계국)
  - 전 항목 전수조사
  - 성씨, 본관 및 종교에 관한 조사 실시
- 1990.11.1. 인구주택총조사 (주관: 경제기획원 조사통계국)
  - 10% 표본조사병행(경제활동, 출산력, 인구이동, 통근통학 및 일부 가구에 관한 사항)
  - 광학판독 자료입력방식(OMR system)도입
- 1995.11.1. 인구주택총조사 (주관: 통계청)
  - 10% 표본조사병행(경제활동, 통근통학 및 일부 가구에 관한 사항)
  - 빈집조사표를 이용한 빈집조사 실시
- 2000.11.1. 인구주택총조사 (주관: 통계청)
  - 10% 표본조사병행(경제활동, 인구이동, 고령자, 정보화 및 일부 가구에 관한 사항)
  - 아파트 전수조사구에 대한 응답자 기입방식 도입
  - PC지방분산 자료입력 방식도입
- 2005.11.1. 인구주택총조사 (주관: 통계청)
  - 저출산, 고령화, 주거의 질 및 복지 관련 항목 강화
  - 10% 표본조사병행(경제활동, 인구이동, 고령자, 주거 · 복지에 관한 사항)
  - 인터넷 조사방식 최초도입하고 웹 기반 현지 PC자료입력 방식도입
- 2010.11.1. 인구주택총조사 (주관: 통계청)
  - 저탄소 녹색성장 항목 추가
  - 10% 표본조사병행(경제활동, 인구이동, 고령자, 주거 · 복지에 관한 사항)
  - 인터넷 조사방식 확대
  - ICR(Intelligent Character Recognition) 자료입력방식 도입
  - E&I(Editing & Imputation)시스템을 활용한 내용검토 효율화
- 2015.11.1. 인구주택총조사 (주관: 통계청)
  - 전수조사를 등록센서스 방식으로 최초 전환
  - 표본조사를 10%에서 20%로 확대
  - 인터넷 조사방식 적용, ICR 방식 자료입력
- 2020.11.1. 인구주택총조사 (주관: 통계청)
  - 태블릿 PC를 활용한 전면적인 전자조사 실시
  - 모바일조사, 전화조사방식 도입

연·습·문·제

1.1 국가통계포털(http://kosis.kr)에서는 우리나라 국가승인통계뿐만 아니라 국제 및 북한통계까지 주제별, 기관별로 제공하고 있다. 아래의 주요지표를 산출하는데 필요한 통계를 찾아 해당 통계의 이름, 모집단(목표, 조사), 표본조사의 경우 표본추출방법 및 표본 수, 조사주기에 대해 알아보아라.

지표	통계명	목표모집단 조사모집단	표본추출법	표본수	조사주기
월간 출생자 수					
실업률					
월별 소비자물가 등락률					
보육 영유아 연령 분포					
기상요소별 관측값					
에너지원별 발전량					
아파트 실거래가격지수					
인터넷 중독실태					
온라인 쇼핑몰 운영실태					
국내총생산과 지출					
신용위험					
외국인 투자 유치 실적					
학교급별 사교육비 총액					
이산가족 교류현황					

1.2 이 책에서는 확률표본추출법을 중심으로 설명하였으나 소규모 조사에는 비확률추출법도 많이 사용되고 있다. 대표적인 비확률표본추출법으로는 편의추출(convenience sampling, 임의표본추출), 유의추출(purposive sampling), 판단표본추출(judgement sampling), 할당추출(quota sampling), 누적표본추출(snowball sampling) 등이 있는데 이들 방법에서는 표본을 어떻게 추출하는지와 표본의 대표성에 있어 어떤 문제점이 있는지 알아보아라.

1.3 아래와 같은 연구를 수행하고자 할 때 연구내용에 필요한 개념과 해당 모집단을 정의하고 전수조사와 표본조사 중 어떤 방법을 사용하는 것이 좋은지 설명하여라. 만약 표본조사를 한다면 표본을 어떻게 선택하는 것이 바람직한지를 설명하여라.

(1) 대학별로 대학에 대한 학생들의 만족도를 구하여 비교하려고 한다.
(2) 우리 대학 교수 1인당 연간 얼마만큼의 국제논문을 쓰는지 알아보려고 한다.
(3) 사회에서 각 대학에 대한 평판도를 알아보려고 한다.
(4) 기초통계학을 수강한 학생들의 수업만족도를 알아보려고 한다.
(5) 전국의 자장면 가격에 대해 알아보려고 한다.
(6) 회사 CEO에 대한 사원들의 평가를 알아보려고 한다.
(7) 한국사 교과서 국정화에 대한 서울시민의 의견을 알아보려고 한다.

1.4 방송이나 신문과 같은 언론매체를 통해 발표되고 있는 각종 여론조사를 찾아 모집단, 표본추출방법, 조사시기, 표본 수, 응답률 등을 알아보고 해당 조사를 하는 데 있어 사용되었던 표본추출방법이 적절했는지를 설명하여라.

1.5 이 책에서는 조사를 중심으로 자료수집방법을 소개하였다. 이공분야에서는 조사보다는 실험을 통해 자료를 얻는 경우가 많다. 아래의 용어들은 실험을 설계하는 과정에서 고려해야 할 사항으로 이 용어들이 무엇인지 알아보아라.

(1) 무작위배정(random allocation)
(2) 눈가림(blinding, 맹검), 2중 맹검(double blinding)
(3) 블록화(blocking)
(4) 전향적 연구(prospective study), 후향적 연구(retrospective study)
(5) 코호트연구(cohort study)
(6) 사례대조연구(case-control study)

1.6 어떤 정책에 대한 의견을 알아보려고 세 지역에서 표본조사를 실시한 결과가 다음과 같이 나왔다.

내용		지역1	지역2	지역3	합계
찬성	50대 이상	60	180	50	290
	40대 이하	80	100	70	250
	전체	140	280	120	540
표본 수	50대 이상	150	200	150	500
	40대 이하	150	100	250	500
	전체	300	300	400	1000

다른 정보가 없다면 전체 조사대상자 1,000명 중 540명이 찬성하는 것으로 조사되어 주민의 54%가 이 정책에 대해 찬성하는 것으로 추정할 수 있다.

(1) 만약 정책에 대한 의견을 표할 수 있는 주민의 수가 다음과 같을 때 가중치를 고려하여 세 지역 전체 주민의 찬성비율을 추정하여라.

지역1	지역2	지역3	합계
9500	8000	8000	25500

(2) 주민을 연령에 따라 나누었을 때 주민 수가 다음과 같다면 이를 고려하여 전체 주민의 찬성비율을 추정하여라.

연령	지역1	지역2	지역3	합계
50대 이상	4000	3000	3500	10500
40대 이하	5500	5000	4500	15000

1.7 아래의 표는 세종실록지리지에 수록된 호구, 인구, 간전의 자료이다. 세종 때 이루어진 공법에 대한 조사를 표본조사를 통해 실시한다고 하자. 아래의 자료를 이용하여 표본을 어떻게 추출해야 하는지에 대해 생각해 보고 그 이유를 설명하여라.

표 1.2 세종실록지리지에 수록된 호수, 인구, 간전

지방		호수(호)	인구(명)	간전(墾田)(결[3])
한성	성내	17,015	–	1,415
	성외10리	1,779		
개성	도성	4,819	8,372	5,357
	속현	844	2,021	
경기도		20,882	50,352	200,347
충청도		24,170	100,790	236,300
경상도		42,227	173,759	301,147
전라도		24,073	94,248	277,588
황해도		23,511	71,897	104,072

3 결(結)은 농토의 면적을 나타내는 단위로 한국민족문화대백과에 따르면 삼국시대에서 고려 문종까지 1결은 15,447.5m²였고 문종 때부터 전토를 3등급으로 나누어 등급에 따른 1결의 면적을 다르게 계산했다고 한다. 세종 26년(1444년)부터는 6등급으로 나누었는데 1등전 1결의 넓이는 9,859.7m²로 바뀌었으며 인조 12년(1634년)에 1등전 1결의 넓이를 10,809m²으로 바꾸었다. 1등에서 6등으로 갈수록 1결의 면적은 일정 비율로 넓어지는데 대한제국 광무 6년(1902년)부터 1ha(10,000m²)를 1결로 제정하였다.

표 1.2 세종실록지리지에 수록된 호수, 인구, 간전

지방	호수(호)	인구(명)	간전(墾田)(결)
강원도	11,084	29,009	65,916
평안도	41,167	105,444	308,751
함길도(함경도)	14,739	66,978	130,413
합계	226,310	702,870	1,631,306

1.8 다음 표는 2018년 6월 13일 실시된 제7회 전국동시지방선거에서 경남도지사 선거 개표과정에서 오후 11시 30분까지의 개표현황자료이다. 출구조사 결과 A 후보자는 56.8%, B 후보자는 40.1%였으며 A 후보자의 최종 득표율은 52.18%, B 후보자는 42.96%로 출구조사와 차이가 컸다.

(1) 이 자료를 이용하여 11시 30분에서의 득표율을 계산하여라.

(2) 투표자 수와 11시 30분까지의 개표 상황을 반영하여 A 후보자와 B 후보자의 예상되는 최종 득표율을 구하고 실제 최종 득표율과 비교하여라.

표 1.3 제7회 경남도지사 선거 23시 30분 개표현황

구시군명	투표수	개표수	A 후보	B 후보	C 후보	합계	무효수
합계	1,819,391	393,989	183,659	183,676	15,604	382,939	11,050
창원시의창구	135,147	20,184	10,067	8,835	912	19,814	370
창원시성산구	125,797	8,628	5,785	2,434	329	8,548	80
창원시마산합포구	99,281	3,879	1,725	1,869	163	3,757	122
창원시마산회원구	109,609	28,547	11,717	15,112	1,239	28,068	479
창원시진해구	93,901	18,643	9,924	7,693	738	18,355	288
진주시	190,842	30,918	13,571	15,426	1,258	30,255	663
통영시	72,815	10,049	4,495	4,897	396	9,788	261
고성군	34,075	16,360	7,248	7,947	538	15,733	627
사천시	65,481	47,081	19,292	24,677	1,818	45,787	1,294
김해시	251,998	21,605	13,883	6,691	657	21,231	374
밀양시	62,115	13,755	6,599	6,272	471	13,342	413
거제시	122,586	24,929	13,628	9,767	950	24,345	584
의령군	19,912	9,517	3,879	4,712	459	9,050	467
함안군	40,450	11,523	5,572	5,154	404	11,130	393
창녕군	39,408	3,701	1,320	2,100	127	3,547	154

표 1.3 제7회 경남도지사 선거 23시 30분 개표현황

구시군명	투표수	개표수	A 후보	B 후보	C 후보	합계	무효수
양산시	167,549	61,376	32,056	25,717	2,631	60,404	972
하동군	33,773	21,440	9,595	9,943	810	20,348	1,092
남해군	30,728	3,875	1,506	1,948	150	3,604	271
함양군	27,230	6,214	2,067	3,432	292	5,791	423
산청군	24,648	11,024	4,209	5,890	446	10,545	479
거창군	39,547	6,405	1,582	4,196	239	6,017	388
합천군	32,499	14,336	3,939	8,964	577	13,480	856

02

기술통계

앞 장에서 우리는 모집단과 표본에 대해 알아보았고 모집단의 특성을 잘 반영하는 표본을 어떻게 얻을 수 있는지 등을 배웠다. 이 장에서는 자료를 속성에 따라 분류하고 이 분류에 따라 자료를 표나 그래프와 같은 시각적인 방법으로 정리하는 방법에 대해 알아본다. 또한, 평균이나 분산과 같은 수치를 이용하여 자료의 특성을 알아보는 방법에 대해서도 알아본다.

1 자료의 종류와 구조

통계분석 방법은 자료의 속성과 분석 목적에 따라 달라지며 분석방법을 적용하기 위한 조건들이 있다. 이런 조건을 자료가 얼마나 만족하는지에 따라 분석방법의 적절성이 결정되기도 한다. 이 절에서는 자료를 속성에 따라 어떻게 분류하는지에 대해 알아본다.

다음 표는 임의로 선택된 아이돌 그룹 멤버들의 프로필 자료 일부를 정리한 것이다.

변수(변량)

	번호	성별	연령	신장	체중	비만도	혈액형	멤버수
관측값	001	남	25	181	65	정상	B	5
	002	남	23	175	55	저체중	A	4
	003	여	19	161	44	저체중	A	4
	004	남	23	178	67	정상	A	6
	005	여	21	165	45	저체중	A	5
	006	여	20	165	47	저체중	O	4
	007	남	23	170	58	정상	A	6
	⋮	⋮	⋮	⋮	⋮	⋮	⋮	⋮

위의 프로필 자료에서 상단에 있는 성별, 연령 등과 같은 항목을 통계학에서는 **변수**(variable) 또는 **변량**(variate)이라고 한다. 위의 자료와 같이 여러 개의 변수로 이루어진 자료를 **다변량자료**(multivariate data)라고 하고 변수가 하나 있는 경우 **일변량자료**(univariate data)라고 한다. 선택된 각각의 대상을 **관측개체**(observation)라고 하는데, 만약 선택된 사람이 총 50명이라고 하면, 위의 자료는 번호를 포함하여 8개의 변수에 50개의 관측개체로 이루어진 다변량 자료라고 한다.

일반적으로 자료는 속성에 따라 크게 범주형자료와 수치자료로 나눌 수 있다. **범주형자료**(categorical data)는 위의 자료에서 성별, 혈액형, 비만도와 같이 질적인 속성을 가지며 **수치자료**(numerical data)는 연령, 신장, 체중, 멤버의 수와 같이 양적으로 표시된다.

주민등록번호[1]에서 남자를 홀수(1, 3, 5, 7, 9), 여자를 짝수(2, 4, 6, 8, 0)로 표시하는

---

1 주민등록번호는 총 13자리 숫자로 이루어졌으며 성별은 7번째 숫자로 9(0)는 1800~1899년에 태어난 남성(여성), 1(2)은 1900~1999년에 출생한 남성(여성), 3(4)은 2000~2099년에 출생한 남성(여성), 5(6)는 1900~1999년에 출생한 외국인 남성(여성), 7(8)은 2000~2099년에 출생한 외국인 남성(여성)을 의미한다.

것과 같이 범주형자료의 경우에도 그 범주를 숫자로 표시할 수 있다. 이렇게 범주를 숫자로 표시했을 때 그 숫자의 크기가 순서 또는 순위를 나타내는지 아닌지에 따라 순서자료와 명목자료로 나눌 수 있다. **명목자료(nominal data)**는 숫자로 바꾸어도 그 값이 크고 작음을 나타내는 것이 아니라 단순히 범주를 표시하는 것으로 위의 자료에서 성별과 혈액형이 명목자료이다. 이에 반해 비만도는 범주 (저체중, 정상, 과체중, 비만, 고도비만)을 각각 숫자 (1, 2, 3, 4, 5)로 표시했을 때 숫자가 커짐에 따라 비만도가 높아짐을 의미한다. 이와 같이 범주의 순서가 상대적으로 비교 가능한 경우 **순서자료(ordinal data)**라고 한다. 대부분의 순서자료는 원래 수치자료인데 이를 구간으로 그룹화하여 순서자료로 바꾸어 사용하는 경우가 많다. 학점 (A, B, C, D, F)이나 선호도 (매우 싫다, 싫다, 보통이다, 좋다, 매우 좋다)와 같은 범주형자료도 수치자료를 그룹화한 것으로 볼 수 있다. 그래서 순서자료를 분석할 때 수치자료 분석방법을 사용하기도 한다.

예제 2.1

비만도를 측정하기 위해 많이 사용되는 BMI 지수는 체중(kg)을 신장(m)의 제곱으로 나눈 값(kg/m2)이다. 아이돌 그룹 프로필 자료에서 번호 001에서 007까지의 BMI는 각각 (19.8, 17.6, 17.0, 21.1, 16.5, 17.3, 19.9)가 된다. 20대 이하의 경우 다음과 같은 기준으로 비만도를 평가한다고 하면 다음과 같다.

BMI	비만도 판정
18 미만	저체중
18 이상~23 미만	정상(표준)
23 이상~25 미만	과체중
25 이상~30 미만	비만
30 이상	고도비만

이들 관측개체의 비만도는 (정상, 저체중, 저체중, 정상, 저체중, 저체중, 정상)이 된다.

수치자료는 멤버의 수와 같이 값을 셀 수 있는 형태와 신장이나 체중과 같이 연속적인 형태로 나누어지는데 전자의 경우 **이산자료(discrete data)**라고 하고 후자의 경우 연속자료(continuous data)라고 한다. 일반적으로 연속자료는 이산화를 통해 자연수 형태로 표시되는 경우가 많다. 예를 들어 신장의 경우 cm를 기준으로 소수점 아래의 값을 반올림하여 자연수로 표시한다. 이 경우 신장이 셀 수 있는 자료인 것처럼 보이지만 그 속성은 연속적인 것이므로 연속자료가 된다.

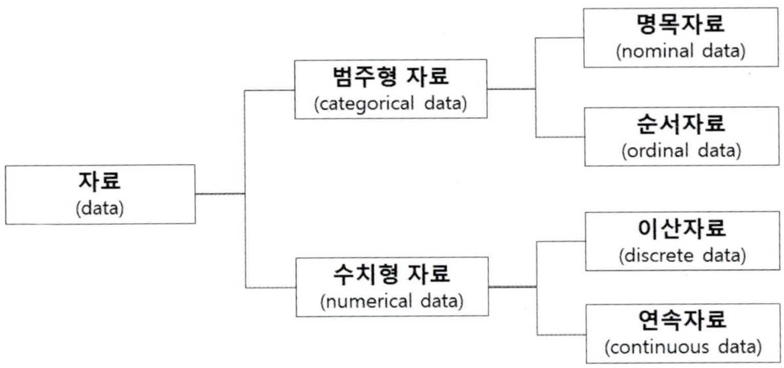

그림 2.1 속성에 따른 자료의 분류

【그림 2.1】은 위에서 설명한 속성에 따라 자료를 분류한 그림이다. 앞에서 언급한 것과 같이 각각의 변수는 해당 자료의 형태에 따라 크게 범주형변수와 수치변수로 나뉘고 세부적으로 명목변수, 순서변수, 이산변수, 연속변수로 나뉜다. 어떤 책에서는 자료를 측정하는 척도에 따라 명목척도, 순서척도, 구간척도, 비율척도로 나누기도 한다.

2 표를 이용한 자료정리

2.1 도수분포표

일변량 범주형자료를 정리하는 데 있어 기본이 되는 표가 도수분포표이다. **도수**(frequency)는 임의의 범주에 속해 있는 관측개체의 수 즉 빈도를 의미하며 **도수분포표**(frequency table)는 각각의 범주에 몇 개의 관측개체가 있는지를 정리한 표이다. 이 표에는 각 범주에 속해 있는 도수가 상대적으로 얼마나 많이 있는지 비교할 수 있도록 전체 관측개체에서 해당 범주의 도수가 차지하는 비율인 상대도수(relative frequency)가 추가된다.

$$\text{상대도수} = \frac{\text{해당 범주 관측개체의 수}}{\text{전체 관측개체의 수}}$$

많은 경우 상대도수에 100을 곱해 %로 표시한다.

예제 2.2

다음 자료는 파이 가게에서 지난 1주일 동안 판매된 파이를 종류별로 정리한 도수분포표이다.

표 2.1 파이 판매량과 비율

파이 종류	판매량	판매비율(%)
애플	59	25.2
딸기	52	22.2
블루베리	47	20.1
초코	32	13.7
고구마	27	11.5
바나나	17	7.3
합계	234	100.0

애플파이가 전체 판매량 234개 중 25.2%인 59개로 지난 1주일 동안 가장 많이 판매된 것을 알 수 있다. 다음으로 딸기, 블루베리 순으로 판매가 많았으며 바나나 파이가 17개로 7.3%로 가장 적게 판매된 것으로 나타났다. 이 표에서는 판매량(판매비율)이 큰 순으로 정렬하여 표시하였는데, 때로는 범주를 가나다순으로 정렬하여 표시하기도 한다.

도수분포표는 수치자료를 정리할 때도 사용할 수 있다. 범주형자료의 경우에는 그 범주가 정해져 있기 때문에 해당 범주에 몇 개의 관측개체가 있는지만 알면 된다. 아이돌 프로필 자료에서 멤버의 수와 같이 제한된 몇 개의 값을 가지는 경우에도 해당 숫자와 일치하는 자료의 개수로 도수분포표를 작성할 수 있다. 순서자료 또는 수치자료에 대한 도수분포표에서의 범주는 순서나 크기순으로 정렬하여 표시하며 도수나 상대도수뿐만 아니라 도수나 상대도수를 누적시킨 값을 표에 추가하는 경우도 있다.

예제 2.3

아래의 자료는 Geissler[2]가 1876년부터 1885년까지 독일 작센지방에 있는 Saxony의 병원기록으로 12명의 아이를 가진 6,115가구를 대상으로 자녀의 남녀구성을 조사한 자료이다.

표 2.2 Saxony Geissler 지역의 아들 수 분포

아들 수	도수	상대도수(%)	누적상대도수(%)
0	3	0.05	0.05
1	24	0.39	0.44
2	104	1.70	2.14
3	286	4.68	6.82
4	670	10.96	17.78
5	1,033	16.89	34.67
6	1,343	21.96	56.63
7	1,112	18.18	74.82
8	829	13.56	88.37

표 2.2 (계속)

아들 수	도수	상대도수(%)	누적상대도수(%)
9	478	7.82	96.19
10	181	2.96	99.15
11	45	0.74	99.89
12	7	0.11	100.00
합계	6,115	100.00	100.00

이 자료에 의하면 모두 딸이거나 아들인 가구는 0.16%인 10가구였고 딸과 아들의 수가 같은 가구는 가장 많은 1,343가구로 전체 가구의 21.96%인 것으로 조사되었다. 딸의 수가 많은, 즉 아들이 5명 이하인 가구는 2,120으로 34.67%이고 아들의 수가 많은 가구는 2,652로 100-56.63=43.37%로 아들이 많은 가족이 딸이 많은 가구보다 많은 것을 알 수 있다.

일반적인 수치자료는 다양한 값으로 구성되어 있기 때문에 해당 숫자와 일치하는 자료가 많지 않을 수 있으며 표가 아주 길어져 자료를 정리하고자 하는 목적에 맞지 않을 수 있다. 그래서 수치자료에 대한 도수분포표를 만들 때는 【예제 2.1】에서 BMI를 비만도로 표시한 것과 같이 관측된 값들을 몇 개의 구간으로 범주화하여 해당 그룹에 속한 관측개체의 빈도로 도수분포표를 만든다.

수치자료를 범주화할 땐 몇 개의 범주로 나눌 것인지와 범주의 경계값을 얼마로 할 것인지를 정해야 한다. 이때 각각의 범주를 **계급(class)**이라고 부른다. 계급은 자료의 특성을 고려해 작성자가 임의로 결정할 수 있다. 하지만 수치자료의 범주화는 뒤에서 설명할 히스토그램과 관련되어 있기 때문에 히스토그램을 작성하는 데 사용되는 방법을 소개한다.

계급의 수는 자료의 수에 비례하여 결정하는데 일반적으로 다음과 같은 제곱근 방법, Sturges[3] 공식, Rice 공식 등을 사용한다.

---

2 Geissler, A. (1889). *Beitrage zur Frage des Geschlechts verhaltnisses* der Geborenen Z. K. Sachsischen Statistischen Bureaus, 35, n.p.

3 Sturges, H. A. (1926). The choice of a class interval. *Journal of the American Statistical Association*, 21, 65-66.

제곱근 방법	$k = \lceil \sqrt{n} \rceil$
Sturges 공식	$k = \lceil \log_2(n)+1 \rceil$
Rice 공식	$k = \lceil 2n^{1/3} \rceil$

여기서 $\lceil x \rceil$는 x보다 크거나 같은 정수 중 가장 작은 값을 의미한다.

이 책에서는 이러한 방법 대신 분석자가 임의로 자료의 구조에 맞게 적절한 계급의 수 k를 결정했다고 가정한다. 자료를 k개의 계급으로 나눌 때, 먼저 전체의 시작점과 끝점을 정하고, 그 사이에 $k-1$개의 위치를 선택하여 나눈다. 쉽게 할 수 있는 방법은 자료의 최솟값과 최댓값을 시작점과 끝점으로 사용하고 k개의 동일한 구간으로 나누어 계급을 정하는 것이다. 하지만 대부분의 경우 시작점과 끝점, 계급의 간격은 분석자가 설명하기 쉬운 값으로 선택하여 사용한다. 예를 들어, 최솟값이 7이고 최댓값이 34이라고 할 때 3개의 그룹으로 나누고자 한자. 최솟값과 최댓값의 간격이 27이므로 폭이 9인 3개의 그룹을 [7, 16), [16, 25), [25, 34]와 같이 유도할 수 있다. 하지만 하한값을 5, 상한값을 35로 정하고 폭을 10이 되게 만들어 계급을 [5, 15), [15, 25), [25,35)로 하면 설명이나 정리하는 데 있어 더 용이할 수 있다.

일반적으로 자료를 범주화할 때는 위와 같이 동일한 간격으로 나눈다. 하지만 대부분의 자료가 특정 구간에 집중되는 경우에는 자료가 밀집된 구간을 좀 더 세분화하여 범주화하는 것이 좋다. 예를 들어, 1인당 연간 소득에 대한 분석을 하고자 할 때 대부분의 자료가 1억 원 이하이므로 동일한 간격으로 나누는 것보다 1천만 미만, [1천만, 2천만), [2천만, 3천만), [3천만, 5천만), [5천만, 7천만), [7천만, 1억), [1억, 1억5천만), 1억5천 이상과 같이 자료의 수가 많은 구간을 세분화하여 나누는 것이 소득의 분포를 파악하는 데 적절할 수 있다.

예제 2.4

다음 자료는 어느 해 대학정보공시에 보고된 4년제 대학 중 임의로 선택된 42개 통계학 관련학과의 취업률이다. 이 당시 취업률은 순수취업률로 졸업자 중 진학자, 외국인, 취업불가능자를 제외한 취업대상 중에서 건강보험DB연계취업자와 해외취업자로 등록된 사람의 비율을 의미한다.

55.6 83.3 43.4 58.1 31.6 55.6 60.7 64.6 73.3 55.6 64.3 52.8 22.7 46.3
71.4 53.8 64.5 67.9 71.4 80.0 59.5 40.5 77.1 58.6 65.4 52.4 66.7 91.3
41.3 72.1 61.9 78.4 63.6 41.0 65.2 81.3 54.8 19.6 50.0 53.1 41.2 56.5

이 자료를 도수분포표로 정리하기 위해서는 우선 적정한 구간으로 자료를 그룹화해야 한다. 현재 자료의 최소취업률은 19.6%, 최대취업률은 91.3%인 것으로 나타났으며 시작점을 10%로 하고 100%까지 구간의 길이가 10%가 되도록 하여 그룹화하였다. 80% 이상~90% 미만, 90% 이상~100%에 해당되는 관측개체가 각각 1개밖에 없어 이 구간은 하나의 구간으로 묶었다.

표 2.3 2011년 통계학 관련학과 취업률

취업률	도수	상대도수	누적상대도수
10% 이상~40% 미만	3	0.071	0.071
40% 이상~50% 미만	6	0.143	0.214
50% 이상~60% 미만	13	0.310	0.524
60% 이상~70% 미만	10	0.238	0.762
70% 이상~80% 미만	6	0.143	0.905
80% 이상~100%	4	0.095	1.000
합계	42	1.000	1.000

【표 2.3】에 의하면 취업률이 50% 이상~60% 미만 사이에 있는 학과가 31.0%인 13개로 가장 많고, 60% 이상~70% 미만인 학과가 두 번째로 많은 것으로 나타났으며 80% 이상의 취업률을 보인 학과가 4개인 반면 40% 미만인 학과가 3개인 것으로 조사되었다. 누적상대도수를 이용하면 취업률이 60% 미만인 학과는 전체 42개 학교 중 52.4%인 것을 바로 알 수 있다.

수치자료에 대한 도수분포표는 3절에 나오는 히스토그램을 작성하는 데 기본 정보를 제공하기 때문에 매우 중요한 표이다.

2.2 분할표

앞에서 배운 도수분포표는 일변량 자료에 대해 해당 범주에 몇 개의 관측개체가 있는지를 정리한 것이다. 때로는 두 개 이상의 변수를 동시에 고려하여 관측개체의 빈도를 정리할 필요가 있다. 예를 들어, 아이돌 그룹 자료에서 성별과 혈액형 간에 관계가 있는지를 알아본다고 할 때 자료를 다음과 같은 2차원 표로 정리할 수 있다.

성별	혈액형				
	A	B	AB	O	합계
남자	Ⓐ				
여자					
합계					

두 변수에 대해 각 범주에 교차되는 부분을 **칸**(cell)이라고 하는데 표에서 칸 Ⓐ에는 자료 중 혈액형이 A인 남자의 빈도가 표시된다. 위와 같이 2개 이상의 변수에 대해 교차시켜 빈도를 표시한 표를 **분할표**(contingency table) 또는 **교차표**(cross tabulation)라고 하며 행과 열의 범주 수를 같이 표시하여 위와 같은 표를 2×4 분할표라고 한다.

도수분포표와 마찬가지로 분할표에도 비율을 표시할 수 있는데, 비율을 표시할 때는 분석 목적 또는 자료를 어떻게 수집했는가에 따라 다르게 표시된다.

예제 2.5

세 가지 스마트폰 모델에 대해 남녀별로 선호도 차이가 있는지를 알아보기 위해 남자 76명과 여자 70명을 대상으로 세 가지 모델 중 가장 마음에 드는 모델을 선택하게 하였다. 그 결과 남자 76명 중 모델 A는 35, B는 23, C는 18명이 선택하였고 여자 70명 중 A는 17명, B는 33, C는 20명이 선택하였다. 이 결과는 다음과 같은 분할표로 정리할 수 있다.

표 2.4 성별에 따른 스마트폰 모델 선호도 결과

성별	스마트폰 모델			
	A	B	C	합계
남자	35	23	18	76
여자	17	33	20	70
합계	52	56	38	146

현재 분석목적은 선호도에서 남녀 간 어떤 차이가 있는지를 알아보기 위한 것으로 조사는 남자 76명과 여자 70명을 사전에 나누어 남녀별로 진행된 것으로 보인다. 이러한 분할표에 비율을 추가한다면 아래의 분할표와 같이 남자 중 각각의 모델을 선호한 비율과 여자 중 각각의 모델을 선호한 비율을 따로 표시해야 한다.

표 2.5 성별에 따른 스마트폰 모델 선호도 결과(비율)

성별	스마트폰 모델			
	A	B	C	합계
남자	35 (46.0%)	23 (30.3%)	18 (23.7%)	76 (100%)
여자	17 (24.3%)	33 (47.1%)	20 (28.6%)	70 (100%)
합계	52 (35.6%)	56 (38.4%)	38 (26.0%)	146 (100%)

이 표를 보면 남자는 모델 A를 가장 많아 선호하는 반면 모델 C를 선호하지 않고 있으며 여자는 모델 B를 선호하는 반면 모델 A를 상대적으로 선호하지 않는 것을 알 수 있다.

만약 146명을 무작위로 조사했는데 그중 남자가 76명이었고 여자가 70명이었다면 일반적으로 비율표시는 다음과 같이 전체 147명을 기준으로 해당되는 칸의 비율을 표시한다. 왜냐하면 남녀의 수 또한 조사마다 달라질 수 있기 때문에 기준을 전체 조사대상자의 수로 정하는 것이 더 적절하기 때문이다.

표 2.6 성별에 따른 스마트폰 모델 선호도 결과(비율)

성별	스마트폰 모델			
	A	B	C	합계
남자	35 (24.0%)	23 (15.8%)	18 (12.3%)	76 (52.1%)
여자	17 (11.6%)	33 (22.6%)	20 (13.7%)	70 (47.9%)
합계	52 (35.6%)	56 (38.4%)	38 (26.0%)	146 (100.0%)

또한, 해석상에서도 성별에 따른 스마트폰 선호도 차이보다는 성별과 스마트폰 모델 선호도 간에 관련성 여부로 해석하는 것이 더 적절하다. 이에 대한 자세한 내용은 13장 범주형 자료분석에서 알아본다.

3개 이상의 범주형 변수에 대해도 분할표를 작성할 수 있다. 변수의 개수가 k라고 하면 **k원 분할표**(k-way contingency table) 또는 **k차원 분할표**(k-dimensional contingency table)라고 부른다. 아래의 【표 2.7】은 1912년 4월 15일 북대서양에서 침몰한 타이타닉(RMS Titanic)호에 승선했던 승객과 승무원의 생존자와 사망자 수의 기록이다. 당시 승선한 사람의 이름이 중복 기재되거나 출항 직전에 취소한 사람들이 있어 구조기록에 대한 정확한 통계는 알 수 없다. 아래의 자료는 위키피디아[4]에서 제공하는 자료를 정리한 것이다. 이 표는 그룹(성인남녀와 어린이), 생존여부, 등급(객실 등급과 승무원)으로 분류하여 교차 정리한 3원 분할표이다.

표 2.7 타이타닉호 생존자와 사망자 수

그룹		남자		여자		어린이		전체		
생존여부		생존	사망	생존	사망	생존	사망	생존	사망	합
등급	1등실	57	118	140	4	5	1	202	123	325
	2등실	14	154	80	13	24	0	118	167	285
	3등실	75	387	76	89	27	52	178	528	706
	승무원	192	693	20	3	-	-	212	696	908
전체		338	1352	316	109	56	53	710	1514	2224

4 http://en.wikipedia.org/wiki/RMS_Titanic

3 그래프를 이용한 자료정리

대부분의 사람들은 숫자나 수식에 대해 두려움을 가지고 있다. 그래서 어떤 현상을 숫자나 수식으로 설명하는 것보다 그림과 같은 시각적인 방법을 이용하여 설명하면 이해를 잘 하는 경향이 있다. 예를 들어, 아래의 【그림 2.2】는 1861년에 그려진 그림으로 1812년 6월부터 1813년 1월까지 나폴레옹의 러시아원정 과정에서 해당 지역에서의 병력과 후퇴할 때 기온을 표시한 것이다.

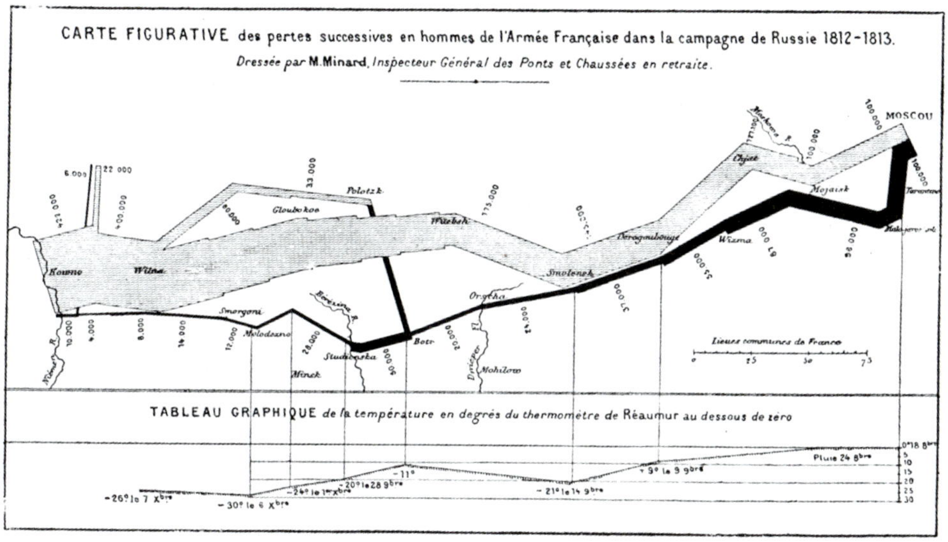

그림 2.2 나폴레옹 병력과 기온

그림에서 원정을 나갈 때의 병사의 수를 연한 색으로, 후퇴할 때는 진한 색으로 표시했으며 1 km 단위로 해당 지역에서 생존했던 병사의 수를 선의 두께로 표시하였다. 원정초기 442,000여 명의 병력이 출정하여 여러 전투를 거쳐 모스크바에 도착한 병사는 100,000여 명이었는데, 그림에서 선의 두께가 출정할 때보다 확연히 줄어든 것을 볼 수 있다. 끝까지 생존해 돌아온 병사는 10,000여 명으로 각각의 지역에서 병사들이 얼마나 생존하고 사망했는지를 한 눈에 쉽게 확인할 수 있다. 또한, 후퇴하는 동안의 기온 변화를 그림 아래쪽에 표시했는데, 최저 기온이 −30°Re(열씨)[5]까지 떨어졌던 것을 볼 수 있는데 이를 섭씨로 표시하면 약 -38℃가 된다. 이 그림 하나로 전투가 얼마나 치열했으며 나폴레옹 군대의 퇴각 상황이 얼마나 참혹했는지를 이해할 수 있을 것이다. 톨스토이는 장편소설 '전쟁과 평화'를 통해 동일한 사건을 1,000여 쪽에 걸쳐 기술하였다. 비록 소설 '전쟁과 평화'와 위 그림이 전달하고자 하는 메시지는 다르겠지만 통계적으로 보면【그림 2.2】가 당시의 참혹했던 상황을 잘 전달하고 있다.

이 절에서는 통계분석에서 많이 사용되는 주요 그래프를 소개하고자 한다. 이 절에서 배울 주요 그래프는 플레이페어(W. Playfair, 1759~1823)에 의해 소개되었다. 그는 1786년에 경제자료에 대한 선그래프(line graph)와 막대차트를, 1801년에는 파이차트와 원그래프(circle graph)를 이용하여 자료를 설명하였는데, 이 그래프들은 현재까지 다양한 분야에서 사용되고 있다. 더 많은 그래프 기법에 대해 알고자 한다면 Wallgren 외[6]와 Wong[7]을 참고하기 바란다.

3.1 파이차트

범주형자료분석에서 각 범주의 도수 또는 상대도수가 얼마나 큰지를 상대적으로 비교하기 위해 사용되는 그래프로 파이차트가 있다. **파이차트(pie chart)**는 원을 먼저 그리고 원점을 기준으로 각 범주에 해당되는 비율만큼 각도를 분할하여 표시한 그래프이며 해당 범주의 각도는 다음과 같이 계산된다.

$$각도 = 비율 \times 360°$$

파이차트에서 원을 사용하는 이유는 각 범주의 각도와 면적의 비가 항상 동일하기 때문이다.

다음의【표 2.8】은【예제 2.2】의 파이 판매량 비율에 대해 파이차트의 각도를 계산한

5 Réaumur(열씨)는 René Antoine Ferchault de Réaumur가 제안한 온도 표기 방법으로 1기압에서 물의 어는점을 0° Re, 끓는 점은 80°Re로 표시한 것으로 -30°Re를 섭씨로 표시하면 -30°Re×10/8=-37.5°C가 된다.

6 Wallgren, A, Wallgren, B., Persson, R., Jorner, U., Haaland, J.A. (1995). Graphing Statistics & Data - Creating Better Charts. SAGE Publications

7 Wong, D. M. (2013) *The Wall Street Journal Guide to Information Graphics: The Dos and Don'ts of Presenting Data, Facts, and Figures*. W.W. Norton & Company

것이다.

표 2.8 파이차트 각도

파이종류	각도(°)	파이종류	각도(°)	파이종류	각도(°)
애플	90.8	딸기	80.0	블루베리	72.3
초코	49.2	고구마	41.5	바나나	26.2

이를 이용하면 【그림 2.3】과 같은 파이차트를 그릴 수 있다. 【그림 2.3】에서 애플파이와 딸기파이의 각도가 상대적으로 큰 것을 볼 수 있으며 바나나파이의 각도가 다른 것에 비해 작은 것을 확인할 수 있다.

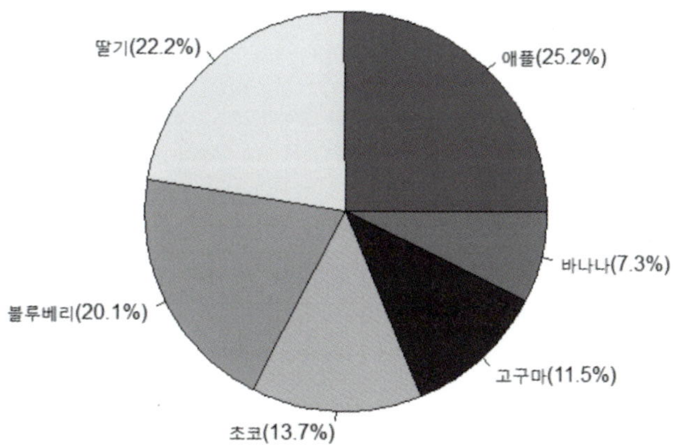

그림 2.3 파이 판매량에 대한 파이차트

나이팅게일(F. Nightingale, 1820~1910)은 간호학뿐만 아니라 통계학에서도 훌륭한 업적을 남겨 1859년 여성 최초로 영국 왕립통계학회 회원으로 선출되었다. 그녀는 원도표를 발전시켜 【그림 2.4】와 같은 **로즈 다이어그램**(rose diagram)을 개발하였다. 이 그림은 1954년 4월부터 1856년 3월까지 크림전쟁 기간 중 이스트지역 부대에서 사망한 사병들의 사인을 부상, 질병, 기타 원인으로 분류하여 정리한 것이다. 그래프에서 원인별로 사망한 병사들의 수를 중심으로부터의 면적으로 표시했다. 이 그래프를 통해 1954년 7월부터 1955년 8월까지 사망한 병사의 압도적인 사인은 부상이 아닌 장티푸스, 콜레라,

이질과 같은 질병에 의한 것임을 보였으며 나이팅게일은 병원의 위생을 개선시켜야 한다는 근거자료로 이 그림을 사용하였다.

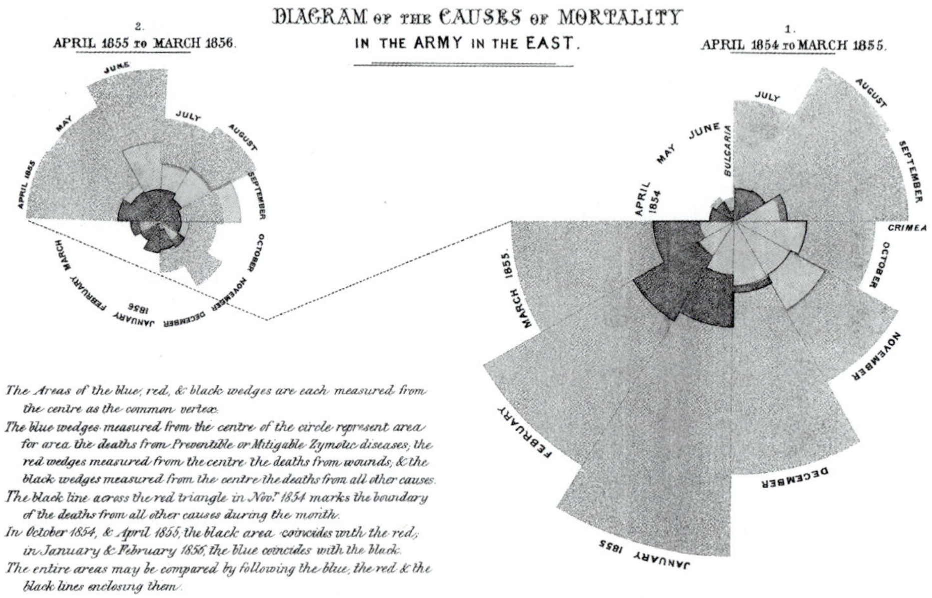

그림 2.4 크림전쟁에서 이스트지역 부대의 원인별 사망자 수

3.2 막대그래프

그림을 통해 자료의 특성을 표시하고자 할 때, 전달하고자 하는 내용에 맞는 그림을 선택하는 것이 중요하다. Cleveland[8]에 의하면, 시각적으로 비교하는 데 있어 사람들은 동일한 척도에서의 위치, 길이, 각도와 기울기, 면적, 부피, 색상과 밀도 순으로 차이를 잘 인지한다고 한다. 이것은 파이차트를 이용하여 비슷한 비율을 가지는 범주들을 비교했을 때 그 차이점을 쉽게 파악하기 어렵다는 것을 의미한다. 예를 들어 파이 판매 예제에서 딸기파이와 블루베리파이의 판매량과 비율이 표시되지 않았다고 하면 파이차트를 보고 어느 쪽이 더 많이 판매되었는지 알아보기 어렵다.

8 Cleveland, W. S. (1985). *The Elements of Graphing Data*. Wadsworth Advanced Books and Software

각 범주의 빈도를 비교하고자 한다면 가능한 동일한 척도에서의 위치나 길이로 표시해야 보는 사람이 잘 인지할 수 있다. 막대그래프는 이러한 목적에 부합하는 그래프이다. **막대그래프(bar chart)**는 각 범주의 도수나 상대도수를 막대의 길이로 표시한 그림이다. 【그림 2.5】는 【그림 2.3】의 파이차트를 막대그래프로 표시한 것으로 딸기파이와 블루베리 파이의 판매량 차이를 확연히 확인할 수 있다. 이 막대그래프의 수직축이 판매량으로 표시되어 있으나 비율에 관심을 가진다면 수직축의 값을 상대도수로 대신 표시할 수 있다.

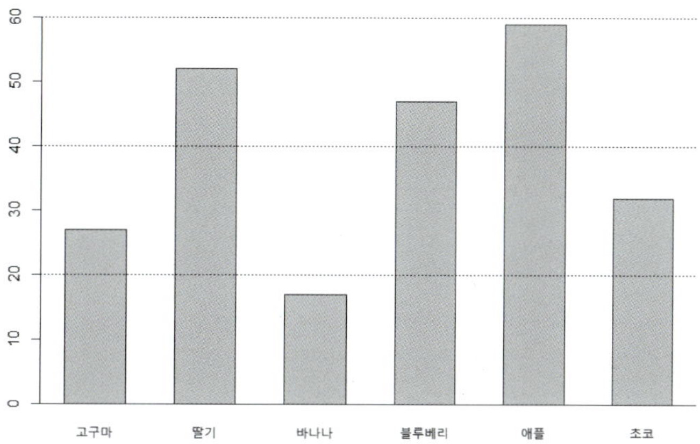

그림 2.5 파이 판매량의 막대그래프

【예제 2.5】와 같이 두 그룹을 비교하는 경우 각 그룹의 범주 비율을 막대그래프로 표시하여 비교할 수 있다. 【그림 2.6】은 타이타닉호 생존자의 비율을 남녀 및 어린이로 나누어 승객과 승무원 간에 어떤 차이가 있는지를 막대그래프로 표시한 것이다. 남자의 경우 전반적으로 사망자가 생존자보다 많았으며 특히 2등실 승객의 생존율이 낮은 것을 볼 수 있다. 여자의 경우 3등실 승객의 생존율이 상대적으로 매우 낮았으며 3등실 어린이의 생존율도 다른 실의 어린이보다 낮은 것을 볼 수 있다. 한 가지 흥미로운 것은 승무원의 생존율이 1등실을 제외한 나머지 객실의 승객보다 생존율이 높다는 것이다. 하지만 남녀, 어린이 구분하지 않은 상태에서 생존율을 비교하면 1등실 62.2%, 2등실 41.2%, 3등실 25.2%, 승무원 23.3%로 승무원의 생존율이 가장 낮은 것으로 집계되어 남녀 및 어린이로 나누었을 때와 다른 결과를 보여주고 있다. 이는 승무원의 대부분이 남자였고 남자의 생존율이 여자나 어린이의 생존율보다 낮았기 때문에 전체적으로 승무원의 생존율이 다른 그룹의 생존율보다 낮은 것처럼 보인 것이다.

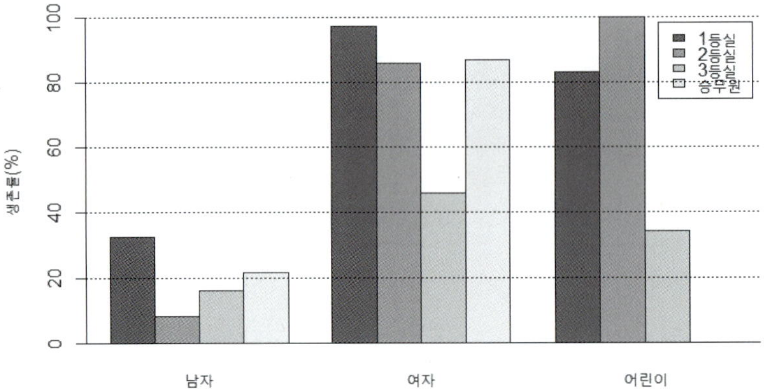

그림 2.6 타이타닉호 승객 및 승무원 생존율 비교

예제 2.6

다음의 그림은 통계청 국가통계포털 사이트인 KOSIS(http://kosis.kr)에서 제공하는 인구로 보는 대한민국의 인구피라미드 자료이다. 이 사이트에서는 출생, 사망, 국제이동 등과 같은 인구변동요인을 고려하여 우리나라 미래 인구가 얼마나 되고 어떤 구조로 변할 것인지를 표와 그래프로 제시하고 있다. 2020년 그림에서는 50~60세 연령 인구가 많고 연령대가 낮아질수록 인구수도 줄어가는 것을 볼 수 있으며, 80대 이상의 연령에서는 여성이 남성보다 많은 것을 볼 수 있다. 2050년 인구구조의 특징 2020년 40세였던 70세 근처의 연령인구가 가장 많고 80세 이상 인구도 현재보다는 현저하게 많아지는 반면, 2050년이면 출산연령대가 되는 현재 10세 이하의 인구감소로 2050년 10세 이하의 어린이가 다시 감소하는 추세를 보일 것으로 예상된다.

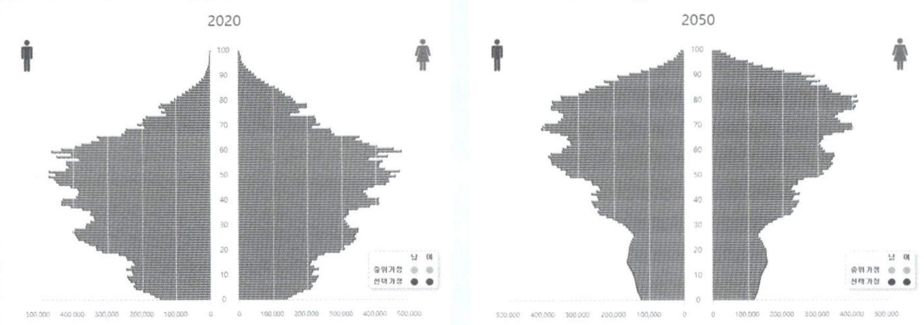

그림 2.7 우리나라 2020년과 2050년(예상) 인구추계 비교

3.3 히스토그램

일반적으로 히스토그램과 막대그래프를 혼용하는 경향이 있는데 통계학에서는 히스토그램과 막대그래프를 엄격히 구분하고 있다. **히스토그램(histogram)**은 수치자료, 특히 연속자료가 어떤 형태로 분포되어 있는지를 알아보기 위해 사용되는데 해당 구간의 상대도수, 즉 비율을 직사각형의 면적으로 표시한 것이다. 그러므로 히스토그램의 전체 면적은 1이 된다. 히스토그램을 그리기 위해서는 먼저 【표 2.3】과 같은 도수분포표를 만들어야 하고 직사각형의 높이는 다음과 같이 계산된다.

$$\text{높이} = \frac{\text{상대도수}}{\text{계급폭}}$$

이 높이는 해당 구간에 자료들이 얼마나 모여 있는지를 나타내는 측도로 **밀도(density)**라고 불린다.

【예제 2.4】의 취업률 자료에서 상대도수를 계급의 폭으로 나누면 히스토그램의 높이를 구할 수 있으며, 이를 바탕으로 【그림 2.8】과 같은 히스토그램을 그릴 수 있다.

구간	밀도	구간	밀도
10% 이상~40% 미만	0.0024	60% 이상~70% 미만	0.0238
40% 이상~50% 미만	0.0143	70% 이상~80% 미만	0.0143
50% 이상~60% 미만	0.0310	80% 이상~100%	0.0047

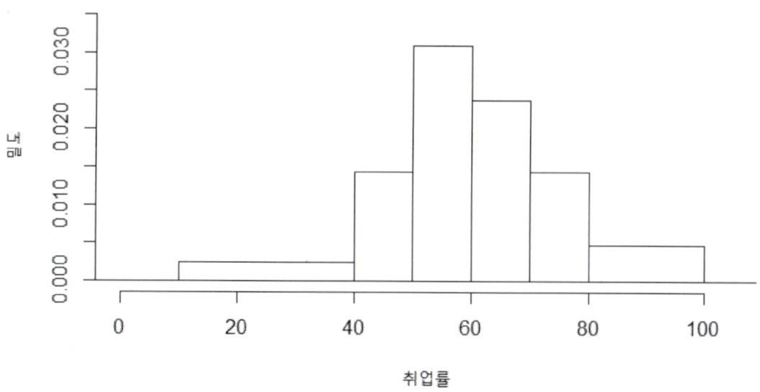

그림 2.8 통계학 관련전공 취업률 히스토그램

이 히스토그램에서 취업률이 50%에서 60% 사이에 있는 학과가 가장 많고 60%에서 70%인 학과가 그다음으로 많은 것을 볼 수 있다. 대부분이 40%에서 80%에 있는 것의 확인할 수 있다. 히스토그램은 구간을 어떻게 정하는가에 따라 모양이 조금씩 달라질 수 있다. 만약 첫 번째 취업률 구간 10% 이상~40% 미만을 15% 이상~40% 미만으로 바꾸면 도수분포표는 변화가 없으나 히스토그램에서 해당 구간의 길이가 30에서 25로 줄어들어 높이는 0.0024에서 0.0029로 높아진다.

히스토그램을 그리기 위해서는 먼저 계급을 정하고 각 계급의 상대도수를 계산하여 그림을 그린다. 히스토그램의 모양은 계급을 어떻게 정하는가에 따라 달라질 수 있다. 통계학에서는 계급을 정하지 않고 히스토그램과 같이 전체 면적이 1이 되게 하는 방법을 사용하기도 한다. 각각의 관측값을 면적이 $1/n$ 인 사각형으로 표시하여 해당 지점에 표시하는데 사각형이 겹쳐지는 부분이 있으면 누적시켜 표시하는 방법을 생각해 볼 수 있다.

【그림 2.9】의 ㈎는 각 취업률을 중심으로 폭이 10이고 높이가 1/(10×42)인 사각형들을 테트리스 게임에서처럼 누적시킨 그림이다. ㈏는 같은 방법으로 폭이 20이고 높이가 1/(20×42)인 사각형을 적용한 그림이다. ㈐와 ㈑는 사각형 대신 서양 종 모양의 도형을

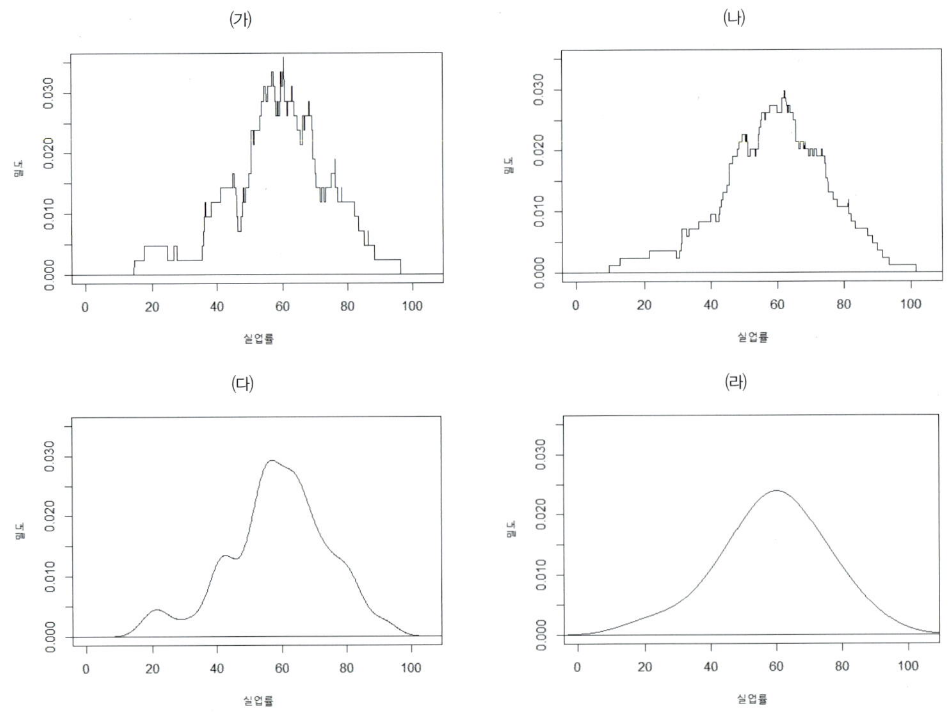

그림 2.9 취업률에 대한 밀도함수추정

누적한 것으로 (다)는 폭이 좁은 도형을, (라)는 폭이 넓은 도형을 사용한 것이다. 이 그림에서 보는 것과 같이 각 관측값에 적용된 도형의 모양과 폭에 따라 형태가 달라질 수 있다. 이 방법에 대한 자세한 내용은 '비모수통계학'에서 다룬다.

3.4 줄기-잎 그림

히스토그램을 통해 자료의 분포를 파악할 수 있으나 계급을 어떻게 정하는가에 따라 형태가 조금씩 달라질 수 있다. 또한, 범주화된 자료들의 상대도수만을 사용하기 때문에 히스토그램을 통해서 개개의 관측값이 얼마인지는 알 수 없다. **줄기-잎 그림(stem-and-leaf plot)**은 관측값의 정보를 그대로 간직하면서 자료가 어떻게 분포되어 있는지를 알려주는 그림이다. 줄기-잎 그림을 그리기 위해서는 자료를 순서대로 정렬한 후 줄기에는 기본단위의 10배의 값을 표시하고 잎에는 관측값의 기본단위에 해당되는 값을 표시한다.

【예제 2.4】의 취업률 자료를 반올림하여 정수형태로 표시하고 다음과 같이 정렬한다.

```
20 23 32 40 41 41 41 43 46 50 52 53 53 54 55 56 56 56 56 58 59
60 61 62 64 64 64 65 65 65 67 68 71 71 72 73 77 78 80 81 83 91
```

취업률의 단위는 1이고 20에서 91까지 분포되어 있으므로 줄기에는 2부터 9까지 표시한다. 아래 그림과 같이 각 줄기 왼쪽에 해당하는 단위 값을 오름차순으로 표시하는데 이것을 잎이라고 한다.

```
2 | 03
3 | 2
4 | 111136
5 | 023345666789
6 | 01244555578
7 | 112376
8 | 013
9 | 1
```

이 줄기-잎 그림에서는 자료의 분포뿐만 아니라 히스토그램에서 알 수 없었던 자료의 구체적인 값까지 확인할 수 있다.

자료가 많은 경우에는 잎이 너무 길어 표시하기 어려울 수 있기 때문에 이런 경우 10의 단위를 2개로 나눠 잎에 위쪽은 0~4, 아래쪽은 5~9로 표시하거나 5개로 나눠 (0, 1), (2, 3), (4, 5), (6, 7), (8, 9)로 표시할 수도 있다.

3.5 산점도

다변량 자료에 대한 분석에서 중요한 문제 중 하나는 수치적 변수들 간의 관계를 유도하는 것이다. 관측개체의 수가 n 인 다변량 자료에서 임의의 두 수치변수 x 와 y 의 관계를 알아본다고 하자. 각각의 관측개체에 대해 두 변수의 값을 순서쌍 (x_1, y_1), (x_2, y_2), …, (x_n, y_n) 으로 표시할 수 있다. **산점도(scatter plot)**는 순서쌍 자료를 2차원 평면상에 점으로 표시하여 두 변수 간의 관계를 시각적으로 나타내는 그림이다.

예제 2.7

다음의 자료는 1896년 아테네올림픽부터 2021년 도쿄올림픽까지 100m 육상경기 우승기록을 정리한 것이다. 여자의 경우 1928년 암스테르담올림픽부터 100m 육상경기가 시작되었다.

표 2.9 올림픽 육상 100m 우승기록

연도	우승기록		연도	우승기록		연도	우승기록		연도	우승기록	
	남자	여자		남자	여자		남자	여자		남자	여자
1896	12	-	1932	10.3	11.9	1972	10.14	11.07	2004	9.85	10.93
1900	11	-	1936	10.3	11.5	1976	10.06	11.08	2008	9.69	10.78
1904	11	-	1948	10.3	11.9	1980	10.25	11.06	2012	9.63	10.75
1908	10.8	-	1952	10.4	11.5	1984	9.99	10.97	2016	9.81	10.71
1912	10.8	-	1956	10.5	11.5	1988	9.92	10.54[9]	2021	9.80	10.61
1920	10.8	-	1960	10.2	11.0	1992	9.96	10.82	2024	?	?
1924	10.6	-	1964	10	11.4	1996	9.84	10.94	2028	?	?
1928	10.8	12.2	1968	9.95	11.08	2000	9.87	10.75[10]	2032	?	?

연도와 남녀 100m 우승기록 간의 관계를 알아보기 위해 x 축에 연도를, y 축에 우승기록을 표시한 산점도를 아래와 같이 그릴 수 있다. 여기서 남녀의 기록을 구분하기 위해 다른 종류의 점을 사용하였다. 연도가 증가함에 따라 남녀 모두 기록이 전반적으로 빨라지는 추세를 보이고 있으며 1896년 자료를 제외했을 때 여성의 기록이 좀 더 빨리 감소하는 추세를 보이고 있다.

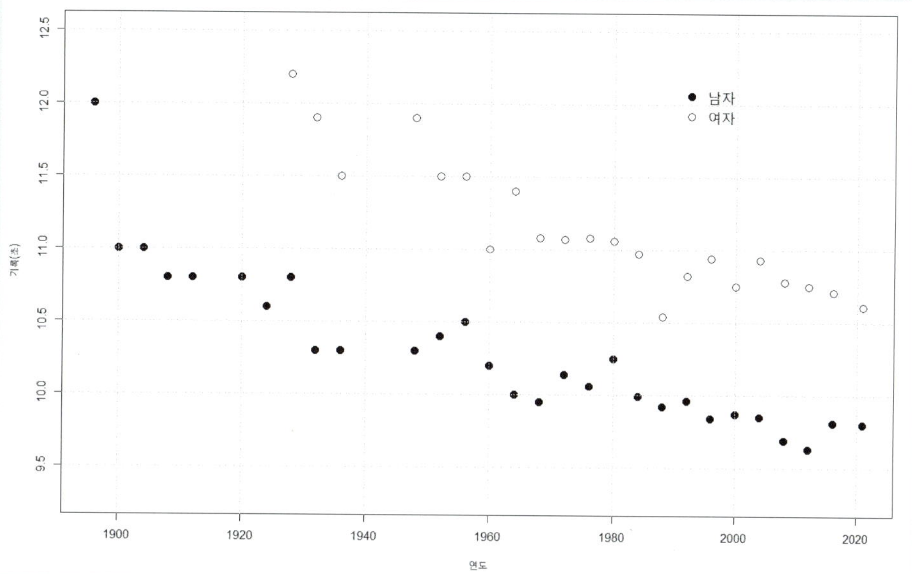

그림 2.10 올림픽 육상 100m 우승기록

다변량자료 분석에서는 변수들 간의 관계를 파악하는 다양한 방법에 대해 배운다. 수치변수가 3개 이상일 때 두 변수를 쌍으로 조합하여 모든 조합에 대해 산점도를 행렬형태로 표시하는 방법이 있는데 이를 **산점도 행렬**(scatter matrix)이라고 한다.

다음의 그림은 2002년 1월부터 2010년 12월까지 우리나라 전체의 월간 평균기온(Temperature), 강수량(Rainfall), 평균습도(Humidity) 간의 관계를 알아보기 위해 각 변수들을 쌍으로 만들어 그린 산점도 행렬이다. 그림에서 변수명을 중심으로 상·하의 그림은 해당 변수가 x 축, 좌우의 그림은 y 축임을 의미한다. 그림을 통해 세 변수 모두 어

9 Griffith-Joyner에 의해 세워진 이 기록은 뒤바람이 2 m/초 이상이면 공식기록으로 인정받지 못한다는 규정 때문에 세계기록으로는 인정받지 못하였다.

10 이 기록을 세운 Marion Jones가 금지약물 복원한 사실이 밝혀져 메달 박탈과 기록이 취소되었다.

떤 변수값이 크면 다른 변수도 값이 커지는 경향을 보이고 있으며 평균기온과 평균습도는 직선, 강수량과 나머지 변수는 곡선의 형태로 증가하는 형태를 가지고 있다.

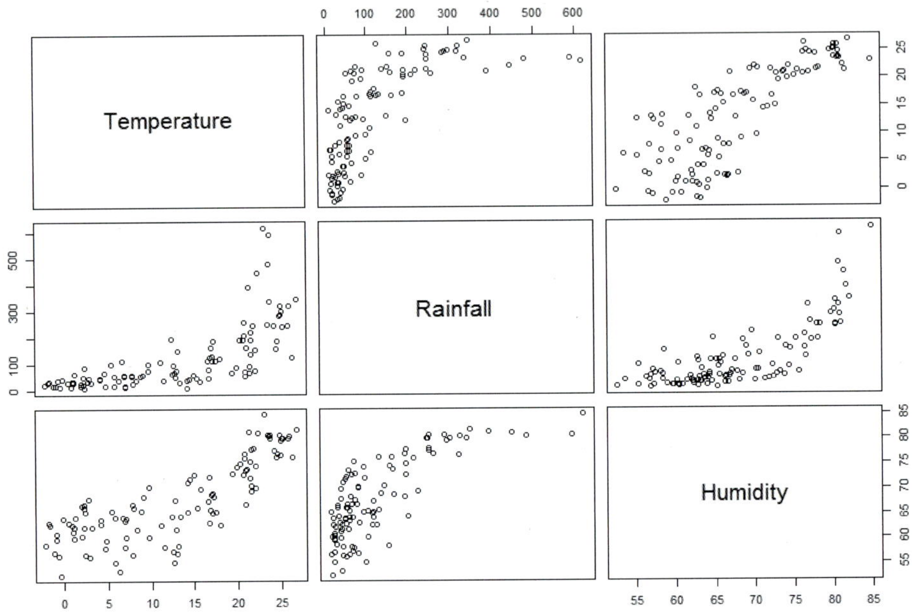

그림 2.11 월간 평균기온, 평균강수량, 평균습도 간의 관계

자료가 시간에 따라 관측된 경우 x축에 관측시점, y축에 관측된 값을 표시한 산점도를 **시계열그림**(time series plot)이라고 한다. 위의 올림픽 우승기록도 시간에 따라 관측된 것으로 【그림 2.11】도 일종의 시계열 그림이다. 시계열그림은 시간에 따라 순서적으로 자료가 얻어지기 때문에 관측값을 표시할 때 순서가 중요하다. 자료가 많은 경우 점으로 표시하면 순서 파악이 어려울 수 있어 시계열 그림을 그릴 땐 일반적으로 관측값을 선으로 연결하여 그 변화를 쉽게 확인할 수 있도록 하고 있다.

예제 2.8

다음의 표는 통계청에서 발표하는 『월간 인구동향』 통계 중 2011년 1월부터 2020년 12월까지 월별 하루평균 출생아수를 정리한 것이다.

표 2.10 월별 하루평균 출생아수(단위: 명)

연도	1월	2월	3월	4월	5월	6월	7월	8월	9월	10월	11월	12월
2011	1535	1363	1395	1346	1257	1226	1231	1270	1299	1237	1244	1096
2012	1451	1400	1394	1336	1271	1272	1294	1337	1391	1351	1286	1107
2013	1427	1309	1243	1225	1149	1105	1167	1174	1235	1163	1128	1031
2014	1330	1313	1226	1239	1153	1139	1174	1179	1263	1176	1079	1055
2015	1352	1275	1301	1269	1179	1184	1181	1136	1215	1184	1116	1029
2016	1271	1201	1230	1172	1108	1095	1094	1093	1146	1019	1012	884
2017	1124	1089	1071	1011	978	963	949	972	1003	899	902	811
2018	1039	985	967	924	902	879	872	883	869	854	843	734
2019	976	918	873	870	816	800	814	786	803	826	791	685
2020	860	785	780	777	737	737	742	723	783	706	668	634

월별 하루평균 출생아수를 연도에 따라 다른 선으로 표시한 시계열 그림 【그림 2.12】를 보면 지속적으로 감소하는 추세 속에서 월별로 등락이 반복되는 형태를 가지고 있다. 모든 연도에서 1월의 출생아수가 상대적으로 많은 반면, 12월의 출생아수는 현저히 적은 것을 볼 수 있다. 이것은 초등학교 입학기준일이 1월 1일이기 때문에 학교생활이나 교육 활동에서 12월생보다는 1월생이 유리하다고 생각하는 부모들 때문에 12월에 태어났지만 1월로 출생신고를 한 사례가 적지 않아 발생한 현상으로 보인다. 이 두 달을 제외한 나머지 달에서는 5월부터 7월까지 출생아 수가 적어지다가 다시 증가하고 10월과 11월에 다시 감소하는 추세를 가진다.

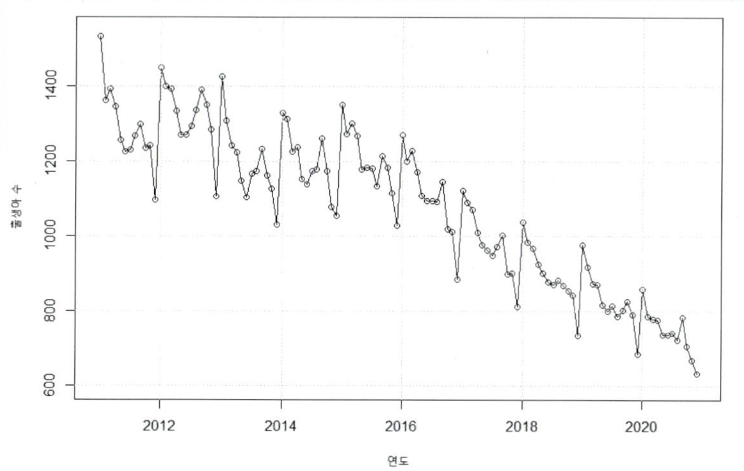

그림 2.12 월별 하루평균 출생아수 추이

예제 2.9

【그림 2.13】은 Gapminder Bubbles[11] 사이트에서 제공하는 그래픽 도구로 국가별 각종 지표를 한 그래프에 표시할 수 있다. 【그림 2.13】은 각국의 GDP와 여성 1인당 아이의 수를 산점도로 표시한 것으로 해당 국가의 인구에 비례하는 크기의 원을 표시하는데, 정확한 인구는 오른쪽 아래 'Size' 부분에 표시된다. 색깔은 그림 오른쪽 위쪽에 표시한 것과 같이 대륙의 색깔을 의미한다. 원 위에 커서를 올리면 해당 원이 어느 나라의 자료이고 x축과 y축의 값이 얼마인지를 알려준다. 또한, 왼쪽 아래에 있는 플레이 버튼을 누르면 해당 변수값이 연도별로 어떻게 변해 왔는지를 보여주는데, 이 과정에서 오른쪽 'Select'에 지정한 나라의 자료는 연도별 자료를 모두 표시할 수 있다.

【그림 2.13】에서는 1960년부터 2020년까지 우리나라의 GDP와 여성 1인당 아이의 수의 추세를 분홍색 원으로 표시했는데, 연도가 증가할수록 GDP는 증가하고 출산율은 떨어지는 추세를 가지는 것을 볼 수 있으며 2020년 우리나라의 GDP는 약 $31,300 정도가 되고 1인당 출산율은 1.36명 정도인 것으로 나타났다. 통계청 발표하는 합계출산율은 가임여성(15~49세) 1명이 평생 동안 낳을 것으로 예상되는 평균 출생아수로 2020년 우리나라 합계출산율은 0.84명으로 그림에 표시된 1.36명과 차이가 있는 것으로 나타났는데, 이 1.36명이 어떻게 계산되었는지는 확인이 필요한 것으로 보인다.

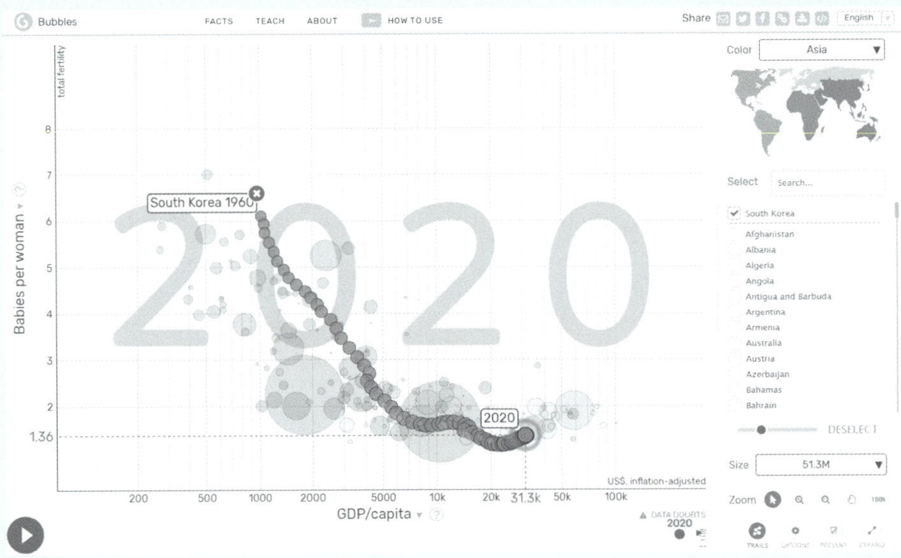

그림 2.13 Gapminder Bubbles

11 https://www.gapminder.org/tools/#$chart-type=bubbles&url=v1

4 수치를 이용한 자료정리

앞 절에서는 표나 그래프를 이용하여 자료의 특성을 파악하는 방법을 배웠다. 그래프 같은 시각적 기법은 자료의 특성을 파악하는 데 있어 중요한 정보를 제공하지만, 그것을 보는 사람에 따라 주관적으로 해석될 수 있다. 그렇기 때문에 일반적으로 자료분석의 최종 결과는 자료의 특성을 객관적으로 나타내는 수치로 제시된다.

보통 자료의 특성은 자료를 대표할 수 있는 **중심위치**(central location)와 자료들이 얼마나 퍼져있는지를 나타내는 **산포**(dispersion)로 표시된다. 이 절에서는 중심위치와 산포뿐만 아니라 자료가 어떤 형태로 분포되어 있는지를 나타내는 통계값에 대해 알아본다. 또한, 다변량 자료에서 두 수치형 변수 간의 선형관계 정도를 나타내는 통계값에 대해서도 알아본다.

4.1 중심위치

조사, 실험, 관측 등을 통해 n개의 수치자료를 얻었고 그 값들을 $x_1, x_2, \ldots, x_n$ 이라고 표시하자. 여기서 x_i는 i 번째 표본의 값을 나타내며 표본의 개수 n을 **표본크기**(sample size)라고 한다. 이들 자료에 대한 중심위치로 가장 많이 사용되는 통계값은 표본평균이며 대체 통계값으로는 중앙값, 절사평균, 최빈값 등이 있다.

① 표본평균

표본의 중심위치로 가장 많이 사용되는 대푯값은 표본평균이다. **표본평균**(sample mean)은 표본의 합을 표본크기로 나눈 값으로 수식으로는 다음과 같이 표시된다.

$$\bar{x} = \frac{x_1 + x_2 + \cdots + x_n}{n} = \frac{1}{n}\sum_{i=1}^{n} x_i$$

여기서 $\bar{x}$를 x bar라고 읽는데, 통계학에서 bar 표시는 해당 자료의 평균을 의미한다.

표본평균이 중심위치로 적절한 이유 중 하나는 이 점을 중심으로 좌우 자료의 무게가 같은 무게중심이기 때문이다. 예를 들어, $x_1, \ldots, x_n$가 오름차순으로 정렬되어 있고 a를 무게중심이라고 하자. a의 좌측에 m개의 자료 $x_1, \ldots, x_m$이, 나머지 $x_{m+1}, \ldots, x_n$이 우측에 있다고 가정하면, 무게중심의 특성에 의해 다음과 같은 식이 성립한다.

$$\sum_{i=1}^{m}(a-x_i) = \sum_{i=m+1}^{n}(x_i-a)$$

위 식에서 왼쪽 항을 오른쪽으로 넘기면,

$$\sum_{i=1}^{n}(x_i-a) = \sum_{i=1}^{n}x_i - na = 0$$

이 된다.

즉, $a = \frac{1}{n}\sum_{i=1}^{n}x_i = \bar{x}$인 것을 알 수 있다. 여기서 $x_i - \bar{x}$를 i번째 표본의 **편차**(deviation)라고 하는데, 위 식을 통해 편차의 합은 0이 되는 것을 알 수 있다.

예제 2.10

【예제 2.4】에 제시된 통계학 관련 42개 학과의 취업률의 합은 2486.4이고,

$$\bar{x} = \frac{55.6+83.3+\cdots+41.2+56.3}{42} = \frac{2486.4}{42} = 58.77$$

이므로 42개 통계학 관련학과의 평균취업률은 58.77%이다.

관측개체가 어떤 범주에 속하면 x_i의 값을 1, 속하지 않으면 0으로 표시한다고 하자. 전체표본 중에서 이 범주에 포함된 표본의 수는 $y = x_1 + \cdots + x_n$으로 쓸 수 있으며 이 범주에 포함된 **표본비율**(sample proportion)은

$$\frac{y}{n} = \frac{1}{n}\sum_{i=1}^{n}x_i = \bar{x}$$

로 표시된다. 이는 표본비율 또한 일종의 표본평균으로 이해할 수 있음을 의미한다.

예제 2.11

【표 2.11】은 임의로 선택된 42개 통계학 관련 학과를 졸업한 1,568명(남자 715명, 여자 853명) 중 취업대상자 1,371명(남자 628명, 여자 760명)의 자료이다. 건강보험DB 직장가입자와 해외취업자는 791명(남자 367명, 여자 423명)인 것으로 조사되어

$$\text{전체취업률} = \frac{791}{1371} = 0.557$$

$$\text{남자취업률} = \frac{367}{628} = 0.5844$$

$$\text{여자취업률} = \frac{423}{760} = 0.5566$$

으로 남자취업률이 여자취업률보다 조금 높은 것으로 나타났다.

표 2.11 통계학과 졸업생의 취업률

취업률	취업자	취업대상자	취업률
전체	791	1371	55.70%
남자	367	628	58.44%
여자	423	760	55.66%

표본평균이 대표적인 중심위치이지만, 사용하는 데 주의해야 할 점이 있다. 자료 중에는 일부 관측값이 대부분의 나머지 관측값들에서 멀리 떨어져 있는 경우가 있다. 이렇게 떨어져 있는 관측값을 통계학에서는 **이상점(outlier)**이라고 한다. 표본크기가 크지 않은 경우 이상점이 자료에 포함되어 있는지 여부에 따라 표본평균의 값이 차이 나는 경향이 있다.

예제 2.12

8명의 졸업생의 초임 월급 실수령액(단위는 만 원) 자료를 다음과 같이 얻었다고 하자.

200, 225, 210, 205, 205, 220, 350, 205

8명의 수령액 합은 1,820만 원이고 평균은 $\bar{x} = \frac{1820}{8} = 227.5$ 가 된다.

그림 2.14 초임 월급 점도표

문제는【그림 2.14】에서 보는 것과 같이 8명 중 7명의 수령액이 평균보다 낮아 평균이 중심위치로 적절한가에 대한 의문을 가질 수 있다는 것이다. 이와 같은 결과는 자료 중 350만 원이라는 값이 다른 자료와 너무 동떨어져 있어 평균의 값을 크게 만들었기 때문에 발생한 것이다.

이상점의 포함여부에 따라 중심위치가 크게 변한다면 그 중심위치는 대푯값으로써 적절하지 않을 수 있다. 위의 예제에서 보는 것과 같이 표본평균은 이상점에 영향을 많이 받기 때문에 표본크기가 크지 않고 자료에 이상점이 있는 경우 표본평균은 안정적인 중심위치로 적절하지 않다는 것을 의미한다. 그러므로 중심위치로 표본평균을 사용하려면 계산 전에 자료에 이상점이 있는지를 먼저 확인해야 한다. 이상점을 확인하는 방법은 4.2절에서 알아본다.

때로는 원자료 대신【표 2.3】과 같이 도수분포표로 정리된 경우가 있다. 이 경우 각 자료의 값을 알 수 없기 때문에 정확한 표본평균을 계산할 수 없지만 근사적인 값은 구할 수 있다.

표 2.12 수치자료의 도수분포표

계급	도수	상대도수	누적상대도수	계급중간값	밀도
$[L_1, U_1)$	f_1	r_1	c_1	m_1	d_1
$[L_2, U_2)$	f_2	r_2	c_2	m_2	d_2
⋮	⋮	⋮	⋮	⋮	⋮
$[L_k, U_k]$	f_k	r_k	c_k	m_k	d_k

원자료 없이 【표 2.13】과 같은 도수분포표가 주어지면, 먼저 j 번째 계급 $[L_j, U_j)$ 의 계급중간값 $m_j = (L_j + U_j)/2$를 그 계급의 대푯값으로 생각한다. 그러면 $m_j f_j$는 해당 계급에 속한 관측개체 합에 대한 근사값으로 생각할 수 있다. 그러므로 k 개의 계급이 있는 경우 $\sum_{j=1}^{k} m_j f_j$는 전체표본의 합에 대한 근사값이고 표본평균은 다음과 같이 정의할 수 있다.

$$\bar{x}_g = \frac{1}{n}\sum_{j=1}^{k} m_j f_j = \sum_{j=1}^{k} m_j\left(\frac{f_j}{n}\right) = \sum_{j=1}^{k} m_j r_j$$

여기서 r_j는 j 번째 계급에서 속한 관측개체의 상대도수를 의미한다. 【표 2.3】의 형태로 자료가 주어졌을 때 각 계급의 중간값은 다음과 같다.

표 2.13 2011년 통계학 관련학과 취업률

취업률	도수	상대도수	누적상대도수	계급중간값
10% 이상~40% 미만	3	0.071	0.071	25
40% 이상~50% 미만	6	0.143	0.214	45
50% 이상~60% 미만	13	0.310	0.524	55
60% 이상~70% 미만	10	0.238	0.762	65
70% 이상~80% 미만	6	0.143	0.905	75
80% 이상~100%	4	0.095	1.000	90

이를 이용하여 표본평균을 계산하면

$$\begin{aligned}\bar{x}_g &= \frac{1}{42}(25\times 3 + 45\times 6 + \cdots + 90\times 4)\\ &= 25\times 0.071 + 45\times 0.143 + \cdots + 90\times 0.095 = 60.01\end{aligned}$$

로 원자료를 이용하여 나온 표본평균 58.77과 약간의 차이는 있으나 비슷한 것을 볼 수 있다.

② 표본중앙값

표본중앙값(sample median)은 자료를 크기 순서대로 나열했을 때 가운데 위치에 있는 값으로 표본중위수라고도 한다. 표본 $x_1, x_2, \ldots, x_n$ 을 오름차순으로 정렬했을 때 i 번째로 작은 값을 $x_{(i)}$ 라고 표시하면 $x_{(1)} \leq x_{(2)} \leq \cdots \leq x_{(n)}$ 가 성립하는데 이를 **순서통계량**(order statistics)라고 한다. 만약 $n=5$ 이면 3번째 순서통계량 $x_{(3)}$ 이 표본중앙값이 되고, $n=6$ 이면 3번째와 4번째 순서통계량 사이에 표본중앙값이 있는데 편의상 3번째와 4번째 순서통계량의 가운데 지점, 즉 $(x_{(3)}+x_{(4)})/2$ 을 표본중앙값이라고 정의한다. 이를 일반화하면 표본중앙값은 n이 홀수인지 짝수인지에 따라 조금 달라지며 다음과 같이 정의한다.

$$\tilde{x} = \begin{cases} x_{(k_1)}, & n = \text{홀수} \\ \dfrac{1}{2}\left(x_{(k_2)} + x_{(k_2+1)}\right), & n = \text{짝수} \end{cases}$$

여기서 $k_1 = (n+1)/2$이고 $k_2 = n/2$이다.

예제 2.13

통계학 관련학과 취업률의 표본중앙값을 구하기 위해서는 먼저 자료를 다음과 같이 순서대로 정렬해야 한다.

19.6	22.7	31.6	40.5	41.0	41.2	41.3	43.4	46.3	50.0	52.4	52.8	53.1	53.8
54.8	55.6	55.6	55.6	56.5	58.1	58.6	59.5	60.7	61.9	63.6	64.3	64.5	64.6
65.2	65.4	66.7	67.9	71.4	71.4	72.1	73.3	77.1	78.4	80.0	81.3	83.3	91.3

$n=42$ 이므로 취업률의 표본중앙값은 21번째와 22번째 순서통계값 58.6과 59.5의 평균인 $\tilde{x}=\dfrac{58.6+59.5}{2}=59.05$가 된다.

표본중앙값은 극단적인 값에 영향을 받지 않는 성질이 있다. 예를 들어 취업률 자료에서 19.6이 0으로 가거나 91.3이 100으로 가도 표본중앙값의 변화는 없다. 이것은 자료에 이상점의 유무에 관계없이 안정적인 중심위치를 제공한다는 것을 의미하는데 이러한 특징을 통계학에서는 이상점에 **로버스트**(robust)하다고 한다. 하지만 표본중앙값을 계산하는데 있어 자료의 값들은 순서통계량을 구하는데 이용될 뿐이고 중앙에 있는 하나 또는 두 개의 관측값만 직접 사용하기 때문에 자료가 가지고 있는 정보를 다 활용하지 못한다는 단점이 있다.

평균과 중앙값은 모두 장단점을 가지고 있어 어떤 값을 중심위치로 사용해야 하는가라는 질문이 나올 수 있다. 이에 대해 두 통계값을 계산하여 차이가 크지 않으면 표본평균을, 차이가 크면 중앙값을 사용하는 방법을 추천하고 싶다. 왜냐하면 두 값의 차이가 크다는 것은 자료 중에 이상점이 있을 가능성이 높기 때문이다. 일반적으로 임금이나 소득에 관련된 자료에는 이러한 이상점들이 종종 발생하기 때문에 대푯값으로 평균을 사용하면 체감하는 것보다 높게 느껴지는 경우도 있다.

예제 2.14

【예제 2.12】에서 초임 월급 실수령액의 표본중앙값을 계산하기 위해 자료를 정렬하면 200, 205, 205, 205, 210, 220, 225, 350이 되고 자료가 8개 있으므로 표본중앙값은 4번째와 5번째의 평균이 된다. 즉, $x_{(4)} = 205$이고 $x_{(5)} = 210$이므로

$$\tilde{x} = \frac{x_{(4)} + x_{(5)}}{2} = 207.5$$

가 된다. 표본평균 227.5와 비교하여 표본중앙값은 20만 원 낮은 것을 볼 수 있는데, 이렇게 차이가 있는 큰 경우에는 표본중앙값이 표본평균보다 안정적인 중심위치로 사용될 수 있다.

예제 2.15

2013년 5월 1일 The New York Times에 F. Norris[12]가 쓴 글에 의하면 물가를 보정한 미국인 실질임금의 중앙값은 13년 전보다 0.9% 증가했다고 한다. 여기서 흥미로운 사실은 고용된 사람들을 교육수준에 따라 그룹을 나누어 2000년 대비 2013년 실질임금의 중앙값을 비교하면 다음과 같이 모두 감소한 것으로 나타났다.

그룹	고교 중태	고교 졸업	대학 중태	대졸 이상
증가율	-7.9%	-4.7%	-7.6%	-1.2%

모든 그룹에서 실질임금은 감소했는데 전체 임금의 중앙값은 증가하는 흥미로운 현상이 발생하였다. 이러한 현상을 심슨의 역설(Simpson's paradox)라고 한다. 이렇게 서로 상반된 결과가 나온 이유는 13년 동안 각 그룹에 해당되는 인원의 변동으로

발생한 것으로 볼 수 있다. 즉, 그룹 내에서는 실질소득이 줄어들었지만, 상대적으로 보수가 높은 대졸 이상 인원의 채용은 늘어나고 고졸 이하의 채용은 줄어들어 전체적으로 임금이 상승한 것으로 나타난 것이다.

③ 표본절사평균

앞에서 표본평균과 표본중앙값의 특징을 알아보았다. 표본평균은 모든 자료의 정보를 사용하지만 이상점에 로버스트 하지 않은 반면, 표본중앙값은 로버스트 하지만 자료의 정보를 다 활용하지 못한다는 장단점이 있다. 절사평균은 이 두 통계값이 가지고 있는 장점을 살리면서 단점을 줄여주는 통계값이라고 할 수 있다.

α% **표본절사평균**(sample trimmed mean)은 표본중앙값을 계산할 때처럼 순서통계량을 구하고 순서통계량의 하위 α%에서 상위 α%까지의 자료를 이용하여 표본평균을 계산하는 것으로 $\overline{x}_{\alpha\%}$ 로 표시하겠다. 표본절사평균을 계산하기 위해서는 하위 α%, 상위 α%에 해당하는 위치를 찾아야 하는 번거로움이 있다. 그래서 실제 분석에서는 n 개의 자료 중 상위, 하위 몇 개를 제외할 것인지를 먼저 결정하고 이에 해당하는 %를 언급한다.

순서통계량에서 하위 α%의 값을 α **백분위수**(percentile)이라고 하는데 p_α 로 표시하겠다. 같은 값을 비율로 표시하면 $\beta = \alpha/100$가 되는데 α 백분위수를 β **분위수**(quantile)라고도 하며 q_β 라고 표시하겠다. 상위 α%의 값은 $(100-\alpha)$백분위수 또는 $(1-\beta)$분위수가 된다.

하위 α%에 해당되는 순서를 계산하면 상위 α%는 반대 방향에서 동일한 순서에 해당되는 값이 되는데, 예를 들어 30개의 자료가 있고 하위 α%가 4번째 순서통계량이었다면 상위 α%는 위에서 4번째인 27번째 순서통계량이 된다. 이런 경우 α% 표본절사평균은 4번째 순서통계량부터 27번째 순서통계량까지 24개 자료의 평균이 된다. 만약 α가 0이면 모든 자료를 이용한 표본평균이 되고 50이면 중앙에 있는 값만 이용한 표본중앙값이 된다.

12 Norris F. (2013). Can Every Group Be Worse Than Average? Yes. The New York Times. http://economix.blogs.nytimes.com/2013/05/01/can-every-group-be-worse-than-average-yes/

적절한 크기의 α를 정하면 자료에 포함된 이상점이 제외되지만 $(100-2\alpha)$%만큼의 관측값을 그대로 사용하기 때문에 많은 자료정보를 사용하면서도 로버스트한 중심위치를 구할 수 있다. 이러한 이유 때문에 점수를 줄 때 개인적으로 편향된 점수를 줄 수 있는 체조나 피겨스케이팅과 같은 스포츠 경기의 채점 방식으로 사용되고 있다.

예제 2.16

【표 2.14】는 2013 ISU 세계피겨스케이팅 대회에서 김연아 선수와 아사다마오 선수의 프리스케이팅 점수를 비교한 것이다. 이 표를 보면 다섯 번째 심판만 아사다마오에게 김연아보다 높은 점수를 준 반면 나머지 심판은 모두 모든 요소에서 김연아에게 높은 점수를 줬다. 피겨스케이팅의 경우 9명의 심판이 프로그램 요소를 평가한다. 이런 특정 심판의 영향을 최소화하기 위해 각 요소의 평가 중 최솟값과 최댓값을 뺀 7명의 점수의 평균을 계산하는데 이 값이 절사평균이다. 두 선수의 절사평균 합은 김연아는 46.0, 아사다마오는 42.75이고 절사하지 않은 평균 합은 김연아 45.93, 아사다마오 42.78로 김연아의 점수는 줄어드는 반면 아사다마오의 점수는 늘어나고 있다. 프리스케이팅의 경우 위 점수에 1.6을 곱하기 때문에 실제 차이는 더 벌어질 수 있다.

표 2.14 2013 ISU 여자 피겨스케이팅 점수표

선수	요소	심판									평균	절사평균
		1	2	3	4	5	6	7	8	9		
김연아	Skating Skills	9.50	9.25	9.25	9.00	8.75	9.50	9.25	9.25	9.00	9.19	9.21
	Transition/ Linking Footwork	9.00	9.25	8.75	8.75	8.50	9.25	9.00	8.75	8.75	8.89	8.89
	Performance/ Execution	10.0	10.0	9.00	9.25	8.50	9.50	9.75	9.00	9.00	9.33	9.36
	Choreography/ Composition	9.50	9.75	9.00	9.25	8.50	9.00	10.0	8.75	9.00	9.19	9.18
	Interpretation	10.0	10.0	9.25	9.00	8.50	9.25	10.0	9.00	9.00	9.33	9.36
아사다마오	Skating Skills	8.50	8.75	8.50	8.25	8.75	8.50	8.50	8.75	9.00	8.61	8.61
	Transition/ Linking Footwork	8.25	8.50	8.25	8.00	8.50	8.25	8.00	8.25	8.00	8.22	8.21
	Performance/ Execution	8.50	9.00	8.50	8.25	8.75	8.75	8.75	8.50	8.50	8.61	8.61
	Choreography/ Composition	9.00	9.00	8.50	8.50	8.75	8.50	8.75	8.50	8.50	8.67	8.64
	Interpretation	8.50	8.75	8.50	8.50	9.00	8.75	8.75	8.25	9.00	8.67	8.68

α % 표본절사평균을 계산하기 위해서는 먼저 순서통계량의 하위 α %와 상위 α % 위치를 계산해야 하는데 이 계산 방법은 교재마다 조금씩 다르다. 이 책에서는 컴퓨터 프로그램인 Excel과 R에서 제공하는 quartile 함수 계산법을 근거로 소개하고자 한다. 하위 α %의 위치를 계산하기 위해서는 먼저 아래의 공식을 이용하여 몇 번째 순서통계량에 해당되는지를 계산해야 하는데 계산방식은 다음과 같다.

$$k = (n-1)p + 1, \quad p = \alpha/100$$

k가 정수이면 $x_{(k)}$가 α 백분위수이고 정수가 아니면 비례에 의한 내삽법을 적용하여 해당 백분위수 또는 분위수를 구할 수 있다. 예를 들어, $k = 3.7$이라고 하면 3.7번째에 있는 값으로 $x_{(4)}$에 더 가깝다. 이를 반영해 해당 백분위수는 $x_{(3)}$와 $x_{(4)}$의 가중평균으로 $0.7x_{(4)} + 0.3x_{(3)}$로 계산한다.

예제 2.17

취업률 자료에서 5% 표본절사평균을 구한다고 하면 $n = 42$이므로 하위 5%에 해당되는 위치는 41×0.05+1=3.05가 된다. 이것은 3번째와 4번째 순서통계값 사이에 있으며 3번째 통계량에 좀 더 가깝게 있다는 것을 의미하며 비례식에 의해

$$q_{0.05} = 0.95 \times x_{(3)} + 0.05 \times x_{(4)} = 0.95 \times 31.6 + 0.05 \times 40.5 = 32.045$$

가 된다. 같은 방법으로 상위 5%는 39.95번째 위치로

$$q_{0.95} = 0.05 \times x_{(39)} + 0.95 \times x_{(40)} = 0.05 \times 80.0 + 0.95 \times 81.3 = 81.235$$

가 된다. 5% 결사평균은 $q_{0.05}$와 $q_{0.95}$를 포함하고 그 사이에 있는 관측값들의 평균으로 38개의 자료를 사용하며 평균은 59.17이 된다.

$$\bar{x}_{5\%} = \frac{32.045 + 40.5 + \cdots + 80.0 + 81.235}{38} = \frac{2248.58}{38} = 59.17$$

④ 최빈값

최빈값은 자료 중 빈도가 가장 많은 값을 의미한다. 주로 이산자료인 경우 사용되며

연속자료의 경우에는 자료의 값을 직접 사용하기보다는 그룹화하여 히스토그램을 그리고 간단하게 가장 높은 밀도를 가지는 구간의 중간값을 최빈값으로 사용하거나 내삽법을 이용하여 가장 높은 밀도의 위치를 추정하여 최빈값으로 사용할 수 있다.

예제 2.18

취업률 자료에서 55.6이 세 개로 가장 많이 나오기 때문에 55.6이 최빈값이 된다. 만약【그림 2.8】의 히스토그램을 이용하여 최빈값을 구한다고 하면 50% 이상~60% 미만의 구간에서 가장 높은 밀도를 가지기 때문에 중간값인 55를 최빈값으로 할 수 있다. 그러나 그림에서 보면 40% 이상~50% 미만의 밀도보다 60% 이상~70% 미만의 밀도가 높다는 것을 고려한다면 최빈값은 내삽법을 통해 중간값보다 약간 오른쪽으로 옮겨줄 필요가 있다. 내삽법을 사용하기 위해 50%와 60% 위치에서의 밀도차이를 구한다.【그림 2.16】에서 두 사선에 대한 식은

$$y=\frac{0.0167}{10}x-0.0692, \quad y=-\frac{0.0072}{10}x+0.067$$

로 표시할 수 있고 이 두 직선이 교차되는 지점은 $\frac{0.692+0.67}{0.0167+0.0072}=56.99$가 되며 이 값을 최빈값으로 사용한다. 하지만 줄기-잎 그림을 그릴 때 사용했던 취업률 자료를 사용하여 최빈값을 구한다면 41과 65가 각각 네 개로 최빈값은 두 개가 될 뿐만 아니라 앞의 결과와 전혀 다른 최빈값을 가진다.

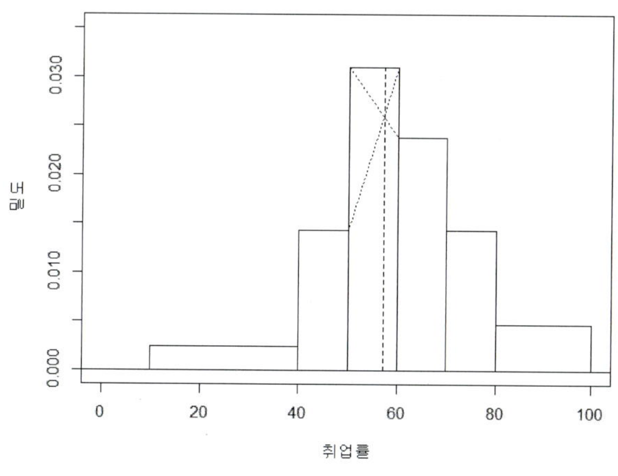

그림 2.16 통계학 관련학과 취업률 최빈값

최빈값은 예제에서 보는 것과 같이 자료의 단위와 형태에 따라 그 값이 달라지거나 여러 개 나올 수 있어 자주 사용하는 통계값은 아니지만 【그림 2.16】과 같이 일봉인 형태의 히스토그램에서는 가장 높은 밀도를 가지는 부분으로 중요한 위치가 된다.

4.2 퍼짐의 측도

대부분의 경우 중심위치만으로 자료의 특성을 파악하기에는 한계가 있다. 통계학에서 중심위치만큼 중요한 통계값이 **산포**(dispersion)이다. 산포는 자료들이 얼마나 퍼져 있는가를 나타낼 뿐만 아니라 앞에서 구한 중심위치가 얼마나 안정적이고 신뢰할 수 있는지에 대한 중요한 정보를 제공한다. 자료가 조밀하게 모여 있는 경우 중심위치에 대한 신뢰도는 높아지지만 넓게 퍼져있는 경우 중심위치의 변동성이 커지기 때문에 신뢰도가 떨어질 수 있다.

① 범위

자료의 퍼짐 정도를 가장 쉽게 나타낼 수 있는 것이 범위이다. **범위**(range)는 자료 중 가장 큰 값과 작은 값의 차이로 자료가 넓게 퍼져있으면 범위는 커지고 모여 있으면 작아진다.

$$\text{범위} = x_{(n)} - x_{(1)}$$

표본은 최댓값 $x_{(n)}$ 과 최솟값 $x_{(1)}$ 을 계산하는 데만 이용되기 때문에 많은 정보를 활용하지 못할 뿐만 아니라 자료 중 이상점이 있으면 전체 형태와 관계없이 범위가 커질 수 있어 범위를 통해 퍼진 정도를 평가하기에는 무리가 있을 수 있다. 취업률 자료에서 최고 취업률은 91.3%이고 최저 취업률은 19.6%로 취업률 자료의 범위는 91.3-19.6=71.7%가 된다.

② 사분위범위

사분위수(quartile)는 자료를 동일한 비율로 4등분할 때의 세 위치를 의미한다. 자료를 오름차순으로 정렬했을 때 25% 지점을 **제1 사분위수**(Q_1), 50% 지점을 **제2 사분위수**(Q_2), 75% 지점을 **제3 사분위수**(Q_3)라고 한다. 50% 지점인 제2 사분위수는 표본중앙값과 같다. 앞에서 언급한 방법으로 Q_1, Q_2, Q_3을 계산하려면 몇 번째 순서통계값을 이용할 것인지 정한다.

$$k = (n-1)p + 1, \quad p = 0.25, 0.5, 0.75$$

k가 정수이면 $x_{(k)}$가 해당 사분위수가 되고 정수가 아니면 비례에 의한 내삽법을 적용하여 사분위수를 결정한다.

예제 2.19

취업률 자료에서 $n = 42$이므로 Q_1에 해당되는 위치는 41×0.25+1=11.25가 된다. 이것은 11번째와 12번째 순서통계값 사이에 있으며 11번째 통계량에 좀 더 가깝게 있다는 것을 의미하며 비례식에 의해

$$Q_1 = 0.75 \times x_{(11)} + 0.25 \times x_{(12)} = 0.75 \times 52.4 + 0.25 \times 52.8 = 52.5$$

가 된다. 같은 방법으로 Q_3는 31.75번째 위치로 0.25×66.7+0.75×67.9=67.6가 된다.

사분위(간)범위(interquartile range)는 제3 사분위수와 제1 사분위수의 간격을 의미하며 자료가 얼마나 퍼져있는지를 나타내는 측도로 사용되기도 한다.

$$IQR = Q_3 - Q_1$$

사분위수범위의 경우 25% 지점과 75% 지점의 값을 이용해 이상점에 로버스트 하지만 대부분의 표본값은 순서를 정할 때 사용되고 직접적으로 이용되지 않기 때문에 여전히 정보의 손실이 많다는 단점이 있다.

사분위수와 사분위범위는 **상자그림(box plot)**을 그릴 때 사용된다. 상자그림은 Tukey라는 통계학자가 제안한 그림으로 그룹 간의 비교나 이상점 검출 등에 사용되는 그림이다. 취업률 자료에 대한 상자그림을 통해 상자그림을 어떻게 그리고 어떻게 해석해야 하는지 설명하고자 한다.

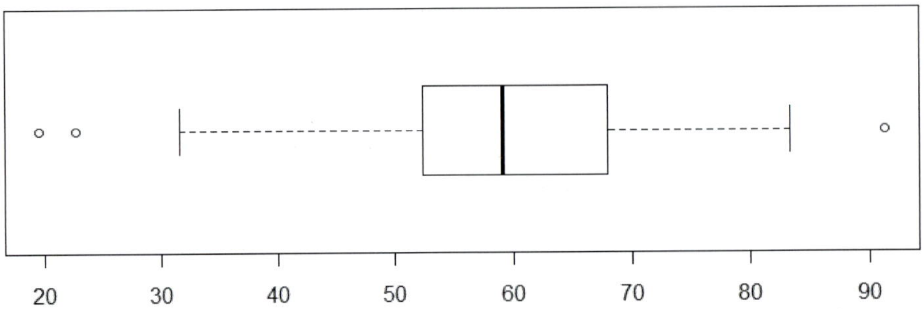

그림 2.17 통계학 관련학과 취업률의 상자그림

【그림 2.17】의 중앙에 있는 사각형의 수직선 위치는 Q_1, Q_2, Q_3에 해당하는 값이다. 취업률 자료의 경우 $Q_1 = 52.5$, $Q_2 = 59.05$, $Q_3 = 67.6$가 되는데, Q_1과 Q_2의 거리가 Q_2와 Q_3의 거리보다 짧다. 이것은 Q_1과 Q_2 사이에 있는 표본이 좀 더 조밀하게 모여 있다는 것을 의미한다. $IQR = Q_3 - Q_1$을 계산하여 $L = Q_1 - 1.5 \times IQR$을 구한 후 L보다 큰 관측값 중 가장 작은 값에 직선을 표시하고, 이 직선과 Q_1 위치의 상자를 점선으로 연결한다. 취업률 자료의 경우 $IQR = 67.6 - 52.5 = 15.1$, $L = 52.5 - 1.5 \times 15.1 = 29.85$이며 29.85보다 크면서 가장 작은 표본은 31.6이 된다. L보다 작은 값은 이상점 ○로 표시하는데, 취업률 19.6%와 22.7%는 통계학 관련학과 취업률에서 이상점으로 처리할 수 있다. 마찬가지로 $U = Q_3 + 1.5 \times IQR$을 계산하고 U보다 작은 값 중에 가장 큰 값에 직선을 표시하여 Q_3 위치의 상자와 연결한다. 현재 자료에서는 $U = 67.6 + 1.5 \times 15.1 = 90.25$가 되며 U보다 작은 가장 큰 값은 83.3이고 91.3%는 이상점 ○로 표시된다. 추가적으로 $Q_1 - 3 \times IQR$, $Q_3 + 3 \times IQR$ 밖에 있는 관측값을 극단적 이상점이라고 한다.

예제 2.20

대기오염의 주요 오염원에 대한 기초자료를 확보하기 위해 전국에 설치된 대기오염측정소 중 주요 100개소를 선정하여 오염 물질에 대한 시공간적 분석을 실시하였다. 【그림 2.18】은 2005년 1월 1일 1시부터 2008년 12월 31일 24시까지 매 시간별로 측정된 오존(O_3) 자료를 시간대별로 표시한 상자그림이다. 모든 시간대에서 많은 이상점이 발견되고 있으며 오존의 오염도는 7시부터 9시까지 13 정도로 낮아졌다가 11시부터 급격히 증가하여 15시부터 17시경에 가장 높은 오염도를 가지다 서서히 감소하는 형태를 가지고 있다. 중간의 실선은 전체 오존 오염도 평균을 표시한 것이다.

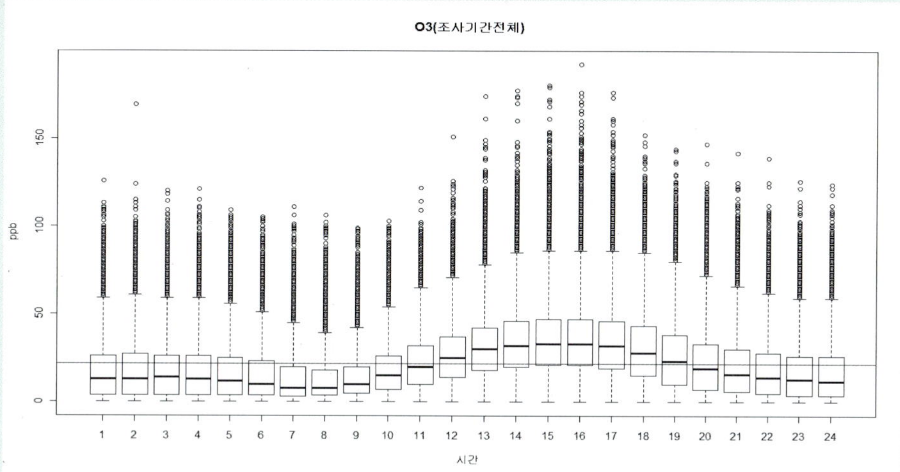

그림 2.18 시간대별 오존 오염도

③ 표본분산과 표본표준편차

범위나 사분위수범위의 경우 특정 위치의 두 값을 이용하기 때문에 표본의 정보를 많이 활용하지 못한다. 이런 문제를 해결하기 위해 생각해 볼 수 있는 통계값은 모든 자료간의 거리의 합을 이용하는 것이다. 수학적으로 거리 D는 임의의 점 a, b, c에 대해 다음과 같은 성질을 만족한다.

- $a = b$이면 $D(a, b) = 0$이고 그 역도 성립한다.
- $D(a, b) = D(b, a)$
- $D(a, b) \leq D(a, c) + D(c, b)$

이러한 성질을 만족하는 D는 수없이 많은데 그중 우리는 $D(a, b) = |a - b|$와 $D(a, b) = (a - b)^2$에 관심을 가진다. 이들 거리를 이용하면 모든 관측개체들 간 거리의

합을 다음과 같이 계산할 수 있다.

$$\sum_{i=1}^{n}\sum_{j=1}^{n}|x_i - x_j|, \qquad \sum_{i=1}^{n}\sum_{j=1}^{n}(x_i - x_j)^2$$

만약 자료들이 넓게 퍼져있으면 이 합들은 큰 값을 가질 것이고 모여 있으면 작아질 것이다.

위의 측도를 사용하기 위해서는 n^2개의 거리 합을 계산해야 하므로 n이 커지면 계산의 부담이 생길 수 있어 아래와 같이 임의의 중심위치 a에서 자료들이 떨어져 있는 거리의 합을 생각해 볼 수 있다.

$$L_1(a) = |x_1 - a| + |x_2 - a| + \cdots + |x_n - a| = \sum_{i=1}^{n}|x_i - a|$$

$$L_2(a) = (x_1 - a)^2 + (x_2 - a)^2 + \cdots + (x_n - a)^2 = \sum_{i=1}^{n}(x_i - a)^2$$

이렇게 하면 자료들의 모든 정보를 사용하면서 자료들이 a를 중심으로 얼마나 퍼져있는지를 나타낼 수 있다. 즉, 자료들이 a를 중심으로 모여 있으면 위의 합은 작아지고 반대로 넓게 퍼져있으면 커지게 된다. 위의 측도를 사용하기 위해서는 a값을 정해야 하는데 이 중심위치의 선택은 통계적으로 매우 중요하다.

먼저 $L_2(a)$에서 a를 선택하는 방법에 대해 알아보자. $L_2(a)$에서 a가 좋은 중심위치가 되려면 자료들과의 거리가 가능한 짧아야 하며 결국 모든 자료들과의 거리 합을 최소로 만드는 값이 되어야 한다. 이런 조건을 만족하는 a는 다음과 같이 $L_2(a)$를 a에 대해 미분한 식이 0이 되는 값으로

$$\frac{dL_2(a)}{da} = -2\sum_{i=1}^{n}(x_i - a) = -2\left\{\sum_{i=1}^{n}x_i - na\right\} = 0$$

이 된다. 결론적으로 $a = \frac{1}{n}\sum_{i=1}^{n}x_i = \bar{x}$가 되는데, 이는 $L_2(a)$에서는 중심위치로 표본평균 $\bar{x}$가 적절하다는 것을 의미한다.

$L_1(a)$의 경우 a로 미분할 수 없으므로 수리적으로 최소를 만드는 a를 찾기 어렵지만 【그림 2.19】를 이용하면 쉽게 찾을 수 있다. 만약 【그림 2.19】의 왼쪽과 같이 자료가 2개

있을 때 a가 β가 같이 자료들 사이에 있는 경우와 α 처럼 밖에 있는 경우를 생각해 볼 수 있다. 이 경우 그림에서 보는 것처럼 $L_1(\alpha) = L_1(\beta) + 2k$가 되어 $L_1(\beta)$가 $L(\alpha)$보다 작은 것을 알 수 있다. 이를 좀 더 일반화하면 표본크기가 짝수이면 a가 중간에 있는 두 값의 사이에 있어야 $L_1(a)$가 최소가 된다. 자료가 3개인 경우에는 α와 β가 가능하며 그림에서 보는 것처럼 $L_1(\alpha) = L_1(\beta) + k$가 되며 $L(\beta)$가 $L(\alpha)$보다 작은 것을 볼 수 있다. 이를 일반화하면 표본크기가 홀수일 때 a는 표본의 중앙에 있어야 한다는 것을 알 수 있다. 결론적으로 $L_1(a)$를 최소로 만드는 a는 표본중앙값 $\tilde{x}$가 된다.

그림 2.19 절대편차합의 비교

여기서 중요한 것은 어떤 거리를 사용하는가에 따라 적절한 중심위치가 달라질 수 있다는 것이다. 앞에서 보인 것처럼 L_1일 때에는 표본중앙값 $\tilde{x}$, L_2인 경우에는 표본평균 $\bar{x}$이 중심위치로 사용된다. 이를 정리하면, 퍼져있는 정도를 나타내는 통계값으로

$$L_1(\tilde{x}) = \sum_{i=1}^{n} \left| x_i - \tilde{x} \right|, \qquad L_2(\bar{x}) = \sum_{i=1}^{n} (x_i - \bar{x})^2$$

을 고려할 수 있다. 이 책에서는 수학적으로 다루기 쉽고 뒤에서 설명할 정규분포와 최소제곱법과 관련이 있는 $L_2(\bar{x})$를 중심으로 설명하고자 한다. $L_2(\bar{x})$는 편차의 제곱합으로 표시된다. 표본평균을 설명할 때 편차의 합이 0이라고 했는데 이는

$$\frac{dL_2(a)}{da} = -2\sum_{i=1}^{n} (x_i - a) = 0$$

을 만족하는 a를 찾는 과정에서 나온 결과이기도 하다.

$L_2(\bar{x})$는 자료가 추가되면 계속 커지므로 표본크기로 보정을 해주어야 한다. **표본분산(sample variance)**은 이 측도에 다음과 같이 $n-1$로 나눈 값이다.

$$s^2 = \frac{1}{n-1}\sum_{i=1}^{n}(x_i - \overline{x})^2$$

여기서 표본크기 n이 아닌 $n-1$로 나눈 이유는 표본분산은 n개의 편차를 사용하는 것 같지만 $\sum_{i=1}^{n}(x_i - \overline{x}) = 0$이라는 제약조건 때문에 $n-1$개의 편차만 자유롭게 값을 가질 수 있고 마지막 편차는 합이 0이 되게 만드는 역할만 하기 때문이다. 즉, 실제로 우리가 사용하는 것은 $n-1$개의 편차 정보를 이용하기 때문에 n이 아닌 $n-1$로 나눈다. 이 $n-1$을 자유롭게 가질 수 있는 편차의 개수라고 하여 **자유도(degree of freedom)**라고 부른다.

표본분산을 계산할 때 위의 공식을 사용하기보다는 편차의 제곱식을 다음과 같이 전개시키면 계산이 좀 더 간단하다.

$$\begin{aligned} s^2 &= \frac{1}{n-1}\sum_{i=1}^{n}(x_i - \overline{x})^2 \\ &= \frac{1}{n-1}\left\{\sum_{i=1}^{n}x_i^2 - n\overline{x}^2\right\} \\ &= \frac{1}{n-1}\left\{\sum_{i=1}^{n}x_i^2 - \frac{1}{n}\left(\sum_{i=1}^{n}x_i\right)^2\right\} \end{aligned}$$

표본분산은 편차의 제곱합을 이용하기 때문에 분산의 단위는 관측값 단위의 제곱이 되어 표본분산의 값을 보고 자료가 얼마나 퍼져있는지 직관적으로 파악하기 어렵다. 우리가 눈으로 이해하는 산포와 일치시키려면 자료를 측정할 때의 단위로 변환시켜 표시해야 한다. 이는 원의 거리를 계산할 때처럼 표본분산을 제곱근을 취해 구할 수 있다. 표본분산의 제곱근은 관측값과 동일한 단위로 퍼짐의 측도가 되며 이를 **표본표준편차**(sample standard deviation)라고 한다.

$$s = \sqrt{s^2} = \sqrt{\frac{1}{n-1}\sum_{i=1}^{n}(x_i - \overline{x})^2}$$

예제 2.21

취업률 자료를 이용하여 표본분산과 표본표준편차를 구해보자. 표본분산을 계산하기 위해 표본의 합과 제곱합을 구한다.

$$\sum_{i=1}^{42} x_i = 2468.4\,,\ \ \sum_{i=1}^{42} x_i^2 = 154975.4$$

이 값들을 이용하여 편차의 제곱합을 구하면

$$\sum_{i=1}^{42}(x_i - \overline{x})^2 = 154975.4 - \frac{2468.4^2}{42} = 9904.006$$

이 되고 표본분산과 표본표준편차는 다음과 같이 계산된다.

$$s^2 = \frac{9904.006}{41} = 241.56,\quad s = \sqrt{241.56} = 15.54$$

수능시험은 과목별로 난이도가 다를 수 있기 때문에 원점수로 과목 간 성적을 비교하면 문제가 있을 수 있다. 이런 경우 아래와 같이 원점수에 평균을 빼고 표준편차를 나누어 점수를 표준화하여 상대비교를 한다.

$$z_i = \frac{x_i - \overline{x}}{s}$$

이렇게 하면 $\sum_{i=1}^{n} z_i = \frac{1}{s}\sum_{i=1}^{n}(x_i - \overline{x}\,) = 0$이 되기 때문에 z_i들의 표본평균은 $\overline{z} = 0$이 되고 표본분산은

$$\frac{1}{n-1}\sum_{i=1}^{n}(z_i - \overline{z}\,)^2 = \frac{1}{n-1}\sum_{i=1}^{n} z_i^2 = \frac{1}{(n-1)s^2}\sum_{i=1}^{n}(x_i - \overline{x})^2 = 1$$

이고 표본표준편차 또한 1이 된다. 즉 표준화는 평균이 0, 표준편차가 1이 되도록 만든다. 이를 통해 측정 단위에 영향을 받지 않게 중심위치와 척도(scale)를 조정하고 상대비교를 할 수 있게 한다.

자료가 원자료 대신 도수분포표 형태로 주어진 경우에는 평균을 계산할 때와 같이 m_i는 i 번째 계급에 해당되는 f_i 개의 자료를 대표하기 때문에 $\sum_{i=1}^{n}(x_i - \overline{x})^2$의 근사값을

$\sum_{i=1}^{k}\left(m_i-\bar{x}_g\right)^2 f_i$로 구할 수 있다. 그러므로 도수분포표 형태로 주어진 경우 표본분산과 표본표준편차는 다음과 같이 유도할 수 있다.

$$s_g^2=\frac{1}{n-1}\sum_{j=1}\left(m_j-\bar{x}_g\right)^2 f_i,\quad s_g=\sqrt{s_g^2}$$

취업률 자료의 경우 【표 2.13】의 결과를 이용하면 표본분산과 표본표준편차는 다음과 같은 값을 가진다.

$$\begin{aligned} s_g^2 &= \frac{1}{42-1}\{(25-60.01)^2\,3+(45-60.1)^2\,6+\ \cdots\ +(90-60.1)^2 4\} \\ &= \frac{10550}{41}=257.32 \\ s_g &= \sqrt{257.32}=16.04 \end{aligned}$$

④ 변동계수

자료를 분석하다 보면 표준편차가 평균에 영향을 받는 경우를 종종 만난다. 예를 들어, 후진국의 소득분포와 선진국의 소득분포를 비교한다고 하자. 일반적으로 선진국 소득의 표준편차가 후진국의 표준편차보다 훨씬 큰데 그 이유는 비교 그룹 간의 평균이 큰 차이가 있고 평균이 커지면 산포 또한 커지는 경향을 가지는 자료이기 때문이다. 이런 특성을 가지는 자료를 실생활에서도 많이 접할 수 있다.

우리나라 주식 거래에 있어 주가가 50만 원 이상인 경우 매도/매수의 기본단위는 1000원, 10만 원 이상은 500원, 5만 원 이상은 100원, 1만 원 이상은 50원, 5천 원 이상은 10원, 5천 원 미만은 5원 단위로 거래를 할 수 있도록 되어있다. 이는 평균 단가에 따라 거래 단위를 조정하여 수익률의 단위가 비슷하게 만들기 위한 것이다.

실제로 자료가 가질 수 있는 최솟값이 0 이상이 되는 자료들이 이러한 성질을 가지는 경우가 종종 있다. 이런 경우 표준편차 자체만 이용하여 산포를 비교하는 것은 적절하지 않을 수 있기 때문에 다음과 같이 평균으로 표본표준편차를 보정한 **변동계수**(coefficient of variation)를 사용할 수 있다.

$$CV=\frac{s}{\bar{x}}$$

때로는 위의 식에 100을 곱하여 표본평균에 비해 표본표준편차가 얼마나 큰지를 % 개념으로 표시하는 경우도 있다. 변동계수는 신장과 체중과 같이 단위가 전혀 다른 자료들의 퍼져있는 정도를 비교할 때에도 사용된다.

4.3 분포의 형태

앞 절에서 자료의 중심위치와 산포에 관련된 통계값에 대해 알아보았다. 수치형 자료에 대한 통계분석 방법에서는 대부분 모집단의 형태가 중심위치를 기준으로 좌우대칭인 것으로 가정하고 있다. 앞에서도 언급한 것과 같이 통계분석의 적절성은 분석방법에서 가정한 조건을 자료가 얼마나 만족하고 있는지에 영향을 받는다. 이런 점에서 자료가 어떤 형태로 분포되어 있는지를 나타내는 통계값에 대해 알아볼 필요가 있다.

자료가 중심위치를 기준으로 대칭적으로 분포되어 있는지는 히스토그램이나 상자그림을 통해 확인할 수 있다. 【그림 2.20】은 평균이 0이고 표준편차가 1이지만 형태가 다른 자료의 히스토그램이다. 왼쪽 히스토그램의 경우 왼쪽으로 자료가 몰려있으며 오른쪽 꼬리 부분이 왼쪽보다 길게 분포되어 있는 특징을 가진다. 오른쪽 그림은 왼쪽 그림과 반대의 형태를 가지고 있으며 중간에 있는 히스토그램은 상대적으로 대칭인 구조를 가지고 있다.

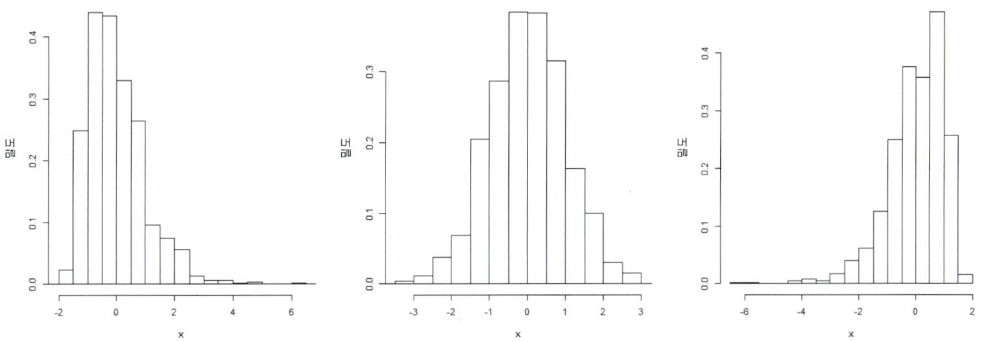

그림 2.20 비대칭적 자료와 대칭적 자료

이러한 대칭과 비대칭의 형태를 수치화하기 위해 피어슨(Karl Pearson, 1857~1936)은 다음과 같은 **왜도**(skewness)라는 통계값을 제안했다.

$$\sqrt{b_1} = \frac{1}{n-1}\sum_{i=1}^{n}\left(\frac{x_i - \overline{x}}{s}\right)^3$$

이 통계값의 주요 부분은 편차의 세제곱인 $(x_i - \overline{x})^3$으로 평균을 중심으로 왼쪽의 자료는 음수, 오른쪽의 자료는 양수 값을 가진다. 자료가 평균에서 멀어지면 멀어질수록 큰 음수나 큰 양수가 된다. 만약 중간에 있는 그림처럼 좌우가 비슷한 형태를 가진다면 음수와 양수가 상쇄되어 $\sqrt{b_1}$ 은 0 근처의 값을 가질 것이다. 왼쪽의 그림에서는 오른쪽의 꼬리 부분이 길게 뻗어 있으면 큰 양수값을 가지는 자료가 상대적으로 많아져 $\sqrt{b_1}$ 은 대칭일 때 보다 큰 값이 되며 반면 오른쪽 그림과 같은 분포를 가지면 $\sqrt{b_1}$ 은 대칭일 때 보다 큰 음수가 된다. 정리하면【그림 2.20】과 같은 분포형태를 가지는 경우, 순서대로 **양의 왜도**(positive skewness)를 가짐, **대칭적**(symmetric)임, **음의 왜도**(negative skewness)를 가짐이라고 한다. 또 다른 표현으로 양의 왜도를 영어로 'skewed to the right(오른쪽으로 치우쳤음)'라고 하는데, 이것은 해당하는 쪽으로 꼬리가 길게 분포되어 있다는 것을 의미한다.

통계학에서는 꼬리가 길게 분포된 것을 **두터운 꼬리**(heavy tail)라고 부른다. SAS와 같은 일부 통계프로그램에서는 통계적 추론과 연관하여 다음과 같은 수정된 왜도를 사용하고 있다.

$$\sqrt{b_1} = \frac{n}{(n-1)(n-2)}\sum_{i=1}^{n}\left(\frac{x_i - \overline{x}}{s}\right)^3$$

왜도와 함께 계산해야 할 또 다른 분포형태는 대칭이지만 양쪽꼬리가 얼마나 두터운지를 나타내는 값이다.

【그림 2.21】 또한 평균이 0이고 표준편차가 1인 자료의 히스토그램으로【그림 2.20】과 다르게 세 히스토그램 모두 대칭적인 형태를 가지고 있다. 차이는 왼쪽의 경우 꼬리가 짧고 오른쪽은 길며 중간은 양쪽의 히스토그램의 중간 정도 꼬리를 가지고 있다. 이러한 꼬리 부분의 두터운 정도를 수치화하기 위한 방법으로 피어슨이 제안한 **첨도**(kurtosis)

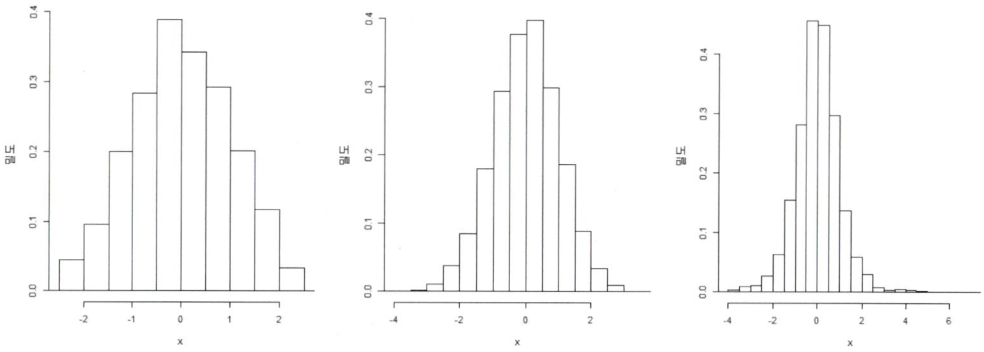

그림 2.21 꼬리의 두터운 정도 비교

를 사용하고 있다.

$$b_2 = \frac{1}{n-1}\sum_{i=1}^{n}\left(\frac{x_i-\overline{x}}{s}\right)^4$$

왜도처럼 이 통계값의 주요 부분은 편차의 네 제곱인 $(x_i-\overline{x})^4$으로 평균을 중심으로 자료가 멀리 떨어져 있으면 상대적으로 매우 큰 값을 가지며 근처에 있으면 작은 값을 가진다. 첨도는 왜도와 다르게 항상 양수가 되며 분포의 중심보다는 꼬리 부분이 얼마나 두터운지에 따라 영향을 많이 받는다. 통계학에서 가장 중요한 분포인 정규분포의 경우 이론적으로 첨도는 3이 된다. 이러한 이유로 첨도를 계산할 때

$$b_2 = \frac{1}{n-1}\sum_{i=1}^{n}\left(\frac{x_i-\overline{x}}{s}\right)^4 - 3$$

을 사용하기도 하며 SAS와 같은 통계프로그램에서는 다음과 같은 수정된 첨도를 사용하기도 한다.

$$b_2 = \frac{n(n+1)}{(n-1)(n-2)(n-3)}\sum_{i=1}^{n}\left(\frac{x_i-\overline{x}}{s}\right)^4 - \frac{3(n-1)^2}{(n-2)(n-3)}$$

【그림 2.21】의 왼쪽과 같이 꼬리 부분이 짧은 경우 자료분석을 하는 데 있어 큰 문제가 없는 반면 오른쪽과 같은 형태를 가지면 상당히 심각한 문제가 발생할 수 있다. 심한 왜도를 가지거나 양쪽 꼬리가 두터운 경우에는 자료 중 이상점이 있을 가능성이 높아진

다. 우리가 앞으로 사용할 주요 통계분석 방법은 대부분 평균과 분산을 기반으로 하는데 이 통계값들은 이상점에 취약하다는 단점이 있다. 결론적으로 왜도나 첨도는 자료의 분포형태를 나타내는 측도뿐만 아니라 분석방법의 적절성을 확인하기 위한 측도로 사용될 수 있다.

예제 2.22

취업률 자료에 대한 히스토그램【그림 2.8】이나 상자그림【그림 2.17】을 보면 평균을 중심으로 오른쪽보다 왼쪽의 자료가 넓게 분포되어 있는 것을 확인할 수 있다. 이 자료에 대한 왜도와 첨도을 계산하기 위해 필요한 합들을 구하면 다음과 같다.

$$\sum x_i = 2468.4,\ \sum x_i^2 = 154975.4,\ \sum x_i^3 = 10211388,\ \sum x_i^4 = 699463185$$

이를 이용하여 피어슨 왜도와 첨도를 계산하면,

$$\sqrt{b_1} = \frac{1}{n-1}\sum\left(\frac{x_i-\overline{x}}{s}\right)^3 = -\frac{16.22}{41} = -0.396$$
$$b_2 = \frac{1}{n-1}\sum\left(\frac{x_i-\overline{x}}{s}\right)^4 = \frac{127.37}{41} = 3.107$$

이 된다. 그림에서 확인했던 것처럼 크지는 않지만, 음의 왜도를 가지는 것으로 나타났고 첨도의 경우 3에 가까이 있어 적절한 두께의 꼬리를 가지는 것으로 나타났다.

4.4 상관 정도

두 수치형 변수 간에 관계가 있는지는 산점도를 통해 시각적으로 확인할 수 있으나 수치적 측도를 통해 그 관계가 어느 정도 되는지를 알아볼 필요가 있다. 이 절에서는 두 수치변수 간에 직선관계가 어느 정도인지를 나타내는 통계값에 대해 알아본다.

【그림 2.22】의 산점도에서 왼쪽은 두 변수 x와 y의 자료가 양의 기울기를 가지는 선분을 중심으로 분포되어 있으며 오른쪽 산점도는 음의 기울기를 가지는 선분을 중심으로 분포되어 있다.

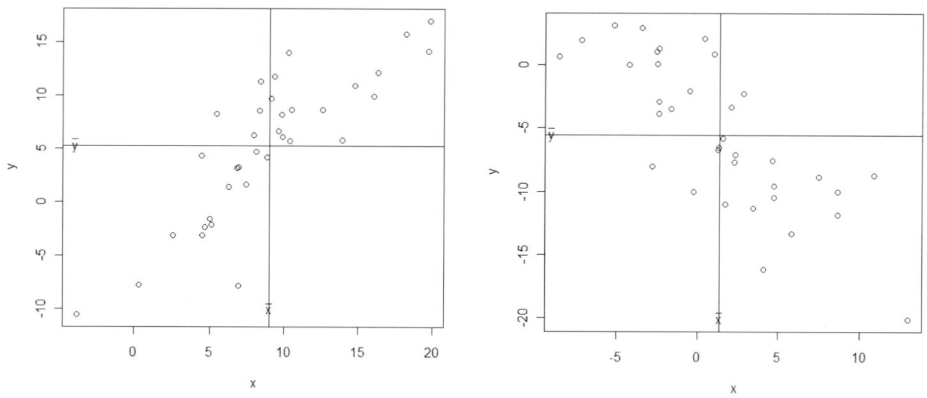

그림 2.22 양의 기울기와 음의 기울기를 가지는 산점도

이 그림에서 x축 또는 y축의 값에 임의의 숫자를 더하거나 빼더라도 형태는 변하지 않는다. 즉, 두 변수의 직선관계는 위치에 영향을 받지 않는다. 이는 직선관계를 나타내는 측도는 자료들의 위치에 영향을 받지 않아야 한다는 것을 의미한다. 자료의 위치에 영향을 받지 않게 만드는 방법은 각 자료에 중심위치인 값을 빼고 분석하는 것인데, 여기서는 자료의 표본평균을 중심위치로 놓는다. 【그림 2.22】의 왼쪽 그림과 같이 양의 기울기를 가지는 경우 ($\overline{x}$, $\overline{y}$)를 중심으로 1과 3 사분면에 자료들이 많고 길게 분포되어 있으며, 음의 기울기를 가지는 경우 대부분의 자료가 2와 4 사분면에서 길게 분포되어 있다. 자료의 직선관계를 표시하고자 할 때 ($\overline{x}$, $\overline{y}$)를 중심으로 1과 3, 2와 4 사분면의 자료가 동일한 성질을 가지고 있다고 볼 수 있다. 이러한 성질을 반영할 수 있는 값이 각 변수의 편차를 곱한 $(x_i-\overline{x})(y_i-\overline{y})$ 이다. 이 값은 1과 3 사분면의 값은 양수, 2과 4 사분면의 값은 음수로 표시된다. 【그림 2.22】의 왼쪽 산점도와 같이 양의 기울기를 가지는 선분에 자료가 모여 있으면 $\sum(x_i-\overline{x})(y_i-\overline{y})$ 는 양의 값이 될 것이고, 오른쪽 산점도와 같이 음의 기울기를 가지는 선분에 모여 있으면 음의 값이 될 것이다.

【그림 2.23】의 왼쪽 그림과 같이 직선 형태가 없이 모든 사분면에 골고루 분포되어 있는 경우나 1과 4, 2와 3 사분면에 자료들이 비슷한 패턴으로 분포되어 있는 경우 $\sum(x_i-\overline{x})(y_i-\overline{y})$ 은 0 근처에 있을 것이다. 또한, 【그림 2.23】의 왼쪽 그림과 같이 관계는 있으나 2차 곡선 관계가 있는 경우에도 1 사분면의 값과 2 사분면의 값이 상쇄되

고 3 사분면의 값과 4 사분면의 값이 상쇄되어 $\sum(x_i-\overline{x})(y_i-\overline{y})$는 0 근처에 있을 것이다.

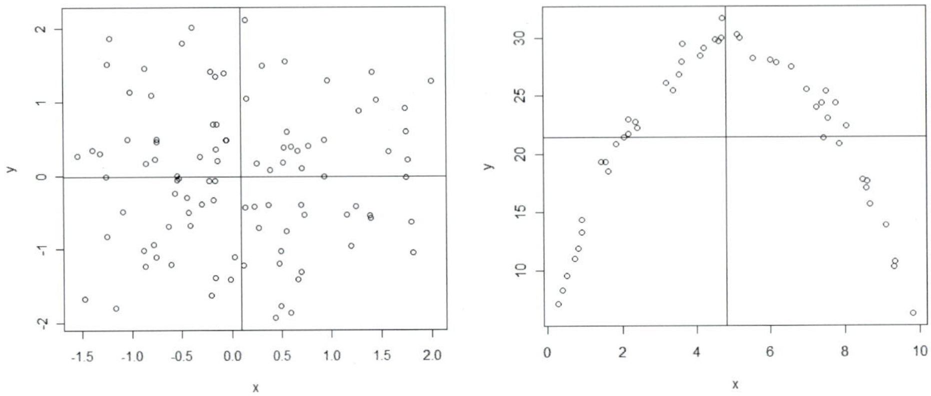

그림 2.23 직선관계가 없는 산점도의 예

$\sum(x_i-\overline{x})(y_i-\overline{y})$는 기울기의 부호를 포함한 직선관계 정도를 나타내는 통계값으로 생각할 수 있다. 여기에 표본분산을 계산할 때처럼 자유도를 적용한 통계값을 생각할 수 있다.

$$C_{xy}=\frac{1}{n-1}\sum_{i=1}^{n}(x_i-\overline{x})(y_i-\overline{y})$$

앞에서 배운 표본분산은 $\frac{1}{n-1}\sum(x_i-\overline{x})^2=\frac{1}{n-1}\sum(x_i-\overline{x})(x_i-\overline{x})$가 되는데, 뒤에 있는 항에서 x_i를 y_i로 바꾸면 표본분산은 C_{xy}가 된다. 이렇게 두 변수 x와 y의 분산형태를 가진다고 하여 통계값 C_{xy}를 **표본공분산**(sample covariance)이라고 한다. 실제 계산을 할 때는 다음과 같은 간편식을 사용할 수 있다.

$$\begin{aligned}C_{xy}&=\frac{1}{n-1}\sum_{i=1}^{n}(x_i-\overline{x})(y_i-\overline{y})\\&=\frac{1}{n-1}\left\{\sum_{i=1}^{n}x_iy_i-n\overline{x}\,\overline{y}\right\}\\&=\frac{1}{n-1}\left\{\sum_{i=1}^{n}x_iy_i-\frac{1}{n}\sum_{i=1}^{n}x_i\sum_{i=1}^{n}y_i\right\}\end{aligned}$$

예제 2.22

올림픽이 개최된 연도와 육상 100m 우승기록 간에 직선관계가 어느 정도 되는지를 알아보기 위해, 남자는 1990년부터 2021년까지 28개의 자료를, 여자는 1928년부터 2021년까지 22개의 자료를 분석하였다. 연도를 x, 남자의 기록은 y, 여자의 기록을 z 라고 표시하면 표본공분산 계산을 위해 필요한 정보는 다음과 같이 정리할 수 있다.

표 2.15 올림픽 100m 자료정리

남자					
번호	x	y	x^2	y^2	xy
1	1900	11	3610000	121	20900
2	1904	11	3625216	121	20944
⋮	⋮	⋮	⋮	⋮	⋮
28	2021	9.8	4084441	96.04	19805.8
합	54961	286.56	107919529	2937.31	562097
여자					
번호	x	z	x^2	z^2	xz
1	1928	12.2	3717184	148.84	23521.6
2	1932	11.9	3732624	141.61	22990.8
⋮	⋮	⋮	⋮	⋮	⋮
22	2021	10.61	4084441	112.5721	21442.81
합	43493	244.99	85999929	2732.434	484098.4

【표 2.15】의 합을 이용하여 연도와 남자 우승기록의 표본공분산을 계산하면

$$C_{xy} = \frac{1}{28-1}\left(562097 - \frac{1}{28}(54961)(286.6)\right) = \frac{-389.6}{27} = -14.430$$

이고 연도와 여자 우승기록의 표본공분산은

$$C_{xz} = \frac{1}{22-1}\left(484098.4 - \frac{1}{22}(43493)(244.99)\right) = \frac{-235.72}{21} = -11.225$$

가 된다. 이는 두 자료 모두 음의 기울기를 가지는 직선관계가 있다는 것을 의미한다.

공분산을 사용하는 데 있어 문제점은 측정 단위에 영향을 받기 때문에 그 값 자체로 선형관계의 정도를 알 수는 없다는 것이다. 예를 들어 연도와 우승기록의 관계에서 우승

기록을 초 단위가 아닌 분 단위로 표시하면 똑같은 자료이지만 초 단위 때보다 표본공분산은 1/60의 값이 된다. 【예제 2.22】에서 우승기록을 분 단위로 표시하면 산점도는 동일한 모양을 가지지만 남자의 표본공분산은 -14.430/60=-0.241이 된다. 이런 문제를 해결 방법은 측정 단위에 영향을 받지 않게 자료를 표준화하여 표본공분산을 구하는 것이다.

$$R_{xy} = \frac{1}{n-1}\sum_{i=1}^{n}\left(\frac{x_i - \overline{x}}{s_x}\right)\left(\frac{y_i - \overline{y}}{s_y}\right)$$

여기서 s_x는 x의 표본표준편차이고 s_y는 y의 표본표준편차이다. 이 통계값을 피어슨의 **표본상관계수**(coefficient of correlation)라고 한다. 표본상관계수도 간편식으로 표시할 수 있는데,

$$S_{xy} = \sum_{i=1}^{n}(x_i - \overline{x})(y_i - \overline{y}) = \sum_{i=1}^{n}x_i y_i - n\overline{x}\,\overline{y}$$
$$S_{xx} = \sum_{i=1}^{n}(x_i - \overline{x})^2 = \sum_{i=1}^{n}x_i^2 - n\overline{x}^2$$
$$S_{yy} = \sum_{i=1}^{n}(y_i - \overline{y})^2 = \sum_{i=1}^{n}y_i^2 - n\overline{y}^2$$

라고 표시하면 표본상관계수는 다음과 같은 식으로 표시된다.

$$R_{xy} = \frac{\sum_{i=1}^{n}(x_i - \overline{x})(y_i - \overline{y})}{\sqrt{\sum_{i=1}^{n}(x_i - \overline{x})^2}\sqrt{\sum_{i=1}^{n}(y_i - \overline{y})^2}} = \frac{S_{xy}}{\sqrt{S_{xx}}\sqrt{S_{yy}}}$$

여기서 S_{xx}와 S_{yy}는 편차의 제곱합으로 **수정제곱합**(corrected sum of squares)이라고 한다. 이 표본상관계수는 다음과 같은 성질을 가진다.

- $-1 \le R_{xy} \le 1$
- 자료들이 어떤 기울기를 가지는 직선에 조밀하게 모일수록 $|R_{xy}|$는 1에 근접한다.
- 음의 기울기를 가지는 직선 주위에 자료가 분포되어 있는 경우 R_{xy}는 음수이며 음의 상관관계가 존재한다고 하고 양의 기울기인 경우 양수가 되며 양의 상관관계가 존재한다고 한다.
- 모든 관측값들이 직선 위에 위치하면 $|R_{xy}| = 1$이 된다.

【그림 2.23】과 같은 자료에 대해서는 $|R_{xy}| \approx 0$이 되는데 이런 경우 상관관계가 없다고 한다. 상관관계가 없다는 것은 직선관계가 없다는 것이지 관계가 전혀 없다는 것을 의미하지는 않는다.

예제 2.23

【표 2.15】에 정리된 결과를 이용하여 올림픽 개최 연도와 우승기록 간의 표본상관계수를 구해보자. 남자의 경우 【예제 2.22】에서 $S_{xy} =-389.62$를 구했으며,

$$S_{xx} = 107919529 - \frac{54961^2}{28} = 36974.7$$
$$S_{yy} = 2937.31 - \frac{286.56^2}{28} = 4.573$$

이 되어 표본상관계수는

$$R_{xy} = \frac{-389.62}{\sqrt{36974.7}\sqrt{4.573}} = -0.947$$

이 된다. 여자의 경우에는 $S_{xz} =-235.72$이고 수정제곱합과 표본상관계수는 다음과 같다.

$$S_{xx} = 785999929 - \frac{343493^2}{22} = 16245.0$$
$$S_{zz} = 2732.43 - \frac{244.99^2}{22} = 4.248$$
$$R_{xz} = \frac{-235.72}{\sqrt{16245.0}\sqrt{4.248}} = -0.897$$

두 표본상관계수 모두 −1에 가까운 값을 가지는 것으로 나타났으며 이는 연도와 우승기록 간에는 확실한 음의 상관관계가 있다는 것을 의미한다.

표본상관계수는 두 변수 간에 직선관계가 있는지를 나타낼 뿐 인과관계를 나타내는 것은 아니다. 예를 들어, 휴대전화 보급률과 기대수명에 대한 상관계수를 구해보면 매우 높은 양의 상관관계를 가지는 것을 볼 수 있다. 만약 이를 인과관계가 있는 것으로 해석한다면 기대수명을 늘리기 위해 휴대전화 보급을 늘려야 한다는 비상식적인 결론을 도출

할 수 있다. 실제로 이러한 현상은 우리 주변에서 흔히 관측되는데 대부분 시간에 따라 지속적으로 증가하거나 감소하는 특성을 가지는 자료들이다. 이때 시간과 같이 두 변수에 영향을 주거나 관계가 있는 변수를 **잠복변수(lurking variable)**라고 하며 이렇게 제3의 변수에 의해 나타나는 상관관계를 **허위상관(spurious correlation)** 또는 **가짜상관**이라고 한다. 이 경우 각각의 변수에서 잠복변수의 영향을 제거하고 표본상관계수를 계산하여 관련성을 파악해야 한다. 변수 간의 인과관계를 모형화하고 유도하는 분석방법은 12장 회귀분석에서 배운다.

연·습·문·제

1 다음 자료는 무작위로 선정된 남성 아이돌 그룹 18팀, 여성 그룹 17팀 멤버의 혈액형 자료를 정리한 것이다.

표 2.16 아이돌 그룹 혈액형 분포

성별	혈액형				합계
	A	B	O	AB	
남	52	28	26	11	117
여	26	23	23	16	88
합계	78	51	49	27	205

(1) 분석 목적에 맞게 표에 비율을 추가하여 재작성하여라.
(2) 남녀 멤버 간에 혈액형 분포 차이를 막대그래프를 이용하여 비교하여라.

2 【표 1.1】에 정리된 27명의 조선시대 임금의 수명과 재위기간 자료를 이용하여 아래의 물음에 답하여라. 표의 자료는 27명의 조선 임금의 전체 자료이기 때문에 모집단 자료로 볼 수 있다. 이 경우에는 분산이나 공분산 계산과정에서 $n-1$ 대신 n으로 나누어야 한다.

(1) 수명과 재위기간에 대한 히스토그램과 줄기-잎 그림을 그리고 어떤 특징을 가지는지 설명하여라.
(2) 수명과 재위기간의 평균, 중앙값, 표준편차를 계산하여라.
(3) 수명에 대한 상자그림을 그리고 이상점인 임금이 누구인지 알아보아라.
(4) 단종은 숙부인 세조에 의해 어린 나이에 죽임을 당했다. 단종의 자료를 제외하고 평균, 중앙값, 표준편차를 계산하고 (2)의 결과와 비교하여라.
(5) 수명과 재위기간 간의 관계를 알아보기 위해 산점도를 그리고 피어슨 상관계수를 계산하여 선형관계가 얼마나 되는지 알아보아라.
(6) 양세계보에 기록된 내시의 평균수명은 70세이었다. 임금의 수명이 내시보다 짧았다는 것을 통계적으로 어떻게 설명할 것인지 생각해 보아라.

3 다음 자료는 2009년 1월부터 2010년 12월까지 우리나라에서 발생한 월별 식중독 발생건수와 해당 월의 평균기온을 정리한 것이다.

표 2.17 월별 평균기온과 식중독 발생건수

발생건수	14	22	20	26	36	29	20	18
평균기온	-0.9	4.17	6.86	12.4	18.02	21.54	23.46	24.34
발생건수	20	7	7	9	9	17	15	20
평균기온	20.81	15.36	7.86	1.17	-1.57	2.43	5.41	9.71
발생건수	13	28	33	40	35	18	14	23
평균기온	16.84	22.01	25.15	26.69	21.73	14.48	7.05	1.04

(1) 평균기온이 식중독 발생건수에 영향을 주는지를 알아보기 위해 산점도를 그려 보고 어떤 관련성이 있는지를 설명하여라.
(2) 이 기간에 월평균 식중독 발생건수와 평균기온을 구하여라.
(3) 평균기온과 식중독 발생건수에 대한 피어슨 상관계수를 계산하여라.
(4) 일반적으로 기온이 낮아지면 노로바이러스에 의한 식중독 발생은 오히려 증가한다고 한다. 이와 같은 성질을 이용하여 (1)에서 그린 산점도를 재해석하여라.

4 다음 자료는 1982년부터 2021년까지의 우리나라 프로야구 연도별 타자와 투수에 대한 주요 기록을 정리한 것이다. (자료: http://www.koreabaseball.com/)

표 2.18 프로야구 타자와 투수 기록

연도	최고타율			최다				최저방어율		
	타수	안타	타율	안타	홈런	도루	승	이닝	자책점	방어율
1982	250	103	0.412	103	22	53	24	224.67	46	1.84
1983	317	117	0.369	117	27	48	30	173.67	45	2.33
1984	300	102	0.340	122	23	41	27	102.33	18	1.58
1985	346	129	0.373	133	22	50	25	111.00	21	1.70
1986	304	100	0.329	124	22	43	24	262.67	29	0.99
1987	284	110	0.387	124	21	54	23	162.00	16	0.89
1988	305	108	0.354	131	22	58	18	178.33	24	1.21
1989	342	112	0.327	137	30	62	21	169.00	22	1.17
1990	418	140	0.335	146	26	48	22	190.33	24	1.13
1991	379	132	0.348	160	28	56	19	203.00	35	1.55
1992	369	133	0.360	152	35	44	19	204.67	53	2.33
1993	381	130	0.341	147	41	75	17	126.33	11	0.78
1994	499	196	0.393	196	28	84	18	218.00	52	2.15

연도	최고타율			최다				최저방어율		
	타수	안타	타율	안타	홈런	도루	승	이닝	자책점	방어율
1995	419	141	0.337	147	25	69	20	126.00	24	1.71
1996	436	151	0.346	151	30	57	18	139.00	29	1.88
1997	390	134	0.344	170	32	64	20	157.67	33	1.88
1998	456	156	0.342	156	42	44	18	184.00	38	1.86
1999	503	187	0.372	192	54	57	20	138.67	33	2.14
2000	441	150	0.340	170	40	47	18	133.33	41	2.77
2001	439	156	0.355	167	39	52	15	133.00	44	2.98
2002	481	165	0.343	172	47	50	19	137.00	38	2.50
2003	401	137	0.342	170	56	50	17	143.67	48	3.01
2004	475	163	0.343	165	34	53	17	158.67	44	2.50
2005	466	157	0.337	157	35	43	18	168.33	46	2.46
2006	443	149	0.336	154	26	51	18	201.67	50	2.23
2007	453	153	0.338	153	31	53	22	234.67	54	2.07
2008	470	168	0.357	168	31	63	16	154.67	40	2.33
2009	452	168	0.372	172	36	64	14	138.33	43	2.80
2010	478	174	0.364	174	44	66	17	192.67	39	1.82
2011	493	176	0.357	176	30	46	17	172.33	47	2.45
2012	416	151	0.363	158	31	44	17	208.67	51	2.20
2013	401	130	0.348	172	52	50	14	189.00	52	2.48
2014	543	201	0.370	201	53	53	20	152.67	54	3.18
2015	472	180	0.381	188	53	60	19	184.33	50	2.44
2016	519	195	0.376	195	40	52	22	167.67	55	2.95
2017	476	176	0.370	193	40	40	20	160.00	54	3.04
2018	453	164	0.362	190	46	36	18	168.67	54	2.88
2019	390	138	0.354	197	33	39	20	184.67	47	2.29
2020	522	185	0.354	199	47	35	20	159.67	38	2.14
2021	464	167	0.360	192	35	46	16	173.67	45	2.33

(1) 최고타율 자료에서 타수가 400 미만인 선수와 이상인 선수를 나누어 상자그림을 그리고 1982년과 1994년의 최고타율이 이상점인지를 확인하고 400 미만인 선수와 이상인 선수의 최고타율에 차이점이 있는지를 설명하여라.

(2) 최고타율, 최다안타, 최다홈런, 최다도루, 최다 승, 최저방어율에 대해,
① 평균, 중앙값, 사분위수를 구하여라.
② 분산와 표준편차를 구하고 변동계수를 계산하여라.
③ 왜도와 첨도를 구하여 자료가 어떤 형태를 가지고 있는지를 설명하여라.

(3) 연도별로 팀당 경기 수가 아래와 같을 때 연도별로 최다안타, 최다홈런, 최다도루, 최다 승을 상대적으로 비교할 수 있는 방안에 대해 논하여라.

(4) 최고타율과 최저방어율에 대한 산점도를 그리고 선형관계가 있는지를 알아보기 위해 피어슨 상관계수를 구하여라.

5 다음 자료는 OECD.StatExtracts에 공개된 2016년부터 2022년까지 주요국가의 분기별 실업률이다. (자료: http://stats.oecd.org/)

표 2.19 주요국가 실업률 추이

연도-분기	호주	캐나다	프랑스	이탈리아	일본	한국	멕시코	스페인	터키	영국	미국
2016-Q1	5.81	7.20	10.30	11.67	3.23	3.70	4.12	20.47	10.17	5.10	4.90
2016-Q2	5.68	7.03	10.03	11.70	3.17	3.53	3.99	20.10	10.37	4.90	4.93
2016-Q3	5.63	7.00	9.87	11.63	3.03	3.83	3.79	19.30	11.27	4.80	4.90
2016-Q4	5.72	6.97	10.07	11.83	3.00	3.67	3.64	18.73	11.73	4.70	4.77
2017-Q1	5.83	6.70	9.63	11.67	2.90	3.67	3.45	18.20	11.93	4.60	4.57
2017-Q2	5.58	6.53	9.57	11.27	2.87	3.63	3.48	17.30	11.23	4.40	4.37
2017-Q3	5.49	6.23	9.47	11.30	2.80	3.77	3.29	16.73	10.47	4.30	4.33
2017-Q4	5.46	6.07	9.03	11.00	2.70	3.70	3.45	16.60	10.10	4.40	4.17
2018-Q1	5.57	5.93	9.27	10.93	2.47	3.73	3.19	16.27	9.93	4.20	4.03
2018-Q2	5.41	6.00	9.17	10.80	2.37	3.70	3.34	15.40	10.50	4.00	3.93
2018-Q3	5.16	5.90	8.87	10.27	2.43	4.13	3.25	14.80	11.17	4.10	3.77
2018-Q4	5.03	5.80	8.80	10.50	2.47	3.90	3.37	14.57	12.17	4.00	3.83
2019-Q1	5.07	5.87	8.70	10.33	2.47	3.90	3.40	14.30	13.77	3.80	3.87
2019-Q2	5.21	5.57	8.60	9.97	2.33	3.87	3.56	14.17	13.73	3.90	3.60
2019-Q3	5.20	5.73	8.20	9.60	2.33	3.70	3.49	14.07	13.97	3.80	3.63
2019-Q4	5.16	5.83	8.20	9.67	2.30	3.67	3.43	13.90	13.37	3.80	3.60
2020-Q1	5.24	6.40	7.83	9.00	2.43	3.60	3.48	14.10	12.90	4.00	3.80
2020-Q2	6.92	12.87	7.43	8.60	2.73	4.07	4.88	15.50	13.47	4.10	12.97
2020-Q3	7.02	10.13	8.77	10.00	2.97	3.97	4.94	16.30	13.13	4.80	8.83
2020-Q4	6.78	8.93	8.10	9.77	3.00	4.33	4.44	16.23	12.97	5.20	6.77

연도-분기	호주	캐나다	프랑스	이탈리아	일본	한국	멕시코	스페인	터키	영국	미국
2021-Q1	5.99	8.40	8.07	10.20	2.87	4.30	4.40	15.70	13.00	4.90	6.20
2021-Q2	5.15	7.87	8.20	9.80	2.87	3.67	4.31	15.40	12.63	4.70	5.90
2021-Q3	4.59	7.17	7.77	9.07	2.80	3.17	4.02	14.60	11.33	4.30	5.10
2021-Q4	4.66	6.30	7.47	9.03	2.73	3.40	3.82	13.43	11.10	4.10	4.23
2022-Q1	4.06	5.77			2.70	3.00					3.80

(1) 각국에서 발표하는 실업률의 산출방식이 조금씩 다른 것으로 알려져 있다. 한국, 일본, 미국, 영국의 실업률에 대한 정의를 비교하고 우리나라 실업률의 정의가 적절한지를 판단하여라.

(2) 인접 국가들을 (한국, 일본), (미국, 캐나다), (영국, 프랑스, 이탈리아, 스페인)으로 그룹을 묶고 이들 그룹 내 국가들 간의 실업률 연관성을 알아보고자 한다.

① 그룹 내 국가 간의 실업률에 대한 산점도를 그리고 어떤 관계가 있는지 설명하여라.

② 피어슨 상관계수를 구하여 선형관계가 어느 정도 되는지를 설명하여라.

(3) 실업률로 보았을 때 우리나라와 가장 밀접한 관계가 있는 나라는 어디인지 알아보아라.

6 다음 그림은 1786년에 플레이페어(W. Playfair, 1759~1823)가 1700년부터 1780년까지 영국이 덴마크와 노르웨이 두 나라에 수출한 금액과 두 나라로부터 수입한 금액을 하나의 그림에 표시한 시계열그림이다.

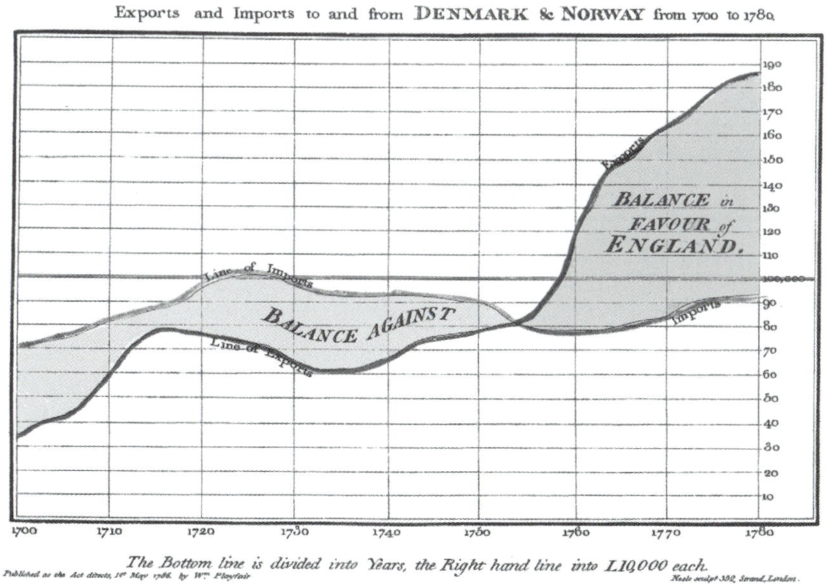

그림 2.24 영국과 (덴마크, 노르웨이) 간의 무역

(1) 이 시대 영국과 주변국들의 경제 상황에 대해 조사해 보아라.
(2) 이 그림을 통해 알 수 있는 내용을 정리해 보고 (1)에서 알아본 내용과 연계해 영국의 무역구조가 어떻게 변했는지 알아보아라.

7 다음 자료는 Frets(1921)가 발표한 논문에 나오는 25가족의 첫째와 둘째 성인 아들의 머리 크기(단위: mm)를 측정 자료이다. 여기에서는 이들 가족의 두 형제간 머리 크기에 관련성이 있는지를 조사하려고 하였다.

표 2.20 형제의 머리 크기 자료

가구	첫째		둘째		가구	첫째		둘째	
	길이	폭	길이	폭		길이	폭	길이	폭
1	191	155	179	145	14	190	159	195	157
2	195	149	201	152	15	188	151	187	158
3	181	148	185	149	16	163	137	161	130
4	183	153	188	149	17	195	155	183	158
5	176	144	171	142	18	186	153	173	148
6	208	157	192	152	19	181	145	182	146
7	189	150	190	149	20	175	140	165	137
8	197	159	189	152	21	192	154	185	152
9	188	152	197	159	22	174	143	178	147
10	192	150	187	151	23	176	139	176	143
11	179	158	186	148	24	197	167	200	158
12	183	147	174	147	25	190	163	187	150
13	174	150	185	152	–	–	–	–	–

(1) 첫째와 둘째 아들의 머리 길이와 폭의 평균, 표준편차를 계산하고 비교하여라.
(2) 형제들 간의 머리 크기에 관련성이 있는지를 알아보기 위해
  ① 첫째 아들과 둘째 아들의 머리 길이와 폭에 대한 산점도를 그려라.
  ② 첫째 아들과 둘째 아들의 머리 길이와 폭에 대한 표본상관계수를 구하여라.
(3) 머리의 길이와 폭에 관련성이 있는지를 알아보기 위해
  ① 길이와 폭에 대한 산점도를 그려라.
  ② 길이와 폭의 표본상관계수를 구하여라.

8 다음 자료는 미국 CIA에서 발표한 The World factbook에 있는 각국의 지니지수

(Gini index)이다. 지니지수는 가구소득의 분배가 얼마나 불평등한지를 나타내는 값으로 값이 클수록 불평등 정도가 심하다는 것을 의미한다. y축에 저소득층부터 가구 수의 누적백분율을 x축에 저소득층부터 소득의 누적백분율을 취하면 로렌츠 곡선(Lorenz curve)이 그려지는데, 대각(45°)선은 균등분배가 행해진 것을 나타내는 균등선이 된다. 불평등도는 균등도와 로렌츠 곡선으로 둘러싸인 면적으로 나타나고 이 면적을 균등선과 x축, y축으로 둘러싸인 삼각형의 면적으로 나눈 값을 지니지수라고 부른다. 아래의 지니지수는 이 면적비에 100을 곱한 것이다. (자료: https://www.cia.gov/the-world-factbook/field/gini-index-coefficient-distribution-of-family-income/country-comparison)

표 2.21 국가별 지니지수

국가	지수	연도	국가	지수	연도	국가	지수	연도
Albania	33.2	2017	Haiti	41.1	2012	Pakistan	33.5	2015
Algeria	27.6	2011	Honduras	52.1	2018	Panama	49.2	2018
Angola	51.3	2018	Hong Kong	53.9	2016	Paraguay	46.2	2018
Argentina	41.4	2018	Hungary	30.6	2017	Peru	42.8	2018
Armenia	34.4	2018	Iceland	26.8	2015	Philippines	44.4	2015
Australia	34.4	2014	India	35.7	2011	Poland	29.7	2017
Austria	29.7	2017	Indonesia	37.8	2018	Portugal	33.8	2017
Bangladesh	32.4	2016	Iran	40.8	2017	Romania	36	2017
Belarus	25.2	2018	Iraq	29.5	2012	Russia	37.5	2018
Belgium	27.4	2017	Ireland	32.8	2016	Rwanda	43.7	2016
Benin	47.8	2015	Israel	37	2018	Saint Lucia	51.2	2016
Bhutan	37.4	2017	Italy	35.9	2017	Samoa	38.7	2013
Bolivia	42.2	2018	Jamaica	35	2016	Saudi Arabia	45.9	2013
Botswana	53.3	2015	Japan	32.9	2013	Senegal	40.3	2011
Brazil	53.9	2018	Kazakhstan	27.5	2017	Serbia	36.2	2017
Bulgaria	40.4	2017	Kenya	40.8	2015	Seychelles	46.8	2013
Cameroon	46.5	2014	Korea, South	35.4	2015	Singapore	45.9	2017
Canada	33.3	2017	Kosovo	29	2017	Slovakia	25.2	2016
Chad	43.3	2011	Kyrgyzstan	27.7	2018	Slovenia	24.2	2017
Chile	44.4	2017	Laos	36.4	2012	Solomon Islands	37.1	2013

국가	지수	연도	국가	지수	연도	국가	지수	연도
China	38.5	2016	Latvia	35.6	2017	South Africa	63	2014
Colombia	50.4	2018	Lebanon	31.8	2011	Spain	34.7	2017
Comoros	45.3	2014	Liberia	35.3	2016	Sri Lanka	39.8	2016
Costa Rica	48	2018	Lithuania	37.3	2017	Sudan	34.2	2014
Croatia	30.4	2017	Luxembourg	34.9	2017	Sweden	28.8	2017
Cyprus	31.4	2017	Macau	35	2013	Switzerland	32.7	2017
Denmark	28.7	2017	Madagascar	42.6	2012	Taiwan	33.6	2014
Djibouti	41.6	2017	Malawi	44.7	2016	Tajikistan	34	2015
Ecuador	45.4	2018	Malaysia	41	2015	Tanzania	40.5	2017
Egypt	31.5	2017	Maldives	31.3	2016	Thailand	36.4	2018
El Salvador	38.6	2018	Malta	29.2	2017	Togo	43.1	2015
Estonia	30.4	2017	Mauritania	32.6	2014	Tonga	37.6	2015
Eswatini	54.6	2016	Mauritius	36.8	2017	Tunisia	32.8	2015
Ethiopia	35	2015	Mexico	36.8	2018	Turkey	41.9	2018
Fiji	36.7	2013	Moldova	25.7	2018	UA Emirates	32.5	2014
Finland	27.4	2017	Mongolia	32.7	2018	Uganda	42.8	2016
France	31.6	2017	Montenegro	39	2015	Ukraine	26.1	2018
Gabon	38	2017	Morocco	39.5	2013	United Kingdom	34.8	2016
Gaza Strip	33.7	2016	Mozambique	54	2014	United States	41.1	2016
Georgia	36.4	2018	Namibia	59.1	2015	Uruguay	39.7	2018
Germany	31.9	2016	Netherlands	28.5	2017	Venezuela	39	2011
Ghana	43.5	2016	Nicaragua	46.2	2014	Vietnam	35.7	2018
Greece	34.4	2017	Niger	34.3	2014	Yemen	36.7	2014
Greenland	33.9	2015	Nigeria	35.1	2018	Zambia	57.1	2015
Guatemala	48.3	2014	Norway	27	2017	Zimbabwe	44.3	2017

(1) 지니지수를 적정 구간으로 나누어 도수분포표를 작성하고 히스토그램을 그려라.
(2) 이 장에서 배운 수치적 기술통계를 계산하여라.
(3) 대륙별로 지니지수의 평균과 표준편차를 계산하고 비교하여라.
(4) 전체와 아시아지역에서 우리나라 지니지수는 어느 정도 위치에 있는지를 알아보아라.

9 다음 자료는 통계청 KOSIS에서 제공하는 인구추계교실 자료이다. 이 자료에는 기존 연도의 인구추계를 포함하여 향후 인구가 어떻게 변할 것인가를 연령별 예측한 자료가 포함되어 있다.

표 2.22 우리나라 인구추계비교

연도	2020			2045		
연령별	남자	여자	전체	남자	여자	전체
0~4세	913,646	867,726	1,781,372	730,197	692,183	1,422,380
5~9세	1,166,742	1,107,626	2,274,368	791,098	750,254	1,541,352
10~14세	1,156,254	1,084,844	2,241,098	873,753	828,896	1,702,649
15~19세	1,295,123	1,195,879	2,491,002	881,346	836,613	1,717,959
20~24세	1,752,129	1,582,407	3,334,536	758,521	723,531	1,482,052
25~29세	1,951,603	1,685,646	3,637,249	896,536	877,455	1,773,991
30~34세	1,758,425	1,561,193	3,319,618	1,159,320	1,134,223	2,293,543
35~39세	2,017,000	1,866,932	3,883,932	1,163,727	1,130,282	2,294,009
40~44세	1,995,884	1,895,119	3,891,003	1,335,173	1,264,484	2,599,657
45~49세	2,238,898	2,161,827	4,400,725	1,802,769	1,656,735	3,459,504
50~54세	2,183,366	2,160,401	4,343,767	1,979,364	1,733,478	3,712,842
55~59세	2,126,847	2,116,433	4,243,280	1,760,018	1,600,730	3,360,748
60~64세	1,877,159	1,936,038	3,813,197	1,984,880	1,899,120	3,884,000
65~69세	1,279,317	1,380,473	2,659,790	1,917,809	1,910,794	3,828,603
70~74세	929,580	1,061,140	1,990,720	2,047,293	2,124,838	4,172,131
75~79세	683,099	917,714	1,600,813	1,818,030	2,025,463	3,843,493
80~84세	410,587	691,858	1,102,445	1,449,895	1,778,583	3,228,478
85~89세	161,308	383,163	544,471	875,665	1,282,046	2,157,711
90~94세	40,832	143,803	184,635	295,472	548,825	844,297
95~99세	7,236	30,869	38,105	63,338	157,339	220,677
100세 이상	702	3,751	4,453	7,049	26,913	33,962
합계	25,945,737	25,834,842	51,780,579	24,591,253	24,982,785	49,574,038

(1) 2020년과 2045년의 인구추계에 대한 히스토그램을 그리고 비교하여라. 단 최고 연령은 100으로 한다.

(2) 각 연도의 남자와 여자의 인구추계에 대한 히스토그램을 그리고 비교하여라.

(3) 2020년과 2045년의 연령의 평균, 중앙값, 최빈값, 표준편차를 구하고 비교하여라.

(4) 각 연도에서 남녀별 연령의 평균, 중앙값, 최빈값, 표준편차를 구하고 비교하여라.

(5) KOSIS(http://kosis.kr)에서 제공하는 2020년부터 2045년까지의 인구추계자료를 이용하여라.

① 20대(20세~29세)의 수가 어떻게 변하는지를 시계열 그림을 그려 살펴보아라.

② 20대(20세~29세)의 비율이 어떻게 변하는지를 시계열 그림을 그려 살펴보아라.

10 다음 그림은 미국 민주당과 공화당 의원들 간에 이념적 차이를 그래프로 표시한 것으로 1879년부터 2012년까지 상원(파란색)과 하원(빨간색) 의회에서의 투표결과를 바탕으로 작성한 것이다. (자료: https://voteview.com/)

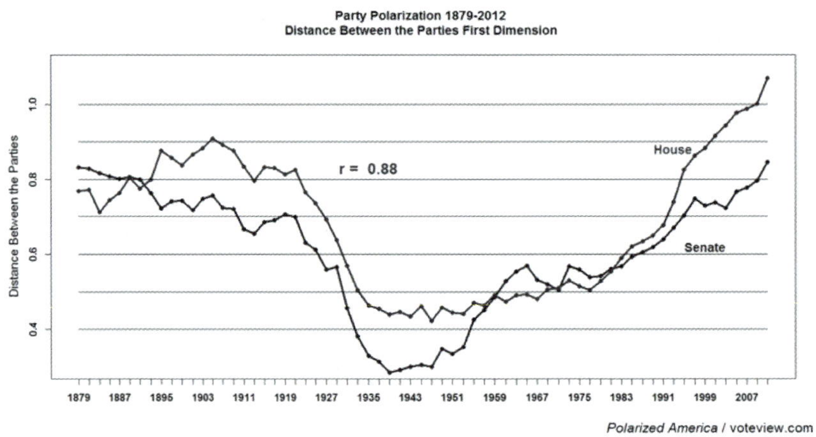

(1) 양당 의원들 사이의 이념적 차이가 미국의 주요 경제·사회적 사건 및 변화에 따라 어떤 변화가 있었는지 고찰하여라.

(2) 그림 중간에 r=0.88은 상관계수가 0.88이라는 것을 의미한다. 이 값은 어떻게 계산되었는지 설명하여라.

11 다음 자료는 14년 6월 4일 지방선거에 당선한 17개 지역 광역단체장의 소속정당과 득표율을 정리한 것이다.

지역	충북	강원	인천	대전	경기	부산	충남	대구	서울
정당	새민련	새민련	새누리	새민련	새누리	새누리	새민련	새누리	새민련
득표율	49.75	49.76	49.95	50.07	50.43	50.65	52.21	55.95	56.12
지역	세종	광주	경남	제주	울산	전북	경북	전남	
정당	새민련	새민련	새누리	새누리	새누리	새민련	새누리	새민련	
득표율	57.78	57.85	58.85	59.97	65.42	69.23	77.73	77.96	

참고: x_i를 i 번째 지역 당선자의 득표율이라고 할 때, $\sum x_i^2 = 59004.63$이다.

(1) 득표율의 구간을 (40,50], (50,60], (60,80]으로 나누었을 때, 당선자들의 득표율에 대한 히스토그램을 그려라.

(2) 당선자들의 득표율을 이용하여 아래의 값을 구하여라.

① 중심위치: 표본평균, 표본중앙값

② 퍼진 정도: 범위, 표본분산, 표준편차, 사분위범위, 변동계수

③ 백분위수: 2.5, 5, 10, 90, 95, 97.5

④ 왜도, 첨도

(3) 소속정당에 대한 파이차트를 작성하여라.

(4) 과반 이상 득표율 여부와 소속정당에 따른 분할표를 작성하여라.

12 다음 자료는 어떤 지점을 통과한 자동차의 속도(km/hr)를 조사한 결과이다.

```
 4 | 5
 5 | 19
 6 | 299
 7 | 3
 8 | 29
 9 |
10 | 2
```

(1) 구간은 [40, 60), [60, 80), [80, 110)으로 나누었을 때 히스토그램을 그려라.

(2) 표본평균을 계산하여라.

(3) 표본표준편차를 계산하여라.

03

확률

확률이라는 용어는 일생 생활에서 다양한 의미로 사용되고 있다. 동전이나 주사위를 던지는 간단한 실험이나 날씨나 각종 경제지표와 같은 복잡한 현상에 대한 예측 등 일상생활에서 접하는 많은 상황이 직·간접적으로 확률과 관련되어 있다. 불확실한 상황에서 합리적인 의사결정을 위해서는 확률적 지식에 의존할 수밖에 없다. 이 장에서는 확률을 이해하는 데 필요한 기본 개념과 확률의 성질, 그리고 보다 복잡한 현상을 설명하기 위한 조건부확률에 대해 살펴보기로 한다.

1 기본 개념

먼저 몇 가지 실험을 통해 확률이 발생하는 상황에서의 공통적인 특징을 알아보자.

① 주사위 던지기

② 앞면이 나올 때까지 동전 던지기

③ 구매한 스마트폰의 수명 측정하기

위의 실험에서 발견할 수 있는 공통적인 특징은 실험을 시행하기 전에도 발생할 수 있는 모든 결과는 알 수 있다는 것이다. 실험 ①의 경우 발생할 수 있는 결과는 $\{1, 2, 3, 4, 5, 6\}$, ②의 경우 앞면[1]을 H(head), 뒷면을 T(tail)이라고 표시하면 $\{H, TH, TTH, \cdots\}$, ③의 경우 x를 수명(단위 일)이라고 하면 $\{x \mid 0 \le x\}$로 표시할 수 있다. 또 다른 특징은 실험 전까지 이들 결과 중 무엇이 발생할 것인지 정확하게 예측할 수 없다는 것이다. 이러한 두 특징을 가지는 실험을 **확률실험**(random experiment)이라고 한다. 이 확률실험에서 발생 가능한 모든 결과들을 모아 놓은 집합을 **표본공간**(sample space)이라고 하는데, 이 책에서는 표본공간을 기호 Ω로 표시한다.

각 확률실험의 표본공간에서 특별히 관심을 가지는 부분이 있을 수 있다. 예를 들어, 실험 ①에서 홀수가 나오는 경우, ②에서 3번 이상 던지는 경우, ③에서 365일 이전에 수명을 다하는 경우 등에 대해 관심을 가질 수 있다. 이와 같이 표본공간 내에서 우리가 관심을 가지는 부분집합을 **사건**(event)이라고 한다. 어떤 사건 A가 발생한다는 것은 실험 결과가 A에 속하는 원소 중 하나이거나 A에 포함되어 있다는 것을 의미한다. **확률**(probability)은 이러한 사건이 발생할 가능성이 얼마나 되는지를 나타내는 수치적 측도이다. 결국, 확률을 언급하기 위해서는 해당하는 확률실험이 전제되어야 하고 이에 따른 표본공간과 사건이 정해져야 한다.

1 일반적으로 그림이 있는 부분을 앞면 숫자가 있는 부분을 뒷면이라고 한다.

확률실험	표본공간	사건
①	$\Omega=\{1,\ 2,\ 3,\ 4,\ 5,\ 6\}$	$A=\{1,3,5\}$
②	$\Omega=\{H, TH, TTH, \cdots\}$	$B=\{TTH, TTTH, \cdots\}$
③	$\Omega=\{x \mid 0 \le x\}$	$C=\{x \mid 0 \le x < 365\}$

위에서 설명한 것과 같이 표본공간과 사건은 수학적 관점에서 보면 일종의 집합이다. 그러므로 확률을 정의하고 계산하기 위해서는【표 3.1】과 같은 집합에 대한 기본 정의와 연산을 알아야 한다.

표 3.1 집합의 정의와 연산

정의 및 법칙	표시 및 내용
A와 B의 합사건(union)	$A\cup B=\{\omega \mid \omega\in A \text{ 또는 } \omega\in B\}$
A와 B의 곱사건(intersection)	$A\cap B=\{\omega \mid \omega\in A \text{ 그리고 } \omega\in B\}$
A의 여사건(complement)	$A^c=\{\omega \mid \omega\notin A \text{ 그리고 } \omega\in \Omega\}$
교환법칙(commutative law)	$A\cup B=B\cup A,\ A\cap B=B\cap A$
결합법칙(associative law)	$(A\cup B)\cup C=A\cup(B\cup C)$ $(A\cap B)\cap C=A\cap(B\cap C)$
분배법칙(distributive law)	$(A\cup B)\cap C=(A\cap C)\cup(B\cap C)$ $(A\cap B)\cup C=(A\cup C)\cap(B\cup C)$
드모르간(De Morgan)의 법칙	$(A\cup B)^c=A^c\cap B^c,\quad (A\cap B)^c=A^c\cup B^c$
무한개의 사건이 존재하는 경우 $(A_1, A_2, \ldots)$	$\bigcup_{i=1}^{n} A_i = A_1\cup A_2\cup\cdots\cup A_n$ $\bigcup_{i=1}^{\infty} A_i = A_1\cup A_2\cup\cdots$ $\bigcap_{i=1}^{n} A_i = A_1\cap A_2\cap\cdots\cap A_n$ $\bigcap_{i=1}^{\infty} A_i = A_1\cap A_2\cap\cdots$

임의의 두 사건 A와 B가 동시에 일어날 수 없는 경우 공통부분이 없어 $A\cap B=\varnothing$가 되는데, 이러한 경우 사건 A와 B는 **서로배반사건**(disjoint, mutually exclusive)이라고 한다. **벤다이어그램**(Venn diagram)은 집합 간의 관계를 이해하기 쉽게 보여주는 그림으로 사건의 연산에 이용하면 확률을 계산하는 데 도움이 된다.

예제 3.1

정사면체 주사위 두 개를 던질 때, 첫 번째 주사위가 짝수인 사건을 A, 두 주사위의 합이 4인 사건을 B라고 하면 표본공간 Ω 사건 A와 B는 다음과 같다.

$$\begin{aligned} \Omega &= \{(i,j) \mid i=1,2,3,4,\ \ j=1,2,3,4\} \\ A &= \{(i,j) \mid i=2,4,\ \ \ j=1,2,3,4\} \\ B &= \{(i,j) \mid i+j=4\} = \{(1,3),\ (2,2),\ (3,1)\} \end{aligned}$$

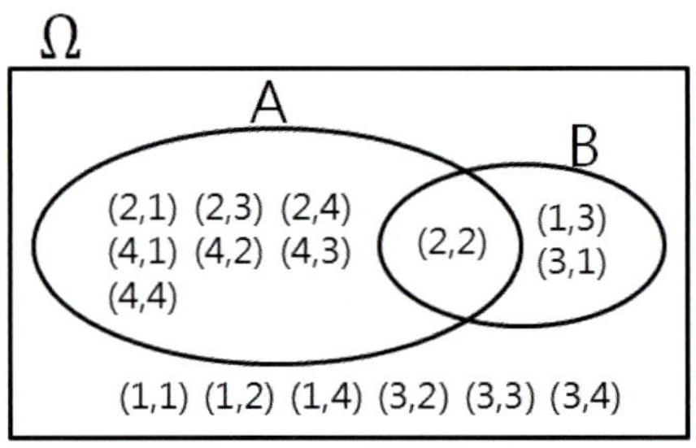

그림 3.1 벤다이어그램

위의 벤다이어그램을 이용하면 다음과 같은 사건을 구할 수 있다.

$$A \cap B = \{(2,2)\}$$

$$A^c \cap B = \{(1,3), (3,1)\}$$

$$A^c \cap B^c = (A \cup B)^c = \{(1,1), (1,2), (1,4), (3,2), (3,3), (3,4)\}$$

2 확률의 이해

2.1 고전적 확률

17세기 중반 파스칼이나 페르마 등이 도박문제에 대해 의견을 교환하면서 확률을 수리적으로 다루기 시작하였다. 이들은 카드게임에서 각 패가 발생할 수 있는 빈도를 계산하고 빈도가 적은 패를 더 높은 패로 정하게 되었다. 그 당시 확률은 표본공간에서 사건이 해당되는 원소가 차지하는 비율로 정의하였다.

표본공간이 n개의 원소로 이루어져 있고 각 원소들의 발생가능성이 동일하다면 k개의 원소를 가지는 사건 A의 확률은 직관적으로 표본공간에서 A가 차지하는 비율이 될 것이다. 즉, 사건 A의 확률을 $P(A)$라고 하면 $P(A)$는 다음과 같다.

고전적 확률(등확률)

$$P(A) = \frac{\#(A)}{\#(\Omega)} = \frac{k}{n}$$

여기서 $\#(A)$와 $\#(\Omega)$는 각각 사건 A와 표본공간 Ω에 속한 원소의 개수를 표시한 것이다.

예제 3.2

【예제 3.1】에서 주사위가 정사면체이기 때문에 각 눈이 나올 가능성은 동일하다고 볼 수 있다. 그러므로 사건 A와 B와 관련된 확률은 각각 다음과 같다.

$$P(A) = \frac{8}{16} = \frac{1}{2}, \quad P(B) = \frac{3}{16}$$

$$P(A \cap B) = \frac{1}{16}, \quad P(A^c \cap B) = \frac{2}{16} = \frac{1}{8}, \quad P(A^c \cap B^c) = \frac{6}{16} = \frac{3}{8}$$

고전적 확률은 각 원소의 발생가능성이 동일하다는 가정하에서 정의된다. 여기에서는 확률을 계산하기 위해 표본공간과 사건에 있는 원소의 개수를 효율적으로 계산하는 것이 중요하다. 어떤 실험을 했을 때 발생할 수 있는 결과의 개수, 즉 원소의 개수를 **경우의 수**(the number of cases)라고 한다. 경우의 수를 계산하는 데 있어 기본 법칙은 **곱의 법칙**(multiplication rule)이다. 곱의 법칙에 의하면 어떤 실험이 m개의 연속된 단계로 이루어져 있고 i번째 단계에서 발생 가능한 결과의 수가 n_i개라고 하면 전체 실험에서 발생 가능한 경우의 수는

$$n = n_1 \times n_2 \times \cdots \times n_m$$

이 된다.

예제 3.3

어느 음식점에서 제공하는 세트메뉴에는 4가지 음료수, 2가지 샐러드, 5가지 메인, 4가지의 디저트 중에서 각각 하나씩 선택할 수 있다고 하면 선택할 수 있는 세트의 종류는 $4 \times 2 \times 5 \times 4 = 160$ 이 된다.

경우의 수를 계산하는 데 있어 흔히 접하는 문제는 1번부터 n 번까지 적혀있는 공이 들어 있는 주머니에서 k 개를 무작위로 선택할 때 경우의 수를 계산하는 것이다. 여기에서 경우의 수는 k 개의 공을 어떻게 추출하고 어떻게 나열할 것인지에 따라 달라진다.

추출방법에는 뽑은 공을 다시 넣고 다음 공을 뽑는 **복원추출**(sampling with replacement)과 넣지 않는 **비복원추출**(sampling without replacement)이 있다. 만약 한꺼번에 k 개의 공을 뽑는다고 하면 중복되는 공이 없기 때문에 비복원추출을 한 것으로 이해할 수 있다. 복원추출의 경우 매번 선택할 수 있는 것은 n 개가 되지만 비복원의 경우 뽑힌 개수만큼 줄어든 것에서 선택해야 한다.

뽑은 것을 나열하는 데 있어 뽑힌 순서를 고려할 것인지 안 할 것인지에 따라 경우의 수가 달라진다. 예를 들어, 순서를 고려하면 (1, 2)와 (2, 1)은 다르므로 두 개가 되지만, 순서를 고려하지 않으면 (1, 2)와 (2, 1)은 하나로 처리된다. 만약 뽑은 것을 크기 순서대로 정렬(sorting)한다고 하면 뽑은 순서를 고려하지 않겠다는 것을 의미한다.

추출방법과 배열 순서에 따른 경우의 수는 아래의 표와 같이 네 가지 상황으로 정리되며 이에 대한 계산 방법을 하나씩 알아보고자 한다.

배열 \ 추출	비복원	복원
순서고려	Ⓐ	Ⓑ
순서무시	Ⓒ	Ⓓ

순서를 고려하면서 n개 중에서 k개를 비복원추출하여 얻어진 순서열 Ⓐ를 **순열**(permutation)이라고 하고 복원추출하여 얻어진 순서열 Ⓑ를 **중복순열**이라고 한다. 순서를 고려하지 않고 비복원추출하여 얻어진 Ⓒ를 조합(combination)이라고 하고 복원하여 얻어진 Ⓓ를 **중복조합**이라고 한다.

순열은 각 단계에서 선택할 수 있는 개체의 수가 하나씩 줄어들기 때문에 n개 중에서 k개를 추출할 때 경우의 수는

$$n\times(n-1)\times\cdots\times(n-k+1)=\frac{n!}{(n-k)!}$$

이 되지만 중복순열의 수는 매번 n개 선택할 수 있으므로

$$n\times\cdots\times n=n^k$$

이 된다.

비복원추출에서 순서를 고려하지 않는다면 (1, 2, 3), (1, 3, 2), (2, 1, 3), (2, 3, 1), (3, 1, 2), (3, 2, 1)과 같이 동일한 번호로 구성된 순서열은 같은 것으로 처리해야 한다. 이는 k개의 공을 선택했을 때, $k\times(k-1)\times\cdots\times1=k!$개의 경우가 같은 것이 되어 경우의 수는 한 개로 처리된다는 것을 의미한다. 그러므로 비복원추출에서 순서를 고려하지 않는 조합의 수는 순서를 고려한 순열에 $k!$을 나눈

$$\frac{n\times(n-1)\times\cdots\times(n-k+1)}{1\times2\times\cdots\times k}=\frac{n!}{k!\,(n-k)!}=\binom{n}{k}$$

가 된다.

중복조합도 같은 방법을 적용하면 $n^k/k!$이 되어야 한다. 하지만 이 식은 틀린 식이다. 중복조합의 수를 유도하기 위해 먼저 간단한 예제를 고려해 보자. $\{1,2,3,4\}$에서 2개를 선택하는 중복조합은 (1, 1), (1, 2), (1, 3), (1, 4), (2, 2), (2, 3), (2, 4), (3, 3), (3, 4), (4, 4)이며 경우의 수는 10이 된다. 조합의 수를 계산할 때의 방법처럼 $n^k/k!$를 적용하면 $4^2/2!=8$과 다른 것을 볼 수 있다. 이는 (1, 2)와 같이 다른 개체로 이루어진 경우는 (1, 2)와 (2, 1)을 포함하지만, (1, 1)과 같은 숫자로 이루어진 경우에는 본래 한 개밖에 없어서 동일하게 2!을 나눌 수 없기 때문이다. 중복조합은 n개의 선택 가능한 공간

에 k개의 공을 넣는 실험으로 생각하면 경우의 수를 효과적으로 계산할 수 있다. 위 예제를 4개의 공간에 두 개의 공을 넣는 실험으로 생각하면 【그림 3.2】와 같이 첫 번째 공은 4개의 공간에 넣을 수 있다.

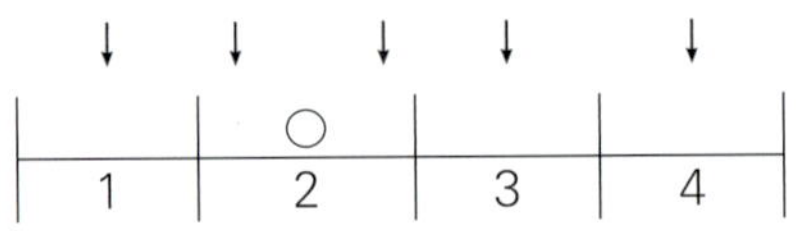

그림 3.2 중복수열 설명

다음 두 번째 공은 화살표로 표시한 것과 같이 5개 공간에 넣을 수 있으므로 $4 \times 5 = 20$이 된다. 그러나 조합의 경우 순서를 고려하지 않기 때문에 같은 수로 이루어져 있는 순서열의 수 $2!$을 나누면 10이 된다. 즉,

$$\frac{5 \times 4}{2!} = \frac{5!}{2!\,3!} = \binom{5}{2} = 10$$

이 된다. 만약 3개를 선택한다면 마지막 공은 위의 그림에서 화살표 하나가 ○로 표시된 상황에서 화살표는 6개가 되어 $6 \times 5 \times 4$가 되고 선택된 3개의 순서열의 수는 $3!$이므로

$$\frac{6 \times 5 \times 4}{3!} = \frac{6!}{3!\,3!} = \binom{4+2}{3} = 20$$

이 된다. 이를 일반화하여 n개 중 k를 중복조합하는 경우의 수는

$$\frac{n(n+1) \times \cdots \times (n+k-1)}{k!} = \frac{(n+k-1)!}{k!\,(n-1)!} = \binom{n+k-1}{k}$$

인 것을 확인할 수 있다. 즉, n개의 선택 가능한 개체에서 k개를 선택할 때 추출방법과 배열의 순서를 고려한 경우의 수를 다시 정리하면 다음과 같다.

표 3.2 경우의 수

배열 \ 추출	복원	비복원
순서고려	n^k	$\frac{n!}{(n-k)!}$
순서무시	$\binom{n+k-1}{k}$	$\binom{n}{k}$

예제 3.4

나눔Lotto 6/45에서는 1에서 45까지의 숫자에서 6개의 번호를 비복원추출하고 크기 순서대로 정렬한 당첨번호를 제공한다. 선택한 6개의 번호가 당첨번호와 모두 일치할 때 1등, 5개만 일치하면 2등 또는 3등이 된다. 앞에서 언급한 것과 같이 정렬한다는 것은 뽑힌 순서를 무시한다는 것을 의미하므로 전체 가능한 경우의 수는

$$\#(\Omega) = \binom{45}{8} = 45 \times 44 \times 43 \times 42 \times 41 \times \frac{40)}{6 \times 5 \times 4 \times 3 \times 2 \times 1} = 8,145,060$$

이 되고 1등은 하나밖에 없으므로 $P(1\text{등}) = 1/8145060$가 된다. 5개의 번호가 당첨번호와 같고 나머지 하나가 다른 번호이면 2등 또는 3등이 된다. 이 경우 순서와 관계없이 6개 당첨번호 중 5개를 선택하고 나머지 하나는 당첨번호와 다른 39개 중 하나를 선택한 것이기 때문에 경우의 수는

$$\#(2\text{등 또는 3등}) = \binom{6}{5} \times 39 = 6 \times 39 = 234$$

가 되고 확률은 $P(2\text{등 또는 3등}) = 234/8145060 \approx 1/34808$이 된다.

예제 3.5

1년을 365일이라고 할 때, k명의 사람이 모두 다른 생일을 가지는 사건을 A라고 하자. 만약 365일 동안 태어날 가능성이 동일하다면, 표본공간의 수는 k명의 사람이 각각 365일 중 한 날을 선택할 수 있으므로 1에서 365까지 숫자 중에 하나를 k번 복원추출한 것으로 생각할 수 있다. 모든 사람이 생일이 다르다는 것은 각기 다른 날짜를 선택하는 것으로 365일을 k번 비복원추출하는 방법의 수와 같다. 따라서 $\#(\Omega) = 365^k$가 되고

$$(A) = 365 \times 364 \times \cdots \times (365 - k + 1) = \frac{365!}{(365 - k)!}$$

가 되어 사건 A의 확률은 다음과 같다.

$$P(A) = \frac{365!/(365-k)!}{365^k} = \frac{365!}{365^k(365-k)!}$$

다음 표는 $k=$ 5, 10, 15, 20, 30, 40, 50인 경우에 생일이 모두 다를 확률을 계산한 것이다.

k	5	10	15	20	30	40	50
$P(A)$	0.9729	0.8831	0.7471	0.5886	0.2937	0.1088	0.0296

흥미로운 사실은 40명 정도만 되어도 모든 사람이 생일이 다를 확률이 10% 정도밖에 되지 않고 50명인 경우 3% 정도밖에 되지 않는다는 것이다.

1절의 실험 ③과 같이 표본공간이 셀 수 없을 정도로 많은 원소로 이루어져 있으면 이를 **연속표본공간(continuous sample space)**이라고 한다. 연속표본공간에서는 표본공간뿐만 아니라 대부분의 사건이 무한개의 원소를 가진다. 이 경우 위에서 언급한 원소의 수의 비율로 표시하면 확률이 ∞/∞ 형태가 되기 때문에 확률을 정의하기 어렵다. 그래서 연속표본공간에서는 발생가능성이 동일한 상황을 선이나 평면 등을 이용하여 설명한다. 표본공간 Ω를 선이나 평면으로 표시하고 사건 A를 이 선이나 평면의 일부분으로 표시한다. 사건 A가 발생한다는 것은, 영역 Ω 내에서 임의의 한 점을 무작위로 택할 때 이 점이 영역 A에 있다는 것을 의미하며 이에 대한 확률은 다음과 같이 전체 영역에서 A가 차지하는 비율로 쓸 수 있다. 이때 사건 A의 확률 $P(A)$를 다음과 같이 정의한다.

$$P(A)=\frac{\|A\|}{\|\Omega\|}$$

여기서 $\|\ \|$는 길이, 면적, 부피 등을 나타낸다.

예제 3.6

원형 돌림판에 【그림 3.3】과 같이 숫자가 표시되어 있고 돌림판 주위에 바늘 하나가 돌림판 중심을 향해 놓여 있다고 하자.

그림 3.3 돌림판

이 돌림판을 돌려 정지한 후 바늘이 지적하는 위치를 x 라고 하면 표본공간은 다음과 같이 쓸 수 있다.

$$\Omega = \{x : 0 < x \le 12\}$$

바늘이 1에서 4 사이에 있을 사건을 A 라고 하면,

$$A = \{x \in \Omega : 1 \le x \le 4\}$$

이고 사건 A 의 확률은 전체 길이에서 해당 부분의 길이의 비로 다음과 같다.

$$P(A) = \frac{3}{12} = \frac{1}{4}$$

2.2 상대도수의 극한개념

동전을 던질 때 앞면이 나올 사건을 A 라고 하면 $P(A) = 1/2$ 이다. 고전적 확률에서는 이를 "앞면과 뒷면의 발생가능성이 동일하고 $\Omega = \{H, T\}$ 이고 $A = \{H\}$ 이므로 $P(A) = 1/2$ 이다"라고 해석한다. 아래의 표는 과거 유명한 통계학자들이 실시했던 동전 던지기의 실험 결과로 확률에 대한 다른 해석을 보여준다.

실험자	던진 횟수	앞면	상대도수
Buffon	4040	2048	0.5080
Pearson	12000	6019	0.5016
Pearson	24000	12012	0.5005

이 표에서 실험횟수가 어느 정도 큰 경우 상대도수가 직관적 값인 0.5 근처에 있는 것을 볼 수 있는데, 실제로 실험을 계속 수행하더라도 상대도수가 0.5 근처에 있는 것을 확인할 수 있다.

표본공간의 각 원소가 발생가능성이 동일하지 않은 경우에도 확률을 구할 수 있어야

한다. 만약 동전이 휘어졌을 경우라면 앞면이 나올 확률은 1/2이 아닐 수 있으며 휘어진 정도에 따라 앞면이 나올 확률은 달라질 수 있다. 주사위와 다르게 윷은 정해진 규격이 없기 때문에 젖혀지거나 엎어질 확률을 직관적으로 알 수 없다. 만약 가지고 있는 윷을 하나 던졌을 때 젖혀질 확률을 구하고 싶다면 어떻게 구할 수 있을까?

한 가지 방법은 1장에서 언급한 "그냥도전! 500원 동전 천번 돌리기!"나 위에서 유명 통계학자들이 한 것처럼 계속해서 같은 윷을 던져 "던진 횟수"에서 "젖혀진 횟수"의 비율을 구하여 젖혀질 확률의 근사값으로 사용하는 것이다. 즉, 윷을 던졌을 때 젖혀질 사건을 A 라고 하고 $n(A)$ 를 윷을 n 번 던졌을 때 윷이 젖혀진 횟수라고 하면 사건 A 의 확률은 다음과 같이 근사한다.

$$P(A) \approx \frac{n(A)}{n}$$

만약 실험을 무한히 반복한다면 $n(A)/n$은 어떤 값으로 수렴하는데, 이 극한값을 사건 A 가 일어날 확률로 해석하자는 것이다. 즉, 사건 A 가 일어날 확률 $P(A)$ 는 동일한 확률실험을 n 번 반복할 때 실험에서 사건 A 가 발생한 비율의 극한값으로 수식으로 표시하면 다음과 같다.

상대도수의 극한(통계적 확률)

$$P(A) = \lim_{n \to \infty} \frac{n(A)}{n}$$

1장의 동전 돌리기 설험에서와 같이 각각의 실험에서 발생하는 결과를 표본이라고 생각할 수 있다. 실험을 계속 반복한다는 것은 표본을 계속 뽑는다는 것을 의미하며 실험을 무한 반복하면 표본이 무한히 많아져 결국 모집단이 될 것이다. 즉, 확률은 표본이 아니라 모집단이 어떤 형태로 이루어져 있는지를 표시한 것이다. 상대도수의 극한은 많은 표본을 통해 모집단의 특성을 파악한다고 해서 **통계적 확률**(statistical probability)이라고도 부른다. 이 방법은 일기예보나 전쟁게임과 같이 모의실험을 통해 결과를 도출하는 분야에서 많이 사용되고 있다. 고속 컴퓨터의 보급으로 인해 더욱더 활용도가 높아지고 있는 부분이다.

예제 3.7

【예제 3.5】의 생일문제에서는 365일 각각의 날에 태어날 가능성이 동일하다는 가정을 하였다. 만약 태어날 가능성이 다를 때 k명의 사람이 모두 생일이 다른 사건 A의 확률을 계산하는 것은 상당히 어려운 문제이다. 예를 들어, 【예제 2.8】에서 2013년에 태어난 436,455명의 아이들의 월별 하루평균 출생아수가 다음의 표 Ⓐ에 주어진 것처럼 달랐다. 여기서는 좀 더 극단적인 상황을 고려하여 1월에서 6월까지의 일별 출생아가 7월에서 12월까지 일별 출생아의 두 배인 상황을 Ⓑ와 같이 가정해 보았다.

상황	1월	2월	3월	4월	5월	6월	7월	8월	9월	10월	11월	12월
Ⓐ	2013	1427	1309	1243	1225	1149	1105	1167	1174	1235	1163	1128
Ⓑ	2000	2000	2000	2000	2000	2000	1000	1000	1000	1000	1000	1000

다음의 【표 3.3】에서 Ⓐ는 위의 상황 Ⓐ, Ⓑ는 상황 Ⓑ에서 실시한 모의실험의 결과이다. 각각의 k에 대해 생일이 같은 사람이 있는지를 확인하는 작업을 일억 번 실시하여 같지 않은 경우의 비율을 기록한 것이다. 예를 들어, $k=5$에서 Ⓐ의 값은 0.9727로 이는 Ⓐ 상황에서 5명을 무작위로 뽑는 작업을 일억 번 했을 때 5명의 생일이 모두 다른 경우가 약 9727만 번 정도 나왔다는 것을 의미한다.

표 3.3 상황에 따른 생일문제의 확률 추이

k	5	10	15	20	30	40	50
$P(A)$	0.9729	0.8831	0.7471	0.5886	0.2937	0.1088	0.0296
Ⓐ	0.9727	0.8823	0.7456	0.5865	0.2913	0.1072	0.0290
Ⓑ	0.9699	0.8709	0.7230	0.5551	0.2569	0.0853	0.0202

결과 Ⓐ에서는 k가 5에서 40까지인 경우 고전적 확률보다 0.0006에서 0.0024 정도의 미세한 차이를 보이는 반면, 결과 Ⓑ에서는 확연한 차이를 보이고 있다. 여기서 Ⓐ의 결과가 $P(A)$와 차이가 있는가를 통계적 문제로 생각할 수 있으며 이에 대한 내용은 13장 범주형자료분석에서 알아보기로 한다.

2.3 확률의 공리

확률이론이나 통계이론을 유도하는 데 있어 고전적 정의나 빈도학파적 정의로는 일반적인 확률의 이론을 도출하는 데 한계가 있었는데 1933년 콜모고로프(A. N. Kolmogorov, 1903~1987)가 확률의 공리를 발표하면서 확률이론이 체계를 이루게 된다. 우리가 배우는 확률이론들은 이 확률의 공리를 토대로 만들어졌다. 표본공간상에서 아래의 공리를 만족하는 $P(\ )$를 **확률측도(probability measure)**라고 하고 $P(A)$를 사건 A의 확률이라고 한다.

확률의 공리

공리 1. $P(\Omega)=1$

공리 2. 사건 $A \subset \Omega$에 대해, $0 \leq P(A) \leq 1$

공리 3. 서로배반인 사건 A와 B에 대해, $P(A \cup B) = P(A) + P(B)$

공리(axiom)란 증명할 수 없으나 옳다고 판단되는 명제이다. 공리 1은 어떤 실험의 결과는 표본공간 Ω에서 항상 일어남을 뜻한다. 예를 들어, 주사위를 던질 때 윗면에 나오는 주사위의 눈의 개수는 1, 2, ⋯ , 6 가운데 하나임을 뜻한다. 공리 2는 어느 사건도 확률이 음수가 될 수 없고 1보다 클 수도 없음을 뜻한다. 공리 3은 서로배반인 두 사건 A와 B에 대해 합사건의 확률은 각각의 확률의 합과 같음을 의미한다. 예를 들어, 주사위를 1개 던질 때 $A=\{1,2\}$이고 $B=\{3,4\}$이면 사건 A 또는 B가 일어날 확률은 다음과 같다.

$$P(A \cup B) = P(1,2,3,4) = P(1,2) + P(3,4) = P(A) + P(B) = \frac{2}{6} + \frac{2}{6} = \frac{2}{3}$$

3 확률의 기본정리

확률의 공리로부터 얻을 수 있는 확률의 기본적인 성질을 알아보자. 먼저 성질에 대해 정리하고 설명을 하려고 한다.

확률의 기본 성질

① $P(A^c) = 1 - P(A)$
② $A \subset B$이면 $P(A) \le P(B)$
③ $P(A \cup B) = P(A) + P(B) - P(A \cap B)$
④ $P(A \cup B) \le P(A) + P(B)$

첫 번째 성질은

$$P(A^c) = 1 - P(A) \quad \text{또는} \quad P(A) = 1 - P(A^c)$$

이다. 이것은 $\Omega = A \cup A^c$이며 A와 A^c는 상호배반이므로 공리 1과 공리 3에 의해

$$1 = P(\Omega) = P(A \cup A^c) = P(A) + P(A^c)$$

가 되어 $P(A^c) = 1 - P(A)$ 또는 $P(A) = 1 - P(A^c)$가 성립한다. 이 성질을 이용하면 $P(\varnothing) = 0$인 것을 쉽게 보일 수 있다. 【예제 3.5】에서 k명 중 생일이 같은 사람이 있을 사건은 A^c로 표시할 수 있으며 이 사건의 확률은 다음과 같이 구할 수 있다.

$$P(A^c) = 1 - P(A) = 1 - \frac{365!}{365^k (365-k)!}$$

예제 3.8

즉석복권을 1,000장 발행했는데 이 중 4장이 당첨복권이라고 하자. 어떤 사람이 4장의 복권을 구매할 때 적어도 한 장 이상의 당첨복권을 구매하게 될 확률을 구해보자. 이 사람이 한 장 이상의 당첨복권을 구매할 사건을 A라고 하면 당첨복권이 한 장,

두 장, 세 장, 네 장인 경우를 모두 계산하여 합해야 한다. 하지만 A^c는 구입한 4장 모두 당첨되지 않을 사건으로 경우의 수 계산이 훨씬 간단하다. 그러므로 1에서 A^c의 확률을 뺀 값으로 A의 확률을 계산하는 것이 더 효율적이다. 사건 A^c는 당첨되지 않은 996장의 복권 중에서 4장을 모두 구매한 사건으로 생각할 수 있으며 이는

$$P(A^c) = \frac{996 \times 995 \times 994 \times 993}{1000 \times 999 \times 998 \times 997} = 0.9841$$

이 된다. 그러므로 사건 A의 확률은 $P(A) = 1 - P(A^c) = 0.0159$이다.

사건 A가 사건 B의 부분사건, 즉 $A \subset B$이면, 【그림 3.4】의 벤다이어그램에서 보는 것과 같이

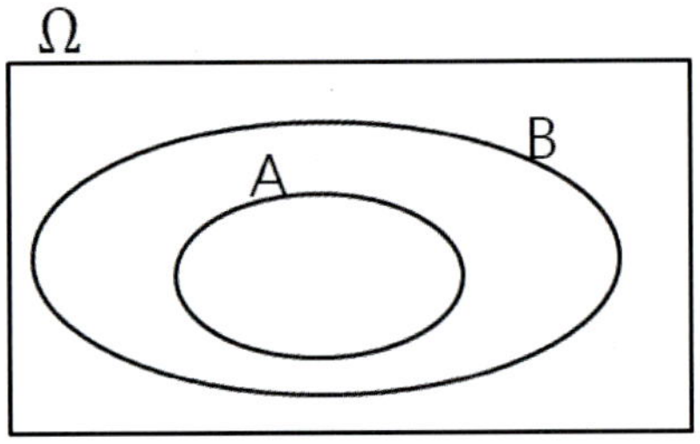

그림 3.4 $A \subset B$인 벤다이어그램

$B = A \cup (B \cap A^c)$로 표시할 수 있고 A와 $B \cup A^c$는 서로배반이므로 공리 3에 의해 다음이 성립한다.

$$P(B) = P(A) + P(B \cap A^c)$$

공리 2에 의해 $P(B \cap A^c) \geq 0$이므로, 두 번째 성질인

$$A \subset B\text{이면 } P(A) \leq P(B)$$

가 성립한다.

공리 3에서는 사건 A와 B가 서로배반사건인 경우에 적용되는 것이고 일반적인 상황에서는 $A \cap B = \varnothing$가 아닐 수 있다. 이 경우 벤다이어그램은 다음과 같이 그릴 수 있다.

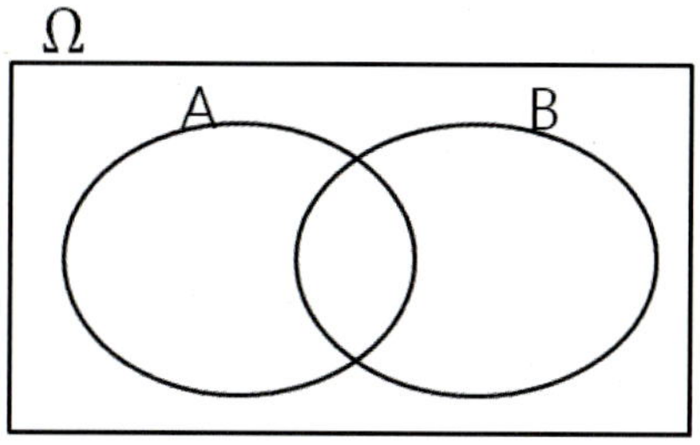

그림 3.5 $A \cup B$의 벤다이어그램

위 상황에서 $A = (A \cap B) \cup (A \cap B^c)$로 표시할 수 있고 $A \cap B$와 $A \cap B^c$는 서로배반사건이므로

$$P(A) = P(A \cap B) + P(A \cap B^c) \Rightarrow P(A \cap B^c) = P(A) - P(A \cap B)$$

가 되고 같은 이유로

$$P(B) = P(A \cap B) + P(A^c \cap B) \Rightarrow P(A^c \cap B) = P(B) - P(A \cap B)$$

가 성립한다. 사건 $A \cup B$는 벤다이어그램에서 보는 것과 같이 3개의 서로배반사건 $A \cap B^c$, $A \cap B$, $A^c \cap B$의 합사건으로

$$P(A \cup B) = P(A \cap B^c) + P(A \cap B) + P(A^c \cap B)$$

로 표시되고 위의 두 결과를 적용하면

$$P(A \cup B) = P(A) + P(B) - P(A \cap B)$$

가 된다. 또한, 위의 식에서 $P(A \cap B) \geq 0$이므로

$$P(A \cup B) \leq P(A) + P(B)$$

가 성립한다.

예제 3.9

두 개의 동전을 던지는 실험에서 첫 번째 동전이 앞면인 사건을 A, 두 번째 동전이 앞면인 사건을 B라고 하면, $A \cap B = \{HH\}$이므로 $A \cap B$와 $A \cup B$의 확률은 다음과 같다.

$$P(A \cap B) = \frac{1}{4}$$

$$P(A \cup B) = P(A) + P(B) - P(A \cap B) = \frac{3}{4}$$

$$P(A \cup B) = \frac{3}{4} \le P(A) + P(B) = \frac{1}{2} + \frac{1}{2} = 1$$

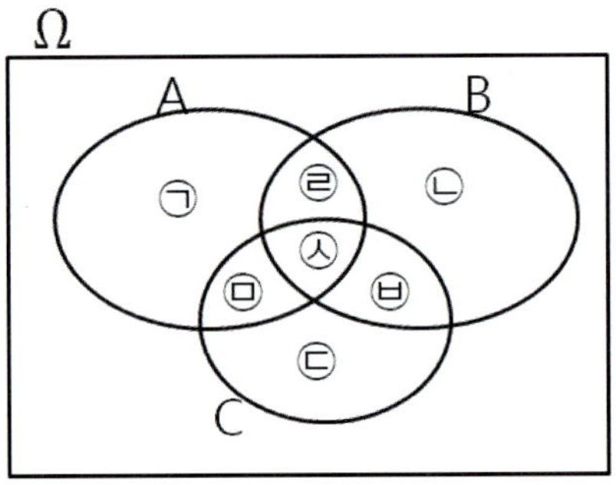

그림 3.6 벤다이어그램

위의 기본 성질 ③은 여러 개의 사건으로 확장시킬 수 있다. 사건 A, B, C가 있는 경우, $P(A \cup B \cup C)$는 【그림 3.6】과 같이 7개의 배반사건의 합으로 표시할 수 있는데,

$$P(A \cup B \cup C) = P(㉠) + P(㉡) + P(㉢) + P(㉣) + P(㉤) + P(㉥) + P(㉦)$$

여기서 각각의 배반사건은 중복이 없는 사건(㉠, ㉡, ㉢), 두 사건만 중복된 사건(㉣, ㉤, ㉥), 세 사건이 중복(㉦)된 것으로 나눌 수 있으며, 이에 대한 확률은 다음과 같이 계산할 수 있다.

$$P(㉠) = P(A) - P(A \cap B) - P(A \cap C) + P(A \cap B \cap C)$$
$$P(㉣) = P(A \cap B) - P(A \cap B \cap C)$$

$$P(ⓢ) = P(A \cap B \cap C)$$

각각의 배반사건을 대입하면 다음과 같은 식을 유도할 수 있다.

$$\begin{aligned} P(A \cup B \cup C) = & \ P(A) + P(B) + P(C) \\ & - P(A \cap B) - P(A \cap C) - P(B \cap C) + P(A \cap B \cap C) \end{aligned}$$

n 개의 사건 $A_1, A_2, \ldots, A_n$ 에 대해 일반화시키면 다음과 같은 결과를 얻을 수 있다.

$$\begin{aligned} P\left(\bigcup_{i=1}^{n} A_i\right) = & \sum_{i=1}^{n} P(A_i) - \sum_{1 \le i < j \le n} P(A_i \cap A_j) \\ & + \cdots + (-1)^{n-1} P(A_1 \cap A_2 \cap \cdots \cap A_n) \end{aligned}$$

확률의 기본 성질 ④은 $P(A^c \cup B^c) \le P(A^c) + P(B^c)$ 도 의미한다. 여기에 드모르간 법칙을 적용하면,

$$P(A^c \cup B^c) = P((A \cap B)^c) = 1 - P(A \cap B) \le P(A^c) + P(B^c) = 1 - P(A) + 1 - P(B)$$

가 된다. 이를 정리하면 다음과 같은 부등식을 얻을 수 있다.

$$P(A \cap B) \ge P(A) + P(B) - 1$$

수학적 귀납법을 이용하여 확률의 기본 성질 ④를 일반화하면, n 개 사건 $A_1, A_2, \ldots, A_n$ 에 대해

$$P\left(\bigcup_{i=1}^{n} A_i\right) \le \sum_{i=1}^{n} P(A_i)$$

가 성립함을 쉽게 보일 수 있다. 이 부등식을 **부울 부등식**(Boole's inequality)이라고 부른다. 이 부등식을 이용하면 합사건에 대한 확률의 경계값을 유도할 수 있다. 교사건에 대한 확률의 경계값도 이 부등식을 이용하여 구할 수 있다. 앞에서 보인 것과 마찬가지로 위의 부울 부등식에서 A_i를 A_i^c로 대체하면 다음과 같은 관계식을 유도할 수 있다.

$$P\left(\bigcap_{i=1}^{n} A_i\right) \ge \sum_{i=1}^{n} P(A_i) - (n-1)$$

이 부등식을 **본페로니 부등식**(Bonferroni inequality)이라고 하는데, 이 식은 11장

분산분석에서 이용할 것이다.

예제 3.10

【예제 3.8】에서 구입한 4장의 복권 중에서 i 번째 복권이 당첨될 사건을 A_i 라고 하면, $P(A_i) = 0.004$ 가 된다. $P(A_i) = 0.004$ 가 되는 이유는 다음 절에서 알아볼 것이다. 【예제 3.8】에서 A 는 $A = \bigcup_{i=1}^{4} A_i$ 로 표시할 수 있으며 아래와 같은 부등식이 성립하는 것을 알 수 있다.

$$P(A) = P\left(\bigcup_{i=1}^{4} A_i\right) = 0.0159 \le \sum_{i=1}^{4} P(A_i) = 0.016$$

확률의 기본 성질

⑤ $P(A \cup B \cup C) = P(A) + P(B) + P(C) - P(A \cap B) - P(A \cap C) - P(B \cap C) + P(A \cap B \cap C)$

⑥ $P\left(\bigcup_{i=1}^{n} A_i\right) = \sum_{i=1}^{n} P(A_i) - \sum_{1 \le i < j \le n} P(A_i \cap A_j) + \cdots + (-1)^{n-1} P(A_1 \cap A_2 \cap \cdots \cap A_n)$

⑦ 부울 부등식 : $P\left(\bigcup_{i=1}^{n} A_i\right) \le \sum_{i=1}^{n} P(A_i)$

⑧ 본페로니 부등식 : $P\left(\bigcap_{i=1}^{n} A_i\right) \ge \sum_{i=1}^{n} P(A_i) - (n-1)$

4 조건부확률

예제 3.11

동전 두 개를 던지는 실험에서 어떤 한 동전이 앞면이라는 것을 알았을 때, 두 동전 모두 앞면일 사건의 확률을 구해보자. 두 동전을 던지는 실험에서의 표본공간은 다음과 같다.

$$\Omega = \{HH,\ TH,\ HT,\ TT\}$$

여기서 어떤 한 동전이 앞면이라는 정보가 추가로 주어지면, 표본공간에서 $\{TT\}$가 발생할 수 없기 때문에 표본공간은 $\{HH, TH, HT\}$로 축소가 된다. 이 표본공간 상에서 두 동전 모두 앞면일 사건의 확률은 $1/3$이 된다.

위 예제와 같이 확률실험을 하는 과정에서 새로운 정보 또는 조건이 추가되었을 때 사건의 확률을 **조건부확률**(conditional probability)이라고 한다. 사건 A가 일어났다면 A 이외의 것은 일어날 수 없기 때문에 【그림 3.7】과 같이 A가 새로운 표본공간 Ω'이 되고, A 안에서 $A \cap B$에 있는 원소가 발생할 때 B가 일어날 것이므로 A 하에서 B의 조건부확률은 A에서 $A \cap B$가 차지하는 비율로 $P(A \cap B)/P(A)$로 표시할 수 있다.

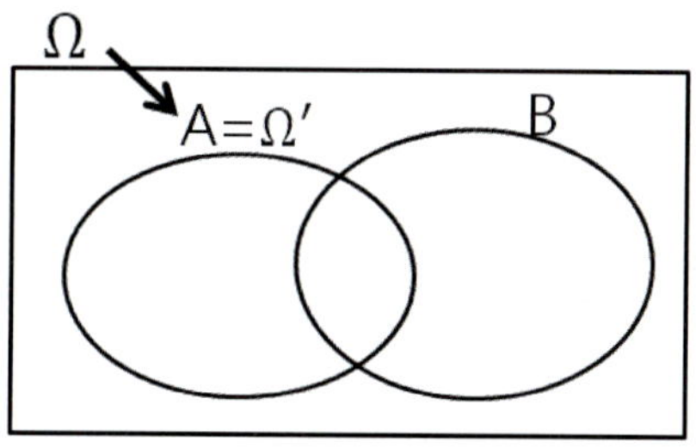

그림 3.7 표본공간의 축소

사건 A가 주어졌을 때 사건 B의 조건부확률은 $P(B|A)$로 표시하고 다음과 같이 수식으로 정의한다.

$$P(B|A) = \frac{P(A \cap B)}{P(A)}$$

단, 위의 확률이 정의되기 위해서는 $P(A) > 0$이어야 한다. 참고로 A가 주어졌을 때 B의 조건부확률은 영어로 probability of B given A라고 읽기 때문에 $P(B|A)$로 표시한다.

조건부확률로 표시되는 대표적인 사회지표 중 하나가 **사망률**(mortality rate)이다. 예를 들어 어떤 해의 40대 사망률이란, 그해 전체인구 중에서 40대에 사망한 사람의 비율이 아니라 40대 이상인 사람 중에서 40대에 사망한 사람의 비율을 의미한다. 표본공간이 전체 연령대에서 40대 이상으로 축소된 상황에서 40대에 사망한 사람의 비율로 조건부확률이 된다. 반대 개념으로 **생존율**(survival rate)이 있는데, 40대 생존율은 40대 이상인 사람 중 그 해 생존한 사람의 비율로 '1−사망률'로 계산할 수 있다.

예제 3.12

아래의 표는 통계청에서 발표한 2020년 완전생명표의 일부분으로 인구 10만 명에서 시작하여 각 연령까지 생존한 사람의 수를 표시한 것이다.

표 3.4 완전생명표

연령	생존자		
	전체	남자	여자
0세	100,000	100,000	100,000
1세	99,757	99,728	99,788
20세	99,523	99,451	99,596
21세	99,495	99,420	99,572
40세	98,467	98,282	98,759
41세	98,378	98,177	98,692
50세	97,019	96,266	97,774
60세	94,172	92,175	96,171
61세	93,746	91,555	95,939
80세	72,035	62,569	81,502
81세	69,256	59,264	79,250

이 자료에 의하면 2020년 우리나라 0세 사망자는 10만 중 100000-99757=243명으로 사망률은 243/100000=0.00243이 되며 %로 표시하면 0.24%가 된다. 40세의 남성사망률은 40세 이상 남자 생존자 98282명 중 40세에 사망한 98282-98117=105명으로

$$40\text{세 남성사망률} = \frac{40\text{세 남자사망자}}{40\text{세 이상 남자생존자}} = \frac{105}{98282} = 0.00107 = 0.11\%$$

가 된다. 같은 방법으로 40대 사망률은 40세 이상 생존자 98,467명 중 40대 사망한 98,467-97,019=1,448명의 비율로

$$40\text{대 사망률} = \frac{40\text{세 사망자}}{40\text{세 이상 생존자}} = \frac{1448}{98467} = 0.0147 = 1.47\%$$

이다. 각 연령의 전체와 남녀의 사망률을 계산하면 다음과 같이 정리할 수 있다.

표 3.5 연령별 사망자와 사망률

연령	구분	전체	남자	여자
0세	사망자	243	272	212
	사망률	0.24%	0.27%	0.21%
20세	사망자	28	31	24
	사망률	0.03%	0.03%	0.02%
40세	사망자	89	105	67
	사망률	0.09%	0.11%	0.07%
60세	사망자	426	620	232
	사망률	0.45%	0.67%	0.24%
80세	사망자	2,779	3,305	2,252
	사망률	3.86%	5.28%	2.76%

또한, 이 결과에 따르면 80세 여성생존율은 1−2,252/81,502=1−0.0276=0.967로 97.24%인 것으로 나타났다.

조건부확률의 정의로부터 다음과 같은 다양한 확률이론을 도출할 수 있는데, 먼저 간단한 조건부확률의 응용에 대해 알아보자.

조건부확률의 응용

① $P(A) > 0$, $P(B) > 0$이면 $P(A \cap B) = P(A)P(B|A) = P(B)P(A|B)$

② $P(A_1 \cap \cdots \cap A_{n-1}) > 0$이면

$P(A_1 \cap \cdots \cap A_n) = P(A_1)P(A_2|A_1)P(A_3|A_1 \cap A_2) \cdots P(A_n|A_1 \cap \cdots \cap A_{n-1})$

조건부확률의 정의에 의해 $P(A) > 0$ 이면,

$$P(B|A) = \frac{P(A \cap B)}{P(A)}$$

가 된다. 이 식에서 오른쪽의 분모를 왼쪽으로 이동시키면,

$$P(A)P(B|A) = P(A \cap B)$$

가 된다. 마찬가지로 $P(B) > 0$ 이면 $P(A|B) = P(A \cap B)/P(B)$가 되고

$$P(A \cap B) = P(B)P(A|B)$$

가 성립한다. 결론적으로 $P(A)$와 $P(B)$가 모두 0보다 크면 다음의 관계식이 유도된다.

$$P(A \cap B) = P(A)P(B|A) = P(B)P(A|B)$$

이 식은 곱사건이 순차적인 사건들의 조건부확률의 곱으로 표시될 수 있다는 것을 의미한다.

예제 3.13

어떤 상자에는 정상품 90개와 불량품 10개가 들어있다고 하자. 이 상자에서 무작위로 2개를 비복원으로 추출하면 표본공간은

$$\Omega = \{(정상_1, 정상_2), (정상_1, 불량_2), (불량_1, 정상_2), (불량_1, 불량_2)\}$$

가 된다. 표본공간상의 (정상1, 정상2)의 확률을 먼저 구해보자. 첫 번째 뽑은 부품이 정상일 확률은 100개의 부품 중 90개가 정상이므로 90/100이 되고 두 번째도 정상일 확률은 비복원이므로 99개 중 89개가 정상이므로 89/99가 되어

$$P(정상_1, 정상_2) = \frac{90}{100} \times \frac{89}{99} = \frac{89}{110}$$

가 된다. 여기서 앞의 확률 90/100을 식으로 표시하면 $P(정상_1)$이고 뒤의 확률 89/99는 $P(정상_2 | 정상_1)$으로 표시할 수 있다. 다른 원소에 대해서도 이 같은 법칙을 적용하여 확률을 계산할 수 있다.

$$P(\text{정상}_1, \text{불량}_2) = P(\text{정상}_1)P(\text{불량}_2 | \text{정상}_1) = \frac{90}{100} \times \frac{10}{99} = \frac{10}{110}$$
$$P(\text{불량}_1, \text{정상}_2) = P(\text{불량}_1)P(\text{정상}_2 | \text{불량}_1) = \frac{10}{100} \times \frac{90}{99} = \frac{10}{110}$$
$$P(\text{불량}_1, \text{불량}_2) = P(\text{불량}_1)P(\text{불량}_2 | \text{불량}_1) = \frac{10}{100} \times \frac{9}{99} = \frac{1}{110}$$

사건 A_1, A_2, A_3 에 대해 $P(A_1 \cap A_2) > 0$ 이면 다음의 식이 성립한다.

$$P(A_1 \cap A_2 \cap A_3) = P(A_1)\frac{P(A_1 \cap A_2)}{P(A_1)}\frac{P(A_1 \cap A_2 \cap A_3)}{P(A_1 \cap A_2)}$$

위의 조건부확률 정의에 의하면 위 식의 우변의 두 번째와 세 번째 분수 항은 각각 $P(A_2 | A_1)$ 과 $P(A_3 | A_1 \cap A_2)$ 로 표시할 수 있으므로

$$P(A_1 \cap A_2 \cap A_3) = P(A_1)P(A_2 | A_1)P(A_3 | A_1 \cap A_2)$$

가 된다. 수학적 귀납법을 이용하면, 사건 $A_1, \cdots, A_n$ 에 대해 $P(A_1 \cap \cdots \cap A_{n-1}) > 0$ 일 때 다음과 같이 일반식을 유도할 수 있다.

$$P(A_1 \cap \cdots \cap A_n) = P(A_1)P(A_2 | A_1)P(A_3 | A_1 \cap A_2) \cdots P(A_n | A_1 \cap \cdots \cap A_{n-1})$$

예제 3.14

【예제 3.13】의 상자에서 3개를 비복원으로 추출한다고 할 때, 순서적으로 (정상, 정상, 불량)일 확률은

$$\begin{aligned} P(\text{정상}_1, \text{정상}_2, \text{불량}_3) &= P(\text{정상}_1)P(\text{정상}_2 | \text{정상}_1)P(\text{불량}_3 | \text{정상}_1 \cap \text{정상}_2) \\ &= \frac{90}{100} \times \frac{89}{99} \times \frac{10}{98} = \frac{89}{1078} \end{aligned}$$

이 된다.

앞의 조건부확률 응용과 더불어 확률의 공리를 이용하면 더 다양한 사건에 대한 확률을 구할 수 있다. 여기에서는 뒤에서 배울 베이즈 정리를 유도하기 위해 필요한 전확률

공식에 대해 알아본다.

【예제 3.10】에서 구매한 4장의 복권 중에서 i 번째 복권이 당첨될 사건을 A_i 라고 하면, 모든 $i = 1, 2, 3, 4$에 대해 $P(A_i) = 0.004$ 가 된다고 하였다. 첫 번째 복권이 당첨될 사건의 확률은 1,000개 중 당첨복권은 4장이므로 $P(A_1) = 0.004$가 되는 것은 당연하다. 하지만 두 번째 복권부터의 확률계산은 직관적이지 않을 것이다. 왜냐하면, 두 번째 복권은 첫 번째 복권이 무엇인가에 따라 달라질 수 있기 때문이다. 그러므로 두 번째 복권이 당첨될 확률은 첫 번째 복권이 당첨되는 경우와 되지 않는 경우로 나누어 보아야 하는데, 문제는 $P(A_2)$ 는 첫 번째 복권의 당첨 여부와 관계없이 두 번째 복권이 당첨될 확률을 구하라는 것이다. 이 문제를 알아보기 위해 다음과 같은 벤다이어그램을 그려보자.

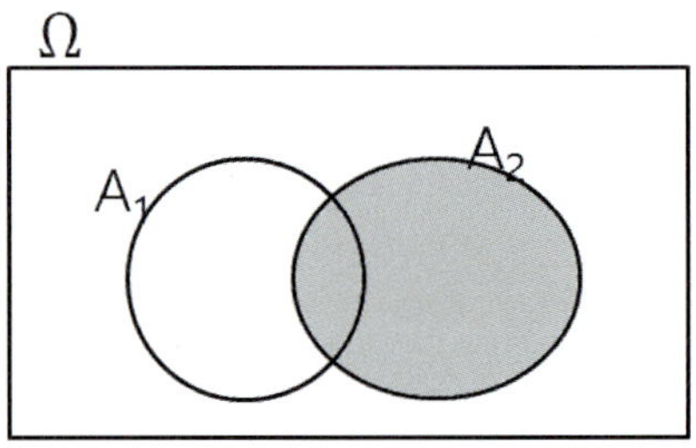

그림 3.8 벤다이어그램(전확률)

벤다이어그램에서 보는 것과 같이 A_2 는 A_1 과 교집합을 이루는 부분과 A_1^c 과 교집합을 이루는 부분으로 나눌 수 있다. 두 교집합 부분은 서로배반사건이므로 다음과 같이 쓸 수 있다.

$$P(A_2) = P(A_1 \cap A_2) + P(A_1^c \cap A_2)$$

이 확률 식을 보면 두 번째 복권이 당첨될 확률은 첫 번째 복권이 당첨되고 두 번째도 당첨되는 확률과 첫 번째 복권은 당첨되지 않고 두 번째 복권이 당첨되는 확률의 합으로 표시됨을 알 수 있다. 교사건에 대한 조건부확률의 응용 ①을 이용하면 $P(A_2)$ 는

$$\begin{aligned} P(A_2) &= P(A_1)P(A_2 | A_1) + P(A_1^c)P(A_2 | A_1^c) \\ &= \frac{4}{1000}\frac{3}{999} + \frac{996}{1000}\frac{4}{999} = \frac{4}{1000} = 0.004 \end{aligned}$$

가 되어 $P(A_1) = P(A_2)$가 되는 것을 볼 수 있다. $P(A_3)$의 경우 고려해야 할 부분이 많아지지만 동일한 방법을 적용하여 다음과 같이 계산할 수 있다.

$$\begin{aligned} P(A_3) &= P(A_1 \cap A_2 \cap A_3) + P(A_1^c \cap A_2 \cap A_3) + P(A_1 \cap A_2^c \cap A_3) + P(A_1^c \cap A_2^c \cap A_3) \\ &= P(A_1)P(A_2|A_1)P(A_3|A_1 \cap A_2) + P(A_1^c)P(A_2|A_1^c)P(A_3|A_1^c \cap A_2) \\ &\quad + P(A_1)P(A_2^c|A_1)P(A_3|A_1 \cap A_2^c) + P(A_1^c)P(A_2^c|A_1^c)P(A_3|A_1^c \cap A_2^c) \\ &= 0.004 \end{aligned}$$

이는 몇 번째 복권인지와 관계없이 당첨될 확률은 동일하게 0.004가 된다는 것을 의미한다.

어떤 일련의 사건들이 순차적 또는 결합된 형태로 되어 있는 상황에서 특정 시점이나 위치에 해당되는 부분에만 관심을 가지는 경우에는 위와 같이 앞에서 발생할 수 있는 상황이나 연결된 상황들의 확률을 모두 더하여 구할 수 있다.

예제 3.15

어떤 포털사이트에서 운영하는 메일 시스템을 사용하는 사람들의 수신메일 중 40%가 스팸메일이고 나머지는 정상메일이라고 한다. 스팸메일 중 내용에 "A"라는 단어가 있는 메일은 25%이고 정상메일 중 이 단어가 있는 경우는 2%라고 하자. 만약 전체 메일 중 "A" 단어를 포함한 메일의 비율은 얼마나 되는지 알고 싶다면 어떻게 계산해야 하는가?

먼저 위의 지문에서 얻을 수 있는 정보를 수식으로 표시해 보자. S를 스팸메일, N을 정상메일이라고 하면 다음과 같은 벤다이어그램으로 표시할 수 있다.

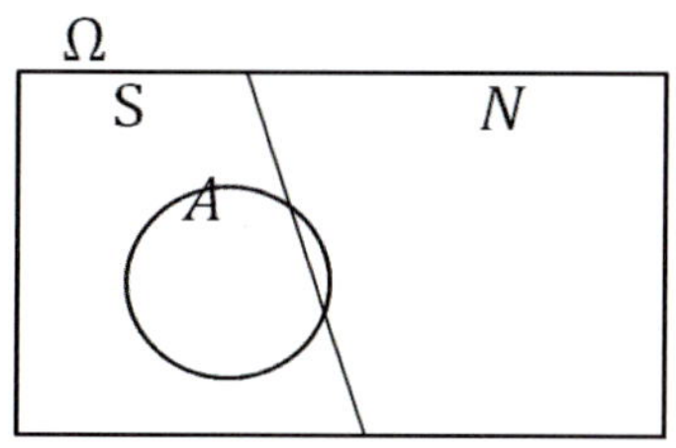

그림 3.9 벤다이어그램

즉, "A" 단어는 스팸메일에도 있고 정상메일에도 있으며 스팸메일과 정상메일은 서로배반이므로 다음과 같이 쓸 수 있다.

$$P(A) = P(S \cap A) + P(N \cap A) = P(S)P(A|S) + P(N)P(A|N)$$

위에서 언급한 확률을 식으로 표시하면 다음과 같은 쓸 수 있다.

$$P(S) = 0.4,\ P(N) = 0.6,\ P(A|S) = 0.25,\ P(A|N) = 0.02$$

그러므로 전체 메일에서 "A"라는 단어가 포함될 확률은

$$P(A) = 0.4 \times 0.25 + 0.6 \times 0.02 = 0.1 + 0.012 = 0.112$$

가 된다.

위 예제와 같은 문제를 푸는 데 유용하게 사용되는 그림이 **확률수형도(probability tree)**이다. 확률수형도에서는 먼저 메일을 스팸과 정상으로 나누고 스팸메일을 "A"의 포함여부로, 정상메일도 "A"의 포함여부로 나눈 후 각각의 분지에 확률을 표시한다. 여기에서 관심은 전체 메일에서 "A"를 포함하는 메일의 비율로 해당 분지와 연결된 가지의 확률을 곱하여 다 합한 것으로 구할 수 있다.

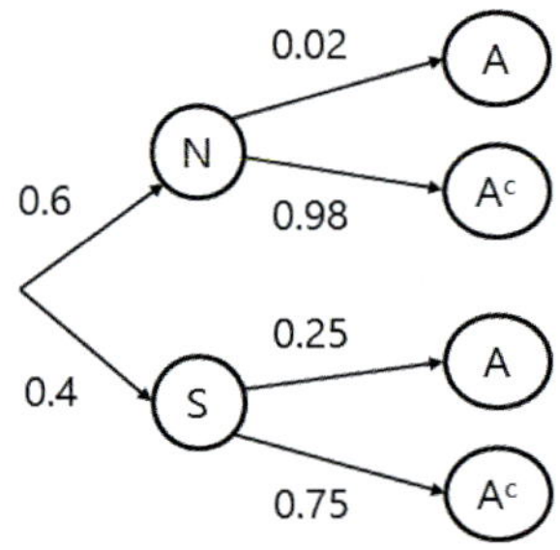

그림 3.10 확률수형도

예제 3.16

어떤 포털사이트에서 운영하는 메일 시스템의 분석에 의하면 이 메일을 사용하는 사람들의 수신메일 중 40%가 스팸메일이고 나머지는 정상메일이라고 한다. 스팸메일 중 내용에 "A"와 "B"라는 단어가 있는 메일은 각각 25%, 30%이고 두 단어가 모두 있는 메일은 20%라고 하자. 정상메일 중 이 단어들이 각각 있는 경우는 2%, 1.8%이

고 두 단어가 모두 있을 메일은 0.5%라고 하자. 만약 단어 "B"는 없고 "A"만 있는 메일이 어느 정도 되는지 관심이 있다고 하자.

이 문제는【예제 3.15】에서 A를 $A\cap B^c$로 바꾼 상황으로 이를 계산하기 위해서는 스팸메일과 정상메일 하에서의 $A\cap B^c$를 계산해야 한다.

$P(A\cap B^c)=P(A)-P(A\cap B)$ 이므로

$$\begin{aligned} P(A\cap B^c|S) &= P(A|S)-P(A\cap B|S)=0.25-0.2=0.05 \\ P(A\cap B^c|N) &= P(A|N)-P(A\cap B|N)=0.02-0.005=0.015 \end{aligned}$$

가 되며

$$\begin{aligned} P(A\cap B^c) &= P(N)P(A\cap B^c|N)+P(S)P(A\cap B^c|S) \\ &= 0.4\times 0.05+0.6\times 0.015=0.0291 \end{aligned}$$

이 된다.

복잡한 상황의 문제를 쉽게 해결하는 방법 중에 하나는 문제를 상황에 따라 세분화하여 해결하는 것이다. 확률에서는 분할을 통해 문제의 상황을 세분화하고 있다. 사건 $A_1, \cdots, A_n$가

① 서로배반사건, 즉 모든 $i\neq j$에 대해 $A_i\cap A_j=\varnothing$

② **전체를 이루는 사건**(exhaustive), 즉 $A_1\cup\cdots\cup A_n=\Omega$

이면, 사건 $A_1, \cdots, A_n$을 표본공간 Ω의 **분할**(partition)이라고 한다. 사건 $A_1, \cdots, A_n$이 표본공간 Ω의 분할일 때, $B\cap A_1$, $B\cap A_2$, $\cdots$, $B\cap A_n$은 서로배반인 사건이므로 다음 등식이 성립한다.

$$\begin{aligned} P(B)=P(B\cap\Omega) &= P((B\cap A_1)\cup(B\cap A_2)\cup\cdots\cup(B\cap A_n)) \\ &= P(B\cap A_1)+\cdots+P(B\cap A_n) \\ &= P(A_1)P(B|A_1)+\cdots+P(A_n)P(B|A_n) \end{aligned}$$

조건부확률의 응용

③ $P(A)>0$ 이고 $P(A^c)>0$ 이면 $P(B)=P(A)P(B|A)+P(A^c)P(B|A^c)$

④ 사건 $A_1, \ldots, A_n$ 가 표본공간 Ω 의 분할이고 각 i 에 대해 $P(A_i)>0$ 이면, 임의의 사건 B 에 대해

$$P(B)=\sum_{i=1}^{n}P(B\cap A_i)=\sum_{i=1}^{n}P(A_i)P(B|A_i)$$

조건부확률 $P(B|A)$ 은 순서적으로 볼 때, 대부분 사건 A 가 먼저 발생하고 B 가 이어 발생하는 상황으로 A 는 원인, B 는 결과의 형태를 가진다. 이와 같은 상황에서 원인의 가능성을 나타내는 $P(A)$ 또는 $P(A^c)$ 를 사건 B 가 관측되기 이전의 확률이라고 해 **사전확률**(prior probability)이라고 한다. 어떤 문제에서는 결과를 얻은 상태에서 그 결과가 발생하게 된 원인을 역으로 추적해 가는 경우가 있는데, 이런 연구방식을 **후향적 연구**(retrospective study)라고 한다. 이런 연구에서는 결과 B 가 관측됐을 때 그 원인이 A 일 사건의 확률 $P(A|B)$ 가 얼마인지에 관심을 가진다. 이 확률을 사건 B 가 관측된 후의 A 의 확률이라고 해서 **사후확률**(posterior probability)이라고 부른다. 종종 $P(B|A)$ 와 $P(A|B)$ 를 혼동하는 경우가 있는데 두 확률은 다른 개념이다.

예제 3.17

어떤 질병의 감염여부를 확인하기 위한 진단키트의 정확도가 얼마나 되는지를 나타내는 측도로 **민감도**(sensitivity)와 **특이도**(specficity)가 사용된다. 민감도는 질병에 걸린 사람을 대상으로 진단키트로 검사를 했을 때 양성반응(+)이 나온 비율, 특이도는 감염되지 않은 사람을 대상으로 검사를 했을 때 음성반응(−)이 나온 비율이다. 질병에 감염된 경우를 A, 감염되지 않은 경우를 A^c 라고 하면 다음과 같은 식으로 표시된다.

$$\text{민감도}=P(+|A),\ \text{특이도}=P(-|A^c)$$

Covid-19에 대한 신속항원검사 방식의 진단키트는 사용허가를 받기 위해 민감도 90%, 특이도 99% 이상을 충족해야 한다. 즉, A 를 코로나에 걸린 경우라고 하면

$$P(+|A)\geq 0.90,\quad P(-|A^c)\geq 0.99$$

가 되어야 한다. 우리가 알고 싶어 하는 문제는 양성반응이 나왔을 때 실제로 코로나에 감염되었을 확률로 $P(A|+)$로 표시되는데 이를 **양성예측도(positive predictive value)**라고 한다. 조건부확률의 정의에 따라 다음과 같이 양성예측도는 민감도와 다른 확률이며 이를 계산하기 위해서는 추가적인 정보가 필요하다.

$$P(+|A)=\frac{P(+\cap A)}{P(A)}\neq\frac{P(+\cap A)}{P(+)}=P(A|+)$$

신속진단키트의 민감도와 특이도는 제한된 수의 연구대상자에서 얻어진 임상시험의 결과이다. 그러므로 어떤 연구대상자가 시험에 포함되었는지에 따라 결과가 다르게 나올 수 있다. 즉, 일반적인 상황에서의 민감도와 특이도는 통계적 확률의 관점에서 보면 확률이 아닌 표본비율로 이해하는 것이 적절하다. 민감도와 특이도에 대한 추론은 9장에서 살펴보기로 한다.

【예제 3.17】에서 $P(A|+)$는 어떻게 계산할 수 있을까? 이 질문에 대한 답을 베이즈(Thomas Bayes, 1701~1973)라는 학자가 제시했다. 만약 $P(B)>0$ 이면 조건부확률의 정의에 따라

$$P(A|B)=\frac{P(A\cap B)}{P(B)}$$

가 된다. 여기에 $P(A)>0$, $P(A^c)>0$라는 추가조건이 주어지면, 조건부확률의 응용 ①과 ③을 분자와 분모에 각각 적용하여 다음과 같은 식을 얻을 수 있다.

$$P(A|B)=\frac{P(A\cap B)}{P(B)}=\frac{P(A)P(B|A)}{P(A)P(B|A)+P(A^c)P(B|A^c)}$$

이 식에 의하면 결과 B가 주어졌을 때 원인 A의 확률을 사전확률 $P(A)$, $P(A^c)$와 일반적인 순서의 조건부확률을 이용하여 계산할 수 있다는 것이다. 이 식은 1763년 베이즈가 사망한 후 그의 저서를 정리하는 과정에서 발견되어 이 공식을 **베이즈 정리(Bayes' theorem)**라고 한다. 이 식을 이용하여【예제 3.17】에서의 $P(A|+)$를 계산하기 위해서는 먼저 해당 그룹의 Covid-19 감염 확률 $P(A)$를 알아야 한다. 만약 $P(A)=0.01$ 이고 민감도 90%, 특이도 99%라고 하면

$$P(A \mid +) = \frac{P(A)P(+ \mid A)}{P(A)P(+ \mid A) + P(A^c)P(+ \mid A^c)}$$
$$= \frac{0.01 \times 0.90}{0.01 \times 0.90 + 0.99 \times 0.01} = \frac{0.009}{0.0189} = 0.4762$$

가 되어 $P(+|A) = 0.90$과는 차이가 있는 것을 볼 수 있다.

예제 3.18

시험에서 어떤 학생이 오지선다형 문제를 푼다고 하자. 문제의 정답을 알고 있다면 실수를 하지 않는다는 가정하에서 정답을 선택할 확률은 1이고, 모르는 경우 무작위로 답을 찍는다면 맞힐 확률은 1/5이다. 위의 오지선다형 문제의 정답을 알고 있을 사건을 A, 문제의 정답을 선택한 사건을 B라고 하면 $P(B|A) = 1$이고 $P(B|A^c) = 1/5$이 된다. 만약 어떤 학생이 이 문제를 맞혔다고 할 때, 시험을 낸 선생님의 입장에선 과연 이 학생이 문제를 알고 있었을까 아니면 찍어서 맞혔을까가 궁금할 것이다. 즉, $P(A|B)$이 얼마인지에 관심을 가진다. $P(B|A) = 1$이고 $P(B|A^c) = 1/5$이므로 베이즈 정리에 의하면,

$$P(A|B) = \frac{P(A)P(B|A)}{P(A)P(B|A) + P(A^c)P(B|A^c)} = \frac{P(A)}{P(A) + P(A^c)/5}$$

가 된다. 만약 기존 학생들을 대상으로 조사한 결과 $P(A) = 0.6$이라고 하고 이번에 시험을 본 학생이 비슷한 그룹의 학생이라고 하면,

$$P(A|B) = \frac{0.6}{0.6 + 0.4/5} = 0.8824$$

가 된다.

베이즈 정리를 조건부확률 응용 ④를 이용하여 일반식으로 확장시킬 수 있다. 사건 $A_1, \ldots, A_n$은 표본공간 Ω의 분할이고, 모든 i에 대해 $P(A_i) > 0$이고 $P(B) > 0$이면 $P(B) = \sum_{i=1}^{n} P(A_i)P(B|A_i)$이므로 B가 주어졌을 때 임의의 사건 A_k의 조건부확률은 다음과 같이 구할 수 있다.

$$P(A_k | B) = \frac{P(A_k)P(B|A_k)}{P(B)} = \frac{P(A_k)\,P(B|A_k)}{\sum_{i=1}^{n} P(A_i)\,P(B|A_i)}$$

조건부확률의 응용(베이즈 정리)

⑤ $P(A) > 0$, $P(A^c) > 0$이면 $P(A|B) = \dfrac{P(A)\,P(B|A)}{P(A)\,P(B|A) + P(A^c)\,P(B|A^c)}$

⑥ 사건 $A_1, \ldots, A_n$은 표본공간 Ω의 분할이고, 모든 i에 대해 $P(A_i) > 0$이면,

$$P(A_k|B) = \frac{P(A_k)\,P(B|A_k)}{\sum_{i=1}^{n} P(A_i)\,P(B|A_i)}$$

예제 3.19

【예제 3.15】의 포털회사에서 스팸메일을 걸러내는 시스템을 개발하기 위해 메일 내용에 특정단어가 들어갔을 때 스팸메일일 확률을 계산하고자 한다. 수신메일 내용에 "A"라는 단어가 있다고 할 때 이 메일이 스팸메일일 확률을 구해보자. 이 사건을 식으로 표현하면 $P(S|A)$로 쓸 수 있으며

$$P(S|A) = \frac{P(S \cap A)}{P(A)}$$

가 된다. 【예제 3.15】에서 $P(A) = 0.112$ 이었고,

$$P(S \cap A) = P(S)P(A|S) = 0.4 \times 0.25 = 0.1$$

이므로 "A"라는 단어가 있을 때 스팸메일일 확률은 다음과 같다.

$$P(S|A) = \frac{P(S \cap A)}{P(A)} = \frac{0.1}{0.112} = 0.8929$$

만약 【예제 3.16】의 상황에서 "A"와 "B" 단어가 모두 있는 메일을 수신했다면 그 메일이 스팸메일을 확률은 96.4% 정도가 된다.

$$P(S|A\cap B) = \frac{P(S\cap(A\cap B))}{P(A\cap B)}$$

$$= \frac{P(S)P(A\cap B|S)}{P(S)P(A\cap B|S)+P(N)P(A\cap B|N)}$$

$$= \frac{0.4\times 0.2}{0.4\times 0.2+0.6\times 0.005} = \frac{0.08}{0.083} = 0.9639$$

이 예제에서 보는 것과 같이 스팸메일과 정상메일에 "A"라는 단어가 포함될 확률은 각각 0.25와 0.02로 12.5배이지만 "A"와 "B" 모두 들어갈 확률은 0.2와 0.005로 40배가 되며 이 비율이 커지면 스팸메일이 확률이 높아진다. 좋은 스팸메일 필터링 시스템을 개발하기 위해서는 이렇게 스팸메일과 정상메일에서의 확률의 비가 큰 단어 또는 정보를 찾아야 한다.

예제 3.20

【예제 3.17】에서 언급한 것처럼 식약처로부터 판매 허가를 받기 위해서 신속진단키트의 민감도는 90% 이상, 특이도는 99% 이상이 되어야 한다. 어떤 진단키트의 민감도가 90%이고 특이도가 99%라고 하면,

$$P(+|A) = 0.9, \quad P(-|A^c) = 0.99$$

로 표시할 수 있다. 이 진단키트로 검사한 결과 양성반응(+)이 나왔다면, 실제로 Covid-19에 걸렸을 확률 $P(A|+)$가 어느 정도 되는지를 베이즈 정리를 이용하여 계산하기 위해서는 국민 중 몇 %가 코로나에 걸렸는지 알아야 한다. 즉, $P(A)$를 알아야 하는데 이를 알 수 없다. 2022년 2월 21일 Covid-19 정례브리핑에 의하면 2월 16일까지의 신속항원검사에서 양성반응의 비율은 2.6%이었다고 한다. 이는

$$0.026 = P(+) = P(A\cap +) + P(A^c\cap +) = P(A)P(+|A) + P(A^c)P(+|A^c)$$

를 의미하며 위의 민감도와 특이도를 이용하면,

$$0.026 = 0.9P(A) + (1-0.99)(1-P(A))$$
$$P(A) = (0.026-0.01)/(0.9-0.01) = 0.018$$

이 된다. 이 결과를 이용하면,

$$P(A|+) = \frac{P(A)P(+|A)}{P(+)} = \frac{0.018 \times 0.9}{0.026} = 0.623$$

즉, 양성반응에 나왔을 때 실제로 감염되었을 확률은 62.3% 정도 된다. 이 정보를 이용하면 음성 결과가 나왔지만 실제로는 감염이 되었을 확률, 즉 $P(A|-)$도 계산할 수 있는데,

$$P(A|-) = \frac{P(A)P(-|A)}{P(-)} = \frac{0.018(1-0.9)}{1-0.026} = 0.0018$$

이 된다. 동일 정례브리핑에서 신속항원검사에 양성이 나온 사람들을 대상으로 PCR 검사를 진행했을 때 확진 판정을 받은 비율은 79.35%로 위의 62.3%와 차이가 있다. 이는 신속진단키드의 민감도와 특이도가 실제로는 90%, 99%가 아니기 때문에 발생한 문제로 자세한 내용은 여인권(2022)[2]를 참조하기 바란다.

5 독립사건

앞에서 조건부확률을 이용하여 교사건을 연속적인 조건부확률의 곱으로 계산할 수 있음을 보았다. 즉, $P(A) > 0$이고 $P(B) > 0$이면,

$$P(A \cap B) = P(A)P(B|A) = P(B)P(A|B)$$

가 항상 성립한다. 어떤 특별한 조건에서는 위의 교사건이 개별 사건의 곱으로 표시되는 경우가 있다. 만약 사건 A가 사건 B의 발생에 영향을 주지 않는다면, $P(B|A) = P(B)$로 쓸 수 있다. 또한, 사건 B가 사건 A에 영향을 주지 않는다면 $P(A|B) = P(A)$로 쓸 수 있다. 이와 같이 사건 A와 B가 서로 영향을 주고받지 않는 경우, "사건 A와 B는 **독립사건(independent events)** 또는 독립적이다."라고 하고 수식으로는

$$P(A \cap B) = P(A)P(B)$$

2 여인권(2022). 코로나19 신속진단키트는 얼마나 정확한가?, 응용통계연구, 33(3), 435-443.

로 표시된다. 또한, 이 식이 성립하면 "A와 B는 독립사건이다."라고 한다. 이를 만족하지 않는 경우 "두 사건은 **종속사건(dependent events)** 또는 종속적이다."라고 한다.

표본공간과 공집합에 대해 $P(\Omega)=1$이고 $P(\varnothing)=0$이므로, 임의의 사건 A에 대해 $P(\Omega \cap A)=P(A)=P(\Omega)P(A)$가 성립하고 $P(\varnothing \cap A)=P(\varnothing)=P(\varnothing)P(A)$가 성립한다. 이것은 표본공간 Ω와 $\varnothing$는 다른 모든 사건과 독립인 것을 보여준다. 일부 교재에서는 독립사건의 조건이나 결과에 $P(B|A)=P(B)$와 $P(A|B)=P(A)$를 추가하는 경우가 있으나 조건부확률의 경우 $P(A)>0$와 $P(B)>0$을 전제하기 때문에 이용하는데 제약이 생긴다.

독립은 문제를 단순하게 만들어 모형화가 수월해진다는 장점이 있어 앞으로 배우는 많은 부분에서 독립조건을 만족한다고 가정한다.

예제 3.21

두 개의 정육면체 주사위를 던지는 실험에서 두 주사위의 합이 6인 사건을 A, 두 주사위의 합이 7인 사건을 B, 첫 번째 주사위의 눈이 3인 사건을 C라고 하면,

$$A=\{(1,5),(2,4),(3,3),(4,2),(5,1)\}$$

$$B=\{(1,6),(2,5),(3,4),(4,3),(5,2),(6,1)\}$$

$$C=\{(3,1),(3,2),(3,3),(3,4),(3,5),(3,6)\}$$

가 된다. 그러므로

$$P(A\cap C)=P(\{(3,3)\})=\frac{1}{36}\neq P(A)P(C)=\frac{5}{36}\times\frac{6}{36}=\frac{5}{216}$$

이므로 A와 C는 독립이 아니다. 하지만

$$P(B\cap C)=P(\{(3,4)\})=\frac{1}{36}=P(B)P(C)=\frac{6}{36}\times\frac{6}{36}=\frac{1}{36}$$

이 되어 B와 C는 독립이다. 이는 두 주사위의 합이 얼마인가에 따라 첫 번째 주사위의 값과 독립적일 수도 있고 아닐 수도 있다는 것을 보여준다. 합이 6이라는 것은 첫 번째 주사위가 6이라는 값을 가지지 못하게 만들지만, 합이 7은 첫 번째 주사위가 모든 값을 가질 수 있기 때문에 첫 번째에 영향을 주지 않는다는 것을 의미한다. 그러므로 합이 7이 아닌 사건은 첫 번째 주사위의 값과 독립적이지 않다.

예제 3.22

어떤 시스템에 대해 아래의 그림과 같이 두 전기전달 장치 A와 B를 병렬로 설치된 경우와 직렬로 설치된 경우로 나누어 성능검사를 한다고 하자.

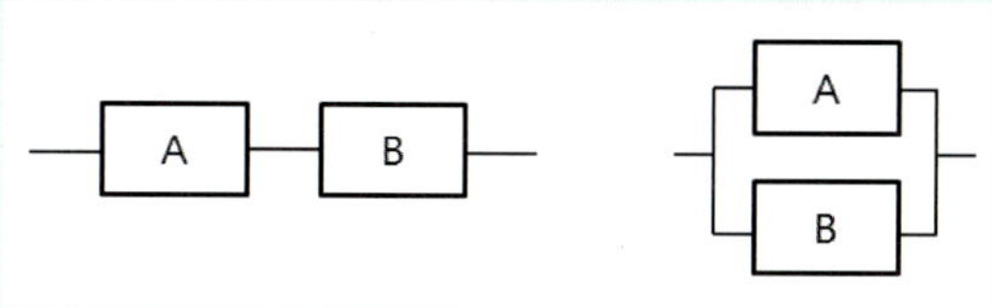

그림 3.11 직렬과 병렬

검사기간 동안 A가 고장 날 확률이 0.1이고 B가 고장 날 확률이 0.05라 하고, A와 B는 별개의 회사에서 제작 설치되어 고장 여부는 서로 영향을 주지 않는다고 하자. 검사기간 동안 각각의 시스템이 전기를 전달하지 못할 확률을 구해보자. 주의해야 할 것은 직렬의 경우 하나라도 고장 나면, 병렬의 경우 A와 B가 모두 고장이 나야 시스템이 전기를 전달하지 못한다는 것이다. 사건 A는 A가 고장 날 사건이고 사건 B는 B가 고장 날 사건이라고 하면, 고장여부는 서로 영향을 주지 않는다고 했으므로 A와 B는 독립사건이라고 할 수 있다. 그러므로

$$P(\text{병렬 고장}) = P(A \cap B) = P(A)P(B) = 0.1 \times 0.05 = 0.005$$

가 되며

$$\begin{aligned} P(\text{직렬 고장}) &= P(A \cup B) = P(A) + P(B) - P(A \cap B) \\ &= 0.1 + 0.05 - 0.005 = 0.145 \end{aligned}$$

가 된다. 만약 시스템이 전기를 전달할 확률을 구하고자 한다면 위에서 구한 확률을 1에서 빼면 되지만, 개념적으로 병렬의 경우 두 개 중 하나라도 직렬인 경우 두 장치가 모두 작동하고 있으며 이를 수식으로 표시할 수 있어야 한다.

$P(A) = P(A \cap B) + P(A \cap B^c)$이므로 $P(A \cap B^c) = P(A) - P(A \cap B)$가 된다. 만약 A와 B가 독립사건이면 $P(A \cap B) = P(A)P(B)$이므로

$$\begin{aligned} P(A \cap B^c) &= P(A) - P(A \cap B) = P(A) - P(A)P(B) \\ &= P(A)(1 - P(B)) = P(A)P(B^c) \end{aligned}$$

가 성립한다. 이것은 A와 B가 독립사건이면 사건 A와 B^c도 독립사건이라는 것을 의미한다. 이를 이용하면 A^c와 B도 독립사건이고 A^c와 B^c도 독립사건인 것을 보일 수 있다.

예제 3.23

【예제 3.22】에서 A와 B가 독립사건이므로 A^c와 B^c도 독립사건이다. 각각의 시스템이 전기를 전달할 사건은 A^c와 B^c로 표시할 때 직렬의 경우 $A^c \cap B^c$, 병렬의 경우 $A^c \cup B^c$로 표시된다. 그러므로 각각의 상황에서 작동할 확률은 다음과 같이 계산된다.

$$P(\text{직렬작동}) = P(A^c \cap B^c) = P(A^c)P(B^c) = 0.9 \times 0.95 = 0.855 = 1 - 0.145$$

$$\begin{aligned} P(\text{병렬작동}) &= P(A^c \cup B^c) = P(A^c) + P(B^c) - P(A^c)P(B^c) \\ &= 0.9 + 0.95 - 0.855 = 0.995 = 1 - 0.005 \end{aligned}$$

세 개의 사건에 대해 서로 독립이기 위해서는 모든 곱사건의 확률이 해당 개별 사건 확률의 곱으로 표시되어야 한다. 예를 들어, 사건 A, B, C에 대해 다음의 네 등식이 모두 성립하면 세 사건 A, B, C는 독립사건 또는 **서로 독립적**(mutually independent)이라 한다.

$$P(A \cap B) = P(A)P(B)$$
$$P(A \cap C) = P(A)P(C)$$
$$P(B \cap C) = P(B)P(C)$$
$$P(A \cap B \cap C) = P(A)P(B)P(C)$$

일반적인 n개의 사건 $A_1, A_2, \cdots, A_n$이 서로 독립적이면 $2, 3, \cdots, n$개로 이루어진 조합의 곱사건 확률이 해당 사건들의 확률의 곱으로 표시된다. 즉

$$P(A_i \cap A_j) = P(A_i)P(A_j), \quad i \neq j$$
$$P(A_i \cap A_j \cap A_k) = P(A_i)P(A_j)P(A_k), \quad i \neq j \neq k$$
$$\vdots$$

$$P(A_1 \cap A_2 \cap \cdots \cap A_n) = P(A_1)P(A_2)\cdots P(A_n) = \prod_{i=1}^{n} P(A_i)$$

가 모두 성립한다. 또한, 위의 식들이 모두 성립하면 사건 $A_1, A_2, \cdots, A_n$ 이 서로 독립적이다.

예제 3.24

주사위 3개를 던지는 경우 6이 최소한 한번 이상 나올 확률을 구해보자. 주사위 눈이 6인 경우가 최소한 한번 이상 나올 사건을 A 라고 하고 i 번째 주사위 눈이 6인 사건을 A_i 라고 하면

$$P(A) = 1 - P(A^c) = 1 - P(A_1^c \cap A_2^c \cap A_3^c)$$

가 된다. 여기서 A_i 들은 서로 독립적이므로 A_i^c 도 독립적이다. 그러므로 A 의 확률을 다음과 같이 구할 수 있다.

$$P(A) = 1 - \prod_{i=1}^{3} P(A_i^c) = 1 - \left(\frac{5}{6}\right)^3 = 0.4213$$

예제 3.25

어떤 전기전달시스템이 【그림 3.12】와 같이 세 개의 ON/OFF 스위치로 구성되어 있다고 하자. 스위치 A 가 ON일 확률은 0.7, B 가 ON일 확률은 0.8, C 가 ON일 확률은 0.6이라고 하고 각각의 스위치는 독립적으로 세팅되어 있다고 할 때 전기가 전달될 확률을 구해보자. 스위치 A 와 B 는 직렬로 구성이 되어 있고, C 와 A 는 병렬로 구성되어 있어 시스템이 전기를 전달할 사건은 $C \cup (A \cap B)$ 로 표시할 수 있다. 이 사건의 확률은

$$P(\text{전기전달}) = P(C \cup (A \cap B)) = P(C) + P(A \cap B) - P(A \cap B \cap C)$$

가 되고 각각의 스위치가 독립적으로 세팅되어 있기 때문에 확률은 다음과 같다.

$$P(\text{전기전달}) = P(C) + P(A)P(B) - P(A)P(B)P(C)$$
$$= 0.6 + 0.7 \times 0.8 - 0.7 \times 0.8 \times 0.6 = 0.824$$

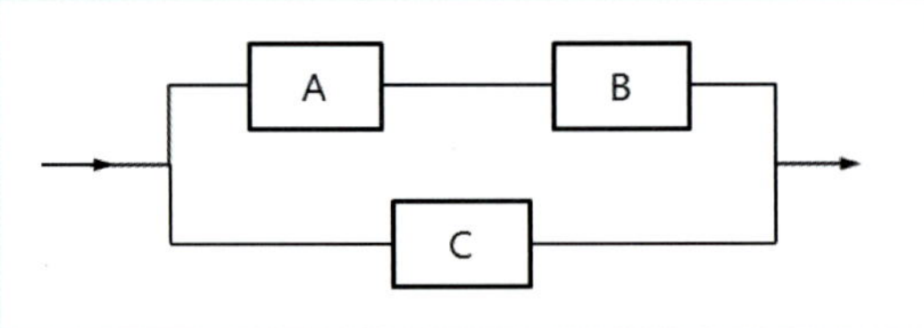

그림 3.12 전기전달시스템

연·습·문·제

1 어떤 대형병원에 입원한 암환자의 성별과 주요병명에 대한 확률이 다음과 같이 주어져 있다고 하자.

성별	위암	폐암	대장암	자궁암	기타
남자	0.20	0.15	0.10	0.00	0.15
여자	0.05	0.05	0.10	0.10	0.10

임의의 환자를 선택한다고 할 때, 그 환자가 여자이면 A라고 하고 위암에 걸린 환자라고 하면 B라고 표시한다고 하자. 환자는 한 가지 암에만 걸렸다고 한다.

(1) 다음의 사건에 대한 확률을 구하여라.
  ① 임의로 선택한 환자가 남자 또는 대장암에 걸린 환자일 확률을 구하여라.
  ② 임의로 선택한 환자가 위암이 아닌 여자 환자일 확률을 구하여라.

(2) 사건 A와 B가 독립사건인지 아닌지를 확인하고 그 이유를 설명하여라.

(3) 일반적으로 남자 환자 중에서 40%가 완치되고 여자 환자 중에서 50%가 완치된다고 하자.
  ① 전체 환자 중에서 몇 %가 완치되는지 구하여라.
  ② 어떤 환자가 완치되었다면, 이 환자가 남자일 확률을 구하여라.
  ③ 완치된 여자 환자의 수가 40명이라고 하면, 이 병원의 암환자 수를 구하여라.

2 몸에 이상을 느낀 A씨가 병원을 갔는데 의사가 증상을 듣고 암이 의심된다며 간단한 암 진단검사를 제안하였다. 이 검사의 경우 암에 걸렸을 때 양성반응이 나올 가능성은 95%이고 암에 걸리지 않았을 때(정상일 때) 양성반응이 나올 가능성은 5%라고 했다. 검사 결과 양성으로 나왔는데 의사는 A씨의 연령의 여성이 암에 걸릴 가능성은 0.5%이기 때문에 너무 걱정하지 말고 추가 정밀검사를 해보자고 했다. 이런 상황에서 아래의 확률을 구하여라.

(1) 정상일 확률
(2) 양성반응이 나올 확률
(3) 정상이면서 양성반응이 나올 확률
(4) 암에 걸렸을 때 음성반응이 나올 확률
(5) 양성반응이 나왔을 때 실제로 암에 걸렸을 확률

3 어떤 의회는 100명의 의원으로 구성되어 있는데 의원 중 50%가 A당, 40%가 B당, 10%가 C당 소속이라고 하자. 본회의에 제출된 법안에 대해 의원 과반수 이상의 출석과 출석의원 중 과반수 이상의 찬성이 있으면 법률이 통과된다고 하자. 이번에 심의된 법률에 대해 A당 의원의 70%, B당 의원의 20%, C당 의원의 40%가 찬성하고 있다고 할 때, 아래의 물음에 답하여라.

(1) 무작위로 선정된 한 의원이 이 법안을 찬성할 확률을 구하여라.

(2) 만약 무작위로 선정된 의원이 이 법안을 찬성하고 있다면 이 의원이 C당 소속일 확률을 구하여라.

(3) 의원 중 2명을 비복원으로 선정하여 법안에 대해 찬성여부를 알아보고자 한다고 하자.

① 표본공간(Ω_1)을 찬성여부로 표시하여라.

② 표본공간 Ω_1 의 원소에 대해 확률을 구하여라.

(4) 이번 회의에서 C당 소속의원의 30%가 출석하지 못한다고 한다. 출석하지 못하는 의원이 모두 이 법안을 찬성할 확률을 구하여라.

4 A 지역에서 B 지역으로 천연가스 수송관을 다음과 같이 병렬로 설계하고 주요기점에서 압력을 조절하는 장치 ①과 ②를 설치하였다. 압력조절 장치에 이상이 있으면 그 부분에서 가스공급이 중단되도록 만들고 각 압력조절 장치는 별개의 업체에서 독립적으로 제작되었다고 하자. 압력조절장치를 제외한 다른 부분에서는 문제가 발생하지 않고 장치 ①과 ②가 정상적으로 작동할 확률이 각각 0.9, 0.8이라고 할 때, 물음에 답하여라.

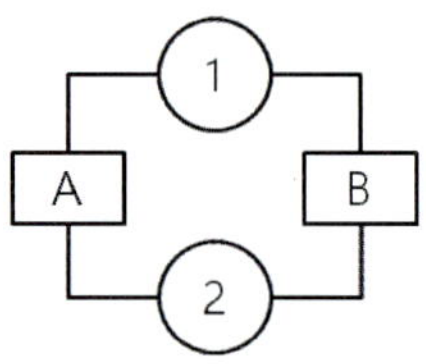

(1) 장치 ①과 ②가 모두 정상적으로 작동하고 있을 확률을 구하여라.

(2) 장치 ① 또는 ②가 정상적으로 작동하고 있을 확률을 구하여라.

(3) A 지역에서 B 지역으로 가스가 공급되고 있다고 할 때, ①과 ②가 모두 정상적으로 작동하고 있을 확률을 구하여라.

5 어떤 전기전달 시스템이 다음과 같이 세 개의 스위치가 직렬로 연결되어 있다고 하자.

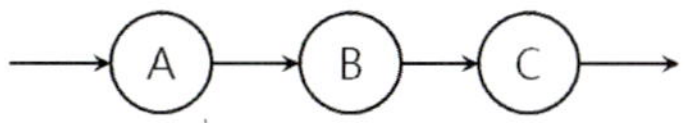

각 스위치는 무작위로 ON 또는 OFF의 상태로 놓인다고 하자.

(1) 세 개의 스위치 상태에 대한 표본공간을 구하여라.

(2) 각 스위치에 대해 ON인 상태로 놓일 확률이 0.6이라고 하면

① 표본공간에 있는 원소의 확률을 각각 구하여라.

② ON인 상태의 스위치가 두 개일 확률을 구하여라.

③ ON인 스위치가 두 개일 때 Ⓐ의 스위치가 ON 상태일 확률을 구하여라.

④ 만약 전원이 들어오지 않을 때, Ⓐ의 스위치가 ON 상태일 확률을 구하여라.

6 비행기가 어떤 밀림 지역에서 실종되었는데 수색지역을 Ⓐ, Ⓑ, Ⓒ 세 지역으로 나누어 찾고자 한다. Ⓐ, Ⓑ, Ⓒ 지역에 추락할 확률을 최종 교신 지역을 근거로 계산하면 0.4, 0.3, 0.3이라고 하자. Ⓐ 지역에 추락한 경우 1주일 이내 비행기를 찾을 확률은 0.5, Ⓑ 지역의 경우 0.6, Ⓒ지역의 경우 0.4라고 하면, 다음의 물음에 답하여라.

(1) 비행기를 1주일 이내 찾을 가능성이 가장 높은 지역의 확률을 계산하여라.

(2) 수색을 시작한 후 1주일 이내 비행기를 찾을 확률을 계산하여라.

(3) Ⓐ 지역을 수색한 결과 1주일 이내 비행기를 찾지 못했다고 했을 때,

① 실종된 비행기가 Ⓐ지역에 있을 확률을 구하여라.

② 실종된 비행기가 Ⓒ지역에 있을 확률을 구하여라.

7 이진화(0 또는 1)된 디지털 신호를 아래와 같이 세 개의 전송기를 거쳐 전달하는 시스템이 있다고 하자.

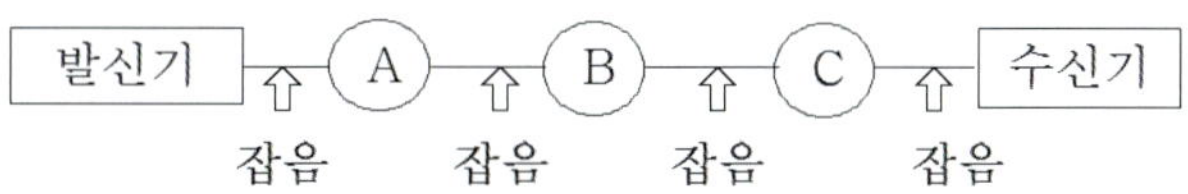

신호가 전송기나 수신기에 전달되는 과정에서 잡음(noise) 때문에 각각의 기계에 전송된 값이 바로 앞 기계에서 보낸 값과 다를 수 있는데 그 확률은 0.2로 동일하다. 신호가 바뀌는 현상은 다른 부분과는 모두 독립이라고 가정한다.

(1) 발신기에서 0을 보냈을 때, 0이 수신될 확률을 구하여라.

(2) 발신한 신호는 0이 60%, 1이 40%라고 한다. 수신기에서 1을 수신했을 때, 발신기에서 0을 보냈을 확률을 구하여라.

(3) 발신기에서 5개의 신호를 보냈을 때, 수신기에 제대로 전달된 신호가 2개 이상일 확률을 구하여라.

8 어떤 야구대회에서는 5전 3선승제로 우승자를 결정한다고 하자. 결승전에 올라온 D팀과 L팀의 전력을 분석한 결과 전력이 비슷하여 각각 경기에서 D팀이 이길 확률은 0.5라고 하자. 단 무승부는 없다고 가정한다.

(1) 이 결승전의 결과에 대한 표본공간을 구하여라. (단, D팀이 경기에서 이기면 D, L팀이 이기면 L로 표시)

(2) 각각의 경기결과는 독립이라고 할 때,

① D팀이 우승할 확률을 구하여라.

② D팀이 첫 번째 경기를 이겼다고 할 때, L팀이 우승할 확률을 구하여라.

③ D팀이 우승했다고 할 때, L팀이 첫 번째 경기에서 이길 확률을 구하여라.

9 A, B, C 세 명이 종대로 서 있고 빨간 모자 3개, 파란 모자 2개가 있는 상자에서 무작위로 뽑아 모자를 앞에서부터 씌운다. 뒷사람은 앞사람의 모자 색을 볼 수 있지만 자기와 뒷사람의 것은 볼 수 없다.

(1) 표본공간을 구하고 각 원소의 확률을 계산하여라.

(2) B의 모자가 빨간색일 확률을 구하여라.

(3) C 사람이 자기 모자 색을 정확하게 알 수 있을 확률을 구하여라.

(4) C 사람이 자기 모자 색이 어떤 색인지 정확하게 모르겠다고 했을 때, B의 모자 색이 빨간색이 확률을 구하여라.

10 A 공장에는 세 개의 생산라인이 설치되어 있다. 라인 1에서는 제품의 20%가 생산되며 이 중 15%가 불량품, 라인 2에서는 50%가 생산되며 이 중 8%가 불량품, 라인 3에서는 제품의 30%가 생산되며 이 중 10%가 불량품이라고 한다.

(1) 임의로 하나의 제품을 추출했을 때, 이 제품이 라인 2에서 생산되고 정상품일 확률을 구하여라.

(2) 이 공장에서 생산되는 제품 중 몇 %가 불량품인지 계산하여라.

(3) 임의로 선택된 제품이 불량품이라고 하자. 이 제품이 라인 1에서 나왔을 확률을 구하여라.

11 다음의 그림과 같은 전기전달 시스템이 있다고 하자. 그림에서 Ⓒ, Ⓓ, Ⓔ, Ⓕ는 ON/OFF 스위치들이고 $p(C)$, $p(D)$, $p(E)$, $p(F)$는 각각의 스위치가 ON으로 되어 있을 확률이라고 하자. 각각의 스위치 상태는 서로 독립적이라고 할 때 Ⓐ에서 Ⓑ까지 전기가 전달될 확률을 $p(C)$, $p(D)$, $p(E)$, $p(F)$로 표시하여라.

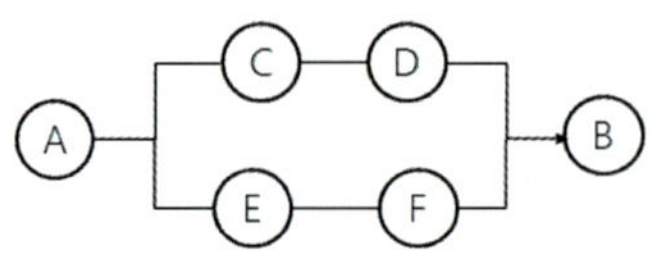

12 설문을 통해 시험에서 부정행위를 얼마나 하는지를 알아보려고 한다. 문제는 설문에 참여한 사람의 입장에서는 답변하기 싫은 문항이기 적절한 설문결과를 얻기 어렵다. 이를 해결하기 위해 설문에 참여한 사람에게 동전을 던져 앞면이 나오면 다시 동전을 던져 앞면이면 Yes, 뒷면이면 No를 표시하게 한다. 만약 첫 동전이 뒷면이 나오면 부정행위를 했으면 Yes, 아니면 No를 표시하게 한다. 100명의 학생이 설문에 참여했고 40명이 Yes를 답변했다면, 부정행위자의 비율은 어느 정도 되겠는지 구하여라.

13 어느 회사에서 채용을 하는데 경쟁률은 4:1 즉, 정보가 주어지지 않았을 때 어떤 지원자가 채용에 합격할 확률은 25%이다. 이 회사의 과거 데이터를 분석해 본 결과 합격한 사람 중 90%가 A 스펙을, 60%가 B 스펙을 가지고 있었고 불합격자 중 20%가 A 스펙을, 10%가 B 스펙을 가지고 있는 것으로 나타났다. 이 정보를 이용하여 다음의 물음에 답하여라.

(1) A 스펙을 가지고 있을 때 합격할 확률을 계산하여라.

(2) B 스펙을 가지고 있을 때 합격할 확률을 계산하고 (1)과 비교하여 어느 스펙이 더 중요한지를 설명하여라.

(3) A 스펙이 없었을 때 합격할 확률과 B 스펙이 없었을 때 합격할 확률을 계산하여라.

14 아래의 그림은 코로나 진단과 관련된 상황을 표시한 것으로, 제일 큰 사각형에서 I는 감염(Infected)된 경우, U는 비감염(Uninfected)을 의미하며 검은색 사각형 안은 PCR 검사 결과 양성, 파란색 사각형 안은 신속항원검사(RAT) 결과 양성을 의미한다.

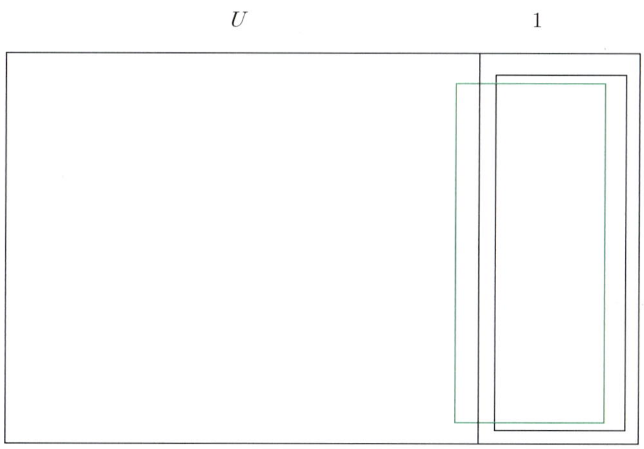

(1) 각 문항에서 설명한 내용에 해당되는 부분을 색칠하여라.

① PCR과 RAT에서 모두 음성반응이 나오는 경우

② 감염되었지만 RAT에서 음성반응이 나오는 경우

③ PCR에서 음성이지만 RAT에서 양성반응이 나오는 경우

④ RAT에서 음성이지만 PCR에서 양성반응이 나오는 경우

⑤ 감염이 되지 않았고 PCR에서 양성반응이 나오는 경우

⑥ 감염이 되지 않았고 RAT에서 음성반응이 나오는 경우

⑦ 감염되었고 PCR에서 음성, RAT에서 양성반응이 나오는 경우

⑧ 감염되었고 PCR 또는 RAT에서 양성반응이 나오는 경우

(2) 임상시험 결과 PCR의 민감도(감염된 사람을 대상으로 검사했을 때 양성반응의 비율)는 96%이고 특이도(비감염인 사람을 대상으로 검사했을 때 음성반응의 비율)는 100%라고 하자. RAT의 경우 민감도는 k%이고 특이도는 99%라고 할 때,

① k가 90이고 전체 검사자 중 5%가 감염자라고 하자. 이 경우 RAT 검사에서 양성이 나올 확률을 구하여라.

② PCR 검사자 중 1%가 양성반응이 나왔다고 하자. 이 경우 양성반응이 나왔을 때 실제로 감염이 되었을 확률을 구하여라.

③ 전체 검사자 중 5%가 실제 감염자이고 전체 RAT 검사에서 4%가 양성반응이 나왔다고 하자. 이 경우 RAT의 민감도 k를 구하여라.

04

확률분포

우리가 경험하는 대부분의 사회·자연적 현상은 불확실성을 가지고 있기 때문에 완벽하게 설명되지 않고 어떤 결과가 나올지 예측하기 어렵다. 완벽하게 설명할 수 없거나 예측할 수 없다는 것은 확률실험이 가지는 성질 중 하나이다. 통계학에서는 이런 불확실한 현상을 일종의 확률실험으로 본다. 확률실험의 불확실성을 효과적으로 분석하기 위해 통계학에서는 표본공간의 원소를 숫자로 바꾸어 확률실험을 수리적으로 모형화할 수 있도록 한다. 이때 표본공간의 원소들을 숫자로 바꾸어 주는 역할을 하는 것이 확률변수이다. 이 절에서는 확률변수와 확률변수의 확률구조를 나타내는 확률분포 및 기댓값에 대해 알아본다.

1 확률변수

동전의 앞면을 H, 뒷면을 T라고 할 때 동전을 세 번 던지는 확률실험의 표본공간은 다음과 같다.

$$\Omega = \{HHH, HHT, HTH, THH, HTT, THT, TTH, TTT\}$$

만약 이 확률실험에서 앞면의 수나 앞면과 뒷면의 수의 차이에 관심이 있다고 하자. 앞면의 수를 X라고 표시하고 앞면과 뒷면의 수의 차이를 Y라고 하면 표본공간의 각 원소에 대응하는 X와 Y의 값은 다음과 같다.

$$\begin{array}{lcccccccccc} \Omega = \{ & HHH, & HHT, & HTH, & THH, & HTT, & THT, & TTH & TTT & \} \\ & \downarrow & \downarrow & \downarrow & \downarrow & \downarrow & \downarrow & \downarrow & \downarrow & \\ X = & 3 & 2 & 2 & 2 & 1 & 1 & 1 & 0 & \\ Y = & 3 & 1 & 1 & 1 & 1 & 1 & 1 & 3 & \end{array}$$

여기서 X와 Y는 표본공간의 원소들을 숫자로 바꾸는 역할을 한다. 이와 같이 표본공간의 원소를 숫자로 바꾸는 함수, 즉 표본공간의 원소를 숫자로 대응시키는 함수를 **확률변수**(random variable)라고 한다. 이 예제에서 보는 것처럼 동일한 확률실험과 표본공간이지만 관심이 어디에 있는가에 따라 X나 Y와 같이 다른 값을 가질 수 있다.

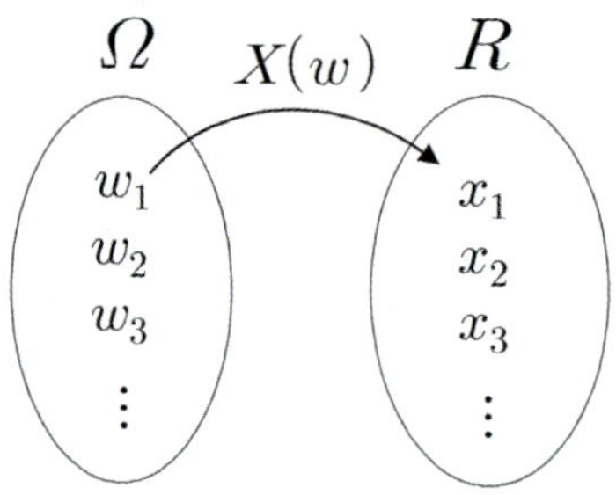

그림 4.1 확률변수

확률변수는 【그림 4.1】에서 보는 것과 같이 표본공간 Ω가 정의역이고 공역이 실수인

함수이므로 표본공간의 임의의 원소 ω에 대해 원칙적으로 $X(\omega)$와 같이 표시해야 하지만 편의상 (ω) 표시를 생략한다. 통계학에서는 일반적으로 확률변수를 대문자 X, Y, Z 등으로 표시하며 확률변수가 취하는 값을 소문자 x, y, z 등으로 표시한다.

예제 4.1

동전을 앞면이 나올 때까지 던지는 확률실험에서 동전을 던지는 횟수를 X라고 하면 표본공간과 해당 확률변수는 다음과 같다.

$$\begin{array}{lcccccc} \Omega = \{ & H, & TH, & TTH, & TTTH, & TTTTH, & \cdots \;\} \\ & \downarrow & \downarrow & \downarrow & \downarrow & \downarrow & \\ X = & 1 & 2 & 3 & 4 & 5 & \cdots \end{array}$$

확률변수는 변수가 취하는 값의 종류에 따라 이산확률변수와 연속확률변수로 나눌 수 있다. 확률변수 X가 가질 수 있는 값들이 가산(countable)이거나 셀 수 있으면 X를 **이산확률변수**(discrete random variable)라고 하며, X가 가질 수 있는 값이 셀 수 없을 정도로 많으면 **연속확률변수**(continuous random variable)라고 한다. '가산' 또는 '셀 수 있다'는 말은 X의 값들이 자연수 1, 2, 3, ⋯과 대응관계를 가진다는 뜻이다. 확률변수가 무한히 많은 값을 갖는다고 하더라도 각각의 값에 순서를 부여할 수 있다면 이는 이산확률변수가 된다. 때로는 이산과 연속의 구분이 명확하지 않은 경우가 발생한다. 수능시험에서 원점수는 이산으로 생각할 수 있지만, 평균을 빼고 표준편차를 나눈 표준점수는 이산으로 볼 수도 있고 연속이라고 볼 수도 있다. 이러한 경우 가정의 적절성이나 분석의 난이도 등을 고려하여 적절하게 선택하여 사용한다.

예제 4.2

정상품과 불량품이 섞여 있는 상자에서 12개의 제품을 무작위로 뽑았을 때 불량품 개수를 확률변수 X라고 하면 X가 가질 수 있는 값은 0, 1, 2, ⋯, 12로 이산확률변수가 된다. 반면 X를 스마트폰의 수명으로 정의하면 X가 가질 수 있는 값은 음이 아닌 실수로 표시되므로 연속확률변수가 된다. 【예제 3.6】에서 해당되는 위치를 X라고 하면 가질 수 있는 값은 12보다 작거나 같은 양의 실수로 연속확률변수가 된다.

확률실험의 가장 큰 특성은 불확실성이다. 확률변수는 불확실성을 가진 어떤 현상이나 실험의 결과를 숫자로 바꾸는 역할을 한다. 이렇게 숫자로 바꾸면 사칙연산이나 각종 수학 이론을 적용할 수 있게 되어 확률실험을 수리적으로 모형화할 수 있게 된다. 확률실험을 수리적으로 모형화하면 불확실성을 좀 더 계량적으로 분석할 수 있다. 통계학은 확률실험의 불확실성을 제거하는 것이 아니라 수리적으로 모형화하는 것이다.

2 확률분포

앞 장에서 표본공간의 부분집합인 사건에 대해 확률을 정의하고 다양한 확률이론을 유도하였다. 확률변수는 표본공간의 값을 숫자로 바꾼 함수이기 때문에 어떤 확률변수 X가 임의의 x값을 가진다는 것은 표본공간 내에 대응하는 원소들이 존재한다. 즉, $X=x$이면 표본공간에서 $\{\omega \mid X(\omega)=x,\ \omega \in \Omega\}$를 만족하는 사건을 찾을 수 있다. 또한, 임의의 상수 a, b에 대해 $a \le X \le b$이면 이에 해당하는 사건 $\{\omega \mid a \le X(\omega) \le b,\ \omega \in \Omega\}$이 있다는 것을 의미한다. 이는 확률변수에 대해 $X=x$ 또는 $a \le X \le b$에 대응하는 확률을 계산할 수 있다는 것이다. 예를 들어, 앞면이 나올 확률이 0.5인 동전을 세 번 던지는 실험에서 앞면의 수인 X는 0, 1, 2, 3의 값을 가지며 각각의 값에 대해 해당 사건과 연결되는 확률을 계산할 수 있다.

$$P(X=0)=P(\{TTT\})=\frac{1}{8}$$
$$P(X=1)=P(\{HTT,\ THT,\ TTH\})=\frac{3}{8}$$
$$P(X=2)=P(\{HHT,\ HTH,\ THH\})=\frac{3}{8}$$
$$P(X=3)=P(\{HHH\})=\frac{1}{8}$$

표본공간에서의 확률과 다르게 확률변수는 숫자이기 때문에 크기 순서대로 나열할 수 있고 나열된 값에 대한 확률을 표시할 수 있어 확률이 어떤 형태로 분포되어 있는지를 알 수 있다. 위와 같이 확률변수의 값에 대해 확률을 표시한 것을 **확률분포**(probability distribution)라고 한다. 예제에서 $x = 0,\ 1,\ 2,\ 3$에 대한 확률을 다음과 같은 표로 표시할 수 있는데, 이를 **확률분포표**(probability distribution table)라고 한다.

x	0	1	2	3
$P(X=x)$	$\frac{1}{8}$	$\frac{3}{8}$	$\frac{3}{8}$	$\frac{1}{8}$

또한, 이 확률들을 【그림 4.2】와 같이 표시할 수 있다.

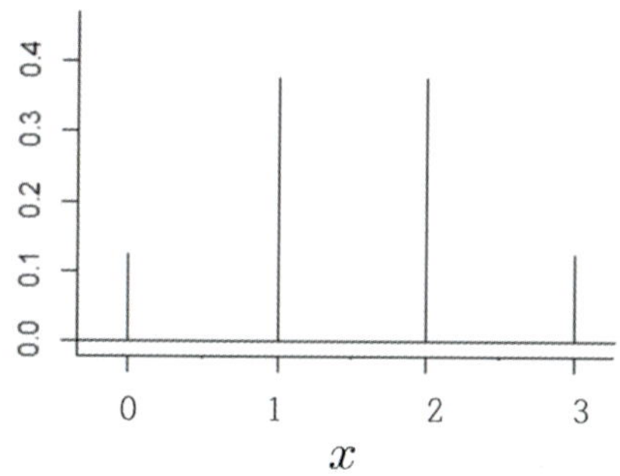

그림 4.2 X의 확률분포

3장 2.2절의 통계적 확률에서 확률은 모집단이 어떤 형태로 이루어져 있는지를 보여주는 것이라고 했다. 즉, 확률분포는 숫자로 이루어진 모집단이 어떤 형태로 이루어져 있는지를 표시한 것이다. 통계적 관점에서 볼 때 확률분포는 우리가 관심을 가지는 모집단의 확률구조를 나타낸다.

위와 같은 확률분포표를 이용하여 확률변수의 확률구조를 설명할 수 있으나 다양한 이론을 도출하기 위해서는 함수 같은 보다 수리적인 방법으로 표시하는 것이 더 편리하다. 통계학에서는 확률변수의 확률구조를 설명할 때 이산확률변수의 경우 확률질량함수, 연속확률변수의 경우 확률밀도함수라는 것을 사용하며 누적분포함수라는 것도 사용한다.

이 책에서는 상대적으로 이해하기 쉽고 다루기도 편한 확률질량함수와 확률밀도함수를 중심으로 설명하고자 한다.

2.1 확률질량함수

이산확률변수 X가 임의의 값 x일 확률 $P(X=x)$를 x에 대한 함수로 생각하면,

$$f(x)=P(X=x)$$

로 표시할 수 있다. 이때 $f(x)$를 확률변수 X의 **확률질량함수(probability mass function)**라고 한다. 어떤 경우에는 확률변수 X를 강조하기 위해 $f_X(x)$로 표시하기도 한다. 5장에서는 통계학에서 기본이 되는 몇 가지 확률질량함수들에 대해 알아볼 것이다. 앞에서도 언급한 것처럼 확률분포는 대응하는 확률실험이 있으므로 항상 확률실험의 특성과 연결하여 확률분포를 공부하기 바란다.

예제 4.3

동전을 세 번 던졌을 때 앞면의 수를 X라고 하면 X가 가질 수 있는 값은 $x=0$, 1, 2, 3이고 이에 대한 확률질량함수는 앞 절에서 보인 것처럼

$$f_X(0)=\frac{1}{8},\quad f_X(1)=\frac{3}{8},\quad f_X(2)=\frac{3}{8},\quad f_X(3)=\frac{1}{8}$$

가 된다. $x=0$, 1, 2, 3 이외의 값의 확률은 이들 값에 대응하는 표본공간의 원소가 없기 때문에 0이 된다. 동일한 확률실험에서 앞면과 뒷면의 수의 차이를 Y라고 하면 Y의 확률질량함수는 다음과 같다.

$$f_Y(1)=\frac{6}{8}=\frac{3}{4},\quad f_Y(3)=\frac{2}{8}=\frac{1}{4}$$

예제 4.4

【예제 4.1】에서 동전을 던진 횟수인 X의 확률질량함수는 앞면이 나올 확률과 뒷면이 나올 확률이 같기 때문에

$$f(1) = P(X=1) = P(\{H\}) = \frac{1}{2}$$

$$f(2) = P(X=2) = P(\{TH\}) = \frac{1}{4} = \left(\frac{1}{2}\right)^2$$

$$f(3) = P(X=3) = P(\{TTH\}) = \frac{1}{8} = \left(\frac{1}{2}\right)^3$$

$$\vdots$$

가 되는데 이는 $X=x$인 확률이 $(1/2)^x$으로 표시되는 것을 볼 수 있다. 그러므로 일반적인 x에 대해 X의 확률질량함수는 다음과 같이 쓸 수 있다.

$$f(x) = \left(\frac{1}{2}\right)^x, \qquad x = 1, 2, 3, \ldots$$

확률변수 X의 확률질량함수 $f(x)$는 $X=x$일 때의 확률이기 때문에, X가 가질 수 있는 값이 $x_1, x_2, x_3, \cdots$이면

① 모든 $i = 1, 2, \cdots$에 대해 $0 \le f(x_i) \le 1$

② $\sum_{i=1}^{\infty} f(x_i) = 1$

③ $P(a \le X \le b) = \sum_{x_i \in [a, b]} f(x_i)$

가 성립한다. 여기서 $x_i \in [a, b]$는 폐구간 $[a, b]$에 있는 모든 x_i를 의미한다.

때로는 표본공간에서 직접 유도한 확률변수보다 이를 변형시킨 변수에 더 관심을 가지는 경우가 있다. 예를 들어, 【예제 4.4】에서 던진 횟수의 제곱만큼, 즉 X^2 만큼 상금을 준다고 하자. 여기서 $Y = X^2$이라고 하면 Y는 X의 함수로 나타낼 수 있다.

$$
\begin{array}{lcccccc}
\Omega = \{ & H, & TH, & TTH, & TTTH, & TTTTH, & \cdots \quad \} \\
 & \downarrow & \downarrow & \downarrow & \downarrow & \downarrow & \\
X = & 1 & 2 & 3 & 4 & 5 & \cdots \\
Y = & 1 & 4 & 9 & 16 & 25 & \cdots
\end{array}
$$

수학적으로 보면 함수의 함수도 함수인 것처럼 확률변수의 함수 또한 새로운 확률변수가 된다. 이런 확률변수의 함수를 확률변수의 **변환**(transformation) 또는 변환된 확률변수라고 부른다. 대부분의 이산확률변수의 함수에 대한 확률분포는 직관적으로 구해질 수 있지만, 연속확률변수의 경우에는 수리적으로 복잡하기 때문에 이 책에서는 생략하며 자세한 내용은 여인권 외(2009)를 참고하기 바란다.

예제 4.5

【예제 4.3】에서 앞면의 수에 1을 뺀 값을 제곱한 $(X-1)^2$에 관심이 있다고 하자. $Z=(X-1)^2$이라고 할 때 각각의 x에 대해 $(x-1)^2$의 값은 다음과 같이 정리할 수 있다.

x	0	1	2	3
$x-1$	-1	0	1	2
$z=(x-1)^2$	1	0	1	4

그러므로 Z의 값은 0, 1, 4가 될 수 있으며 이에 해당되는 확률은

$$
\begin{aligned}
&P(Z=0)= P(X=1) = \frac{3}{8} \\
&P(Z=1)= P(X=0)+P(X=2) = \frac{1}{8}+\frac{3}{8}=\frac{1}{2} \\
&P(Z=4)= P(X=3) = \frac{1}{8}
\end{aligned}
$$

가 된다.

2.2 확률밀도함수

2장에서 연속자료의 분포를 시각적으로 표현하는 방법으로 히스토그램을 배웠다. 히스토그램은 자료들을 적절한 구간으로 나누고 각 구간에 포함되어 있는 자료의 상대도수를 면적으로 표시한 것으로 전체 면적은 1이 된다. 이때 해당 구간의 높이를 밀도라고 했다. 이 밀도는 해당 구간에 상대적으로 얼마나 많은 자료가 모여 있는지를 표시한 것이다. 【그림 4.3】의 첫 번째와 두 번째 그림은 어떤 모집단에서 표본을 무작위로 100개와 10,000개를 추출했을 때의 히스토그램을 그린 것이다. 만약 자료를 계속 추가하면서 계급의 폭을 줄이면 히스토그램은 점점 세밀한 형태를 가지게 되고 결국 세 번째 그림과 같이 모집단의 형태를 나타내는 밀도를 얻게 될 것이다.

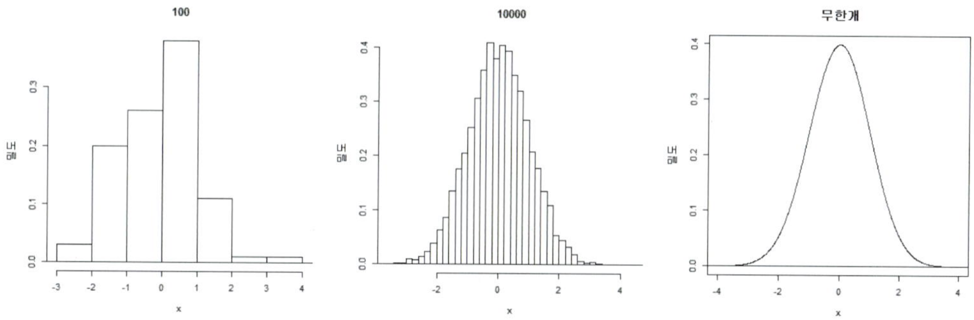

그림 4.3 히스토그램과 확률밀도함수

【그림 4.3】의 세 번째 그림은 연속확률변수 X의 분포형태, 즉 모집단의 형태를 나타낸 것으로 임의의 지점 x에서의 밀도를 $f(x)$라고 표시하면 $f(x)$를 **확률밀도함수**(probability density function)라고 한다.

예제 4.6

【예제 3.6】에서와 같이 0에서 12까지의 숫자가 표시된 돌림판을 돌린 후 정지할 때 바늘이 지적하는 위치에 관심이 있다고 하자. 이 확률실험의 표본공간은 $\Omega = \{x : 0 < x \le 12\}$가 되고 바늘이 지시하는 위치를 확률변수 X라고 하면, 0에

서 12 사이에서 발생가능성이 동일하기 때문에 밀도는 이 구간에서 동일하다고 할 수 있어 【그림 4.4】와 같은 형태를 가진다.

그림 4.4 확률밀도함수

즉, $0 < x \le 12$ 에서 확률밀도함수 $f(x) = c$가 된다. 여기서 전체 면적은 1이 되어야 하므로 $c = 1/12$가 되어야 하며 확률밀도함수는

$$f(x) = \frac{1}{12}, \quad 0 < x \le 12$$

가 된다.

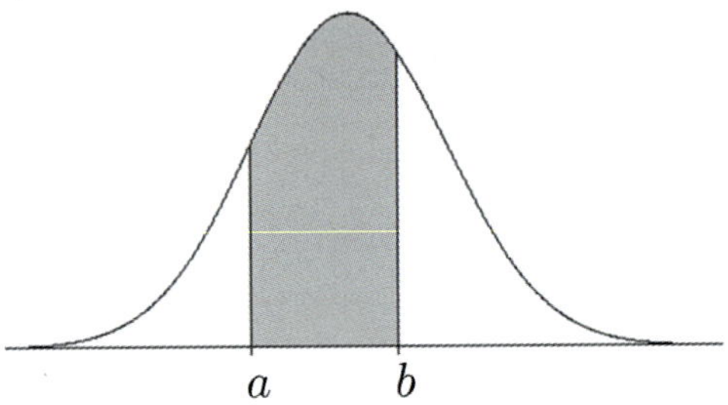

그림 4.5 $[a, b]$ 에 속할 확률

히스토그램에서 어떤 계급의 면적이 해당 계급의 비율(상대도수)이었던 것처럼 어떤 구간에서 확률밀도함수의 면적은 해당 구간에서의 확률이 된다. 수학적으로 표시하면 X가 구간 $[a, b]$ 에 속할 확률은 【그림 4.5】에서 구간 $[a, b]$ 에서 $f(x)$ 의 면적인

$$P(a \le X \le b) = \int_a^b f(x)\,dx$$

가 된다. 【예제 4.6】에서 X가 3에서 6 사이에 있을 확률 $P(3 \le X \le 6)$ 은 【그림 4.4】

에서 3에서 6 사이의 사각형 면적이므로

$$P(3 \leq X \leq 6) = \frac{3}{12} = \frac{1}{4}$$

이다.

연속확률변수에 대한 확률은 확률밀도함수에서 해당 영역의 면적이다. 주의해야 할 것은 확률질량함수와 다르게 확률밀도함수는 해당 점에서의 확률이 아니라는 것이다. 예를 들어, 【예제 4.6】에서 $X=3$일 확률을 구하고자 한다면 3에서의 면적을 구해야 하는데,

$$P(X=3) = \int_3^3 f(x)\,dx = \int_3^3 \frac{1}{12}\,dx = 0$$

이 된다. 어떤 점에서의 면적은 $f(x)$의 크기와 관계없이 항상 0이 되기 때문에 X가 연속확률변수일 때는 모든 x에 대해 $P(X=x)=0$이 된다. 연속확률변수의 확률밀도함수 $f(x)$는 x에서의 확률이 아니라 상대적인 밀도를 나타내는 것이다. 그러므로 X가 연속확률변수이면

$$P(a < X < b) = P(a < X \leq b) = P(a \leq X < b) = P(a \leq X \leq b)$$

가 성립한다.

위의 내용을 정리하면 임의의 연속확률변수 X의 확률밀도함수 $f(x)$는 다음과 같은 성질을 만족한다는 것을 알 수 있다.

① 모든 x에 대해 $f(x) \geq 0$

② $\int_{-\infty}^{\infty} f(x)\,dx = 1$

③ $P(a < X \leq b) = \int_a^b f(x)\,dx$

확률질량함수의 경우 식 ①은 $0 \leq f(x) \leq 1$로 표시되지만 확률밀도함수는 상한이 따로 없다. 식 ③의 특별한 형태가 $P(X \leq x)$이다. 이는 $f(x)$와 마찬가지로 x의 함수이며

$$P(X \leq x) = \int_{-\infty}^{x} f(u)\,du = F(x)$$

라고 표시하는데, 이 함수를 **누적분포함수**(cumulative distribution function) 또는 분포함수라고 한다. 미적분을 공부한 학생이라면 이 분포함수를 미분하면 확률밀도함수를 구할 수 있다는 것을 알 수 있을 것이다. 즉, 확률변수 X의 분포함수 F와 확률밀도함수 f 간에는 다음의 관계가 성립한다.

$$F(x) = \int_{-\infty}^{x} f(u)\,du,\ \ f(x) = \frac{d}{dx}F(x)$$

자세한 내용은 이 책의 수준을 벗어나므로 생략한다.

6장에서는 통계학에서 가장 중요한 분포인 정규분포를 중심으로 확률밀도함수에 대해 알아보고, 통계적 추론에서는 여러 분포함수를 이용한 확률계산방법에 대해 알아본다.

3 기댓값

기술통계에서 표나 그래프를 통해 자료를 정리하는 방법에 대해 배웠다. 이것은 자료의 특성을 요약, 정리하는 것뿐만 아니라 모집단의 형태를 유추하기 위한 과정 중 하나이다. 2장에서도 언급한 것과 같이 그래프를 통한 분석은 주관적 판단에 따라 달라질 수 있기 때문에 수치적 분석을 통해 최종결론을 내는 것이 적절하다. 이 절에서는 모집단의 특성을 수치적으로 나타내는데 평균과 분산에 대해 알아본다. 확률분포는 모집단의 확률구조이기 때문에 확률분포의 평균을 모평균이라고 하고 분산을 모분산이라고 한다. 이 절에서는 모두 확률분포에 대한 것이므로 특별한 언급이 없으면 평균과 분산은 모평균과 모분산을 의미한다.

3.1 모평균

이산모집단으로부터 임의로 5개의 표본을 선택하였는데 그 값이 각각 1, 1, 2, 5, 6이라

고 하자. 이 표본들의 표본평균을 $\bar{x}$ 라고 하면,

$$\bar{x} = \frac{1+1+2+5+6}{5} = 1 \times \frac{2}{5} + 2 \times \frac{1}{5} + 5 \times \frac{1}{5} + 6 \times \frac{1}{5} = 3$$

이 된다. 위의 식에서 보면 표본평균은 관측된 값에 그 값이 차지하는 표본비율을 곱하여 더한 것으로 표시된다. 만약 표본크기가 n 이고 자료 중 서로 다른 값이 k 개가 있어 이들 값을 $x_1, \cdots, x_k$ 라고 하자. 표본 중 x_i 의 값을 가지는 자료의 개수를 n_i 라고 하면 $\sum_{i=1}^{k} n_i = n$ 이고 표본평균은

$$\bar{x} = \frac{x_1 n_1 + \cdots + x_k n_k}{n} = \sum_{i=1}^{k} x_i \frac{n_i}{n} = \sum_{i=1}^{k} x_i p_i$$

가 된다. 여기서 $p_i = n_i/n$ 는 n 개 중에서 x_i 의 값을 가지는 표본의 비율이다. 이를 정리하면 표본평균은 관측 자료의 값에 해당 자료의 비율을 곱하여 다 더한 값이다.

표본크기 n 을 계속 크게 하면 통계적 확률의 관점에서 볼 때 표본들은 모집단으로, 표본비율 p_i 는 확률질량함수 $f(x_i)$ 로, 표본평균은 모평균으로 수렴할 것이다. 즉, n 이 계속 커지면

$$\sum_{x_i} x_i p_i \quad \rightarrow \quad \sum_{x_i} x_i f(x_i)$$

가 된다. 통계학에서는 확률변수 X 의 **모평균**(population mean)을 μ 로 표시하며 다음과 같이 정의한다.

$$\mu = \sum_{x} x f(x)$$

여기서 $\sum_{x}$ 는 X 가 가질 수 있는 모든 x 값에 대해 더한다는 것을 의미한다. 때로는 확률변수 X 를 강조하기 위해 μ_X 로 표시하기도 한다. 표본평균이 자료들의 무게중심이었던 것처럼 평균은 확률분포(또는 모집단)의 무게중심이 된다. **기댓값**(expected value)은 확률변수에 대해 평균적으로 기대하는 값이라는 의미를 갖는 용어로 평균과 같은 개념이다. 그래서 X 의 평균을 X 의 기댓값이라고 하고 $E(X)$ 로 표시한다. 즉, $E(X) = \mu$ 가 된다.

연속확률변수의 기댓값은 2장의 4.1절 ① 평균에서 도수분포표로 정리된 수치자료에 대한 표본평균을 계산할 때 식을 이용하여 유도할 수 있다. 【표 2.12】에서 언급한 것처럼 r_j를 j번째 계급에서 속한 개체의 상대도수, 즉 비율이라고 하고 m_j를 계급의 중간값이라고 하면 표본평균은 다음과 같이 구할 수 있다.

$$\bar{x}_g = \sum_{j=1}^{k} m_j r_j$$

여기서 표본크기를 계속 증가시키면서 계급의 폭을 점점 줄이면, $m_j = x$가 되는 지점에서의 r_j는 확률밀도함수에 단위길이를 곱한 $f(x)dx$에 근사한다. 즉,

$$m_j r_j \approx x f(x) dx$$

가 되며 결국에는 연속확률변수의 기댓값은 이산확률변수의 기댓값에서 $\sum$을 $\int$으로 바꾸고 $P(X=x)=f(x)$를 $f(x)dx$로 바꾼 식으로 표시할 수 있다.

$$\mu = E(X) = \int x f(x) dx$$

예제 4.7

동전을 세 번 던졌을 때 앞면의 수를 X라고 하면, 【예제 4.3】에서처럼 $x=$ 0, 1, 2, 3이고 확률질량함수는

$$f(0)=\frac{1}{8},\quad f(1)=\frac{3}{8},\quad f(2)=\frac{3}{8},\quad f(3)=\frac{1}{8}$$

이 된다. 따라서 X의 기댓값은

$$E(X)=0\times\frac{1}{8}+1\times\frac{3}{8}+2\times\frac{3}{8}+3\times\frac{1}{8}=1.5$$

가 된다. 기댓값은 1.5이지만 실제로 X가 1.5의 값을 취할 수 있는 것은 아니다.

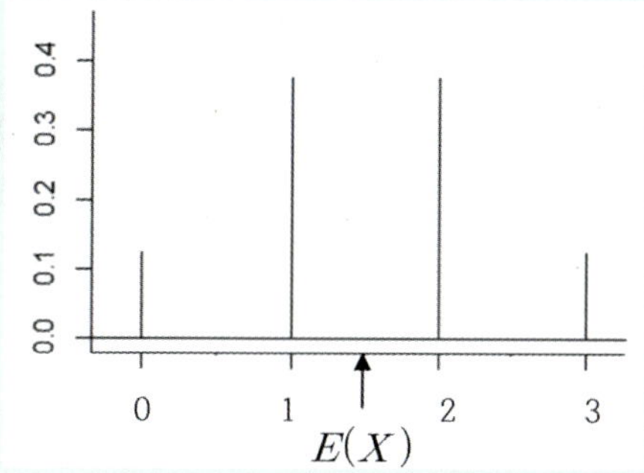

그림 4.6 분포의 무게중심

【그림 4.6】에서 보는 바와 같이 기댓값은 분포의 무게중심을 나타내며 위와 같이 확률질량함수 또는 확률밀도함수가 좌우대칭이면 평균은 분포에서 가운데 위치에 해당된다. 즉, 분포의 중앙값과 같은 값이 된다.

예제 4.8

확률변수 X가【예제 4.6】과 같은 확률밀도함수를 가진다고 하면 기댓값은 다음과 같다.

$$E(X) = \int_0^{12} \frac{x}{12}\, dx = \frac{x^2}{24}\Big|_{x=0}^{12} = 6$$

확률변수 X의 기댓값(평균)

$$E(X) = \begin{cases} \sum_x x f(x), & \text{이산확률변수} \\ \int x f(x)\, dx, & \text{연속확률변수} \end{cases}$$

【예제 4.5】에서 확률변수 X 대신 $Z = (X-1)^2$의 기댓값에 관심을 가진다고 하자. 기댓값의 정의에 따라 Z의 기댓값은

$$E(Z) = \sum_z z f_Z(z)$$

이므로 X의 확률질량함수 $f_X(x)$로부터 Z의 확률질량함수 $f_Z(z)$를 유도하고 이 $f_Z(z)$를 이용하여 Z의 기댓값을 계산해야 한다. 【예제 4.5】의 결과에 의하면 Z는 0, 1, 4가 될 수 있고 각각의 확률은

$$f_Z(z) = \begin{cases} \frac{3}{8}, & z = 0 \\ \frac{1}{2}, & z = 1 \\ \frac{1}{8}, & z = 4 \end{cases}$$

이기 때문에 Z의 기댓값은 다음과 같다.

$$E(Z) = 0 \times \frac{3}{8} + 1 \times \frac{1}{2} + 4 \times \frac{1}{8} = 1$$

여기서 주의해서 볼 것은 Z의 기댓값을 X의 확률질량함수 $f_X(x)$를 이용하여 구할 수 있다는 것이다. Z의 확률질량함수는

$$f_Z(0) = f_X(1) = \frac{3}{8}$$

$$f_Z(1) = f_X(0) + f_X(2) = \frac{1}{8} + \frac{3}{8}$$

$$f_Z(4) = f_X(3) = \frac{1}{8}$$

이므로 위의 $E(Z)$를 계산할 때 각 항은

$$0 \times f_Z(0) = (1-1)^2 f_X(1)$$

$$1 \times f_Z(1) = (0-1)^2 f_X(0) + (2-1)^2 f_X(2)$$

$$4 \times f_Z(4) = (3-1)^2 f_X(3)$$

으로 표시된다. 이를 다시 정리하면 Z의 기댓값은 다음과 같이 구할 수 있다.

$$E(Z) = \sum_{x=0}^{3} (x-1)^2 f_X(x)$$

확률변수 X의 함수인 $Y = g(X)$의 기댓값을 계산할 때에는 Y의 확률질량(밀도)함수 $f_Y(y)$를 이용하여

$$E(Y) = \begin{cases} \sum_y y f_Y(y), & \text{이산확률변수} \\ \int y f_Y(y)\, dy, & \text{연속확률변수} \end{cases}$$

로 구할 수 있으나 일반적으로 다음과 같이 X의 확률질량(밀도)함수 $f_X(x)$를 이용하여 기댓값을 계산한다.

$$E(Y) = \begin{cases} \sum_x g(x) f_X(x), & \text{이산확률변수} \\ \int g(x) f_X(x)\, dx, & \text{연속확률변수} \end{cases}$$

이산확률변수 X의 기댓값 $E(X)$를 보면 X가 가질 수 있는 값 x에 그 값의 확률 $f(x)$를 곱하여 다 더한 것이다. 위의 기댓값 $E(Y)$는 $g(x)$에 그 값에 해당하는 확률 $f_X(x)$를 곱하여 다 더한 것으로 $g(X)$의 기댓값이 되는데 앞으로 $E(g(X))$라고 표시한다. 예를 들어, X^2의 기댓값은 $E(X^2)$으로 표시하고 이산확률변수인 경우 $E(X^2) = \sum_x x^2 f(x)$이며 연속확률변수인 경우 $E(X^2) = \int x^2 f(x)\, dx$가 된다.

확률변수 X의 함수 $g(X)$의 기댓값

$$E(g(X)) = \begin{cases} \sum_x g(x) f(x), & \text{이산확률변수} \\ \int g(x) f(x)\, dx, & \text{연속확률변수} \end{cases}$$

앞에서 우리는 기댓값의 정의와 표시를 알아보았다. 이제 이산확률변수를 중심으로 몇 가지 기댓값의 성질에 대해 알아보고자 한다. 앞에서 언급한 것과 같이 $\sum_x f(x) = 1$이기 때문에 임의의 상수 a의 기댓값은

$$E(a) = \sum_x a f(x) = a \sum_x f(x) = a$$

가 된다. 때로는 확률변수 X의 선형식, 즉 임의의 상수 a, b에 대해 $aX+b$에 관심을 가지는 경우가 있는데, 확률변수의 선형식에 대한 기댓값은 다음과 같이 기댓값의 선형식으로 표시된다.

$$E(aX+b) = \sum_x (ax+b)f(x) = a\sum_x xf(x) + b\sum_x f(x) = aE(X)+b$$

확률변수 X의 여러 식에 대한 더하기나 빼기의 기댓값은 다음과 같이 이들 식의 기댓값을 더하거나 뺀 값으로 표시할 수 있다.

$$\begin{aligned} E(g_1(X) \pm g_2(X)) &= \sum_x \{g_1(x) \pm g_2(x)\}f(x) \\ &= \sum_x g_1(x)f(x) \pm \sum_x g_2(x)f(x) \\ &= E(g_1(X)) \pm E(g_2(X)) \end{aligned}$$

기댓값의 성질

① 임의의 상수 a에 대해, $E(a) = a$

② $E(aX+b) = aE(X)+b$

③ $E(g_1(X)+g_2(X)) = E(g_1(X)) + E(g_2(X))$

이들 기댓값의 성질을 위의 예에 적용하면

$$\begin{aligned} E((X-1)^2) &= \sum_{x=0}^{3} (x-1)^2 f_X(x) \\ &= \sum_{x=0}^{3} (x^2-2x+1) f_X(x) \\ &= \sum_{x=0}^{3} x^2 f_X(x) - 2\sum_{x=0}^{3} x f_X(x) + \sum_{x=0}^{3} f_X(x) \\ &= E(X^2) - 2E(X) + 1 \end{aligned}$$

가 되는 것을 알 수 있다. 【예제 4.7】 의하면 $E(X) = 1.5$이고

$$E(X^2) = \sum_{x=0}^{3} x^2 f_X(x) = 0^2 \times \frac{1}{8} + 1^2 \times \frac{3}{8} + 2^2 \times \frac{3}{8} + 3^2 \times \frac{1}{8} = \frac{24}{8} = 3$$

이므로 $E((X-1)^2) = 3 - 2 \times 1.5 + 1 = 1$이 된다.

3.2 모분산과 모표준편차

표본평균은 대표적인 자료의 중심위치이며 자료가 얼마나 퍼져있는가에 대한 대표적인 통계값은 분산 또는 표준편차이다. 모평균을 유도할 때와 같이 전체표본이 n개 있고 자료 중 서로 다른 값이 k개가 있어 이들 값을 $x_1, \ldots, x_k$라고 하자. 자료의 산포를 측정하는 데 이용되는 표본분산은 2장에서 언급한 것과 같이

$$s^2 = \frac{1}{n-1}\sum_{i=1}^{k} n_i(x_i - \overline{x})^2 = \frac{n}{n-1}\sum_{i=1}^{k}(x_i - \overline{x})^2 p_i$$

이다. 통계적 확률의 관점에서 볼 때 n을 계속 크게 하면 표본분산은 **모분산**(population variance)이 될 것이다. 이때 p_i는 $f(x_i)$로, $\overline{x}$는 μ로, $n/(n-1)$은 1로 수렴하게 된다. 일반적으로 모분산을 σ^2로 표시하는데,

$$s^2 = \frac{n}{n-1}\sum_{i=1}^{k}(x_i - \overline{x})^2 p_i \quad \rightarrow \quad \sigma^2 = \sum_{i=1}^{k}(x_i - \mu)^2 f(x_i)$$

가 된다.

확률변수 X의 분산을 $Var(X)$로도 표시하는데 위에서 언급한 기댓값의 표시방법에 의하면 다음과 같이 쓸 수 있다.

$$Var(X) = \sum_{i=1}^{k}(x_i - \mu)^2 f(x_i) = E((X-\mu)^2)$$

즉, 분산은 $g(X) = (X-\mu)^2$의 기댓값으로 표시할 수 있다. 표본분산을 계산할 때의 간이식

$$s^2 = \frac{1}{n-1}\left(\sum_{i=1}^{n} x_i^2 - n\overline{x}^2\right) = \frac{1}{n-1}\sum_{i=1}^{n} x_i^2 - \frac{n}{n-1}\overline{x}^2$$

으로 쓴 것처럼 분산도 다음과 같이 표시할 수 있다.

$$
\begin{aligned}
Var(X) &= \sum_x (x-\mu)^2 f(x) \\
&= \sum_x x^2 f(x) - 2\mu \sum_x x f(x) + \mu^2 \sum_x f(x) \\
&= E(X^2) - \mu^2 = E(X^2) - E(X)^2
\end{aligned}
$$

일반적으로 분산을 계산할 때는 $E(X)$와 $E(X^2)$을 구하고 위의 식에 대입하여 계산한다. 표본표준편차를 s로 표시한 것처럼 표준편차를 σ로 표시한다. 즉, 표준편차는 $\sigma = \sqrt{\sigma^2}$이며 확률변수 X의 표준편차를 σ_X 또는 $SD(X)$로 표시한다. 【예제 4.7】에서 동전 세 개를 던졌을 때 앞면의 수 X의 평균은 $\mu = 1.5$이고 앞 절에서 $E(X^2) = 3$인 것을 보였다. 이를 이용하면 분산은

$$
Var(X) = E(X^2) - \mu^2 = 3 - 1.5^2 = 0.75
$$

이고 표준편차는 $\sigma = \sqrt{0.75} = 0.866$가 된다.

연속확률변수 X의 분산은 이산확률변수에서 $\sum$을 $\int$로, $f(x)$를 $f(x)dx$로 바꾸어 다음과 같이 계산한다.

$$
\begin{aligned}
Var(X) &= \int (x-\mu)^2 f(x)\,dx \\
&= \int x^2 f(x)\,dx - \left(\int x f(x)\,dx\right)^2
\end{aligned}
$$

예제 4.9

확률변수 X가 다음의 분포를 따를 때 분산과 표준편차를 구해보자.

x	1	2	3	4
$f(x)$	$\frac{1}{4}$	$\frac{1}{4}$	$\frac{1}{4}$	$\frac{1}{4}$

이 분포는 2.5를 중심으로 대칭이므로 $E(X) = 5/2 = 2.5$인 것을 쉽게 알 수 있다. 따라서 분산 및 표준편차는 다음과 같다.

$$
E(X^2) = \frac{1}{4}(1^2 + 2^2 + 3^3 + 4^2) = \frac{30}{4}
$$

$$\sigma^2 = E(X^2) - E(X)^2 = \frac{30}{4} - \left(\frac{5}{2}\right)^2 = \frac{5}{4} = 1.25$$

$$\sigma = \sqrt{\sigma^2} = \sqrt{1.25} = 1.118$$

예제 4.10

확률변수 X가 【예제 4.6】과 같을 때 $E(X)=6$이고

$$E(X^2) = \int_0^{12} \frac{x^2}{12}\,dx = \frac{x^3}{36}\bigg|_{x=0}^{12} = 48$$

이므로 분산은

$$\sigma^2 = E(X^2) - E(X)^2 = 48 - 36 = 12$$

이고 표준편차는 $\sigma = \sqrt{12} = 3.464$가 된다.

확률변수 X의 분산

$$Var(X) = \sigma^2 = E((X-\mu)^2) = \begin{cases} \sum_x (x-\mu)^2 f(x), & \text{이산확률변수} \\ \int (x-\mu)^2 f(x)\,dx, & \text{연속확률변수} \end{cases}$$

X의 표준편차 : $SD(X) = \sigma = \sqrt{\sigma^2}$

우리나라에서는 기온을 표시할 때 섭씨를 사용하지만 미국은 화씨를 사용한다. 섭씨를 X, 화씨를 Y라고 하면 X와 Y는 $Y = 1.8X + 32$의 관계를 가진다. 이 경우 앞의 기댓값 성질 ②에 의하면

$$E(Y) = E(1.8X + 32) = 1.8E(X) + 32$$

가 된다. 이를 일반화하여 상수 a, b에 대해 $Y = aX + b$의 분산에 관심을 가진다고 하자. $E(X) = \mu_X$라고 하면,

$$E(Y) = E(aX + b) = aE(X) + b = a\mu_X + b$$

이므로 $aX+b$의 분산은 다음과 같이 정리할 수 있다.

$$\begin{aligned} Var(aX+b) &= E\left((aX+b-(a\mu_X+b))^2\right) = E(a^2(X-\mu_X)^2) \\ &= a^2 E\left((X-\mu_X)^2\right) = a^2\, Var(X) \end{aligned}$$

이 식은 확률변수 X의 위치에 변화를 주는 b는 분산에 영향을 주지 않는다는 것을 보여준다. 분산은 퍼져있는 정도를 나타내는 값으로 어떤 위치에 있든지 영향을 받지 않는다. 반면 분산은 측정 단위 척도의 제곱으로 표시되기 때문에 a와 같이 척도에 변화를 주는 경우 분산은 본래의 분산에 a^2을 곱하여 구한다. 표준편차는 분산의 제곱근이지만 주의해야 할 것은 a가 음수일 수도 있으므로

$$SD(aX+b) = \sqrt{Var(aX+b)} = \sqrt{a^2\, Var(X)} = |a|\, SD(X)$$

가 되어야 한다.

기댓값 성질

④ $Var(aX+b) = a^2\, Var(X)$

⑤ $SD(aX+b) = |a|\, SD(X)$

예제 4.11

30~40대 성인 남자의 신장은 평균이 172.7 cm이고 표준편차가 5.04 cm라고 하자. 이를 미국에서 길이 단위로 사용하는 피트(feet)로 바꾸고자 한다. 1피트는 30.48 cm이고 1 cm는 1/30.48피트이다. 확률변수 X와 Y를 cm와 피트로 표시한 신장이라고 하면, $Y = X/30.48$의 관계가 성립한다. X의 분산은

$$Var(X) = SD(X)^2 = 5.04^2 = 25.4$$

이므로

$$E(Y) = E(X/30.48) = 172.7/30.48 = 5.67$$
$$SD(Y) = SD(X)/30.48 = 0.165$$
$$Var(Y) = Var(X/30.48) = 25.4/30.48^2 = 0.027$$

가 된다.

4 결합분포와 주변분포

자료를 수집할 때 특정 변수 하나만 관심을 가질 수 있으나 여러 가지 변수의 자료를 얻고 이들 변수 간에 어떤 관계가 있는지에 관심을 가질 수도 있다. 예를 들어, 2장의 1절에서 봤던 아이돌 가수 프로필 자료에서 신장, 체중 등의 여러 변수에 대한 자료를 수집하고 이에 대한 관계분석을 할 수 있다. 이렇게 여러 가지 확률변수를 순서열 $(X_1, X_2, \ldots, X_p)$로 표시한 것을 **확률벡터**(random vector)라고 한다.

예제 4.12

동전을 3번 던진 실험에서 앞면의 수 X와 앞면과 뒷면의 차이 Y를 표본공간과 연결하여 다음과 같은 결과를 얻을 수 있다.

$\Omega = \{$	HHH,	HHT,	HTH,	THH,	HTT,	THT,	TTH	TTT $\}$
	↓	↓	↓	↓	↓	↓	↓	↓
$X =$	3	2	2	2	1	1	1	1
$Y =$	3	1	1	1	1	1	1	3

X와 Y는 각각 표본공간 상에서 정의된 확률변수이며 이들 확률변수로 이루어진 벡터 (X, Y)는 확률벡터가 된다.

이 절에서는 확률벡터가 가지는 확률적 구조 즉 확률분포를 설명하기 위한 결합분포와 주변분포에 대해 알아본다. 두 확률변수의 결합분포를 **이변량 분포**(bivariate distribution)

라고 하고 $p-$개의 확률변수로 이루어진 확률벡터의 결합분포를 $p-$ **차원 다변량 분포**($p-$dimensional multivariate distribution)이라고 한다. 이 절에서는 설명을 간단히 하기 위해 두 이산확률변수 X와 Y로 이루어진 이변량 확률분포를 중심으로 설명하고자 한다.

두 이산확률변수 X와 Y에 대해, $X=x$이고 $Y=y$일 확률을 다음과 같은 함수 $f(x,\ y)$로 정의하면,

$$f(x,\ y)=P(X=x,\ Y=y)$$

여기서 $f(x,\ y)$를 확률변수 X와 Y의 **결합확률질량함수**(joint probability mass function)라고 한다. 위 식에서 콤마(,)는 집합에서 $\cap$을 의미한다. 그러므로 모든 x, y에 대해 $0 \le f(x,y) \le 1$이고 $\sum_x \sum_y f(x,y)=1$가 성립한다.

【예제 4.12】에서 X는 0, 1, 2, 3이 될 수 있고 Y는 1, 3이 될 수 있으며 결합된 확률은 다음과 같이 계산할 수 있다.

$$P(X=0, Y=3)=P(\{TTT\})=\frac{1}{8}$$

$$P(X=1, Y=1)=P(\{HTT, THT, TTH\})=\frac{3}{8}$$

$$P(X=2, Y=1)=P(\{HHT, HTH, THH\})=\frac{3}{8}$$

$$P(X=3, Y=3)=P(\{HHH\})=\frac{1}{8}$$

이를 결합확률질량함수로 표시하면,

$$f(0,3)=\frac{1}{8},\quad f(1,1)=\frac{3}{8},\quad f(2,1)=\frac{3}{8},\quad f(3,3)=\frac{1}{8}$$

이 된다.

3장의 4절에서 조건부확률의 응용 ④의 중간 과정에서 언급한 것처럼 표본공간이 사건 $B_1, \cdots, B_n$로 분할될 때 사건 A의 확률은

$$P(A) = \sum_{i=1}^{n} P(A \cap B_i)$$

가 된다. 만약 Y가 가질 수 있는 값이 $y_1, \ldots, y_n$ 이라고 할 때, $X=x$를 사건 A, $Y=y_i$를 사건 B_i라고 하면 $P(A \cap B_i) = P(X=x,\ Y=y_i)$이고 다음의 관계가 성립한다.

$$P(X=x) = P(A) = \sum_{i=1}^{n} P(A \cap B_i) = \sum_{i=1}^{n} P(X=x, Y=y_i)$$

이것은 두 이산확률변수 X와 Y의 결합확률질량함수가 $f(x,\ y)$일 때, X의 확률질량함수는 다음과 같이 모든 y의 결합확률질량함수를 더해 구할 수 있다는 것을 의미한다.

$$f_X(x) = \sum_{y} f(x,\ y)$$

이 경우 $f_X(x)$를 X의 **주변확률질량함수(marginal density function)**라고 하며 Y의 주변확률질량함수도 다음과 같이 유도한다.

$$f_Y(y) = \sum_{x} f(x,\ y)$$

【예제 4.12】에서 X와 Y에 대한 결합확률질량함수와 주변확률질량함수를 표로 정리하면 다음과 같다.

Y \ X		x				합
		0	1	2	3	
y	1	0	3/8	3/8	0	3/4
	3	1/8	0	0	1/8	1/4
합		1/8	3/8	3/8	1/8	1

이 표에서 주변에 있는 확률의 합은 각 확률변수가 가질 수 있는 값에 대한 확률로 Y의 주변확률질량함수는 다음과 같다.

$$f_Y(1) = f(0,1) + f(1,1) + f(2,1) + f(3,1) = 0 + \frac{3}{8} + \frac{3}{8} + 0 = \frac{3}{4}$$

$$f_Y(3) = f(0,3) + f(1,3) + f(2,3) + f(3,3) = \frac{1}{8} + 0 + 0 + \frac{1}{8} = \frac{1}{4}$$

연속확률변수의 경우 결합확률밀도함수 $f(x,y)$는 (x,y)에서 밀도가 상대적으로 얼마나 높은지를 나타내는 것으로

① 모든 x, y에 대해, $0 \le f(x,y)$

② $\int\int f(x,y)\,dxdy = 1$

③ $P(a < X < b, c < Y < d) = \int_c^d \int_a^b f(x,y)\,dxdy$

를 만족한다. 확률질량함수와 마찬가지로 주변확률밀도함수는 다음과 같이 다른 확률변수에 대해 적분하여 구할 수 있다.

$$f_X(x) = \int f(x,y)\,dy, \qquad f_Y(y) = \int f(x,y)\,dx$$

결합확률밀도함수와 주변확률밀도함수에 대한 이론이나 예제는 여인권 외 (2009)를 참고하기 바란다.

두 확률변수 X와 Y에 대해 $X+Y$나 XY의 기댓값은 어떻게 계산해야 할까? 앞 절에서 X의 기댓값은 $E(X) = \sum_x x f_X(x)$, Y의 기댓값은 $E(Y) = \sum_y y f_Y(y)$로 구했다. 즉, 기댓값은 확률변수가 가질 수 있는 값에 해당 확률을 곱하여 다 더한 것으로 정의했다. 두 확률변수의 기댓값은 앞에서 정의한 기댓값과 마찬가지로 이들 변수가 가질 수 있는 값에 해당 확률, 즉 결합확률질량함수를 곱하여 x와 y에 대해 다 더한 것으로 표시된다. 확률변수 X와 Y가 이산확률변수이고 결합확률질량함수가 $f(x,y)$라고 하면, $X+Y$와 XY의 기댓값은 각각

$$E(X+Y) = \sum_x \sum_y (x+y) f(x,y)$$

$$E(XY) = \sum_x \sum_y xy f(x,y)$$

가 된다.

두 확률변수의 합이나 차의 기댓값은 다음과 같이 각 확률변수의 기댓값의 합이나 차로 표시할 수 있다.

$$\begin{aligned} E(X \pm Y) &= \sum_x \sum_y (x \pm y) f(x, y) \\ &= \sum_x \sum_y x f(x, y) \pm \sum_x \sum_y y f(x, y) \\ &= \sum_x x \sum_y f(x, y) + \sum_y y \sum_x f(x, y) \\ &= \sum_x x f_X(x) \pm \sum_y y f_Y(y) = E(X) \pm E(Y) \end{aligned}$$

이를 n개의 확률변수에 대해 확장시킬 수 있는데 확률변수 $X_1, \cdots, X_n$에 대해

$$E(X_1 + \cdots + X_n) = E(X_1) + \cdots + E(X_n)$$

가 성립한다. 기댓값의 성질 ②를 적용하면 임의의 상수 $a_1, \cdots, a_n$에 대해 아래의 등식이 성립한다.

$$E(a_1 X_1 + \cdots + a_n X_n) = a_1 E(X_1) + \cdots + a_n E(X_n)$$

기댓값의 성질

확률변수 $X_1, ..., X_n$와 상수 $a_1, \cdots, a_n$에 대해

$$E(a_1 X_1 + \cdots + a_n X_n) = a_1 E(X_1) + \cdots + a_n E(X_n)$$

3장의 5절에서 두 사건 A와 B의 독립성에 대한 필요충분조건이

$$P(A \cap B) = P(A)P(B)$$

인 것을 확인하였다. 여기에서는 두 확률변수의 독립에 대해 알아보고자 한다. 두 확률변수가 독립이라면 한 확률변수가 어떤 값을 갖더라도 다른 변수의 확률에 영향을 주지 않는다는 것을 의미한다. 이를 위의 식과 같은 방법으로 표시하면, 두 확률변수 X와 Y가 모든 x, y에 대하여 결합확률질량(밀도)함수가 주변확률질량(밀도)함수의 곱으로, 즉

$$f(x, y) = f_X(x) f_Y(y)$$

로 표시할 수 있으며 이런 경우 확률변수 X와 Y는 **독립(independent)**이라 한다.

두 확률변수 X와 Y가 독립이면 두 결합확률함수가 각각의 주변확률함수의 곱으로 표시되고 확률변수가 가질 수 있는 값들이 서로 영향을 주지 않는다. 그러므로 결합확률함수 $f(x,y)$가 x만으로 이루어진 임의의 함수 $f_1(x)$와 y만으로 이루어진 함수 $f_2(y)$의 곱으로 표시되고 x의 구간과 y가 서로 영향을 주지 않으면 두 확률변수 X와 Y가 독립이라고 할 수 있다.

예제 4.13

두 확률변수 X와 Y의 결합확률밀도함수 $f(x,y)$가 다음과 같을 때

$$f(x,y) = x + y, \quad 0 < x < 1,\ 0 < y < 1$$

여기서 X와 Y는 독립이 아니다. 왜냐하면 $f(x,y)$는 x와 y의 더하기 꼴로 x만의 함수와 y만의 함수의 곱으로 표시할 수 없기 때문이다. 정식적으로는

$$f_X(x) = \int_0^1 x + y\,dy = x + \frac{1}{2},\ f_Y(y) = \int_0^1 x + y\,dx = y + \frac{1}{2}$$

이고,

$$f(x,y) = x + y \neq (x+0.5)(y+0.5) = f_X(x) f_Y(y)$$

이므로 X와 Y는 독립이 아니라고 보인다.

두 확률변수 X와 Y가 독립이면 두 확률변수의 곱의 기댓값은 각각의 기댓값의 곱으로 표시할 수 있다.

$$\begin{aligned} E(XY) &= \sum_x \sum_y xy f(x,y) = \sum_x \sum_y xy f_X(x) f_Y(y) \\ &= \sum_x x f_X(x) \sum_y y f_Y(y) = E(X)E(Y) \end{aligned}$$

세 개 이상의 확률변수의 독립성도 같은 개념으로 정의할 수 있다. 즉, 모든 $x_1, \cdots, x_n$에 대해, 다음과 같이 결합확률질량(밀도)함수가 각각의 주변확률질량(밀도)함

수의 곱으로 표시되면,

$$f_{X_1, \cdots, X_n}(x_1, \cdots, x_n) = f_{X_1}(x_1) \cdots f_{X_n}(x_n) = \prod_{i=1}^{n} f_{X_i}(x_i)$$

$X_1, \cdots, X_n$이 **서로 독립(mutually independent)**이라 한다. 추가로 모든 주변확률질량(밀도)함수가 $f(x)$와 동일한 형태를 가지면 다음과 같이 표시한다.

$$X_1, \cdots, X_n \sim \ \text{iid}\ f(x)$$

여기서 iid는 영어의 independent and identically distributed에서 첫 글자를 딴 것이다.

5 공분산과 상관계수

두 확률변수가 독립이 아니라면 서로 관련성이 있다는 것을 의미한다. 통계학에서는 특별히 두 확률변수 간의 관계를 가장 간단하게 표시하는 직선관계에 관심을 가진다. 이를 이용하여 변수 간의 관계를 유도하는 모형개발에 사용된다. 이 절에서는 두 확률변수의 직선관계 정도를 나타내는 측도인 공분산과 상관계수에 대하여 알아본다.

2장의 4.4절에서 우리는 n개의 자료 쌍, $(x_1, y_1), (x_2, y_2), \cdots, (x_n, y_n)$이 있을 때, 이 자료들의 직선관계 정도를 다음과 같은 표본공분산과 표본상관계수로 측정하였다.

$$C_{xy} = \frac{1}{n-1}\sum_{i=1}^{n}(x_i - \overline{x})(y_i - \overline{y})$$

$$R_{xy} = \frac{1}{n-1}\sum_{i=1}^{n}\left(\frac{x_i - \overline{x}}{s_x}\right)\left(\frac{y_i - \overline{y}}{s_y}\right) = \frac{S_{xy}}{\sqrt{S_{xx}}\sqrt{S_{yy}}}$$

X와 Y의 공분산을 $Cov(X, Y)$라고 하면 앞 절에서 분산을 유도할 때와 같은 절차를 적용하며 두 확률변수 X와 Y의 공분산이 다음과 같이 되는 것을 알 수 있다.

$$Cov(X, Y) = E((X - \mu_X)(Y - \mu_Y)) = \sum_x \sum_y (x - \mu_X)(y - \mu_Y) f(x, y)$$

공분산를 계산할 때는 흔히 다음의 간편 계산식을 사용한다.

$$
\begin{aligned}
Cov(X, Y) &= \sum_x \sum_y (x-\mu_X)(y-\mu_Y) f(x,y) \\
&= \sum_x \sum_y xyf(x,y) - \mu_Y \sum_x \sum_y xf(x,y) - \mu_X \sum_x \sum_y yf(x,y) + \mu_X \mu_Y \sum_x \sum_y f(x,y) \\
&= \sum_x \sum_y xyf(x,y) - \mu_X \mu_Y = E(XY) - E(X)E(Y)
\end{aligned}
$$

앞에서 두 확률변수 X와 Y가 독립이면 $E(XY) = E(X)E(Y)$라는 것을 보였다. 이것은 X와 Y가 독립이면 공분산 $Cov(X, Y) = 0$이 되는 것을 의미한다. 하지만 $Cov(X, Y) = 0$이라고 X와 Y가 독립이지는 않다.

예제 4.14

X와 Y의 결합확률분포가 다음과 같이 주어졌다고 하자.

x \ y	-1	0	1	$f_X(x)$
0	1/4	0	1/4	1/2
1	0	1/2	0	1/2
$f_Y(y)$	1/4	1/2	1/4	1

주변분포로부터 $E(X) = 1/2$, $E(Y) = 0$임을 쉽게 유도할 수 있다. 또한 $E(XY)$를 계산하는 데 있어 x 또는 y 중 하나가 0이기 때문에 $E(XY) = 0$가 된다. 그러므로 $Cov(X, Y) = E(XY) - E(X)E(Y) = 0$이다. 하지만

$$f(0,-1) = \frac{1}{4} \neq \frac{1}{2} \times \frac{1}{4} = f_X(0) f_Y(-1)$$

이므로 X와 Y는 독립이 아니다.

앞 절에서 두 확률변수의 합이나 차의 기댓값에 대해 알아보았다. 이번에는 두 확률변수의 합이나 차의 분산에 대해 알아보기로 한다.

$$
\begin{aligned}
Var(X \pm Y) &= E\left((X \pm Y - (\mu_X \pm \mu_Y))^2\right) \\
&= E\left((X - \mu_X)^2\right) + E\left((Y - \mu_Y)^2\right) \pm 2E\left((X - \mu_X)(Y - \mu_Y)\right) \\
&= Var(X) + Var(Y) \pm 2Cov(X, Y)
\end{aligned}
$$

즉, 두 확률변수의 합이나 차의 분산은 각각의 분산의 합에 공분산의 두 배 값을 더하거나 뺀 값이다. 만약 두 확률변수가 독립이면 $Cov(X, Y) = 0$ 이므로

$$Var(X \pm Y) = Var(X) + Var(Y)$$

가 된다.

$$
\begin{aligned}
Cov(aX, bY) &= E(aXbY) - E(aX)E(bY) \\
&= abE(XY) - abE(X)E(Y) = abCov(X, Y)
\end{aligned}
$$

표본상관계수는 표본공분산을 각각의 표본표준편차로 나눈 값이다. 두 확률변수 X와 Y의 **상관계수(correlation coefficient)**는 X와 Y의 공분산을 각각의 표준편차로 나눈 것으로 다음과 같이 정의된다.

$$Corr(X, Y) = \frac{Cov(X, Y)}{SD(X)SD(Y)} = \frac{\sigma_{XY}}{\sigma_X \sigma_Y}$$

여기서 σ_{XY}는 X와 Y의 공분산을 의미한다. 상관계수는 흔히 ρ 또는 ρ_{XY}로 표시하며 아래의 식은 다 같은 의미를 가진다.

$$\rho_{XY} = \frac{\sigma_{XY}}{\sqrt{\sigma_X^2 \sigma_Y^2}} = \frac{\sigma_{XY}}{\sigma_X \sigma_Y} = E\left(\left(\frac{X - \mu_x}{\sigma_X}\right)\left(\frac{Y - \mu_Y}{\sigma_Y}\right)\right)$$

위 식의 마지막 항은 상관계수가 X와 Y를 각각 표준화시킨 변수의 곱에 대한 기댓값인 것을 의미한다. 표본상관계수와 마찬가지로 X와 Y의 상관계수도 다음과 같은 성질을 만족한다. 여기서 $sign(a)$은 a의 부호함수로 a가 양수이면 1, 음수이면 -1, 0이면 0의 값을 갖는 함수이다.

상관계수의 성질

① 상관계수는 항상 $-1 \le \rho \le 1$.

② $X = aY + b$의 관계가 성립하면, $\rho_{XY} = sign(a)$

③ 임의의 상수 a와 b에 대해, $Corr(X+a, Y+b) = Corr(X, Y)$

④ 임의의 상수 a와 b에 대해, $Corr(aX, bY) = sign(ab)Corr(X, Y)$

상관계수의 성질 ④는 다음과 같이 보일 수 있다. 상수 a와 b가 모두 0이 아니면

$$Corr(aX, bY) = \frac{Cov(aX, bY)}{SD(aX)SD(bY)} = \frac{abCov(X, Y)}{|a|SD(X)|b|SD(Y)}$$

$$= \frac{ab}{|a||b|}Corr(X, Y) = sign(ab)Corr(X, Y)$$

이고 a와 b 중 하나라도 0이면 $Corr(aX, bY) = 0$ 이므로

$$Corr(aX, bY) = sign(ab)Corr(X, Y)$$

가 성립한다.

연·습·문·제

1 확률분포표 또는 확률질량(밀도)함수가 아래와 같을 때 상수 k와 분포의 기댓값을 구하여라.

(1)

x	1	2	4	8
$f(x)$	0.20	0.25	k	0.30

(2) $f(x)=k0.5^x,\quad x=0,1,2$

(3) $f(x)=kx,\quad 0<x<1$

(4) $f(x)=ke^{-x},\quad 0<x<\infty$

2 확률변수 X는 택배로 물건이 배달되는데 걸리는 기간(단위: 일)을 나타내고 이것의 확률분포는 다음과 같다고 하자.

x	1	2	3	4
$f(x)$	0.25	0.50	0.15	0.10

(1) 어떤 사람이 어제 택배를 보냈는데 오늘 도착하지 않았다고 할 때, 내일 택배가 도착할 확률을 구하여라.

(2) 택배가 배달되는데 평균 며칠이 걸리는지 구하여라.

3 A라는 사람이 휘어진 동전을 4번 던지는데 앞면이 나오면 실험을 종료한다고 하자. 이 동전을 던질 때 앞면이 나올 확률은 0.4라고 가정한다.

(1) 이 확률실험에서의 표본공간을 구하고 표본공간의 각 원소에 대한 확률을 계산하여라.

(2) 위 확률실험에서 앞면의 횟수를 확률변수 X라고 하면, X의 확률질량함수(확률분포표)를 구하여라.

(3) X의 평균과 분산을 구하여라.

(4) B라는 사람이 같은 동전으로 동일한 실험을 하고 던진 횟수가 적은 사람이 게임에서 이긴다고 할 때 A가 게임에서 이길 확률을 계산하여라.

4 어떤 전기전달 시스템은 아래와 같이 세 개의 스위치가 직렬로 연결되어 있다고 하자.

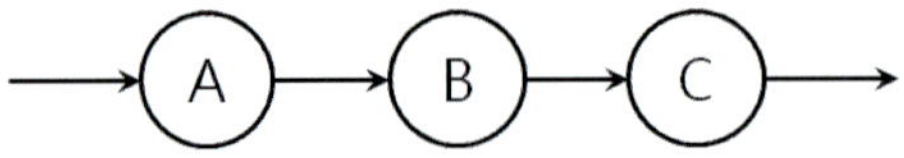

각 스위치는 무작위로 ON 또는 OFF의 상태로 놓인다고 하자(참조 【연습 3.5】). 각 스위치에 대해 ON인 상태로 놓일 확률이 0.6이고 ON인 상태의 스위치 수를 X라고 하면,

(1) X의 확률분포표를 작성하여라.
(2) 두 개의 스위치가 ON일 확률을 구하여라.
(3) X의 평균과 분산을 구하여라.

5 엎어질 확률이 0.4인 윷이 하나 있다고 하자. 엎어진 윷이 나올 때까지 윷을 던지는데 최대 4번까지 던지는 실험을 한다. 각 윷이 젖혀지면 F, 엎어지면 R이라고 표시하면,

(1) 이 확률실험에서의 표본공간을 구하고 표본공간의 각 원소에 대한 확률을 계산하여라.
(2) 확률변수 X는 윷을 던진 횟수, 확률변수 Y는 젖혀진 윷의 수라고 하면
① X와 Y의 결합확률분포표와 주변확률분포를 구하여라.
② X와 Y는 독립인가? 그 이유는 무엇인가?
③ 기댓값 $E(X+Y)$와 $E(XY)$를 구하여라.
④ Y의 분산을 구하여라.

6 어떤 야구대회에서는 5전 3선승제로 우승자를 결정한다고 하자. 결승전에 올라온 D팀과 L팀의 전력을 분석한 결과 전력이 비슷하여 각각 경기에서 D팀이 이길 확률은 0.5라고 하자(참조, 【연습 3.8】). 각각의 경기결과는 독립이고 확률변수 X는 경기수이고 확률변수 Y는 D팀이 이긴 경기수라고 할 때,

(1) Y의 확률분포표를 구하여라.
(2) Y의 평균과 분산을 구하여라.
(3) X와 Y의 결합확률분포표를 만들고 두 변수가 독립인지 아닌지를 보여라.
(4) (앞의 문제와 별개임) 앞 경기에서 이긴 팀이 다음 경기에서 이길 확률은 0.6이라고 할 때 우승자가 결정되기 위해 경기를 세 번 해야 할 확률을 구하여라.

7 A, B, C 세 명이 종대로 서 있고 빨간 모자 3개, 파란 모자 2개가 있는 상자에서 무작위로 뽑아 모자를 앞에서부터 씌운다(참조, 【연습 3.9】). 확률변수 X는 빨간색 모자의 수, Y는 빨간색과 파란색 모자의 수의 차이(절대값)라고 하자.

(1) X와 Y의 결합확률질량함수와 주변확률질량함수를 구하여라.
(2) X와 Y가 독립인지 구하여라.

(3) X와 Y의 공분산과 상관계수를 계산하여라.

8 어느 지역에 거주하는 30대 기혼여성을 조사하였다. 이들 여성의 3세 미만인 자녀수를 X라고 할 때, X의 분포가 다음과 같다고 하자.

x	0	1	2	3
$P(X=x)$	0.3	0.45	0.2	0.05

(1) X의 평균과 분산을 구하여라.
(2) 임의로 선택한 세대에는 자녀가 있는 것으로 알려져 있다고 할 때 자녀의 수가 2명 이상일 확률을 구하여라.
(3) 임의로 5명의 30대 기혼여성을 선택할 경우, 한 명 이상이 자녀가 있을 확률을 구하여라.

9 어떤 학생이 이번 계절 학기에 2과목을 수강하는데 각 과목에서 성적은 A, B, C, D 중 하나를 받는다. 성적 (A, B, C, D)에 대한 학점은 (4, 3, 2, 1)이고 성적의 분포는 (30%, 40%, 25%, 5%)라고 하자. 수강하는 학생들의 역량이 비슷하고 두 과목의 성적은 독립이라고 할 때 아래의 물음에 답하여라.

(1) 성적 또는 학점에 대한 표본공간을 구하고 각 원소에 대한 확률을 구하여라.
(2) 평균 학점에 대한 확률분포를 구하여라.
(3) 평균 학점이 1.5 이하일 확률을 구하여라.
(4) 평균 학점의 평균과 분산을 구하여라.

10 10원짜리 동전 1개, 50원짜리 동전 2개, 100원짜리 동전 2개, 500원짜리 동전 1개를 같은 모양의 상자에 1개씩 넣었다. 6개의 상자 중 2개를 무작위로 비복원추출했을 때 동전의 합을 X라고 하자.

(1) X의 확률분포표를 작성하여라.
(2) X가 100원 이하일 확률을 구하여라.
(3) $E(X)$와 $Var(X)$를 구하여라.
(4) 만약 2개를 복원추출했을 때 동전 합의 확률분포표를 작성하여라.

05

이항분포와 관련 분포

앞 장에서 언급한 것과 같이 확률분포는 불확실성을 가진 현상을 수리적으로 모형화한 것이다. 어떤 현상들은 형태는 다르지만 비슷한 속성을 가지고 있어 동일한 모형으로 설명할 수 있다. 이 장에서는 이산확률분포에서 가장 많이 사용되고 있는 이항분포와 관련 분포에 대해 알아본다.

1 베르누이 분포

동전을 던졌을 때 나오는 결과는 앞면과 뒷면 중 하나이다. '성공 또는 실패', '합격 또는 불합격', '생존 또는 사망' 등 동전 던지기와 같이 결과가 두 가지만 나오는 실험은 우리 주변에서 흔히 볼 수 있다. 설명을 간단하게 하기 위해 실험결과는 성공(S) 또는 실패(F)라고 하자. 이렇게 두 가지의 결과가 발생하는 실험을 독립적으로 시행하는데 매 시행에서 성공할 확률이 동일하면 이를 **베르누이 시행**(Bernoulli trial)이라고 한다. 예를 들어, 동전 던지기를 할 때 앞면이 나올 확률은 0.5로 실험마다 같고 어떤 동전의 결과가 다른 동전의 결과에 영향을 주지 않으므로 베르누이 시행이라고 할 수 있다.

예제 5.1

상자에 10개의 제품이 있는데 이 중 8개가 정상, 2개가 불량일 때, 정상품이 뽑히면 성공(S)이라고 하자. 복원추출과 비복원추출 방법으로 각각 제품을 뽑았을 때, 2개 모두 정상품일 확률은

$$\text{복원추출:}\quad P(S_1, S_2) = P(S_1)P(S_2|S_1) = \frac{8}{10}\times\frac{8}{10}$$
$$\text{비복원추출:}\quad P(S_1, S_2) = P(S_1)P(S_2|S_1) = \frac{8}{10}\times\frac{7}{9}$$

가 된다. 복원추출은 앞에 뽑힌 제품에 영향을 받지 않기 때문에 $P(S_2|S_1) = P(S_2)$가 된다. 또한, 정상품이 뽑힐 확률이 항상 0.8이기 때문에 복원추출하는 실험은 베르누이 시행이라고 할 수 있다. 하지만 비복원추출의 경우 두 번째 추출은 첫 번째 추출결과에 영향을 받기 때문에 베르누이 시행이라고 할 수 없다.

만약 상자에 10,000개의 제품이 있고 이 중 8,000개가 정상, 2,000개가 불량일 때 2개의 제품을 비복원추출을 한다면,

$$P(S_1, S_2) = P(S_1)P(S_2|S_1) = \frac{8000}{10000}\times\frac{7999}{9999}$$

가 된다. 그러므로 엄밀히 말하면 이 시행은 베르누이 시행이 아니다. 하지만 상자에 10개의 제품이 있을 때와 다르게 $P(S_2) = 0.8 \simeq 7999/9999 = P(S_2 | S_1)$인 것을 볼 수 있다. 즉, 두 번째 시행의 결과는 첫 번째 시행의 결과에 영향을 거의 받지 않는다는 것이다. 이와 같이 모집단의 크기가 매우 크고 이에 비해 표본의 크기가 상대적으로 작아 비복원추출의 결과와 복원추출의 결과에 차이가 거의 없는 경우 비복원추출도 베르누이 시행을 근사모형으로 사용하고 있다.

베르누이 시행에서 만약 '성공' 확률을 p라고 하면 '실패' 확률은 $1-p$가 된다.

$$P(S) = p, \quad P(F) = 1 - P(S) = 1 - p$$

실험결과가 실패면 0, 성공이면 1의 값을 갖는 확률변수 X의 확률분포는 다음과 같다.

$$P(X=1) = P(S) = p$$
$$P(X=0) = P(F) = 1 - p$$

이러한 확률분포를 따르는 확률변수를 **베르누이 확률변수**(Bernoulli random variable)라고 하고 **베르누이 분포**(Bernoulli distribution)를 따른다고 한다. 성공확률이 p인 베르누이 확률질량함수를 다음과 같이 쓸 수 있다.

$$f(x) = p^x (1-p)^{1-x}, \qquad x = 0,\ 1, \qquad 0 < p < 1$$

또한, 베르누이 분포의 기댓값과 분산은

$$E(X) = 0 \times (1-p) + 1 \times p = p$$
$$E(X^2) = 0^2 \times (1-p) + 1^2 \times p = p$$
$$Var(X) = E(X^2) - E(X)^2 = p - p^2 = p(1-p)$$

이다. 베르누이 분포의 평균은 성공할 확률 p이고, 분산은 평균 p에 영향을 받고 있다. 확률 p가 0 또는 1에 가까울수록 분산은 작아지며 p가 1/2일 때 분산은 1/4로 가장 큰 값을 가진다.

베르누이 확률분포는 성공확률인 p에 의해 확률과 기댓값이 결정된다. 이와 같이 분포의 특성을 결정하는 상수를 **모수**(parameter)라고 하며 '성공확률이 p인' 대신에 '모수가 p인' 베르누이 분포라고도 한다. 앞으로 X가 성공확률이 p인 베르누이 확률분포를 따를 때 $X \sim B(p)$ 라고 표시한다. 베르누이 분포는 간단한 형태를 가지고 있지만 다음에 설명할 이항분포의 기초가 되는 중요한 분포이다.

2 이항분포

윷놀이를 하는데 도·개·걸·윷·모[1]가 나올 확률에 관심을 가진다고 하자. 만약 4개의 윷이 동일한 형태로 만들어져 있어 각각 젖혀질 확률이 p 라고 하면, 각 윷패의 확률을 어떻게 계산할 수 있을까? 이 절에서는 이와 같은 질문에 대한 해답을 찾고자 한다.

윷놀이에서 윷이 젖혀지면 성공이라고 하자. 각각의 윷은 엎어지거나 젖혀지는 것 중 하나이며 성공확률은 p 이다. 각각의 윷은 독립적이라고 할 수 있으므로 윷놀이는 성공확률이 p 인 베르누이 시행을 4번 한 것으로 이해할 수 있다. 윷패는 젖혀진 윷의 수에 의해 결정되기 때문에 윷패의 확률은 4번의 베르누이 시행에서 성공 횟수의 확률과 같다. 확률변수 X_i 를 i 번째 윷이 젖혀지면 1, 엎어지면 0인 베르누이 확률변수라고 하면 젖혀진 윷의 수는 $X = X_1 + X_2 + X_3 + X_4$ 로 표시할 수 있다.

일반적인 상황에서 확률변수 $X_1, \ldots, X_n$ 은 성공확률이 p 인 베르누이 확률변수라고 할 때,

$$X = X_1 + \cdots + X_n$$

의 분포를 생각해 보자. 각각의 X_i 는 성공하면 1, 실패하면 0의 값을 가지기 때문에 합인 X 는 n 회의 베르누이 시행에서 성공한 횟수를 의미한다. 이렇게 성공확률이 p 인 베르누이 시행을 n 번 반복했을 때 성공 횟수의 분포를 **이항분포(binomial distribution)** 라고 한다. 윷놀이에서 젖혀진 윷의 수는 시행횟수가 4번이고 성공확률이 p 인 이항분포를 따른다고 할 수 있다.

X_i 는 성공확률이 p 인 베르누이 확률변수이므로 앞 절에서 유도한 것과 같이

1 도는 돼지, 개는 개, 걸은 양, 윷은 소, 모는 말을 상징하며 젖혀진 윷의 수가 4, 1, 2, 3, 0일 때 각각 윷, 도, 개, 걸, 모라고 한다.

$E(X_i) = p$ 이고 $Var(X_i) = p(1-p)$ 가 된다. 확률변수 X는 n개의 베르누이 확률변수의 합으로 X의 기댓값은 베르누이 확률변수의 기댓값의 합으로 표시된다.

$$E(X) = E(X_1 + \cdots + X_n) = E(X_1) + \cdots + E(X_n) = np$$

베르누이 확률변수는 서로 독립이기 때문에 X의 분산도 다음과 같이 각각의 베르누이 분산의 합으로 표시된다.

$$Var(X) = Var(X_1 + \cdots + X_n) = Var(X_1) + \cdots + Var(X_n) = np(1-p)$$

예제 5.2

윷놀이에서 윷이 젖혀지면 성공(S), 엎어지면 실패(F)라고 하고 각각의 윷이 젖혀질 확률이 p라고 하자. 만약 젖혀진 윷의 수를 확률변수 X라고 하면, 윷놀이에서 발생하는 표본공간은 다음과 같으며 이에 해당하는 평면의 수와 확률은 다음과 같다.

$$\begin{array}{lllll} \Omega = FFFF, & FFFS, & FFSS, & FSSS, & SSSS \\ & FFSF, & FSFS, & SFSS, & \\ & FSFF, & SFFS, & SSFS, & \\ & SFFF, & FSSF, & SSSF, & \\ & & SFSF, & & \\ & & SSFF, & & \\ \Downarrow & \Downarrow & \Downarrow & \Downarrow & \Downarrow \end{array}$$

x	0	1	2	3	4
$P(X=x)$	$p^0(1-p)^4$	$4p^1(1-p)^3$	$6p^2(1-p)^2$	$4p^3(1-p)^1$	$p^4(1-p)^0$

【예제 5.2】에서 4개의 윷 중 젖혀진 개수를 x라고 할 때 표본공간에서 해당 원소의 확률은 모두 $p^x(1-p)^{4-x}$이 된다. 예를 들어, $x=2$라고 하면 2개의 S와 2개의 F로 이루어진 원소의 확률은 모두 $p^2(1-p)^2$으로 동일하다. 그러므로 $P(X=x)$을 구하기 위해서는 해당되는 원소의 개수를 계산하여 위의 확률에 곱해주면 된다. 【예제 5.2】에서 보는 것과 같이 $x=1$ 인 경우에 해당하는 원소는 4개이다. 이는 4개의 윷의 위치 중 하나를 선택하여 S를 표시하는 경우의 수인 $\binom{4}{1} = 4$이다. $x=2$ 인 경우도 네 위치 중 S

를 표시할 두 위치를 선택하는 경우의 수인 $\binom{4}{2}=6$이 된다. 즉, 4개 중 x개의 평면이 나올 확률은 4개의 위치 중 x개를 선택하는 경우의 수에 원소의 확률 $p^x(1-p)^{4-x}$을 곱한 것으로 표시되어 다음과 같이 쓸 수 있다.

$$P(X=x)=\binom{4}{x}p^x(1-p)^{4-x}, \quad x=0,1,2,3,4$$

이를 실행횟수가 n인 상황으로 일반화했을 때, x개의 성공한 원소의 수는 n개 중 x개를 선택하는 조합으로

$$\binom{n}{x}=\frac{n!}{x!(n-x)!}$$

이 되며, 각 원소의 확률은 x번 성공하고 $n-x$번 실패하기 때문에

$$p^x(1-p)^{n-x}$$

이다. 따라서 성공확률이 p인 베르누이 시행을 n번 반복했을 때 이항분포의 확률질량함수는 다음과 같다.

$$f(x)=\binom{n}{x}p^x(1-p)^{n-x}, \quad x=0,1,\ldots,n$$

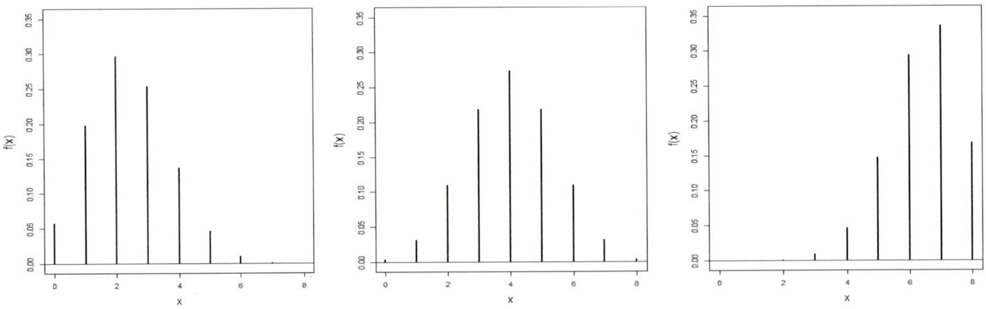

그림 5.1 $n=8$이고 $p=0.3, 0.5, 0.8$일 때 이항분포 형태

이항분포는 【그림 5.1】에서 보는 것과 같이 시행횟수 n과 성공확률 p에 따라 확률구조가 결정되며 이 두 값이 이항분포의 모수가 된다. 확률변수 X가 모수 n, p를 갖는 이항분포를 따른다는 것을 일반적으로 $X \sim B(n,p)$로 표시한다. 베르누이 확률변수의

경우 $n=1$ 이므로 $X \sim B(1,p)$ 로도 표시할 수 있다. 이항분포에서 조합 $\binom{n}{x}$의 계산은 n 이 클 때 매우 복잡해진다. 따라서 이항분포를 편리하게 사용할 수 있도록 누적확률을 구하여 표로 만들었으며, 【부록: 표1】은 선택된 모수 n, p 값에 대한 분포함수

$$P(X \le x) = \sum_{k=0}^{x} \binom{n}{k} p^k (1-p)^{n-k}$$

을 계산한 것이다.

예제 5.3

남녀출생성비가 같고 각 출생결과는 서로 독립이라고 가정하자. 만약 12명의 아이를 낳았을 때 아들의 수를 X 라고 하면 $X \sim B(12,0.5)$ 가 되고 확률질량함수는

$$P(X=x) = \binom{12}{x} 0.5^x\, 0.5^{12-x} = \binom{12}{x} 0.5^{12}, \quad x=0, 1, \ldots, 12$$

가 된다. 여기서 $x=0, 1, \ldots, 12$에 대해 $\binom{12}{x} = \dfrac{12!}{x!(12-x)!} = \binom{12}{12-x}$이고 성공할 확률이 0.5인 경우 $P(X=x) = P(X=12-x)$ 가 되어 확률질량함수는 대칭 형태를 가진다. X 의 평균과 분산은 각각 $np = 12 \times 0.5 = 6$과 $np(1-p) = 3$이 된다.

【표 5.1】의 $P(X=x)$ 는 남녀출생성비가 같을 때의 아들 수에 대한 확률을 표시한 것이다. 오른쪽 열은 【예제 2.3】의 Saxony 지역에서 조사된 6,115가구의 조사자료 결과이다. 이 자료의 표본평균과 표본분산은

$$\bar{x} = \frac{0 \times 3 + \cdots + 12 \times 7}{6115} = \frac{38100}{6115} = 6.2306$$

$$s^2 = \frac{1}{6114}\{0^2 \times 3 + \cdots\ 12^2 \times 7 - 6115 \times 6.2306^3\} = 3.4898$$

이 된다. 출생성비가 50%라고 가정한 경우와 실제 자료에 대한 표본평균과 표본분산을 비교하면 약간의 차이가 있는 것을 볼 수 있다. 이 차이가 유의하게 큰 것이라고 한다면 이 지역에서의 출생성비가 50%가 아닐 수도 있다는 것을 의미한다. 이 차이가 유의한지 아닌지를 결정하는 방법은 13장 범주형자료분석에서 알아본다.

표 5.1 이항분포확률과 Saxony 지역의 아들 수 분포

x	$P(X=x)$	Geissler의 자료	
		가구수	가구비율
0	0.0002	3	0.0005
1	0.0029	24	0.0039
2	0.0161	104	0.0170
3	0.0537	286	0.0468
4	0.1209	670	0.1096
5	0.1934	1,033	0.1689
6	0.2256	1,343	0.2196
7	0.1934	1,112	0.1818
8	0.1209	829	0.1356
9	0.0537	478	0.0782
10	0.0161	181	0.0296
11	0.0029	45	0.0074
12	0.0002	7	0.0011

예제 5.4

어떤 암에 걸린 3기 환자에 대한 기존 항암제 A의 완치율[2]이 40%라고 하자. 이 의미는 이 암에 걸린 3기 환자 전체를 대상으로 항암제 A를 투약했을 때 완치되는 환자의 비율이 40%라는 것이다. 어느 제약회사에서 새로운 항암제를 개발하고 항암제의 효과를 확인하기 위해 이 암에 걸린 3기 환자 15명을 임의로 선발하여 임상시험을 진행한다고 하자. 이 임상시험에서 환자의 완치율이 p라고 하면, 완치여부의 두 가지 결과가 나오고 각각의 환자는 독립이라고 할 수 있기 때문에 15명 연구대상자 중 완치되는 환자의 수는 이항분포로 설명할 수 있다. 만약 새로운 항암제의 완치율이 기존 A 항암제와 같고 X를 완치 환자의 수라고 하면 $X \sim B(15, 0.4)$이다. 15명의 연구대상자 중 9명이 완치될 확률은

$$f(9) = \binom{15}{9} 0.4^9\, 0.6^6 = 0.0612$$

이고 9명 이상 환치될 확률은 【부록: 표 1】의 이항분포의 분포함수 값을 이용하면,

$$P(X \geq 9) = 1 - P(X \leq 8) = 1 - 0.9050 = 0.0950$$

가 된다. 만약 이 임상시험에서 12명의 환자가 완치되었다면 이 항암제는 기존 A 항암제보다 효능이 우수하다고 볼 수 있는가? 새로운 항암제의 완치 비율은 60%로 항암제 A의 40%보다 20%P 높지만 이것만으로 효능이 우수하다고 판정하지는 않는다. 이에 대한 자세한 내용은 8장 통계적 추론에서 알아보기로 한다.

이항분포의 중요한 성질 중 하나는 성공할 확률이 동일하고 서로 독립인 이항확률변수의 합도 이항분포를 따른다는 것이다. 두 확률변수 X와 Y가 각각 $X \sim B(m, p)$와 $Y \sim B(n, p)$이고 서로 독립이라면 $X+Y$는 성공확률이 p인 베르누이 시행을 각각 m번과 n번 반복하여 더한 것이다. 즉, 베르누이 시행을 총 $m+n$번 했을 때 성공한 횟수로 이해할 수 있다. 그러므로 $X+Y \sim B(m+n, p)$가 된다.

3 초기하분포

어떤 제품을 계속 만들어 내는 생산공정에서 무작위로 제품을 선택하여 품질검사를 한다고 하자. 만일 각 검사에서 불량률이 공정과정의 불량률 p와 같고 각각의 검사는 서로 독립이라고 한다면 이 품질검사는 베르누이 시행이 된다. 그러나 N개의 제품이 있는 상자에서 n개를 비복원으로 추출하여 품질검사를 시행하는 경우에는 모형이 달라진다. 예를 들어, 7개의 정상품과 3개의 불량품이 있는 상자에서 임의로 3개의 제품을 비복원추출한 경우에 3개 중 1개가 불량품일 확률을 구해 보자. 정상품을 '정', 불량품을 '불'이라고 하면 3개 중 1개가 불량품일 사건은 {(불,정,정), (정,불,정), (정,정,불)}이므로 조건부 확률을 이용하여 다음과 같이 계산할 수 있다.

$$P(\text{불}, \text{정}, \text{정}) + P(\text{정}, \text{불}, \text{정}) + P(\text{정}, \text{정}, \text{불})$$

2 일반적으로 암은 치료가 끝난 후 5년간 재발이 없으면 완치된 것으로 본다.

$$
\begin{aligned}
&= \frac{3}{10}\times\frac{7}{9}\times\frac{6}{8}+\frac{7}{10}\times\frac{3}{9}\times\frac{6}{8}+\frac{7}{10}\times\frac{6}{9}\times\frac{3}{8} \\
&= 3\times\frac{3\times7\times6}{10\times9\times8}=\frac{21}{40}
\end{aligned}
$$

위 식에서 주의해서 볼 것은 세 원소의 확률이 모두 $(3\times7\times6)/(10\times9\times8)$이며, 마지막 줄에서 앞에 있는 3은 3개의 위치 중 1개의 불량 위치를 선택하는 방법의 수인 $\binom{3}{1}$에서 유도되었다는 것이다. 그 뒤에 있는 3, 7×6, $10\times9\times8$은 3장의 2.1절에서 언급한 순열의 수이다. 즉, 3개에서 1개를, 7개에서 2개를, 10개에서 3개를 뽑아 나열하는 방법의 수이다. 그러므로 X를 불량품의 수라고 하면 위의 식은 다음과 같이 쓸 수 있다.

$$
P(X=1)=\binom{3}{1}\frac{\dfrac{3!}{(3-1)!}\dfrac{7!}{(7-2)!}}{\dfrac{10!}{(10-3)!}}=\frac{21}{40}
$$

이를 불량품이 M개, 정상품이 $N-M$개가 들어 있는 상자에서 n개를 비복원으로 추출하였을 때 n개 중 불량품의 개수에 대한 분포로 일반화시킬 수 있다. n개 중 불량품의 개수를 X라고 하면 X의 확률분포는 다음과 같이 구할 수 있다.

$$
\begin{aligned}
P(X=x) &= \binom{n}{x}\frac{\dfrac{M!}{(M-x)!}\dfrac{(N-M)!}{(N-M-n+x)!}}{\dfrac{N!}{(N-n)!}} \\
&= \frac{\dfrac{M!}{x!(M-x)!}\dfrac{(N-M)!}{(n-x)!(N-M-n+x)!}}{\dfrac{N!}{n!(N-n)!}} \\
&= \frac{\binom{M}{x}\binom{N-M}{n-x}}{\binom{N}{n}}
\end{aligned}
$$

여기서 분모의 값은 전체 N개 중 n개의 표본을 선택하는 조합의 수이고 분자의 값은 불량품 M개에서 x개를 선택하고 정상품 $N-M$개에서 $n-x$를 선택하는 조합의 수이다. 위와 같은 확률질량함수를 가지는 분포를 **초기하분포(hypergeometric distribution)**라고 한다.

보통의 경우 X가 가질 수 있는 값은 $\{0, 1, \ldots, n\}$으로 표시할 수 있으나 n이 불량품의 수 M보다 클 수 없기 때문에 X의 최댓값은 n과 M 중 작은 값인 $\min(n, M)$이 된다. 또한 n이 정상품의 수 $N-M$보다 크면 최소한 $n-N+M$개의 불량품이 반드시 선택되기 때문에 X의 최솟값은 $\max(0, n-N+M)$이 된다. 다시 정리하면 확률변수 X의 확률질량함수가

$$f(x) = \frac{\binom{M}{x}\binom{N-M}{n-x}}{\binom{N}{n}}, \quad x = \max(0, n-N+M), \ldots, \min(n, M)$$

일 때, X는 모수가 (N, M, n)인 초기하분포를 따른다고 하고 $X \sim H(N, M, n)$으로 표시한다.

1절에서 모집단의 크기가 매우 크고 이에 비해 표본의 크기가 상대적으로 작은 경우, 비복원추출의 경우에도 베르누이 시행으로 보아도 무리가 없다고 하였다. 위의 예제에서 상자에 10,000개의 제품이 있고 이 중 7,000개가 정상, 3,000개가 불량이라면 3개를 비복원추출에서 불량품이 한 개일 확률은

$$P(X=1) = \binom{3}{1}\frac{3000 \times 7000 \times 6999}{10000 \times 9999 \times 9998} \approx \binom{3}{1}\frac{3}{10}\left(\frac{7}{10}\right)^2$$

으로 이항분포로 계산할 수 있다.

예제 5.5

초기하분포는 샘플링 검사에 유용한 분포이다. 예를 들어, 50개의 전구가 들어 있는 상자에서 5개의 전구를 무작위로 선택하여 검사해 불량전구가 하나도 안 나오면 전구를 구매한다고 하자. 만약 이 상자에 10개의 불량품이 있을 때 즉 불량률이 20%일 때, 전구를 구매할 확률을 구해 보자. 검사한 전구는 다시 뽑히지 않기 때문에 비복원추출이라고 할 수 있으므로, 확률변수 X를 10개의 전구 중 불량품의 개수라고 하면 $X \sim H(50, 10, 5)$가 되고 전구를 구매할 확률은 다음과 같다.

$$P(X=0) = \frac{\binom{10}{0}\binom{40}{5}}{\binom{50}{5}} = \frac{40 \times 39 \times 38 \times 37 \times 36}{50 \times 49 \times 48 \times 47 \times 46} = 0.3106$$

실제로 임의의 불량률 p에 대해 $P(X=0)$의 값을 구할 수 있다. 불량률이 p이면 전구의 수가 50개이므로 전체 불량품의 개수는 $M=50p$가 되고 이 경우 $P(X=0)$는

$$P(X=0)=\frac{\binom{M}{0}\binom{50-M}{5}}{\binom{50}{5}}$$

가 된다. 이는 p 또는 M의 함수로 이들을 부드러운 곡선으로 연결하면 【그림 5.2】와 같은 그래프를 얻을 수 있는데, 이를 **검사특성곡선(operating characteristic curves, OC곡선)**이라고 한다.

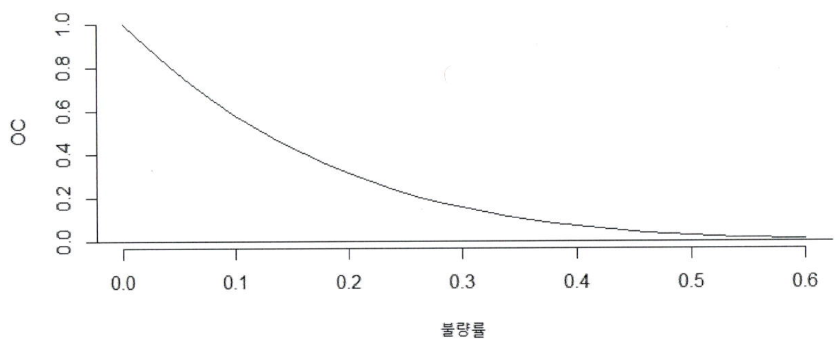

그림 5.2 OC 곡선

초기하분포에서 평균과 분산은 정의를 이용하여 직접 구할 수 있으나 계산 과정이 복잡하다. 초기하분포의 평균과 분산도 이항분포의 평균과 분산을 계산할 때처럼 각 실험의 결과의 합으로 생각하면 쉽게 유도할 수 있다. 확률변수 X_i는 i번째 추출에서 불량품이면 1, 아니면 0의 값을 가진다고 하면, 초기하확률변수 X도 다음과 같이 쓸 수 있다.

$$X=X_1+\cdots+X_n$$

여기서 X가 이항확률변수와 다른 점은 X_i들이 서로 독립이 아니라는 것이다. 하지만 모든 $i=1,\cdots,n$에 대해, X_i의 확률분포는

$$P(X_i = 0) = \frac{N-M}{N}, \qquad P(X_i = 1) = \frac{M}{N}$$

가 된다. 그러므로 $p = M/N$이라고 하면 $E(X_i) = M/N = p$이고 $Var(X_i) = p(1-p)$가 되고 X의 평균은 다음과 같이 계산된다.

$$E(X) = E(X_1 + \cdots + X_n) = E(X_1) + \cdots + E(X_n) = n\frac{M}{N} = np$$

확률변수 X_i와 X_j는 독립이 아니기 때문에 X의 분산은

$$Var(X) = \sum_{i=1}^{n} Var(X_i) + 2\sum_{i<j} Cov(X_i, X_j)$$

가 되는데, 공분산에 대한 계산은 여인권 외(2009)를 참고하기 바란다. 분산에 대한 결론만 쓰면 다음과 같다.

$$Var(X) = n\frac{M}{N}\frac{N-M}{N}\frac{N-n}{N-1} = np(1-p)\frac{N-n}{N-1}$$

초기하분포의 분산은 이항분포의 분산에 $\frac{M-n}{M-1}$을 곱한 형태인데, 이 항을 **유한모집단수정항**(finite population correction factor)이라고 한다. 이 값은 n이 1보다 크므로 언제나 1보다 작다. 즉, 초기하분포의 분산은 이항분포의 분산보다 작아 통계적으로 더 안정적인 결과를 얻을 수 있기 때문에 표집(sampling)검사에서는 복원추출보다는 비복원추출에 의한 검사를 많이 한다.

이항분포와 초기하분포의 차이는 모집단이 무한이냐 유한이냐 하는 것이다. 유한개의 개체로 이루어진 모집단이더라도 복원추출한다면 무한개의 표본을 뽑을 수 있기 때문에 모집단은 무한하다고 볼 수 있다. 전체 모집단의 크기 N이 매우 크고 표본의 수 n이 상대적으로 매우 작으면 비복원추출을 베르누이 시행으로 보아도 큰 무리가 없으며 유한모집단수정항도 1에 가까워져 초기하분포의 분산은 이항분포의 분산으로 근사될 수 있다.

4 포아송 분포

어느 생명보험회사의 조사 결과, 유전이나 전염되지 않는 어떤 희귀병으로 인해 일 년 동안 인구 10만 명당 1명꼴로 사망한다고 하자. 이 보험회사에서는 가입된 15만 명 가운데 이 희귀병으로 일 년 동안에 3명 이상 사망할 확률을 구하려고 한다. 유전이나 전염되지 않는다는 것은 발병이 독립적이라는 것을 유추할 수 있으며 발병에 의한 사망확률은 0.00001로 이 희귀병에 의한 사망자의 수는 이항분포를 따른다고 할 수 있다. 즉, 15만 명 가운데 일 년 동안 이 병으로 인해 사망한 사람의 수를 X라고 하면,

$$X \sim B(150000,\ 0.00001)$$

이고 3명 이상 사망할 확률은

$$\begin{aligned} P(X \geq 3) &= 1 - P(X \leq 2) = 1 - \sum_{x=0}^{2} \binom{150000}{x} 0.00001^x 0.99999^{n-x} \\ &= 1 - 0.99999^{150000} - 150000 \times 0.00001 \times 0.99999^{149999} \\ &\quad - \frac{150000 \times 149999}{2} \times 0.00001^2 \times 0.99999^{149998} \\ &= 0.1912 \end{aligned}$$

가 된다. 문제는 x가 어느 정도 큰 값에 대해 $\binom{150000}{x}$의 계산이 어렵고 0.00001^x은 거의 0이 되어 정밀한 프로그램을 사용하지 않는 이상 실제로 확률계산이 어렵다는 것이다. 이 예제와 같이 시행횟수 n이 크고 성공확률 p가 작은 상황에서 이항분포의 근삿값을 구할 때 사용할 수 있는 것이 **포아송 분포**(Poisson distribution)이다.

이항분포 $B(n, p)$에서 평균을 λ라고 하면, $\lambda = np$가 되는데 n이 커지면 이항분포의 확률질량함수가 어떤 형태를 가지는지 알아보자. 이항분포의 확률질량함수에서 $p = \lambda/n$로 대체하면 다음과 같은 식을 유도할 수 있다.

$$\begin{aligned} f(x) = \binom{n}{x} p^x (1-p)^{n-x} &= \frac{n(n-1)\cdots(n-x+1)}{x!}\left(\frac{\lambda}{n}\right)^x \left(1 - \frac{\lambda}{n}\right)^{n-x} \\ &= \frac{n(n-1)\cdots(n-x+1)}{n\ n \cdots n} \frac{\lambda^x}{x!}\left(1 - \frac{\lambda}{n}\right)^{n-x} \end{aligned}$$

위의 마지막 식에서 n이 계속 커지면, 지수함수[3]의 정의에 의해

$$\frac{n(n-1)\cdots(n-x+1)}{n\ n\cdots n} \to 1$$

$$\left(1-\frac{\lambda}{n}\right)^n \to e^{-\lambda}$$

$$\left(1-\frac{\lambda}{n}\right)^{-x} \to 1$$

이 되고 다음과 같은 결과를 얻을 수 있다.

$$f(x)=\binom{n}{x}p^x(1-p)^{n-x} \simeq \frac{\lambda^x e^{-\lambda}}{x!}$$

위의 예제의 경우 $\lambda = np = 150000 \times 0.00001 = 1.5$이며 이 근사식을 이용하면,

$$1-\{f(0)+f(1)+f(2)\} \simeq 1-\left\{e^{-1.5}+1.5e^{-1.5}+\frac{1.5^2 e^{-1.5}}{2}\right\}$$

$$= 1 - 0.8088 = 0.1912$$

로 소수점 넷째 자리까지 같은 것을 볼 수 있다.

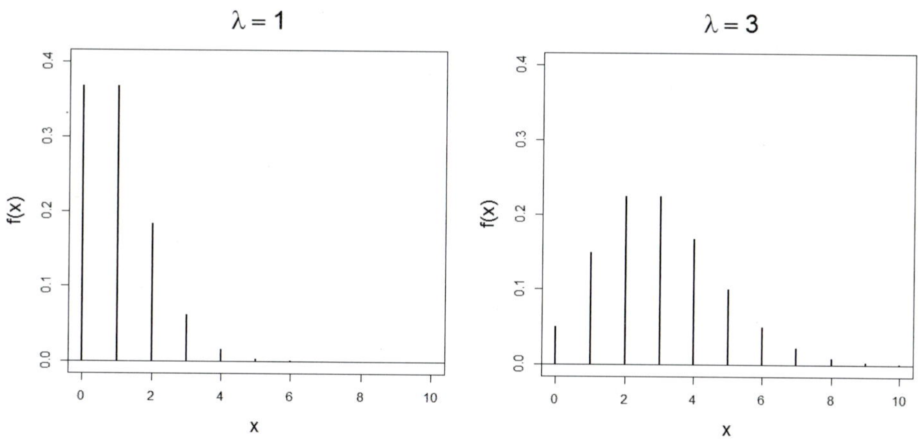

그림 5.3 $\lambda = 1, 3$일 때의 포아송 분포 형태

3 지수함수의 정의와 정리: $e^a = \exp(a) = \lim_{n\to\infty}\left(1+\frac{a}{n}\right)^n = \sum_{n=0}^{\infty}\frac{a^n}{n!}$

일반적으로 단위시간이나 단위공간에서 발생가능성이 희박한 사건의 발생 건수에 대한 모형으로 포아송 분포를 많이 사용하고 있다. 확률변수 X의 확률질량함수가

$$f(x) = \frac{e^{-\lambda}\lambda^{x}}{x!}, \qquad x = 0, 1, 2, \cdots$$

로 주어질 때, X는 모수 또는 평균이 λ인 포아송 분포를 따른다고 하고 $X \sim P(\lambda)$라고 표시한다. 포아송 분포는 평균 λ의 값에 따라 분포의 형태가 결정되는데, 【그림 5.3】은 λ가 1일 때와 3일 때의 확률질량함수를 일부 표시한 것이다. 평균 λ가 작을수록 사건이 많이 발생할 가능성이 줄어들기 때문에 $\lambda = 3$일 때보다 $\lambda = 1$일 때 확률이 앞쪽에 몰려 있는 것을 볼 수 있다.

포아송 분포의 평균과 분산의 계산은 이 책의 수준을 벗어나므로 생략하지만 포아송 분포의 중요한 특징 중 하나는 평균과 분산이 같다는 것이다. $X \sim B(n,p)$일 때 $E(X) = np = \lambda$이고 $Var(X) = np(1-p) = \lambda(1-p)$라는 것과 n이 크고 p가 아주 작을 때 $Var(X) = \lambda(1-p) \approx \lambda$가 되고 근사분포로 포아송 분포를 사용할 수 있다는 사실을 이용하면 포아송 분포의 평균과 분산이 λ인 것을 유추할 수 있다. 이것은 빈도와 관련된 자료들의 표본평균과 표본분산이 차이가 크면 이 자료들에 대한 모형으로 포아송 분포는 적절하지 않을 수 있다는 것을 의미한다. 자세한 내용은 여인권 외(2009)를 참고하기 바란다.

예제 5.6

어떤 컴퓨터 프로그램 패키지는 독립적으로 제작된 1500개의 서로 다른 모듈로 이루어졌는데 일반적으로 500개 모듈당 평균 한 개의 버그가 발생하고 각 모듈에서는 버그가 최대 1개밖에 없다고 하자. 이런 상황에서 이 패키지에 버그가 2개 이하일 확률을 구해 보자. 각 모듈에서 버그의 수는 0 또는 1이고 버그가 있을 확률은 1/500이라고 할 수 있다. 각 모듈은 독립적으로 제작되었기 때문에 패키지에서의 버그 수를 X라고 하면, $X \sim B(1500, 1/500)$이라고 할 수 있다. 그러므로

$$P(X \leq 2) = P(X=0) + P(X=1) + P(X=2)$$

$$= \sum_{x=0}^{2} \binom{1500}{x} \left(\frac{1}{500}\right)^x \left(\frac{499}{500}\right)^{1500-x} = 0.4230$$

위의 계산은 통계프로그램을 이용하여 계산한 것이다. 이를 포아송 근사를 이용하여 확률을 계산한다면 평균 버그의 수는 $\lambda = 1500 \times 1/500 = 3$이므로

$$P(X \le 2) \approx e^{-3} + 3e^{-3} + 3^2 e^{-3}/2! = e^{-3}(1 + 3 + 3^2/2!) = 0.4232$$

가 되어 이항분포의 확률과 거의 같은 것을 볼 수 있다.

5 기타 이산분포*

이항분포나 초기하분포에서는 시행횟수 n을 정해놓고 그중에 성공한 횟수에 관심을 가졌으나 어떤 경우에는 시행횟수에 관심을 가질 때가 있다. 예를 들어, Lotto 6/45에서 3등 이상에 당첨될 때까지 매주 로또 1매를 구매한다면 몇 주 동안 구매해야 하는가? 어떤 유전실험을 하는데 각 실험에서 어떤 유전자형이 발현될 가능성을 p라고 할 때 이 유전자형이 3번 발현될 때까지 몇 번의 실험을 해야 하는가? 이와 유사한 문제를 우리 일상에서도 흔히 볼 수 있다.

위의 로또 문제에서 3등 이상의 당첨을 성공 S라고 표시하고 반대의 경우를 F라고 표시하자. 【예제 3.4】에 의하면 $p = P(S) = 235/8145060 = 1/34659.83$가 되고 각 주의 당첨여부는 독립이기 때문에 매주 당첨여부는 베르누이 시행으로 볼 수 있다. 확률변수 Y를 성공하기까지 실험한 횟수라고 할 때 $Y = 4$의 확률은

$$P(Y=4) = P(FFFS) = (1-p)(1-p)(1-p)p = (1-p)^3 p$$

가 된다. 만약 확률변수 X를 성공할 때까지 실패한 횟수라고 하면 $X = Y - 1$의 관계를 가지며

$$P(X=3) = P(Y=4) = (1-p)^3 p$$

가 된다. 성공률 p인 베르누이 시행에서 실험횟수와 실패횟수는 시작점이 1과 0인 것을 제외하고 다음과 같이 동일한 확률분포로 설명할 수 있다.

$$P(X=x)=P(Y=x+1)=(1-p)^x p, \qquad x=0,1,\cdots$$

이 확률질량함수에서 볼 수 있듯이 x가 1 증가함에 따라 확률은 $1-p$씩 기하급수적으로 감소한다. 이런 확률질량함수를 가지는 경우 모수가 p인 **기하분포(geometric distribution)**를 따른다고 하고 $X \sim G(p)$라고 표시한다.

기하분포의 기댓값은 $|a|<1$일 때 무한등비급수 공식

$$a+2a^2+3a^3+\cdots = a/(1-a)^2$$

을 이용하여 다음과 같이 구할 수 있다.

$$E(X)=\sum_{x=0}^{\infty} xp(1-p)^x = p\sum_{x=1}^{\infty} x(1-p)^x = \frac{p(1-p)}{p^2}=\frac{1-p}{p}$$

또한, 임의의 자연수 x보다 크거나 같을 확률은

$$P(X\geq x)=\sum_{k=x}^{\infty} p(1-p)^k = \frac{p(1-p)^x}{1-(1-p)}=(1-p)^x$$

가 된다. 기하분포는 무기억성과 같은 통계적으로 중요한 성질이 있는데 자세한 내용은 여인권 외(2009)를 참조하기 바란다.

예제 5.7

로또에서 3등 이상 당첨될 때까지 매주 한 장씩 구매한다고 할 때, 3등 이상 당첨될 확률이 0.5보다 크게 되려면 몇 주 이상 구매해야 하는지 알아보자. X를 3등 이상 당첨될 때까지 구매횟수라고 하면 $X \sim G(p)$가 된다. 여기서 p는 $p=235/8145060=1/34659.83$이다. 위의 누적확률식을 이용하면,

$$P(X\geq x)=(1-p)^x \geq 0.5$$

가 된다. 이 식의 양변에 로그를 취하면 $x\log(1-p) \geq \log(0.5)$가 되고 해당하는 구매횟수 x는

$$x \geq \frac{\log(0.5)}{\log(1-p)} = 24024.02$$

으로 약 460년 정도 걸린다.

기하분포는 성공률이 p인 베르누이 시행을 한 번 성공할 때까지의 실패횟수 또는 시행횟수에 대한 분포이다. 이를 일반화하여 r번 성공할 때까지 실패횟수에 대해 관심을 가질 수 있다. 확률변수 X를 성공률이 p인 베르누이 시행을 r번 성공할 때까지 실패한 횟수라고 하면,

$$X = X_1 + X_2 + \cdots + X_r$$

로 표시할 수 있다. 여기서 X_i는 $i-1$번째 성공 이후 성공할 때까지의 실패횟수를 의미하고 $X_i \sim G(p)$가 된다. 이러한 성질을 가지는 확률변수 X를 모수 (r, p)를 갖는 **음이항분포**(negative binomial distribution)를 따른다고 하고 $X \sim NB(r, p)$라고 표시한다. 기하분포의 기댓값은 $E(X_i) = (1-p)/p$이므로 음이항분포의 기댓값은

$$E(X) = E(X_1 + X_2 + \cdots + X_r) = \frac{r(1-p)}{p}$$

가 된다. 실패횟수 대신 시행횟수 Y에 관심을 가진다면 $Y = X + r$의 관계를 가지기 때문에 $E(Y) = E(X) + r = r/p$가 된다. 음이항분포의 확률질량함수는 이항분포의 확률질량함수를 이용하여 유도할 수 있다. 만약 r번 성공할 때까지 x번 실패했다면, 전체 시행횟수는 $r+x$번이 되고 마지막 시행에서는 반드시 성공해야 한다. 그러므로 앞의 $x+r-1$번의 시행에서 $r-1$번의 성공과 x번의 실패로 이루어진 이항분포로 생각할 수 있기 때문에 음이항분포의 확률질량함수는 다음과 같이 쓸 수 있다.

$$P(X = x) = \binom{x+r-1}{r-1}(1-p)^x p^{r-1} \times p, \quad x = 0, 1, 2, \cdots$$

또한, 같은 상황에서 시행한 횟수를 Y라고 하면 $Y=X+r$이기 때문에 Y의 확률 분포는 다음과 같이 쓸 수 있다.

$$P(Y=y)=\binom{y-1}{r-1}(1-p)^{y-r}p^{r}, \qquad y=r, r+1, r+2, \ldots$$

음이항분포는 자체로도 의미가 있지만 포아송 분포의 대체모형으로도 많이 사용되는 중요한 분포이다.

예제 5.8

A라는 사람이 5명의 사람과 차례로 가위바위보 게임을 하는데, 이 사람이 게임에서 지거나 비기면 같은 사람과 계속 게임을 진행하고 이기면 다음 사람과 게임을 한다고 하자. A가 가위바위보에서 이길 확률은 $p=1/3$라고 할 때, 게임이 완료될 때까지 가위바위보를 6회 이하로 할 확률은 음이항분포에서 5번 성공할 때까지 시행한 횟수가 6회 이하일 확률이 되기 때문에

$$P(Y\le 6)=\sum_{y=5}^{6}\binom{y-1}{5-1}\left(\frac{2}{3}\right)^{y-5}\left(\frac{1}{3}\right)^{5}=\frac{13}{729}\approx 0.018$$

가 된다.

이항분포에서 사용된 베르누이 시행에서는 시행 결과가 두 가지 중의 하나였다. 이제 시행 결과가 k개 중의 하나인 **다항시행**(multinomial trial)에서 확률분포를 생각해 보자.

한 번의 다항시행에서 결과는 k개의 서로 배반인 범주 중의 하나에 속하며, i번째 범주에 속할 확률을 p_i라고 하자. 여기서 $p_1+\cdots+p_k=1$이 된다. 이런 다항시행을 독립적으로 n회 반복할 경우, i번째 범주에 속한 횟수를 X_i로 정의하면 $X_1, \cdots, X_k$는 **다항분포**(multinomial distribution)를 따른다고 하며, 결합밀도함수는 다음과 같다.

$$f(x_1, \cdots, x_k)=\frac{n!}{x_1!\cdots x_k!}p_1^{x_1}\cdots p_k^{x_k}, \qquad \sum_{i=1}^{k}x_i=n,\ p_1+\cdots+p_k=1$$

예제 5.9

멘델(G. J. Mendel)의 유전법칙 중에는 독립법칙(law of independent assortment)이 있다. 이 법칙에 의하면 둥글고 노란색인 완두콩(우성)과 주름지고 녹색인 완두콩(열성)을 교배한 잡종 1대를 자가수분하면 둥글고 노란색인 완두콩(R/Y), 둥글고 녹색인 완두콩(R/G), 주름지고 노란색인 완두콩(W/Y), 주름지고 녹색인 완두콩(W/G)의 비율은 9:3:3:1이 된다. 만약 위와 같은 실험을 통해 n개의 잡종 2대를 얻었을 때, (X_1, X_2, X_3, X_4)를 각각 (R/Y, R/G, W/Y, W/G)에 속하는 완두의 수라고 하면 다음과 같은 밀도함수를 가진다.

$$f(x_1, x_2, x_3, x_4) = \frac{n!}{x_1!x_2!x_3!x_4!}\left(\frac{9}{16}\right)^x\left(\frac{3}{16}\right)^x\left(\frac{3}{16}\right)^x\left(\frac{1}{16}\right)^x$$

만약 모양에 대해서만 관심이 있다면 형질은 R과 W로 표시되며 비율은 3:1이 된다. 즉, $p = P(R) = 3/4$이 된다. Y를 n개 중 R을 가진 완두의 개수라고 하면 $Y \sim B(n, 0.75)$가 된다.

연·습·문·제

1 확률변수 X는 시행횟수가 n이고 성공확률이 p인 이항분포를 따른다고 하자. X의 평균과 표준편차를 μ, σ라고 할 때 아래와 같은 n, p에 대해 확률 $P(\mu-2\sigma \le X \le \mu+2\sigma)$을 구하여라.

(1) $n=10$, $p=0.5$
(2) $n=20$, $p=0.5$
(3) $n=10$, $p=0.3$
(4) $n=20$, $p=0.3$
(5) $n=10$, $p=0.1$
(6) $n=20$, $p=0.1$

2 어떤 시험에서는 학생이 5개의 문제 중 무작위로 2개를 선택하여 푼다고 하자. 5개 문제 중 두 문제는 풀 수 없는 문제라고 할 때, 선택한 두 문제 중 풀 수 없는 문제의 수를 확률변수 X라고 하자.

(1) X가 이항확률변수인지 설명하여라.
(2) X의 확률분포를 구하여라.
(3) $E(X)$와 $Var(X)$를 구하여라.
(4) X가 이항확률변수가 되려면 문제를 어떻게 선택해야 하는지 설명하여라.

3 만약 1000개의 문제 중 400개를 풀 수 없다고 할 때, Y를 선택한 두 문제 중 풀 수 없는 문제의 수라고 하자.

(1) Y를 이항확률변수로 볼 수 있는지 설명하여라.
(2) Y의 정확한 확률분포와 이항분포를 이용한 근사분포를 비교하여라.
(3) $E(Y)$를 구하여라.

4 레이더가 2차 세계대전 중 첫선을 보였을 때는 스크린을 담당한 병사가 전파장애에 의한 휘점과 실제 적기를 구분하기 어려웠다고 한다. 관측된 모든 휘점 중 60%가 실제 적기라고 하자. 만약 스크린에 다른 위치에서 5개의 휘점이 발견되었고 5개 곳에 대해 공습경보를 내렸다고 하자. 각 휘점은 독립적이라고 할 때 다음의 확률을 구하여라.

(1) 5곳 모두 옳은 결정을 내렸을 확률을 구하여라.
(2) 최소 3곳에서 옳은 결정을 내렸을 확률을 구하여라.

(3) 모두 잘못된 결정을 내렸을 확률을 구하여라.

5 어떤 상자에 x 개의 정상 chip과 y 개의 불량 chip이 있다고 하자.

(1) $x=3$, $y=2$ 라고 할 때 물음에 답하여라.

① 무작위로 2개의 chip을 비복원추출할 때,

(a) 정상 chip의 개수를 X라고 하면 X의 확률질량함수(pmf)를 구하여라.

(b) 두 번째 추출한 chip을 조사한 결과 정상제품이었다면, 첫 번째 chip이 정상제품일 확률을 구하여라.

② 무작위로 5개의 chip을 복원추출한다고 할 때,

(a) 정상 chip의 개수를 Y라고 하면, $Y=2$일 확률을 구하여라.

(b) Y의 평균과 분산을 각각 구하여라.

③ 불량 chip이 나올 때까지 복원으로 추출한다고 할 때,

(a) 이 확률실험의 표본공간을 구하여라.

(b) 3번째에 불량품이 나올 확률을 구하여라.

(2) $x=198$이고 $y=2$라고 할 때, 200개를 무작위로 복원추출한다고 하면, 불량 chip의 수가 2개 이상일 사건의 근사확률을 구하여라. [참고: $e^{-2}=0.13534$]

6 2014년 1월 서울연구원 도시정보센터 발표에 의하면 서울시민 가구당 자산의 중앙값은 2.51억 원, 연 소득의 중앙값은 3,800만 원, 부채의 중앙값은 5,500만 원이라고 한다.

(1) 서울시민 한 명을 무작위로 뽑았을 때, 본페로니 부등식을 이용하여 그 사람의 가구 자산이 2.51억 이상이고 연소득이 3,800만 원 이상일 최소 확률을 구하여라.

(2) 서울시민 5명을 무작위로 뽑았을 때, 이들 중 가구의 부채가 5,500만 원 이하인 사람이 2명일 확률을 구하여라.

(3) 서울시민 100명을 무작위로 뽑았을 때, 이들 중 가구의 연소득이 3,800만 원 이상인 사람 수를 X라고 하면 $E(X)$와 $Var(X)$를 구하여라.

7 2015년 현재까지 한국 프로농구 한 시즌 자유투 최고 성공률은 2008 ~ 2009시즌 문경은 선수의 94.6%이다. 각 슛의 결과는 독립이라고 가정하고 자유투 성공률이 94.6%라고 하자.

(1) 문 선수가 10개의 자유투를 던질 때, 10개 모두 성공할 확률을 구하여라.

(2) 문 선수가 100개의 자유투를 던질 때, 2개 이하로 실패할 정확한 확률과 포아송 분포를 이용한 근사확률을 구하고 비교하여라.

(3) 문 선수는 연속으로 52개의 자유투를 성공했다고 한다. 위의 가정하에서 이러한 결과가 나올 확률을 구하여라.

8 일란성 쌍둥이가 나올 확률은 인종과 관계없이 0.003 정도 된다고 한다.

(1) 무작위로 20명을 선택했을 때, 일란성 쌍둥인 사람이 1명 이상일 확률을 구하여라.

(2) 1000명을 무작위로 선택했을 때,

① 일란성 쌍둥인 사람은 평균 몇 명인지 구하여라.

② 일란성 쌍둥인 사람이 2명 이하일 근사확률을 구하여라.

(3) 일란성 쌍둥이가 뽑힐 때까지 계속 무작위로 표본을 선택한다고 하자. 100명 이내에서 일란성 쌍둥이가 뽑힐 확률을 구하여라.

9 어느 호수에 사는 베스라는 물고기의 수를 추정하기 위해 20마리의 베스를 잡아 태그를 단 후 다시 호수 곳곳에 놓아 주었다. 어느 정도 시간이 지난 후 베스 물고기 10마리를 잡아 태그 여부를 확인하였다. 이때 잡은 물고기는 놓아주지 않았다.

(1) 이 호수에 베스가 100마리 있다고 가정할 때, 두 번째로 잡힌 베스에 태그가 있을 확률을 구하여라.

(2) 만약 베스가 N마리 있다고 가정하면, 잡힌 10마리 중 태그가 있는 베스의 수에 대한 확률분포를 구하여라.

(3) 10마리 중 4마리가 태그되어 있다고 할 때, 기댓값을 이용하여 N이 어느 정도 되는지 추측하여라.

10 발신자번호 확인 서비스나 스팸 전화번호 차단 기능 때문에 최근 전화조사의 응답률이 현저히 떨어지고 있다. 전화조사의 응답률이 5% 정도이고 10명의 응답자가 필요하다고 하자.

(1) 5번째 전화에서 첫 번째 응답자가 나올 확률을 구하여라.

(2) 10번째 전화에서 두 번째 응답자가 나올 확률을 구하여라.[(1)과 별개임]

(3) 10명으로부터 응답을 받기 위해 평균 몇 번의 전화를 해야 하는가?

11 우리나라 혈액형 분포는 아래와 같다고 한다.

혈액형	A	B	O	AB
비율	34%	27%	28%	11%

(1) 무작위로 두 명을 뽑았을 때, 두 명 모두 O형일 확률을 구하여라.

(2) 10명을 무작위로 뽑았을 때, 3명이 A형일 확률을 구하여라.

(3) 10명을 무작위로 뽑았을 때, 3명이 A형, 2명이 O형일 확률을 구하여라.

(4) 400명을 무작위로 뽑았을 때, 평균 몇 명의 사람이 AB형인가?

06

정규분포

이 장에서는 통계학에서 가장 중요한 분포인 정규분포에 대해 알아본다. 정규분포는 통계이론을 도출하는 데 매우 좋은 성질을 가지고 있다. 또한, 8장 이후에 나오는 대부분의 통계추론은 모집단이 정규분포를 따른다는 가정하에서 유도된다. 이 장에서는 정규분포의 특징과 이를 이용한 응용문제에 대해 살펴보기로 한다.

1 정규분포의 성질

이항분포가 대표적인 이산확률분포라고 하면 정규분포는 대표적인 연속확률분포이다. 정규분포는 De Moivre(1667~1754)가 이항분포에 대한 근사식을 유도하는 과정에서 발견되었다. 이후 Gauss(1777~1855)는 물리학 실험에서 발생하는 계측오차의 형태가 실험의 종류와 관계없이 비슷한 모양을 가지는 것을 발견하고, 이 계측오차의 분포로서 정규분포를 제시하였다. 이 때문에 정규분포를 가우시안 분포(Gaussian distribution)라고도 하는데, 정규분포(normal distribution)라는 이름은 1893년에 피어슨(Karl Pearson)에 의해 붙여졌다.

그림 6.1 독일 10마르크 지폐

위의 지폐는 유로화가 사용되기 전 독일에서 통용되었던 10마르크 지폐이다. 이 지폐의 앞면에는 가우스의 초상화가 그려져 있으며 초상화 옆에 서양종 모양의 그림과 정규분포의 확률밀도함수인

$$f(x) = \frac{1}{\sigma\sqrt{2\pi}} e^{-\frac{(x-\mu)^2}{2\sigma^2}}$$

가 표시되어 있다. 여기서 μ는 평균, σ^2은 분산, σ는 표준편차를 의미한다. 그림에서

보는 것과 같이 정규분포의 확률밀도함수는 $x = \mu$ 일 때 가장 큰 값을 가지며 μ 를 중심으로 대칭이고 x 가 μ 에서 멀어질수록 $f(x)$ 는 작아진다. 평균 μ 를 중심으로 대칭이라는 것은 μ 가 중앙값이라는 것을 의미한다.

그림에서 수평축, 즉 x축에서 특별히 $\mu - \sigma$, μ, $\mu + \sigma$ 위치를 표시했는데 이는 정규분포에서 주요 위치이기 때문이다. 평균 μ 에서 σ 만큼 떨어진 $x = \mu \pm \sigma$ 는 $f(x)$ 가 오목인 상태에서 볼록인 상태로 변하는 변곡점이다. 정규분포의 확률밀도함수에서 σ 는 표준편차로 $\sigma > 0$ 라는 조건을 가지지만 평균 μ 에는 특별한 조건이 필요 없어 확률밀도함수는 다음과 같이 표시한다.

$$f(x) = \frac{1}{\sqrt{2\pi}\,\sigma} e^{-\frac{1}{2}\left(\frac{x-\mu}{\sigma}\right)^2}, \quad -\infty < x < \infty,\ -\infty < \mu < \infty,\ \sigma > 0$$

여기서 μ 는 【그림 6.2】의 왼쪽 그림에서 보는 것과 같이 분포의 중심위치를 결정한다. μ 가 커질수록 분포의 중심위치는 오른쪽으로 이동하고 작아질수록 왼쪽으로 이동한다. 표준편차 σ 또는 분산 σ^2 는 오른쪽 그림에서와 같이 분포의 폭, 즉 퍼짐정도를 결정하는 모수이다. 즉, 정규분포는 중심위치를 나타내는 μ 와 퍼짐정도를 나타내는 σ^2 에 따라 모양이 결정된다. 그렇기 때문에 일반적으로 X 가 평균이 μ 이고 분산이 σ^2 인 정규확률변수라고 하면 $X \sim N(\mu, \sigma^2)$ 로 표시한다.

X 가 평균이 μ 이고 분산이 σ^2 인 정규분포를 따를 때, X 가 임의의 구간 $[a, b]$ 에 있을 확률은 그림 【그림 6.3】에서와 같이 확률밀도함수의 면적이다. 이 확률은 다음과 같은

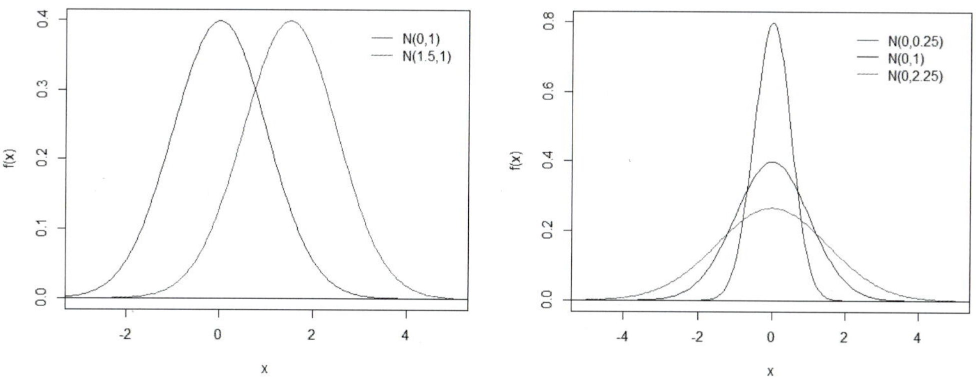

그림 6.2 정규분포의 비교

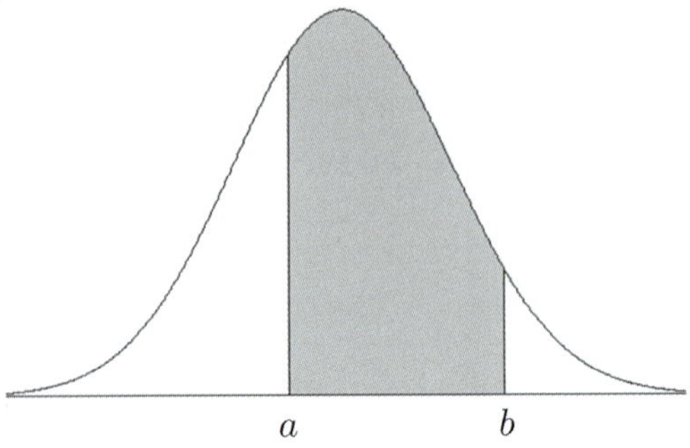

그림 6.3 정규분포에서의 확률

적분을 통해 구할 수 있다.

$$P(a \le X \le b) = \int_a^b f(x)\,dx = \int_a^b \frac{1}{\sqrt{2\pi}\,\sigma} e^{-\frac{1}{2}\left(\frac{x-\mu}{\sigma}\right)^2} dx$$

하지만 이 적분식은 직접 계산할 수 없으며 수치해석학으로 근사값을 구해야 한다. 정규분포의 근사확률은 통계 관련 프로그램이나 정규분포표를 이용하여 계산할 수 있다. 정규분포표를 이용할 때 문제는 다양한 μ와 σ^2에 대해 모든 표를 제공하기 어렵다는 것이다. 그래서 통계학에서는 특별한 정규분포에 대한 확률표 하나만 제공하고 다른 경우에 대해서는 표준화를 통해 확률을 구할 수 있도록 하고 있다.

2 표준정규분포

평균이 0이고 분산이 1인 정규분포 $N(0, 1)$를 **표준정규분포(standard normal distribution)**라고 한다. 일반적으로 표준정규분포를 따르는 확률변수를 Z로 표시한다. 표준정규분포는 0을 중심으로 대칭이기 때문에

$$P(Z \le 0) = P(Z \ge 0) = 0.5$$

가 된다. 0을 제외한 나머지 수 z에 대한 $P(Z \le z)$ 또는 $P(Z \ge z)$는 【부록 2】에 주어진 표를 이용하여 계산해야 한다. 이 표는 소수점 둘째 자리 숫자 z에 대한 확률

$P(Z \leq z)$를 제공하고 있다. 아래와 같이 표의 왼쪽 수직축에는 z의 소수점 첫째 자리까지의 숫자를, 표 위쪽 수평축에는 z의 소수점 둘째 자리의 숫자를 표시한다. 예를 들어, $P(Z \leq 1.32)$ 은 왼쪽 수직축에서 1.3, 위쪽 수평축에서 0.02에 해당하는 칸의 수인 0.9066이 된다. 이때 0.9066은 소수점 다섯째 자리에서 반올림한 값이다.

	0.00	0.01	0.02	0.03	0.04	0.05	0.06	…
0.0	0.5000	0.5040	0.5080	0.5120	0.5160	0.5199	0.5239	…
0.1	0.5398	0.5438	0.5478	0.5517	0.5557	0.5596	0.5636	…
⋮	⋮	⋮	⋮	⋮	⋮	⋮	⋮	⋮
1.1	0.8643	0.8665	0.8686	0.8708	0.8729	0.8749	0.8770	…
1.2	0.8849	0.8869	0.8888	0.8907	0.8925	0.8944	0.8962	…
1.3	0.9032	0.9049	0.9066	0.9082	0.9099	0.9115	0.9131	…
1.4	0.9192	0.9207	0.9222	0.9236	0.9251	0.9265	0.9279	…
1.5	0.9332	0.9345	0.9357	0.9370	0.9382	0.9394	0.9406	…
1.6	0.9452	0.9463	0.9474	0.9484	0.9495	0.9505	0.9515	…
1.7	0.9554	0.9564	0.9573	0.9582	0.9591	0.9599	0.9608	…
1.8	0.9641	0.9649	0.9656	0.9664	0.9671	0.9678	0.9686	…
1.9	0.9713	0.9719	0.9726	0.9732	0.9738	0.9744	0.9750	…
⋮	⋮	⋮	⋮	⋮	⋮	⋮	⋮	⋮

표에서는 Z가 임의의 z보다 작거나 같을 확률만 제공하지만 이를 이용해 다양한 형태의 확률을 계산할 수 있다. Z는 연속확률변수이므로 등호 포함 여부는 확률에 영향을 주지 않는다. 일반적으로 확률계산에 있어 고려되는 상황은 다음과 같다.

① $P(Z \leq a)$

② $P(Z > a)$

③ $P(a < Z \leq b)$, $a < b$

④ $P(|Z| \leq a)$, $a > 0$

⑤ $P(|Z| \geq a)$, $a > 0$

①은 정규분포표를 그대로 사용하면 되는데 때로는 양수의 z에 대해서만 정규확률이 주어진 표도 있다. 이런 경우 음수인 a에 대해 $P(Z \leq a)$를 구하려면 표준정규분포가 0을 중심으로 대칭이라는 사실을 이용해야 한다. 예를 들어, $P(Z \leq -1.5)$는【그림 6.4】에서 보는 것과 같이 $P(Z > 1.5)$와 같다는 것을 이용해야 한다.

분포표는 $Z > 1.5$의 여사건인 $Z \leq 1.5$의 확률을 제공하므로 $P(Z > 1.5)$를 구한다

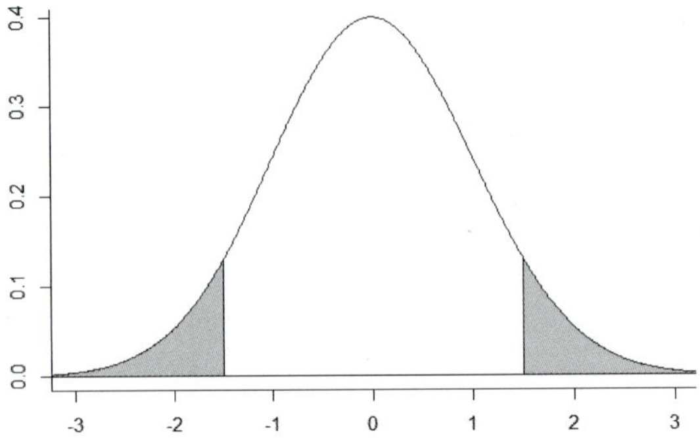

그림 6.4 $P(Z \leq -1.5)$와 $P(Z > 1.5)$

고 하면,

$$P(Z < -1.5) = P(Z > 1.5) = 1 - P(Z \leq 1.5) = 1 - 0.9332 = 0.0668$$

이 된다. 즉, ②의 경우 1에서 a보다 작거나 같은 구간의 면적을 뺀 값으로

$$P(Z > a) = 1 - P(Z \leq a)$$

가 된다. 하지만 음수인 a에 대해 $P(Z > a)$를 계산할 때에는 분포표를 바로 활용할 수 없다. 이 경우 대칭이라는 것을 이용하여 $P(Z > a) = P(Z < -a)$를 계산하면 되는데, 예를 들어 $P(Z > -1.5) = P(Z < 1.5) = 0.9332$가 된다.

③은 【그림 6.3】에서 보는 것과 같이 b보다 작은 구간의 면적에서 a보다 작거나 같은 구간의 면적을 뺀 것으로

$$P(a < Z \leq b) = P(Z \leq b) - P(Z \leq a)$$

가 된다. 예를 들어, $P(-1.3 < Z < 1.5)$를 구하고자 한다면

$$P(-1.3 < Z < 1.5) = P(Z < 1.5) - P(Z \leq -1.3)$$

이고

$$P(Z \leq -1.3) = P(Z \geq 1.3) = 1 - P(Z < 1.3) = 1 - 0.9032 = 0.0968$$

이므로 $P(-1.3 < Z < 1.5) = 0.9332 - 0.0968 = 0.8364$가 된다. ④의 $|Z| \leq a$는 $-a \leq Z \leq a$를 의미하므로 ③의 경우와 같이

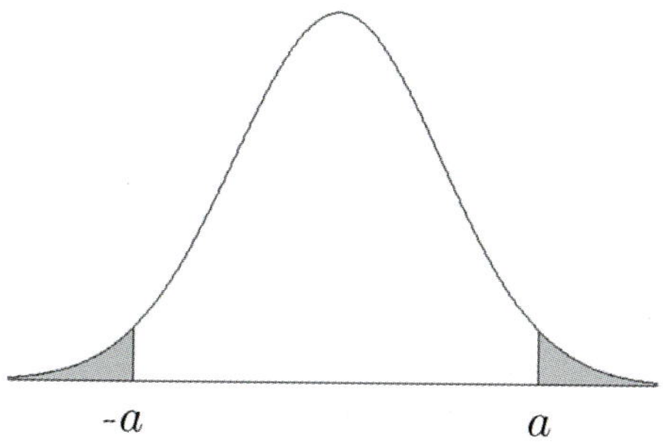

그림 6.5 $P(|Z| \ge a)$

$$P(|Z| \le a) = P(-a \le Z \le a) = P(Z \le a) - P(Z < -a)$$

로 구할 수 있다.

⑤의 경우는【그림 6.5】에서 보는 것 같이 a보다 크거나 $-a$보다 작은 구간의 면적으로

$$P(|Z| \ge a) = P(Z \ge a) + P(Z \le -a)$$

가 되는데, 표준정규분포는 0을 중심이므로 $P(Z \ge a) = P(Z \le -a)$가 성립한다. 그러므로

$$P(|Z| \ge a) = 2P(Z \le -a)$$

가 성립한다. 또한, $P(Z \ge a) = 1 - P(Z < a)$ 이므로

$$P(|Z| \ge a) = 2P(Z \ge a) = 2(1 - P(Z < a))$$

로 표시할 수 있다. 예를 들어,

$$P(|Z| \ge 1.5) = 2P(Z \ge 1.5) = 2(1 - P(Z < 1.5)) = 2(1 - 0.9332) = 0.1336$$

이 된다.

앞에서 표준정규분포표를 이용하여 Z가 임의의 구간 안에 있을 확률을 계산하였다. 때로는 이 표를 이용하여 임의의 확률 p에 대해 $P(Z \le z) = p$를 만족하는 z 값을 찾는 경우가 있다. 통계학에서는 특별히 $p =$ 0.025, 0.05, 0.95, 0.975에 해당하는 z가 중요하다. 표준정규분포표에서 $P(Z \le 1.96) = 0.9750$ 이므로 $p =$ 0.975에 해당하는 값

은 $z=1.96$이다. 이는 $P(Z>1.96)=0.025$ 이고 표준정규분포는 0을 중심으로 대칭이기 때문에 이는 $P(Z<-1.96)=0.025$을 의미한다. 즉 $p=0.025$에 해당하는 값은 $z=-1.96$이라는 것을 알 수 있다. $p=0.025$ 또는 0.975에 해당하는 z는 표에 있지만 $p=0.05$에 해당하는 값은 표에서 찾을 수 없다. 대신 $P(Z\leq -1.65)=0.0495$이고 $P(Z\leq -1.64)=0.0505$이므로 $p=0.05$ 에 해당하는 값은 -1.65와 -1.64의 중간정도에 있을 것으로 예상하여 $z=-1.645$를 $p=0.05$에 해당하는 값으로 사용한다. 그러므로

$$P(Z\leq -1.645)=P(Z\geq 1.645)=0.05$$
$$P(Z\leq 1.645)=P(Z\geq -1.645)=0.95$$
$$P(Z\leq -1.96)=P(Z\geq 1.96)=0.025$$
$$P(Z\leq 1.95)=P(Z\geq -1.96)=0.975$$

가 된다. 일반적으로 【그림 6.6】과 같이 표준정규분포에서 $1-\alpha$ 분위수를 z_α 라고 표시하는데, 이는 z_α가 $P(Z\leq z_\alpha)=1-\alpha$이고 $P(Z\geq z_\alpha)=\alpha$를 만족하는 값이라는 것이다.

그리고 $P(Z\geq z_\alpha)=P(Z\leq -z_\alpha)=\alpha$ 이므로 $-z_\alpha=z_{1-\alpha}$가 되는 것을 알 수 있다. 앞에서 언급한 주요 분위수 0.025, 0.05, 0.95, 0.975에 해당하는 값은 $z_{0.05}=1.645$, $z_{0.025}=1.96$ 이고 $z_{0.95}=-z_{0.05}=-1.645$, $z_{0.975}=-z_{0.025}=-1.96$ 이다.

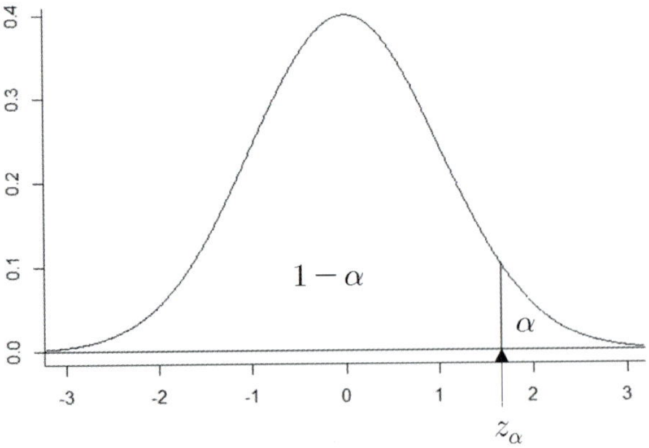

그림 6.6 표준정규분포에서의 분위수

3 정규분포의 계산

일반적인 정규분포, 즉 $N(\mu,\sigma^2)$에서의 확률은 어떻게 계산할 수 있을까? 이를 계산하기 위해서는 먼저 확률변수 X가 정규분포를 따르면 이 확률변수의 선형변환 $aX+b$도 정규분포를 따른다는 것을 알아야 한다. 정규분포의 모수는 평균과 분산이므로 $E(X)=\mu$이고 $Var(X)=\sigma^2$라고 하면 $aX+b$의 평균은 $E(aX+b)=a\mu+b$, 분산은 $Var(aX+b)=a^2\sigma^2$이다.

> $X\sim N(\mu,\sigma^2)$이면 $a\neq 0$인 상수 a, b에 대해 $aX+b\sim N(a\mu+b, a^2\sigma^2)$

2장에서 각 자료에서 평균을 빼고 표준편차를 나누어 위치와 척도에 영향을 받지 않도록 하는 표준화에 대해 알아보았다. $X\sim N(\mu,\sigma^2)$일 때 만약 표준화한 값을 Z라고 하면,

$$Z=\frac{X-\mu}{\sigma}=\frac{1}{\sigma}X-\frac{\mu}{\sigma}$$

가 되는데 위에서 $a=1/\sigma$, $b=-\mu/\sigma$로 생각할 수 있다. 그러면 Z의 평균과 분산은

$$E(Z)=\frac{E(X)}{\sigma}-\frac{\mu}{\sigma}=\frac{\mu}{\sigma}-\frac{\mu}{\sigma}=0, \qquad Var(Z)=\frac{Var(X)}{\sigma^2}=\frac{\sigma^2}{\sigma^2}=1$$

이 된다. 이를 이용하면 우리는 다음과 같은 결과를 얻을 수 있다.

> $X\sim N(\mu,\sigma^2)$이면 $Z=\dfrac{X-\mu}{\sigma}\sim N(0,1)$
>
> $Z\sim N(0,1)$이면 $X=\sigma Z+\mu\sim N(\mu,\sigma^2)$

따라서 $X\sim N(\mu,\sigma^2)$일 때, X가 임의의 구간 $(x_1, x_2]$에 있을 확률은 다음과 같이

표준정규분포를 이용하여 구할 수 있다.

$$P(x_1 < X \le x_2) = P\left(\frac{x_1-\mu}{\sigma} < \frac{X-\mu}{\sigma} \le \frac{x_2-\mu}{\sigma}\right) \\ = P\left(Z \le \frac{x_2-\mu}{\sigma}\right) - P\left(Z \le \frac{x_1-\mu}{\sigma}\right)$$

예제 6.1

어떤 전문기술 자질시험에서 몇 가지 작업을 연속적으로 얼마나 빨리 수행하는지를 평가한다고 하자. 그동안의 결과에 의하면 수행시간은 평균이 90분이고 표준편차가 10분인 정규분포를 따른다고 한다. 만약 수행시간이 85분 이내일 때 이 시험에 합격한다고 하면, 지원자의 몇 %가 합격하는지 알아보자. X를 수행시간이라고 하면 $X \sim N(90, 10^2)$ 이고 합격할 확률은

$$P(X < 85) = P\left(\frac{X-90}{10} < \frac{85-90}{10}\right) = P(Z < -0.5) = 0.3085$$

가 되어 지원자의 30.85%가 합격한다고 할 수 있다.

또한, $N(\mu, \sigma^2)$ 에서의 $1-\alpha$ 분위수는 표준정규분포에서 $1-\alpha$ 분위수를 이용하여 구할 수 있는데, $P(Z \le z_\alpha) = 1-\alpha$ 이고 $X = \sigma Z + \mu$ 이므로

$$P(\sigma Z + \mu \le \sigma z_\alpha + \mu) = P(X \le \sigma z_\alpha + \mu) = 1 - \alpha$$

가 된다. 이는 $N(\mu, \sigma^2)$ 에서의 $1-\alpha$ 분위수가 $\sigma z_\alpha + \mu$ 라는 것을 의미한다.

예제 6.2

【예제 6.1】 상황에서 전체 지원자 중 수행시간이 빠른 2.5% 지원자에게 특별한 자격증을 부여한다고 하자. 이런 경우 이 자격증을 받기 위해서는 수행시간이 어느 정도 되어야 하는지에 대해 알아보자. 수행시간이 2.5%에 해당한다는 것은 $P(X \le x) = 0.025$를 만족하는 x를 구하라는 것을 의미한다. 앞에서 언급한 것과 같이 $X \sim N(90, 10^2)$ 이므로

$$P(X \le x) = P\left(\frac{X-90}{10} \le \frac{x-90}{10}\right) = P\left(Z \le \frac{x-90}{10}\right) = 0.025$$

가 된다. 표준정규분포에서 $P(Z \le -1.96) = 0.025$ 이므로 $\frac{x-90}{10} = -1.96$가 되고

$$x = 90 - 1.96 \times 10 = 70.4\,(\text{분})$$

가 된다.

앞에서 정규분포를 따르는 확률변수의 선형식도 정규분포를 따른다고 했다. 추가로 정규분포를 따르는 두 확률변수의 선형결합도 정규분포를 따른다는 것이 알려져 있다. 이에 대한 증명은 이 책의 수준을 벗어나므로 여인권 외(2009)를 참조하기 바란다. 이를 수식으로 표시하면 $X_1 \sim N(\mu_1, \sigma_1^2)$ 이고 $X_2 \sim N(\mu_2, \sigma_2^2)$ 라고 하면 $X_1 + X_2$ 도 정규분포를 따르는데 평균은

$$E(X_1 + X_2) = E(X_1) + E(X_2) = \mu_1 + \mu_2$$

이고 분산은

$$Var(X_1 + X_2) = Var(X_1) + Var(X_2) + 2Cov(X_1, X_2) = \sigma_1^2 + \sigma_2^2 + 2Cov(X_1, X_2)$$

이다. 여기서 $Cov(X_1, X_2)$ 는 X_1 와 X_2 의 공분산이다. 만약 X_1 과 X_2 가 독립이면 $Cov(X_1, X_2) = 0$ 이므로

$$Var(X_1 + X_2) = \sigma_1^2 + \sigma_2^2$$

이 된다. 이를 일반화하면, $X_1, \ldots, X_n$ 이 서로독립이고 $X_i \sim N(\mu_{i,} \sigma_i^2)$ 일 때

$$Y = a_1 X_1 + \cdots + a_n X_n$$

은 평균이 $a_1\mu_1 + \cdots + a_n\mu_n$ 이고 분산이 $a_1^2\sigma_1^2 + \cdots + a_n^2\sigma_n^2$ 인 정규분포를 따른다는 것을 알 수 있다.

두 확률변수가 독립일 때 두 확률변수의 공분산은 0이지만 일반적으로 공분산이 0이라는 것이 두 확률변수의 독립성을 의미하지는 않는다. 하지만 두 확률변수가 정규분포를 따르면 공분산 0은 두 변수의 독립성을 보장한다. 이에 대한 증명도 여인권 외 (2009)를 참조하여라.

예제 6.3

아침 식사로 빵과 우유를 먹는데 빵의 열량(kcal)을 X_1, 우유의 열량을 X_2 라고 표시하자. X_1 와 X_2 는 다음과 같은 분포를 따른다고 가정한다.

$$X_1 \sim N(200, 12^2), \quad X_2 \sim N(85, 9^2)$$

빵과 우유에서 얻어지는 열량은 서로 독립이라고 가정할 때, 아침 식사로 얻을 수 있는 열량은 $X_1 + X_2$ 로 표시할 수 있다. 만약 아침 식사에서 300칼로리 이상 섭취할 확률을 구하려고 한다면, 이 확률은 $P(X_1 + X_2 \geq 300)$ 로 표시할 수 있다. $X_1 + X_2$ 의 평균과 분산은 각각

$$E(X_1 + X_2) = 200 + 85 = 285$$
$$Var(X_1 + X_2) = 12^2 + 9^2 = 225 = 15^2$$

이므로 아침 식사에서 얻어지는 열량은 다음과 같은 분포를 따른다.

$$X_1 + X_2 \sim N(285, 15^2)$$

그러므로

$$\begin{aligned} P(X_1 + X_2 \geq 300) &= P\left(\frac{X_1 + X_2 - 285}{15} \geq \frac{300 - 285}{15}\right) \\ &= P(Z \geq 1.0) = 1 - P(Z \leq 1.0) = 1 - 0.8413 = 0.1587 \end{aligned}$$

이 된다.

예제 6.4

【예제 6.1】 상황에서 4명을 한 조로 묶고 4명의 수행시간의 합이 k분 미만일 때 4명 모두 합격시킨다고 하자. 각각의 사람들의 수행시간은 독립이라고 가정할 때 어떤 사람이 혼자 검사를 받는 것보다 4명을 한 조로 하여 검사를 받을 때 합격할 확률이 높게 되는 최소시간 k는 얼마나 되는지 알아보자.

X_i를 i번째 사람의 수행시간이라고 하면 수행시간 합은 $Y = X_1 + X_2 + X_3 + X_4$가 된다. 각각의 수행시간은 $N(90, 10^2)$이고 독립이므로 $E(Y) = 4 \times 90 = 360$, $Var(Y) = 4 \times 10^2 = 20^2$이 된다. 위에서 언급한 것과 같이 X_i는 정규분포를 따르기 때문에 $Y \sim N(360, 20^2)$가 된다.

【예제 6.1】에서 어떤 한 사람이 합격할 확률이 0.3085인 것을 보였다. 이것은 4명의 수행시간의 합 Y가 k보다 작을 확률이 0.3085보다 크게 되는 k를 구하라는 것을 의미한다. 즉, $P(Y < k) > 0.3085$를 만족하는 k를 찾는 것이다. $Y \sim N(360, 20^2)$이므로

$$P(Y < k) = P\left(\frac{Y - 360}{20} < \frac{k - 360}{20}\right) = P\left(Z < \frac{k - 360}{20}\right)$$

가 된다. $P(Z < -0.5) = 0.3085$이므로 $\frac{k-360}{20}$이 -0.5보다 크면 $P(Y < k) > 0.3085$가 되므로 $k > 360 - 0.5 \times 20 = 350$이 된다. 이는 4명의 평균 수행시간이 350/4=87.5분 이하이면 합격할 확률이 0.3085보다 크다는 것을 의미한다.

연·습·문·제

1 $X \sim N(\mu, \sigma^2)$ 일 때, 아래의 관계식을 만족하는 확률 α, 분위수 z, 평균 μ, 또는 분산 σ^2을 구하시오.

(1) $\mu=0$, $\sigma=1$일 때, $P(X \geq 1.3)=\alpha$를 만족하는 α는?
(2) $\mu=0$, $\sigma=1$일 때, $P(-1.2 \leq X \leq 2.0)=\alpha$를 만족하는 α는?
(3) $\mu=0$, $\sigma=1$일 때, $P(|X| \geq 1.0)=\alpha$를 만족하는 α는?
(4) $\mu=0$, $\sigma=1$일 때, $P(X>z)=0.1357$를 만족하는 z는?
(5) $\mu=0$, $\sigma=1$일 때, $P(z<X<1.9)=0.4713$을 만족하는 z는?
(6) $\mu=0$, $\sigma=1$일 때, $P(|X| \geq z)=0.1212$를 만족하는 z는?
(7) $\sigma=1$일 때, $P(X>1.5)=0.3085$를 만족하는 μ는?
(8) $\mu=0$일 때, $P(|X|<1.5)=0.2358$를 만족하는 σ는?
(9) $\mu=5$, $\sigma=10$일 때, $P(11.7 \leq X<21.7)=\alpha$를 만족하는 α는?
(10) $\mu=5$, $\sigma=10$일 때, $P(5 \leq X<z)=0.1443$을 만족하는 z는?
(11) $\mu=5$, $\sigma=10$일 때, $P(-14.6<X<z)=0.95$를 만족하는 z는?
(12) $\sigma=10$일 때, $P(X<13)=0.8413$을 만족하는 μ는?
(13) $\mu=5$일 때, $P(X<3.5)=0.3821$ 만족하는 σ는?
(14) $\mu=5$일 때, $P(-16.5<X<26.5)=0.7108$ 만족하는 σ는?

2 $X_1 \sim N(\mu_1, \sigma^2)$이고 $X_2 \sim N(\mu_2, \sigma^2)$라고 할 때,

(1) X_1-X_2의 분포를 구하여라.
(2) $Cov(X_1, X_2)=\sigma_{12}$라고 할 때, X_1+X_2와 X_1-X_2의 공분산을 계산하여라.
(3) X_1+X_2와 X_1-X_2는 독립인가? 이유는?

3 【예제 6.4】과 동일한 식단으로 일주일 동안 아침 식사를 한다고 하자. 각 식사에 대한 칼로리는 독립이라고 하면,

(1) 일주일 중 300칼로리 이상 섭취한 날이 하루일 확률을 구하시오.
(2) 300칼로리 이상 섭취할 날의 평균과 표준편차를 구하시오.

4 어느 수준의 뇌손상이 있는 환자를 대상으로 무작위로 그려진 숫자를 순서대로 연결하는 검사를 완료하는데 걸리는 시간은 평균이 30초이고 표준편차가 4초 정도 된다고 하자. 이 검사를 완료하는데 걸린 시간은 정규분포를 따른다고 가정한다.

(1) 어떤 환자가 검사를 완료하는데 36초 이상 걸릴 확률을 구하여라.

(2) 어떤 환자가 검사를 완료하는데 24초에서 36초 이내에 걸릴 확률을 구하여라.

(3) 만약 이 분포의 상위(빨리 끝낼수록 높음) 5%에 해당하면 재검사를 실시한다고 할 때 재검사를 받기 위해서는 몇 초 내에 검사를 끝내야 하는가?

5 어떤 지역의 단위 면적당 쌀 생산량은 평균이 30kg이고 표준편차가 5kg인 정규분포를 따른다고 하자.

(1) 임의로 선택한 경작지의 단위 면적당 쌀 생산량이 32.55kg 이상일 확률을 구하여라.

(2) 이 지역에 있는 A라는 사람과 B라는 사람이 같은 조건하에서 쌀을 경작하고 있다고 한다.

① A가 경작하는 4곳을 무작위로 선택하여 단위당 미곡 생산량을 조사할 때, 생산량이 32.55kg 이상인 곳이 두 곳일 확률을 구하여라.

② A가 경작하는 1곳과 B가 경작하는 1곳을 무작위로 선택하여 조사할 때, A의 쌀 생산량이 B의 쌀 생산량보다 많을 확률을 구하여라.

6 아주 복잡한 알고리즘을 수행하여 결과를 얻는데 걸린 시간으로 chip의 연산능력을 측정한다고 하자. A 회사에서 만든 chip의 수행시간은 평균이 10초이고 표준편차가 0.1초인 정규분포를 따른다고 할 때 아래의 물음에 답하여라.

(1) 수행시간이 10.1초 이상 걸리면 사용하는 데 있어 문제가 발생한다고 하면,

① 임의로 선택한 chip을 설치했을 때 문제가 발생할 확률을 구하여라.

② 5개의 chip을 독립적으로 측정한다고 할 때, 이 중 하나의 chip만 문제가 발생할 확률을 구하여라.

③ 10개의 chip을 독립적으로 측정한다고 할 때, 문제가 발생할 chip의 수에 대한 평균과 분산을 구하여라.

(2) 이 회사에서 만든 chip 중 성능이 상위 5%에 해당하는 chip의 수행시간을 구하여라.

(3) 4개의 chip을 직렬로 설치(앞의 chip이 수행이 끝나면 다음 chip이 수행)하여 결과를 얻을 때 40.1초 이상 걸리면 4개의 chip을 모두 폐기한다고 할 때 이들 chip을 폐기할 확률을 구하여라.

7 어느 콜센터에는 전화를 했을 때 전화상담원이 부족하여 대부분의 고객은 상담원과 통화하기 위해 대기를 해야 하는데 대기시간은 평균 186초이고 표준편차가 54인 정규분포를 따른다고 하자. 콜센터 임원이 대기시간이 267초 이상 되는 고객이 5% 이상 되며 상담원을 추가로 고용하려고 한다.

(1) 이 콜센터의 고객 중 최소 267초 이상 대기하는 고객의 비율을 구하여라.

(2) 이 콜센터에서는 상담원을 추가로 고용해야 하는가?

(3) 대기시간이 5%로 긴 고객의 대기시간을 구하여라.

(4) 만약 추가 고용한 상담원을 한 명당 고객의 대기시간이 평균 1초씩 줄어든다면 몇 명의 상담원을 고용해야 하는가? (단 표준편차에는 변화가 없다.)

8 A 지역에 B 지역까지 고속버스를 타고 가는데 실제도착시간과 도착예정시간의 차를 X(실제도착시간−도착예정시간)라고 하고 X는 평균 10분이고 표준편차가 25분인 정규분포를 따른다고 하자.

(1) 도착예정시간보다 20분 늦게 도착할 확률을 구하여라.
(2) 도착예정시간 이전에 도착할 확률을 구하여라.
(3) 실제도착시간과 도착예정시간의 차이, 즉 $|X|$가 10분 이내일 확률을 구하여라.
(4) 만약 예정시간보다 1시간 이상 늦게 도착하면 버스비의 10%를 고객에게 반환한다고 하면 배상하는 버스의 비율을 구하여라.
(5) A, B 구간의 도로를 정비하여 실제도착시간을 15분 정도 단축했다고 하자. 도착예정시간보다 늦게 도착할 확률을 구하여라. (단 표준편차에는 변화가 없다.)

9 화상회의이나 메신저와 같은 IT 기술을 이용한 회의를 통해 대면회의를 준비하는 데 걸리는 시간을 절약하려고 한다. 기존 대면회의와 비교할 때 절약시간은 평균 20분 표준편차 15분인 정규분포를 따른다고 하자.

(1) 대면회의보다 IT 기술을 이용할 때 준비시간이 10분 이상 줄어들 확률을 구하여라.
(2) 동일한 환경하에서 IT 기술을 이용한 회의와 대면회의 준비시간을 측정하였다.
① 대면회의보다 IT 기술을 이용할 때 준비시간이 길 확률을 구하여라.
② 이러한 실험을 독립적으로 10번 반복한다고 할 때, ①의 상황이 한번 발생할 확률을 구하여라.
③ 이러한 실험을 독립적으로 10번 반복한다고 할 때, ①의 상황에서 평균 몇 번 발생하는지 구하여라.
(3) IT 기술을 이용한 회의와 대면회의를 각각 10번을 독립적으로 실시하여 전체 준비시간을 비교하고자 한다. IT 기술을 이용한 회의의 전체 준비시간이 대면회의의 전체 준비시간보다 1시간 이상 줄어들 확률을 구하여라.

10 사고가 발생했을 때 사고 발생 후 병원까지의 환자이송시간은 평균이 22분이고 표준편차가 4분인 정규분포를 따르고 응급실에서의 처치시간은 평균이 3분이고 표준편차가 1분인 정규분포를 따른다고 하자. 이송시간과 처치시간은 독립이고 사고 후 30분 이내에 응급처치를 받지 못하면 환자는 위험상태에 빠진다고 가정할 때 물음에 답하여라.

(1) 사고 후 병원에 가는 도중에 위험상태에 빠질 확률을 구하여라.
(2) 30분 이내에서 응급처치를 받을 확률을 구하여라.

(3) 인력과 장비 보강으로 병원에 도착하기 2분전부터 응급처치를 받을 수 있다고 하면 환자가 위험상태에 빠질 확률은 얼마나 줄어드는가?

(4) 이송시간과 처치시간을 연계하려고 한다. 만약 이송시간과 처치시간의 상관계수를 −0.5로 하면 위험상태에 빠질 확률을 얼마나 줄어드는가?

07

표집분포

1장에서 우리는 모집단과 표본에 대해 알아보았고 모집단을 대표하는 표본을 어떻게 얻을 것인지를 살펴보았다. 또한, 3장에서 확률분포는 모집단의 확률적 구조를 표시한다는 것을 알았다. 이 장에서는 모집단의 특성을 알아보기 위해 n개의 표본을 모집단으로부터 추출할 때 이를 어떻게 표시하는지에 대해 알아보고 표본평균과 같은 통계량의 통계적 성질을 유도한다. 또한, 표본크기가 큰 경우에 적용할 수 있는 중요한 통계이론에 대해 알아본다.

1 확률표본과 통계량

확률분포는 모집단이 어떻게 구성되어 있는지를 나타내는 것으로 이산인 경우에는 확률질량함수로 연속인 경우에는 확률밀도함수로 표시한다. 따라서 모집단과 분포는 같은 의미로 사용하기도 한다. 어떤 모집단의 확률질량(밀도)함수를 $f(x)$ 라고 하고 이 모집단에서 선택된 표본의 값을 X 라고 하면 $X \sim f(x)$ 라고 표시한다. 특정분포의 경우 $f(x)$ 대신에 별도의 표기방법이 있는데, 예를 들어 평균이 μ 이고 분산이 σ^2 인 정규분포는 $N(\mu, \sigma^2)$, 시행횟수가 n 이고 성공확률이 p 인 이항분포는 $B(n, p)$ 로 표시한다. 즉, $X \sim N(\mu, \sigma^2)$ 는 모집단이 평균 μ, 분산 σ^2 인 정규분포이고 이 모집단에서 무작위로 표본 하나를 추출할 때 그 값을 X 라고 표시하겠다는 것이다.

모집단에 대해 알아보기 위해 모집단 전체를 관측하거나 조사하는 경우는 특별한 경우를 제외하고 거의 없다. 예를 들어, 선거에서 모든 유권자를 대상으로 조사하거나 어떤 약의 효과를 알아보기 위해 전체 환자를 대상으로 임상시험을 하는 것은 시공간적 제약이나 비용 등의 이유로 불가능하다. 이러한 이유 때문에 모집단에서 일부의 표본을 뽑아 이들을 기초로 전체 모집단에 대한 추론을 하게 된다. 모집단에 대한 추론은 다음 장부터 자세히 설명한다. 만일 모집단이 $N(\mu, \sigma^2)$ 이고 여기에서 n 개의 표본을 무작위로 뽑는다고 할 때, i 번째 값을 X_i 라고 하면 앞으로

$$X_1, X_2, \cdots, X_n \sim N(\mu, \sigma^2)$$

으로 표시한다. 이 경우 X_i 들은 $N(\mu, \sigma^2)$ 인 분포를 따른다고 한다. 여기서 각각의 표본을 추출할 때 모집단이 같으면 **동일한 분포를 따른다**(identically distributed)고 한다. 여기에 추가로 각각의 표본이 서로 독립이라고 할 수 있으면, $X_1, X_2, \cdots, X_n$ 을 표본크기 n 인 **확률표본**(random sample) 또는 **임의표본**이라고 하고 다음과 같이 표시한다.

$$X_1, X_2, \cdots, X_n \sim \text{iid } N(\mu, \sigma^2)$$

여기서 iid는 independent and identically distributed의 약자로 서로 독립이고 동일한 분포를 따른다는 표시이다. $X_1, X_2, \cdots, X_n \sim \text{iid } f(x)$ 이라고 하면, 동일한 분포를

따르기 때문에 X_i의 확률질량(밀도)함수 $f_{X_i}(x_i) = f(x_i)$이고, 서로 독립이라는 것은 $X_1, \cdots, X_n$의 결합분포는 각각의 주변분포의 곱으로 표시되기 때문에 다음과 같이 쓸 수 있다.

$$f_{X_1, \cdots, X_n}(x_1, \ldots, x_n) = f_{X_1}(x_1) \cdots f_{X_n}(x_n) = \prod_{i=1}^{n} f(x_i)$$

예제 7.1

윷놀이를 하는데 각각의 윷이 젖혀질 확률이 p라고 하자. 윷들은 서로 독립이라고 할 수 있다. X_i를 i번째 윷이 젖혀지면 1, 엎어지면 0이라고 하면 $X_i \sim B(p)$가 되며 X_i의 확률질량함수는

$$f(x) = p^x (1-p)^{1-x}, \quad x = 0, 1$$

이다. 윷놀이는 4개의 윷을 던지기 때문에 $X_1, X_2, X_3, X_4 \sim \text{iid } B(p)$가 되고 확률표본의 결합확률질량함수는 다음과 같다.

$$f_{X_1, \cdots, X_4}(x_1, \cdots, x_4) = \prod_{i=1}^{4} p_i^x (1-p)^{1-x_i} = p^{\sum x_i} (1-p)^{4-\sum x_i}$$

표본추출에서 모집단의 크기가 유한이냐 무한이냐에 따라 표본의 성질이 달라질 수 있다. 모집단이 유한개의 추출단위로 구성되어 있는 경우 **유한모집단**(finite population)이라고 하며, 무한히 많은 추출단위로 구성되어 있으면 **무한모집단**(infinite population)이라고 한다. 어떤 한 표본을 뽑고 다음 표본을 뽑을 때, 무한모집단의 경우 첫 번째 표본을 뽑을 때의 모집단과 두 번째 표본을 뽑을 때의 모집단이 같다고 할 수 있다. 이에 반해 유한모집단에서 비복원추출을 할 경우에는 첫 번째와 두 번째 모집단이 같다고 할 수 없으며 표본 간에도 독립이라고 할 수 없다. 즉, 어떤 개체가 첫 번째 표본으로 뽑히는가에 따라 두 번째 표본이 선택될 확률이 달라진다. 또한, 최대로 뽑을 수 있는 표본의 수는 모집단의 크기 이하로 제한된다.

유한모집단이라고 하더라도 복원추출의 경우에는 두 모집단에는 차이가 없고 두 표본

이 독립이라고 할 수 있다. 그리고 무한히 표본을 추출할 수 있어 이런 경우 무한모집단에서 표본을 추출하는 것으로 취급해도 무방하다. 때로는 유한모집단이지만 모집단 크기가 매우 크고 표본의 수가 상대적으로 작아 각각의 표본을 선택하는 경우 모집단에 변화가 거의 없을 때 근사적으로 무한모집단에서 표본을 추출한 것으로 처리한다.

만약 $X_1, X_2, \cdots, X_n \sim \text{iid } N(\mu, \sigma^2)$ 이고 관심의 모수가 평균 μ 이었다면, 직관적으로 표본평균 $\overline{X}$ 가 μ 에 대한 정보를 가지고 있다고 볼 수 있다. 이때 $\overline{X}$ 는 확률표본의 함수라고 할 수 있는데, 이와 같이 관측 가능한 확률변수의 함수를 **통계량**(statistic)이라고 한다. 여기서 **관측가능**(observable)하다는 것은 자료를 이용하여 계산할 수 있다는 것으로 미지의 모수가 포함되어 있으며 관측 가능하다고 볼 수 없다. 예를 들어, $X_1, X_2, \cdots, X_n \sim \text{iid } N(\mu, \sigma^2)$ 이고 모수 μ 의 값을 모른다고 할 때 $\overline{X}$는 표본을 통해 관측가능하지만 $\overline{X}-\mu$ 는 미지의 모수 μ를 포함하고 있어 관측가능하지 않기 때문에 통계량이 될 수 없다. 만약 μ 의 값을 알고 있다면 $\overline{X}-\mu$ 는 관측 가능하며 통계량이 된다. 기초통계학에서 주로 관심을 가지는 통계량은 표본평균, 표본비율, 표본분산이다.

2 표집분포

모집단의 평균 μ 를 알아보기 위해 모집단에서 n 개의 확률표본 $X_1, X_2, \cdots, X_n$ 를 얻고 이들의 표본평균 $\overline{X} = (X_1 + \cdots + X_n)/n$ 에 관심이 있다고 하자. 이때 $\overline{X}$ 가 평균 μ 를 얼마나 잘 설명하는지를 알기 위해서는 $\overline{X}$ 에 대한 통계적 성질을 유도할 필요가 있다. 이와 같이 우리가 관심을 가지는 임의의 통계량에 대한 확률분포를 **표집분포**(sampling distribution) 또는 **샘플링분포**라고 한다. 표집분포를 종종 표본의 분포로 오해하는 경우가 있는데, $\overline{X}$ 의 표집분포라는 것은 $\overline{X}$ 의 모집단 분포를 의미한다.

예제 7.2

어떤 모집단의 확률분포는 다음과 같다고 하자.

x	0	1	2
$P(X=x)$	1/3	1/3	1/3

이 분포로부터 3개의 확률표본 X_1, X_2, X_3 을 추출한다고 할 때, $\overline{X}$ 의 표집분포를 구해보자. X_i 는 동일한 확률로 0, 1, 2가 될 수 있으며 세 확률표본이 가질 수 있는 경우의 수는 아래와 같이 27가지가 나오고 표본평균은 0, 1/3, 2/3, 1, 4/3. 5/3, 2의 값을 가질 수 있다.

$\overline{x}$	(x_1, x_2, x_3)의 경우
0	(0, 0, 0)
1/3	(0, 0, 1) (0, 1, 0) (1, 0, 0)
2/3	(0, 1, 1) (1, 0, 1) (1, 1, 0) (0, 0, 2) (0, 2, 0) (2, 0, 0)
1	(0, 1, 2) (0, 2, 1) (1, 0, 2) (1, 2, 0) (2, 0, 1) (2, 1, 0) (1, 1, 1)
4/3	(0, 2, 2) (2, 0, 2) (2, 2, 0) (1, 1, 2) (1, 2, 1) (2, 1, 1)
5/3	(1, 2, 2) (2, 1, 2) (2, 2, 1)
2	(2, 2, 2)

(x_1, x_2, x_3)의 각 확률은 동일하게 1/27이므로 $\overline{X}$ 의 확률분포는 다음과 같다.

$\overline{x}$	0	1/3	2/3	1	4/3	5/3	2
$P(\overline{X}=\overline{x})$	$\frac{1}{27}$	$\frac{1}{9}$	$\frac{2}{9}$	$\frac{7}{27}$	$\frac{2}{9}$	$\frac{1}{9}$	$\frac{1}{27}$

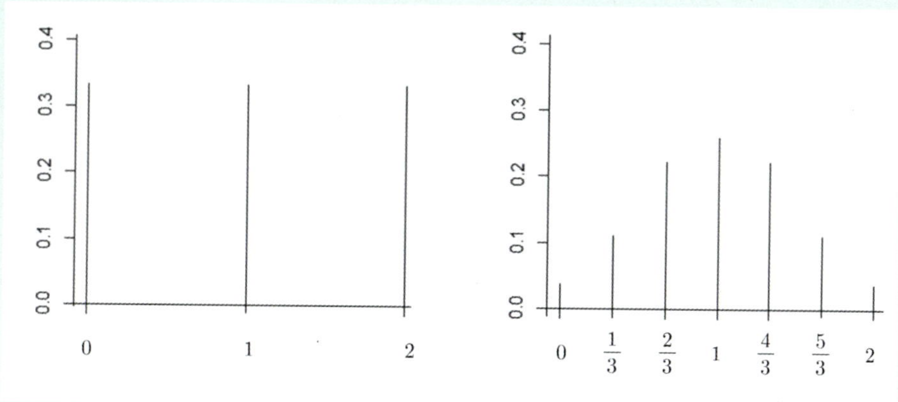

그림 7.1 X의 분포와 $\overline{X}$의 분포 비교

동일한 상황에서 이번에는 $Y=\max(X_1, X_2, X_3)$ 의 표집분포에 관심이 있다고

하자. 여기서 $\max(X_1, X_2, X_3)$는 세 값 중 최댓값을 의미한다. 최댓값은 0, 1, 2가 될 수 있으며 최댓값에 해당하는 (x_1, x_2, x_3)의 경우를 표시하면 다음과 같다.

y	(x_1, x_2, x_3)의 경우
0	(0, 0, 0)
1	(0, 0, 1) (0, 1, 0) (1, 0, 0) (0, 1, 1) (1, 0, 1) (1, 1, 0) (1, 1, 1)
2	(0, 0, 2) (0, 2, 0) (2, 0, 0) (0, 1, 2) (0, 2, 1) (1, 0, 2) (1, 2, 0) (2, 0, 1) (2, 1, 0) (1, 1, 2) (1, 2, 1) (2, 1, 1) (0, 2, 2) (2, 0, 2) (2, 2, 0) (1, 2, 2) (2, 1, 2) (2, 2, 1) (2, 2, 2)

그러므로 $Y = \max(X_1, X_2, X_3)$의 표집분포는 다음과 같다.

y	0	1	2
$P(Y=y)$	1/27	7/27	19/27

앞으로 다룰 주요 통계량은 표본평균 $\overline{X}$과 표본분산 S^2이다. 이 절에는 $\overline{X}$와 관련된 분포에 대해 좀 더 구체적으로 알아본다. 앞 장에서 보인 것처럼 표본평균의 평균은

$$E(\overline{X}) = E\left(\frac{X_1 + \cdots + X_n}{n}\right) = \frac{1}{n}\{E(X_1) + \cdots + E(X_n)\} = \mu$$

이고 $X_1, X_2, \ldots, X_n$는 확률표본으로 서로 독립이므로

$$Var(\overline{X}) = Var\left(\frac{X_1 + \cdots + X_n}{n}\right) = \frac{1}{n^2}\{Var(X_1) + \cdots + Var(X_n)\} = \frac{\sigma^2}{n}$$

이 된다. $\overline{X}$의 표준편차는 $Var(\overline{X})$의 제곱근으로

$$SD(\overline{X}) = \frac{\sigma}{\sqrt{n}}$$

가 된다. 이와 같이 임의의 통계량의 표준편차를 **표준오차**(standard error)라고 하는데 $\overline{X}$의 표준오차는 $\sigma/\sqrt{n}$이 된다.

위에서 보는 것같이 $\overline{X}$의 평균은 모평균 μ와 같고, $\overline{X}$의 분산은 모분산에 표본크기를 나눈 값이 된다. 이는 표본크기 n이 증가할수록 $\overline{X}$의 분포는 μ를 중심으로 좀 더

밀집된 분포를 가진다는 것을 의미한다. 【예제 7.2】에서도 X의 평균과 분산은

$$E(X) = \frac{1}{3}(0+1+2) = 1$$

$$Var(X) = \frac{1}{3}(0^2+1^2+2^2) - 1^2 = \frac{2}{3}$$

이고 $\overline{X}$의 평균과 분산은

$$E(\overline{X}) = 1 \times \frac{1}{27} + \frac{1}{3} \times \frac{1}{9} + \cdots + \frac{5}{3} \times \frac{1}{9} + 2 \times \frac{1}{27} = 1$$

$$Var(\overline{X}) = 0^2 \times \frac{1}{27} + \left(\frac{1}{3}\right)^2 \times \frac{1}{9} + \cdots + \left(\frac{5}{3}\right)^2 \times \frac{1}{9} + 2^2 \times \frac{1}{27} - 1^2 = \frac{2}{9}$$

인 것을 확인할 수 있다. 또한, 표본합은 표본평균에 표본크기를 곱한 것으로 $Y = n\overline{X}$이라고 하면,

$$E(Y) = E(n\overline{X}) = n\mu, \qquad Var(Y) = Var(n\overline{X}) = n^2 Var(\overline{X}) = n\sigma^2$$

인 것을 쉽게 확인할 수 있다.

앞 장에서 모집단이 정규분포이면 $\overline{X}$도 정규분포를 따른다고 했다. 즉, $X_1, X_2, \ldots, X_n$이 $N(\mu, \sigma^2)$에서 추출한 확률표본이라고 하면 $\overline{X} \sim N(\mu, \sigma^2/n)$이 된다. 이를 표준화하면,

$$\frac{\overline{X} - \mu}{\sigma/\sqrt{n}} \sim N(0,1)$$

가 된다.

예제 7.3

어느 햄버거의 고기패티 함량이 평균이 μ g이고 표준편차는 5 g인 정규분포를 따른다고 하자. 이 패티의 함량검사에서는 16개의 표본을 뽑아 표본평균을 구하고, 이 표본평균이 120 g 미만이면 불합격 판정을 받게 된다. 이 검사에서 불합격의 확률을 2.5% 이하로 하려면 이 패티를 생산할 때 평균함량 μ를 최소 얼마로 조절해야 하는

가? 이 문제를 수식으로 표시하면, $X_1, X_2, \cdots, X_{16} \sim \text{iid} \quad N(\mu, 5^2)$ 일 때 $P(\overline{X} < 120) \le 0.025$ 를 만족하는 μ 를 찾는 문제이다. 앞에서 언급한 것과 같이 $\overline{X} \sim N(\mu, 5^2/16)$ 이므로

$$P(\overline{X} < 120) = P\left(\frac{\overline{X} - \mu}{5/4} < \frac{120 - \mu}{5/4}\right) = P\left(Z < \frac{120 - \mu}{5/4}\right)$$

이다. 표준정규분포표에서 $P(Z < -1.96) = 0.025$ 이므로 $\dfrac{120 - \mu}{5/4} = -1.96$ 이고,

$$\mu = 120 + 1.96 \times \frac{5}{4} = 122.45$$

이므로 μ 는 최소한 122.45 g이어야 한다.

3 표본평균의 분포와 중심극한정리

일반적으로 표본평균의 기댓값은 위의 방법으로 구할 수 있으나 일부 분포를 제외하고 대부분의 경우 표본평균의 확률분포를 유도하는 것은 쉽지 않다. 모집단이 【예제 7.2】와 같이 간단한 균일분포이더라도 표본평균의 표집분포는 균일분포와 전혀 다른 형태를 가지는데 $n = 3$ 인 $\overline{X}$의 분포는 중앙에 좀 더 밀집된 형태를 가지고 있다. 좀 더 큰 n 에서의 $\overline{X}$의 정확한 분포를 유도하기 위해서는 확률표본들이 가질 수 있는 많은 경우의 수를 따져야 하는 번거로움이 있다.

앞 절에도 언급한 것과 같이 $\overline{X}$ 의 표집분포라는 것은 $\overline{X}$ 의 모집단 분포이다. 이는 통계적 확률의 관점에서 볼 때, 모집단으로부터 n 개 확률표본을 얻어 $\overline{x}$ 를 계산하는 과정을 수없이 반복하여 만들어진 $\overline{x}$ 들의 분포이라는 것이다. 그러므로 $\overline{X}$ 의 표집분포를 구하기 어려운 경우에는 이와 같이 모의실험을 통해 표집분포의 근사형태를 유도할 수 있다. 【그림 7.2】는 【예제 7.2】의 분포에서 표본크기가 $n = 30$ 인 확률표본의 평균 $\overline{x}$ 를 반복해서 구한 후 $\overline{x}$ 의 히스토그램을 그린 것이다. 이 경우 이론적으로 $\overline{X}$의 평균은

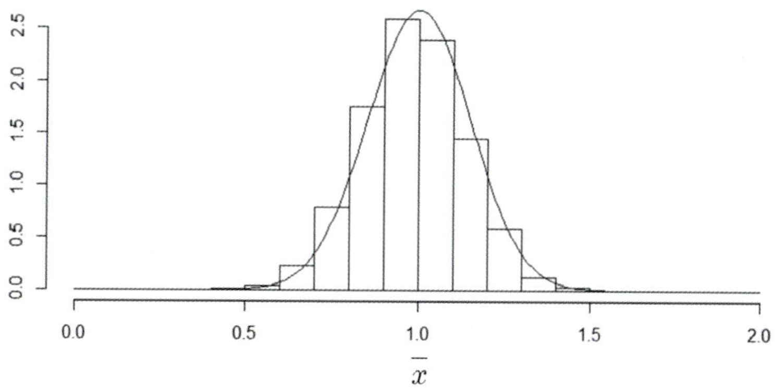

그림 7.2 $\bar{x}$ 의 히스토그램과 정규분포 비교

$E(\overline{X})=1$이고 분산은 $Var(\overline{X})=2/(30\times 3)=2/90$이 된다. 이 히스토그램에 평균이 1이고 분산이 2/90인 정규분포의 확률밀도함수를 점선으로 표시했는데 그림에서 보는 것과 같이 히스토그램의 밀도 값이 해당 위치에서의 정규확률밀도함수와 비슷한 것을 볼 수 있다.

일반적으로 모집단 또는 X의 분포가 정규분포가 아닐 때도 표본크기 n이 커지면 $\overline{X}$의 분포는 위와 같이 정규분포에 가까워지는데, 이러한 성질을 **중심극한정리(central limit theorem)**라고 한다. 즉, $X_1, X_2, \cdots, X_n$이 평균 μ, 분산 σ^2인 모집단에서 추출된 확률표본이라고 하면, n이 증가하면서 $\overline{X}$의 분포는 평균 μ, 분산 σ^2/n인 정규분포에 근사한다. 그러므로

$$Z=\frac{\overline{X}-\mu}{\sigma/\sqrt{n}}\simeq N(0,1)$$

가 되는데, 이를 통계학적으로 'Z의 **점근적 분포(asymptotic distribution)**는 $N(0,1)$이다.' 또는 'Z는 **점근적으로(asymptotically)** $N(0,1)$을 따른다.'라고 한다.

확률표본의 합을 $Y=X_1+\cdots+X_n$라고 할 때, 위의 Z의 분자와 분모에 n을 곱하면,

$$Z=\frac{\overline{X}-\mu}{\sigma/\sqrt{n}}=\frac{Y-n\mu}{\sqrt{n}\,\sigma}$$

가 된다. 이는 표본평균 $\overline{X}$뿐만 아니라 표본합 Y에 대해서도 중심극한정리가 적용될

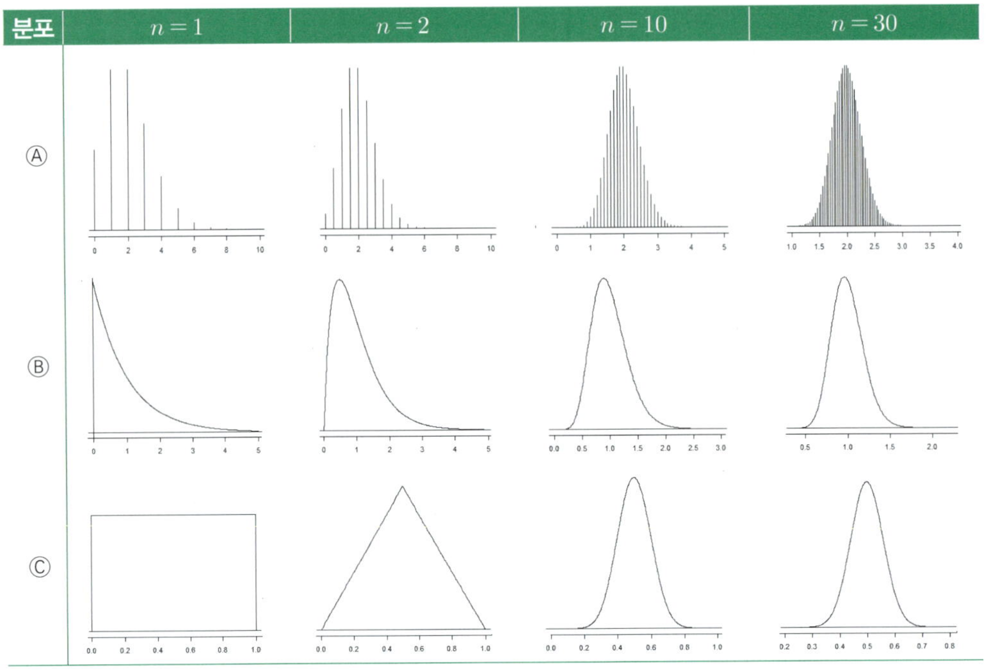

그림 7.3 n에 따른 $\overline{X}$ 분포의 변화

수 있음을 의미한다.

중심극한정리는 평균과 분산만 주어진다면 모집단의 형태를 몰라도 적용할 수 있는 유용한 이론이다. 【그림 7.3】은 다양한 형태의 모집단에서 확률표본을 뽑았을 때 n에 따라 $\overline{X}$의 표집분포가 어떻게 변하는지를 보여준다. 표본크기가 작은 경우에는 모집단의 형태에 영향을 받으나 n이 커지면서 모집단의 형태와 관계없이 $\overline{X}$의 표집분포가 정규분포의 형태로 근사해 가는 것을 볼 수 있다. 여기서 n이 얼마나 커야 중심극한정리를 적용할 수 있는지에 대한 물음이 있을 수 있다. 일반적으로 $n \geq 30$이면 중심극한정리를 적용할 수 있다고 하는데 사실 모집단이 어떤 형태를 가지는가에 따라 n에 차이가 있을 수 있다.

예제 7.4

어떤 모집단에 대해 그 형태는 모르지만 평균은 82이고 표준편차는 12라고 하자. 이 모집단에서 64개의 확률표본을 추출하였을 때, $P(80.8 \leq \overline{X} \leq 83.2)$의 근사확률을 구해 보자. 분포형태에 대한 특별한 정보는 없지만 $n = 64$ 로 중심극한정리를 적용할 수 있다. 그러므로 $\overline{X} \simeq N(82, 12^2/64)$ 라고 할 수 있으며

$$P(80.8 \le \overline{X} \le 83.2) = P\left(\frac{80.8-82}{12/8} \le \frac{\overline{X}-82}{12/8} \le \frac{83.2-82}{12/8}\right)$$
$$\approx P(-0.8 \le Z \le 0.8) = 0.7881 - 0.2119 = 0.5762$$

가 된다. 만약 100개의 확률표본을 추출할 때, 동일한 상황에서의 확률은

$$P(80.8 \le \overline{X} \le 83.2) = P\left(\frac{80.8-82}{12/10} \le \frac{\overline{X}-82}{12/10} \le \frac{83.2-82}{12/10}\right)$$
$$\approx P(-1 \le Z \le 1) = 0.8413 - 0.1587 = 0.6826$$

이 된다. 표본크기가 100일 때 표본평균의 표준오차는 1.2로, 64일 때 1.5보다 작아 평균 82를 중심으로 분포가 더 모여 있어 구간 [80.8, 83.2]에 $\overline{X}$가 있을 확률이 커진 것이다.

4 이항분포의 정규근사

여론조사의 문항이 찬반 형태인 경우 기본적인 통계모형은 이항분포이다. 언론에 공개되고 있는 대부분의 여론조사에서의 표본크기는 $n = 1000$ 정도가 된다. 이와 같이 n이 큰 경우에 이항분포의 확률계산은 컴퓨터를 이용하지 않으면 어려울 수 있다. 이 절에서는 앞 절에서 배운 중심극한정리를 이용하여 이항분포에 대한 근사확률을 구하는 방법에 대해 알아본다.

5장에서 모수가 p인 베르누이 시행을 n번 할 때, 이항확률변수 X는 베르누이확률변수의 합으로, 표본비율은 표본평균으로 표시할 수 있다고 하였다. 즉, X_i를 i번째 시행에서의 베르누이 확률변수라고 하면,

$$X = X_1 + X_2 + \cdots + X_n, \qquad P = \frac{X_1 + X_2 + \cdots + X_n}{n}$$

로 표시할 수 있다. 베르누이 확률변수의 평균과 분산이 각각 $E(X_i)=p$, $Var(X_i)=p(1-p)$ 이므로, n 이 크다면 중심극한정리에 의해

$$X \simeq N(np, np(1-p)), \qquad P \simeq N\left(p, \frac{p(1-p)}{n}\right)$$

라고 할 수 있다. 이를 표준화하면 다음과 같은 결과를 얻을 수 있다.

$$\frac{P-p}{\sqrt{p(1-p)/n}} \simeq N(0,1), \qquad \frac{X-np}{\sqrt{np(1-p)}} \simeq N(0,1)$$

이항확률변수 X의 경우, $x=0, 1, \ldots, n$에 대해 다음과 같은 관계가 성립한다.

$$P(X \le x-1) = P(X < x) \ne P(X \le x) = P(X < x+1)$$
$$P(X \ge x+1) = P(X > x) \ne P(X \ge x) = P(X > x-1)$$

이와 같이 X가 이산확률변수이면 등호 포함여부에 따라 확률이 달라진다. 하지만 중심극한정리를 이용하여 정규근사하는 경우 정규분포에서 등호 포함여부는 확률에 영향을 주지 않기 때문에 X의 확률과 근사확률 간에는 다음과 같은 모순이 발생한다.

확률: $P(X \le x-1) \quad = \quad P(X < x) \quad \ne \quad P(X \le x)$

$\downarrow \qquad\qquad \downarrow \qquad\qquad \downarrow$

근사확률: $P\left(Z \le \frac{x-1-np}{\sqrt{np(1-p)}}\right) \ne P\left(Z < \frac{x-np}{\sqrt{np(1-p)}}\right) = P\left(Z \le \frac{x-np}{\sqrt{np(1-p)}}\right)$

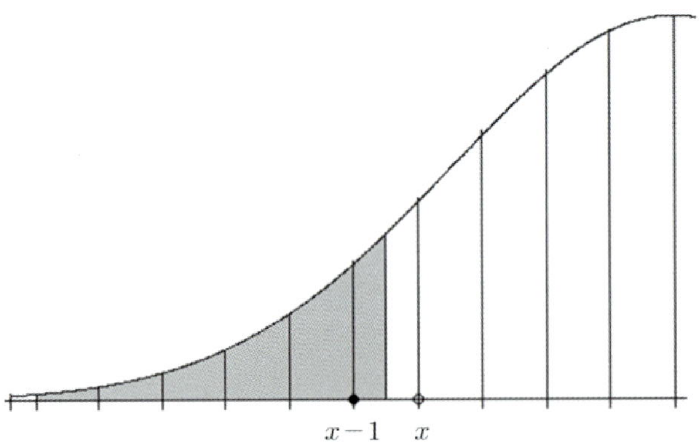

그림 7.4 연속성수정

이러한 문제점을 해결하기 위해서는 X의 확률을 계산할 때 등호 포함여부에 따라 확률의 영역을 수정해 주어야 한다.

【그림 7.4】에서 보는 것과 같이 $X \le x-1$와 $X < x$에 해당되는 확률이 같기 때문에 $x-1$과 x의 중간지점인 $x-1/2$에 대해

$$P(X \le x-1) = P(X \le x-1/2) = P(X < x-1/2) = P(X < x)$$

가 성립한다. 위 식의 중간에 있는 두 확률에 대한 정규근사 근사확률도 같다.

$$P\left(Z \le \frac{x-1/2-np}{\sqrt{np(1-p)}}\right) = P\left(Z < \frac{x-1/2-np}{\sqrt{np(1-p)}}\right)$$

즉, $P(X < x)$는 $P(X < x+1/2)$, $P(X \le x)$는 $P(X \le x-1/2)$로 수정하여 정규근사를 시킨다. $P(X \ge x)$의 경우에도 $P(X \ge x) = P(X > x-1)$이므로 x와 $x-1$의 중간값인 $x-1/2$을 적용하면 된다. 즉, $P(X \ge x)$는 $P(X \ge x-1/2)$, $P(X > x)$는 $P(X > x+1/2)$로 수정하여 정규근사확률을 구한다. 이렇게 수정하여 근사확률을 구하면 다음과 같이 등호 포함여부에 따른 모순을 해결하면서 더욱 정확한 근사확률을 구할 수 있다.

확률: $P(X \le x-1) \quad = \quad P(X < x) \quad \ne \quad P(X \le x)$

$\downarrow \qquad \downarrow \qquad \downarrow$

근사확률: $P\left(Z \le \frac{x-1/2-np}{\sqrt{np(1-p)}}\right) = P\left(Z < \frac{x-1/2-np}{\sqrt{np(1-p)}}\right) \ne P\left(Z \le \frac{x+1/2-np}{\sqrt{np(1-p)}}\right)$

확률: $P(X \ge x+1) \quad = \quad P(X > x) \quad \ne \quad P(X \ge x)$

$\downarrow \qquad \downarrow \qquad \downarrow$

근사확률: $P\left(Z \ge \frac{x+1/2-np}{\sqrt{np(1-p)}}\right) = P\left(Z > \frac{x+1/2-np}{\sqrt{np(1-p)}}\right) \ne P\left(Z \ge \frac{x-1/2-np}{\sqrt{np(1-p)}}\right)$

예제 7.5

어떤 정책에 대해 국민 중 60%가 찬성하는 것으로 기대하고 있다. 이에 대한 타당성을 확인하기 위해 150명을 무작위로 뽑아 조사한 결과 찬성하는 사람이 78명이라고 하자. 이와 같은 상황에서 150명 중 찬성하는 사람이 78명 이하일 확률에 관심이 있

다고 하면 어떻게 계산해야 하는가? 이를 수리적으로 표시하면 X를 찬성한 사람의 수라고 하면, $X \sim B(150, 0.6)$이고 $P(X \leq 78)$를 알아보는 문제이다. 컴퓨터를 이용하여 이항분포의 확률을 계산하면,

$$P(X \leq 78) = \sum_{x+0}^{78} \binom{150}{x} 0.6^x 0.4^{150-x} = 0.0284$$

가 된다. 이를 정규근사를 이용하여 계산해 보자. 정규근사를 위해 먼저 평균과 분산을 구하면 $E(X) = np = 90$이고 $Var(X) = np(1-p) = 36$이다. 정규근사를 시킬 수 있을 만큼 n이 충분히 크므로

$$X \simeq N(90, 36) \text{ 또는 } \frac{X-90}{\sqrt{36}} \simeq N(0,1)$$

가 된다. 연속성을 이용하여 정규근사확률을 구하면,

$$\begin{aligned} P(X \leq 78) &= P(X \leq 78 + 0.5) \approx P\left(Z \leq \frac{78.5 - 90}{6}\right) \\ &= P(Z \leq -1.917) = 0.0276 \end{aligned}$$

이 된다. 이 근사확률과 정확한 확률의 차이는 0.0008로 무시할 정도로 작은 것을 볼 수 있다.

연·습·문·제

1 【연습문제 3.3】에서 법률이 상정되는 날 본회의에 출석할 확률은 모든 의원이 각각 80%이고 출석여부는 각자의 사정에 따라 스스로 결정한다고 할 때 아래의 물음에 답하여라.

(1) 상정되는 날 75명 이상의 의원이 국회본회의에 출석할 근사확률을 구하여라.

(2) 위와 동일한 상황에서 B당의 소속 의원 전원과 C당 소속 의원 중 6명이 본회의에 참석하지 않는다고 할 때, 나머지 의원 중 본 회의에 전체 의원의 과반수 이상 인원이 출석할 근사확률을 구하여라.

2 【연습문제 3.7】에서 발신기에서 50개의 신호를 보냈을 때, 수신기에 잘못 전달될 신호수의 평균과 표준편차를 구하여라.

3 A 공장에는 세 개의 생산라인이 설치되어 있다. 라인 1에서는 제품의 20%가 생산되며 이 중 15%가 불량품, 라인 2에서는 50%가 생산되며 이 중 8%가 불량품, 라인 3에서는 제품의 30%가 생산되며 이 중 10%가 불량품이라고 한다(【연습문제 3.10】 참조). 이 공장에서 생산된 제품 중 400개를 무작위로 복원추출한다고 할 때 불량품의 개수가 42보다 클 확률을 근사적으로 구하여라.

4 확률변수 X는 택배로 물건이 배달되는 데 걸리는 기간(단위: 일)를 나타내고 이것의 확률분포는 다음과 같다고 하자(【연습문제 4.1】 참조).

x	1	2	3	4
$f(x)$	0.25	0.50	0.15	0.10

(1) 택배가 배달되는 기간의 평균과 분산을 구하여라.

(2) 4명의 사람이 택배를 각각 독립적으로 보냈을 때, 적어도 하나 이상의 택배가 3일 이상 걸려 배달될 확률은?

(3) 100명의 사람이 택배를 각각 독립적으로 보냈을 때, 배달되는 데 이틀 걸리는 택배가 55개 이하일 확률에 대한 근삿값을 구하여라.

5 어느 지역에 거주하는 30대 기혼여성을 조사하였다. 이들 여성의 3세 미만인 자녀수를 X라고 할 때, X의 분포가 다음과 같다고 하자(【연습문제 4.7】 참조).

x	0	1	2	3
$P(X=x)$	0.3	0.45	0.2	0.05

(1) 임의로 두 명의 30대 기혼여성을 선택한다고 할 때, 이 두 여성의 3세 미만의 자녀수 합에 대한 확률분포표를 구하여라.

(2) 임의로 56명의 30대 기혼여성을 선택했을 때, 이들 여성들의 3세 미만 자녀수의 합이 56명 미만일 근사확률을 구하여라.

(3) 이 지역에서 추가로 30대 기혼여성 224명을 임의로 선택하고 이들 여성의 3세 미만 자녀수를 조사하여 자녀의 합이 상위 5%에 해당하면 이 지역은 출산장려 모범지역으로 선정한다고 할 때, 3세 미만 자녀의 합이 얼마나 되어야 하는지를 구하여라.

6 어떤 지역의 단위 면적당 쌀 생산량은 평균이 30 kg이고 표준편차가 5 kg인 정규분포를 따른다고 하자(【연습문제 6.4】 참조). 어떤 사람이 경작하는 200곳을 무작위로 선택하여 미곡 생산량을 조사할 때, 생산량이 32.55 kg 이상인 지역이 65곳 이상일 확률을 근사적으로 구하여라.

7 납품업체 간 담합이나 비리를 방지하기 위해 입찰방식을 다음과 같이 실시한다고 하자. 입찰에 참가한 업체가 먼저 납품가격(단위: 억 원)을 써내고 9, 9, 9, 10, 10, 10, 10, 11, 11, 11가 적혀 있는 구슬이 있는 주머니 안에서 무작위로 n개를 복원추출하여 얻은 표본평균보다 높은 가격 중 가장 낮은 가격을 써낸 업체에게 낙찰되는 방식을 채택한다.

(1) $n=2$일 때, 표본분산의 표집분포에 대한 확률분포표를 작성하여라.

(2) $n=10$일 때, 표본평균의 평균과 분산을 계산하여라.

(3) 5개 업체가 입찰에 참여하여 각각 9.76, 9.83, 9.95, 10.00, 10.18을 써냈고 $n=60$이라고 하자.

① 낙찰 업체가 없을 근사확률을 구하여라.

② 9.95를 쓴 업체에게 낙찰될 근사확률을 구하여라.

8 2014년 1월 서울연구원 도시정보센터 발표에 의하면 서울시민 가구당 자산의 중앙값은 2.51억 원, 연 소득의 중앙값은 3,800만 원, 부채의 중앙값은 5,500만 원이라고 한다.

(1) 서울시민 100명을 무작위로 뽑았을 때, 이들 중 가구의 자산이 2.51억이 넘는

사람의 수를 X라고 하면 X가 44 이상일 근사확률을 구하여라.

(2) (1)과 독립적으로 100명의 시민을 추가로 뽑았다고 할 때, 이들 중 가구 부채가 5,500만 원 이상인 사람의 수를 Y라고 하면 Y가 60 이상일 근사확률을 구하여라.

(3) $X+Y$의 평균과 분산을 구하여라.

(4) $X+Y$가 104 이상일 근사확률을 구하고 (1)과 (2)의 확률과 비교하여라.

9 담배회사에서 타르 함량을 줄인 라이트 담배를 판매한다고 하자. 담배포장에는 타르의 함량이 4.5 mg이라고 되어 있다. 이 회사에서는 이 담배 한 개비에 포함된 타르 함량의 평균이 4.5 mg이고 표준편차는 0.5 mg이라고 주장한다. 이 주장의 진위를 알아보기 위해 무작위로 담배 n 개비를 추출하여 조사하려고 한다. 담배회사의 주장이 옳다면,

(1) 위의 정보를 이용하여 어떤 한 개비에 포함된 타르함량이 4.5 mg 이상 나올 확률을 구할 수 있는가?

(2) $n=40$개일 때, 표본평균이 4.6 mg 이상일 근사확률을 구하여라.

(3) $n=100$개일 때, 100개의 타르함량 합이 460 mg 이상일 근사확률을 구하여라.

10 사고 발생 후 병원까지 환자를 이송하여 응급실에서의 처치를 받는 데 걸리는 시간은 평균이 25분이고 표준편차가 5분인 정규분포를 따른다고 하자. 사고 후 30분 이내에 응급실 처치를 받지 못하면 환자는 위험상태에 빠진다고 가정할 때 물음에 답하여라. (【연습문제 6.10】 참조)

(1) 어떤 환자가 위험한 상태에 빠지지 않을 확률을 구하여라.

(2) 10명의 환자기록을 무작위로 뽑았을 때, 10명 중 2명이 위험상태에 있을 확률을 구하여라.

(3) 만약 100명의 환자기록을 무작위로 뽑았을 때, 100명 중 20명 이상이 위험상태에 있을 확률을 구하여라.

08

통계적 추론 개요

앞에서 우리는 이항분포나 정규분포와 같은 확률분포에 대해 알아보았다. 확률분포는 어떤 불확실한 현상을 수리적으로 모형화한 것이기 때문에 다양한 분포를 알고 있다는 것은 다양한 현상을 설명할 수 있다는 것을 의미한다. 이 장에서는 앞에서 배운 확률과 분포이론을 이용하여 모집단에 대한 통계적 추론을 어떻게 하는지에 대해 알아본다. 이 장과 이후의 장에서는 다음과 같은 문제를 통계적으로 어떤 모형으로 풀어 가는지에 대해 알아본다.

- 통계학 관련학과의 취업률은 어느 정도 될까?
- 두 실험결과의 안정성에는 차이가 있을까?
- 남녀출생성비가 같을까?
- 어떤 정책에 대한 국민의 생각을 알아보려면 몇 명의 표본을 뽑아야 할까?
- 세 가지 사료에 따라 닭의 성장량에 차이가 있을까?
- 2024년 올림픽 육상 100m 우승기록은 얼마나 될까?
- 성별에 따라 스마트폰 모델에 대한 선호도에 차이가 있을까?

1 통계적 추론의 분류

1장에서도 언급한 것과 같이 통계학의 시작과 끝에는 모집단이 있다. **통계적 추론**(statistical inference)은 모집단에서 추출된 표본을 이용하여 모집단의 특성 또는 모수에 대해 추측하거나 특성에 대한 가설의 옳고 그름을 결정하는 과정을 의미한다. 통계분석을 시작하는 단계에서 모집단에 대해 어떤 가정을 하는가에 따라 결론에 차이가 있을 수 있다. 통계적 추론은 모집단에 대해 특정분포를 가정하는가에 따라 모수적 추론과 비모수적 추론으로 나눌 수 있다.

모수적 추론(parametric inference)에서는 모집단이 어떤 특정분포 형태를 가진다고 가정한다. 예를 들어, "모집단은 평균이 μ 이고 분산이 σ^2 인 정규분포이다."라고 가정하는 경우이다. 이렇게 모집단에 대해 분포를 가정하면, 그 분포의 특성을 결정하는 모수가 있다. 이 경우 모수만 알면 모집단의 특성을 모두 알 수 있기 때문에 표본을 통해 모수가 무엇인지를 추론한다. 만약 모집단의 가정이 적절하게 설정되었다면, 일반적으로 모수적 추론은 해당 분포 하에서 최적의 방법을 제공하기 때문에 우선 적용된다.

모수적 추론은 모집단의 가정이 얼마나 적절한지에 따라 최종 결론의 타당성에 영향을 줄 수 있다. 그러므로 모수적 추론에 있어 중요한 과정 중 하나가 가정의 적절성을 평가하는 부분이다. 예를 들어, 이항분포를 이용할 때에는 각 실험이 독립적이고 성공확률이 동일한지 등의 가정을 확인해야 한다. 정규분포를 가정한 경우, 자료들이 정규분포의 구조로 분포되어 있는지를 확인한 후 모수적 추론의 사용여부를 결정해야 한다. 만약 자료들이 이러한 가정을 심각하게 위반하는데도 불구하고 분석을 진행한다면 잘못된 결론을 도출할 수 있다.

모수적 추론이 모집단의 분포에 대한 가정을 기반하고 있는 반면, **비모수적 추론**(nonparametric inference)에서는 모집단에 대해 특별한 분포가정을 하지 않는다. 그러므로 모집단의 특성을 몇 개의 모수로 결정하기 어려우며 모집단의 특성이 수많은 모수를 통해 설명될 수도 있다. 그래서 비모수적 추론에서는 일반적으로 특정 모수에 대해 관심이 없으며 문제에 따라 직관적이거나 적절한 근거를 기반으로 한 통계량들이 사용되고 있다. 대표적인 비모수적 방법은 자료의 값 대신 자료의 **순위**(rank)를 이용하는 것이다. 비모수적 추론방법에 대해서는 관련 문헌을 참고하기 바란다.

이 책에서는 설명하지 않겠지만 베이지안 추론이라는 것이 있다. 지금까지 우리는 모수를 변하지 않는 상수라고 가정하였다. 하지만 **베이지안 추론**(Bayesian inference)에서는 관심의 대상인 모수가 확률변수라고 가정한다. 그러므로 베이지안 추론에서는 모수의 확률분포가 무엇인지에 대해 알아본다. 자료를 얻었을 때, 모수의 조건부 분포인 **사후분포**(posterior distribution)를 어떻게 유도할 것인지가 베이지안 추론에서의 문제이다. 좀 더 확대하면 베이지안 관점에서는 모수, 결측값, 예측값과 같이 현재 알지 못하는 모든 것을 확률변수로 취급하며, 자료가 주어졌을 때 이들의 조건부 분포를 유도하는 것이 베이지안 추론의 목표이다. 예전에는 특정분포를 제외하고는 사후분포 유도하는 것이 어려웠지만 **깁스샘플링**(Gibbs sampling)과 MCMC(Markov chain Monte Carlo)와 같은 방법들이 개발되면서 베이지안 추론에 대한 연구가 활발하게 이루어지고 응용 분야가 확대되고 있다.

통계적 추론은 그 목적과 방법에 따라 추정과 가설검정으로 나눌 수 있다. **추정**(estimation)은 관심의 모수가 얼마인지 또는 모수가 포함되어 있을 것으로 생각되는 구간을 확률적으로 찾는 것으로 전자를 **점추정**(point estimation), 후자를 **구간추정**(interval estimation)이라고 한다. **가설검정**(testing hypotheses)은 모수에 대한 가설을 세우고 그 가설의 옳고 그름을 확률적으로 판정하는 방법론이다. 이 책에서는 모수적 추론 중심으로 이들 방법에 대해 설명할 것이다.

2 점추정과 중심축량

점추정은 표본의 정보를 이용하여 관심 모수를 어떤 값으로 추정하는 것이다. 이 때 추정된 값을 **추정량**(estimator) 또는 **추정값**(estimate)이라고 한다. 추정량은 확률변수로 표시되고 추정값은 실제 자료를 통해 계산된 값이다. 예를 들어, 모평균을 추정하는 데 있어 확률표본 $X_1, X_2, \cdots, X_n$ 의 표본평균 $\overline{X}$ 는 추정량이고 실제 자료 $x_1, x_2, \cdots, x_n$ 의 표본평균 $\overline{x}$ 는 추정값이 된다.

점추정량을 구하는 방법에는 **적률법**(method of moments)이나 **최대가능도추정법**(maximum likelihood estimation)과 같이 확률분포를 기초로 추정하는 방법과 **최소제곱법**(least sqaures estimation)과 같이 분포가정을 특별히 하지 않고 관측값과 모수와의 거리를 최소로 만드는 방법들이 이용되고 있다. 이외에도 다양한 방법들이 있으나 최소제곱법을 제외한 나머지 추정방법에 대한 설명은 이 책의 수준을 넘어가기 때문에 자세한 내용은 여인권 등(2009)과 같은 수리통계학 교재를 참고하기 바란다. **비편향성**(unbiasedness), **일치성**(consistency), **효율성**(efficiency)과 같은 추정량의 성질을 나타내는 개념들도 이 책의 수준을 벗어나므로 생략한다.

이 책에서는 아래의 표에 표시된 것과 같이 직관적인 방법으로 유도된 점추정량에 대해 알아본다.

모수		점추정	
		추정량	추정값
평균	μ	$\overline{X}$	$\overline{x}$
비율	θ	P	p
분산	σ^2	S^2	s^2
표준편차	σ	S	s

만약 점추정량이 연속확률분포를 따르면, 연속확률분포에서 어떤 점에서의 확률이 0인 것처럼 점추정량과 모수와 정확하게 일치할 확률은 0이 된다. 이것은 비록 대부분 모수에 대한 추정값으로 점추정값을 사용하지만, 그 값이 모수와 같을 수 없다는 것을 의미한다. 그러므로 모수추론에 있어 적절한 표현방법은 추정값과 더불어 변동성을 나타내는 표준오차를 같이 써 주는 것이다.

일반적인 모수추론에서는 점추정량의 통계적 성질을 기반으로 모수에 대한 구간추정과 가설검정을 하기 때문에 점추정량은 통계적 추론의 출발점이 된다. 점추정량의 분포는 대부분 관심의 대상인 모수의 함수로 표시되며 이를 활용하여 구간추정과 가설검정의 기본 이론을 도출한다. 예를 들어, $X_1, X_2, \cdots, X_n$는 $N(\mu, \sigma^2)$으로부터 추출된 확률표본이고 편의상 분산 σ^2의 값은 알고 있다고 가정하자. 만약 모평균 μ에 대해 추론을 한다면, 직관적으로 μ의 점추정량은 $\overline{X}$가 되고 앞 장에서 본 것과 같이 $\overline{X} \sim N(\mu, \sigma^2/n)$이다. $\overline{X}$의 분포 또한 관심대상인 μ를 포함하고 있다. $\overline{X}$를 표준화하면,

$$Z_\mu = \frac{\overline{X} - \mu}{\sigma / \sqrt{n}} \sim N(0,1)$$

가 되는데, Z_μ는 통계량 $\overline{X}$와 모수 μ로 이루어져 있으며 Z_μ의 분포인 $N(0,1)$는 더는 미지의 모수를 포함하지 않고 있다. 이와 같이 관심 모수와 통계량의 함수이면서 그것의 확률분포가 미지의 모수를 포함하지 않는 확률변수를 **중심축량(pivotal quantity, 주축량)**이라고 한다. 이 중심축량은 구간추정과 가설검정에 있어 핵심적인 역할을 한다. 앞으로 각각의 추론에서 이 중심축량이 어떻게 유도되고 어떤 분포를 따르는지를 주의 깊게 볼 필요가 있다.

예제 8.1

두 범주로 나누어진 모집단에서 범주 I에 속한 비율 θ에 대해 알아보기 위해 n개의 확률표본을 얻었다. 만약 n개의 확률표본 중 범주 I에 속한 표본의 수를 X라고 하면 $X \sim B(n, \theta)$가 된다. 모비율 θ에 대한 직관적 점추정량은 표본비율로 $P = X/n$이며 만약 표본크기 n이 크고 $n\theta \geq 5$, $n(1-\theta) \geq 5$를 만족한다면, 중심극한정리에 의해

$$P \simeq N\left(\theta, \frac{\theta(1-\theta)}{n}\right)$$

가 되며 이를 표준화하면 다음과 같은 중심축량을 얻을 수 있다.

$$Z_\theta = \frac{P - \theta}{\sqrt{\theta(1-\theta)/n}} \simeq N(0,1)$$

3 구간추정과 이해

구간추정은 관심모수가 포함되어 있을 것으로 기대되는 구간을 확률적으로 선택하는 것이다. 관심모수가 ϕ라고 하면 구간추정에서는 아래 식과 같이 ϕ를 포함할 확률이 $1-\alpha$인 구간 $[L, U]$을 구한다.

$$P(L \le \phi \le U) = 1 - \alpha$$

여기서 구간 $[L, U]$를 100(1-α)% **신뢰수준**(confidence level)에서의 **신뢰구간**(confidence interval)이라고 한다. 위의 확률식이 성립하기 위해서는 신뢰구간의 하한값 L 또는 상한값 U는 확률변수이어야 한다. 왜냐하면, 하한값과 상한값이 상수이면 ϕ가 그 구간에서의 포함되어 있는지는 참 또는 거짓으로 표시되는 명제가 되어 확률은 0 또는 1밖에 되지 않기 때문이다. 기본적으로 L과 U를 유도하는 데 중심적인 역할을 하는 것이 중심축량이다. 중심축량의 분포는 미지의 모수를 포함하지 않기 때문에 중심축량이 어떤 구간에 있을 확률이 $1-\alpha$에 해당하는 구간을 계산할 수 있다. 예를 들어, $N(0,1)$일 때 구간 [-1.96, 1.96]의 확률은 0.95(95%)이고 [-1.645, 1.645]의 확률은 0.9(90%)이다. 이것은 중심축량이 이 구간 안에 있을 확률이 $1-\alpha$라는 것을 의미한다. 마지막으로 중심축량에서 모수만 남겨 놓고 나머지를 앞에서 계산된 구간의 경계점과 결합시켜 신뢰구간을 구하면 된다.

예제 8.2

확률표본 $X_1, X_2, \cdots, X_n$는 $N(\mu, \sigma^2)$으로부터 추출되었고 분산 σ^2의 값은 알고 있다고 가정하자. 앞 절에서 언급한 것과 같이 중심축량 Z_μ은 다음과 같은 성질을 만족한다.

$$Z_\mu = \frac{\overline{X} - \mu}{\sigma / \sqrt{n}} \sim N(0,1)$$

만약 평균 μ에 대한 95% 신뢰구간을 구한다고 하면, 위의 중심축량을 이용하여

$$P(a \leq Z_\mu \leq b) = 0.95$$

를 만족하는 수많은 a와 b를 구할 수 있다. 예를 들어, $Z \sim N(0,1)$일 때 $P(Z > 1.96) = P(Z < -1.96) = 0.025$ 이므로 $a = -1.96$, $b = 1.96$ 이라고 하면,

$$P(-1.96 \leq Z_\mu \leq 1.96) = 0.95$$

가 된다. 여기서 Z_μ를 위의 식으로 대체하여 풀면,

$$P\left(-1.96 \leq \frac{\overline{X} - \mu}{\sigma/\sqrt{n}} \leq 1.96\right) = 0.95$$

가 되고 중앙에 있는 식에서 모수 μ만 제외하고 나머지부분을 양변으로 넘기면,

$$P\left(\overline{X} - 1.96\frac{\sigma}{\sqrt{n}} \leq \mu \leq \overline{X} + 1.96\frac{\sigma}{\sqrt{n}}\right) = 0.95$$

가 되어 평균 μ에 대한 95% 신뢰구간 $[L, U]$는 다음과 같이 구할 수 있다.

$$L = \overline{X} - 1.96\frac{\sigma}{\sqrt{n}}, \quad U = \overline{X} + 1.96\frac{\sigma}{\sqrt{n}}$$

6장에서 z_α는 표준정규분포에서 $P(Z > z_\alpha) = \alpha$를 만족하는 값이라고 했다. 예제에서도 언급한 것과 같이 $P(a \leq Z_\mu \leq b) = 0.95$를 만족하는 $[a, b]$는 $[-z_{0.01}, z_{0.04}]$, $[-z_{0.02}, z_{0.03}]$, … 등 수없이 많다. 이들 중 특별한 경우를 제외하고 우리는 $[-z_{0.025}, z_{0.025}]$를 사용하는데, 그 이유는 표준정규분포는 0을 중심으로 대칭이고 0에서 멀어질수록 밀도가 낮아져 다른 형태의 구간보다 짧기 때문이다. 동일한 신뢰수준을 가지지만 구간이 짧다는 것은 가능성이 높은 부분을 중심으로 구간을 얻었다는 것을 의미한다. 그러므로 100(1-α)% 신뢰수준에서의 구간추정을 하면 중심축량에 대한 구간은 $[-z_{\alpha/2}, z_{\alpha/2}]$로 표시된다. 즉,

$$P\left(\overline{X} - z_{\alpha/2}\frac{\sigma}{\sqrt{n}} \leq \mu \leq \overline{X} + z_{\alpha/2}\frac{\sigma}{\sqrt{n}}\right) = 1 - \alpha$$

이므로 μ에 대한 100(1-α)% 신뢰구간은

$$\left[\overline{X} - z_{\alpha/2}\frac{\sigma}{\sqrt{n}}, \ \overline{X} + z_{\alpha/2}\frac{\sigma}{\sqrt{n}} \right]$$

가 된다. 때로는 구간을 $(-\infty, z_{0.05}]$ 또는 $[-z_{0.05}, \infty)$로 설정하기도 하는데, 이는 한쪽만 고려하여 신뢰구간을 구하는 것으로 이런 신뢰구간을 **단측신뢰구간**(one-sided confidence interval)이라고 한다.

예제 8.3

A 회사에서 생산하고 있는 초코파이 칼로리의 평균을 알아보기 위해 16개의 파이를 무작위로 조사하였다고 하자. 이 회사의 초코파이 칼로리는 표준편차가 8인 정규분포를 따른다고 가정하자. 16개의 초코파이의 표본평균이 162.7 kcal라고 하면 모평균에 대한 95% 신뢰구간은 위의 식에서 $\overline{X}$의 값이 162.7로 다음과 같다.

$$\left[162.7 - 1.96 \times \frac{8}{\sqrt{16}}, \ 162.7 + 1.96 \times \frac{8}{\sqrt{16}} \right] = [158.78, \ 166.62]$$

이 예제에서 주의해야 할 것은 구간 [158.78, 166.62]에 모평균 μ가 있을 확률이 0.95가 아니라는 것이다. 즉,

$$P(158.78 \le \mu \le 166.62) \ne 0.95$$

이다. 앞에서 언급했던 것과 같이 $158.78 \le \mu \le 166.62$라는 것은 참 또는 거짓인 명제로 확률은 0 아니면 1이 되며 구간 [158.78, 166.62]에 실제로 모평균이 포함되어 있는지는 모른다.

신뢰구간에 대한 오해는 실제 자료를 통해 신뢰구간을 구했을 때 발생한다. 위 예제에서와 같이 모분산 σ^2을 알고 있다는 가정하에서 정규모집단으로부터 n개의 확률표본 $x_1, x_2, \cdots, x_n$을 얻어 모평균 μ에 대한 100(1-α)% 신뢰구간을 구한다면 신뢰구간 식에서 $\overline{X}$를 $\overline{x}$로 대체한 구간

$$[\overline{x} - z_{\alpha/2}\sigma/\sqrt{n}, \overline{x} + z_{\alpha/2}\sigma/\sqrt{n}]$$

이 된다. 문제는 이 신뢰구간의 하한값과 상한값이 더는 확률변수가 아니기 때문에 이

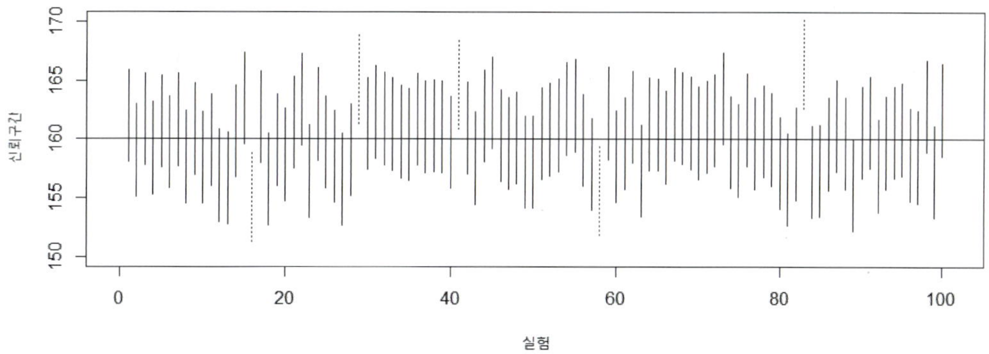

그림 8.1 신뢰구간의 이해(실선: 모수를 포함, 점선: 모수를 포함하지 않음)

구간이 μ를 포함할 확률은 0 아니면 1이 된다는 것이다. 그러면 실제 자료가 주어졌을 때 이 구간을 어떻게 해석해야 하는가라는 문제가 발생한다.

신뢰구간에 대한 개념은 3장에서 언급한 통계적 확률로 설명할 수 있다. 예제에서 95% 신뢰구간은 모집단으로부터 n개의 확률표본 $x_1, x_2, \cdots, x_n$을 얻어 구간

$$\left[\,\bar{x} - z_{0.025}\sigma/\sqrt{n}\,,\, \bar{x} + z_{0.025}\sigma/\sqrt{n}\,\right]$$

을 구하는 작업을 계속 반복했을 때, 그 구간 중 95% 정도는 실제 모평균 μ를 포함하고 나머지 5% 정도는 모평균을 포함하지 못한다는 것을 의미한다. 【그림 8.1】은 모평균이 160일 때 위의 실험을 반복하여 유도된 신뢰구간을 표시한 것으로 실선은 모평균인 160을 포함한 것이고 점선은 포함하지 않는 것이다. 이런 식으로 계속 실험을 반복했을 때 전체 선 중 약 95% 정도의 선은 160을 포함한다.

4 가설검정의 개념과 원리

명제 "$A \Rightarrow B$(A이면 B이다)"에 대해 명제 "$B^c \Rightarrow A^c$(B가 아니면 A가 아니다)"를 처음 명제 $A \Rightarrow B$의 **대우(contraposition)**라고 한다. 명제 $A \Rightarrow B$가 참이면 그의 대우 $B^c \Rightarrow A^c$는 참이 된다. 따라서 어떤 이론을 증명하는 데 있어 직접적으로 보이기 어렵거나 복잡할 때에는 그 이론의 결과가 틀렸다는 가정하에서 **모순(contradiction)**을

도출하여 증명하기도 한다. 예를 들어, " $\sqrt{2}$ 는 무리수이다"라는 것을 보이기 위해 " $\sqrt{2}$ 가 유리수이다"라고 가정한다면 $\sqrt{2}=a/b$ 로 표시될 수 있고 몇 단계를 거치면서 a 와 b 는 2의 배수가 되는데 이는 a 와 b 가 서로소라는 것에 모순이 되기 때문에 " $\sqrt{2}$ 는 무리수이다"라고 보인다. 이와 같은 증명법을 수학에서는 **귀류법**(proof by contradiction)이라고 한다. 여기서 귀류법을 언급한 이유는 귀류법의 절차가 가설검정 과정과 유사하기 때문이다.

통계적 가설검정의 과정을 수행하기 위해서는 몇 가지 용어에 대한 이해가 있어야 한다.

4.1 가설

가설검정(testing hypotheses)은 모집단의 모수 또는 분포에 대해 추측이나 주장을 설정하고 이것의 옳고 그름을 표본으로부터 얻어진 정보를 이용하여 확률적으로 판정하는 과정이다. 이때 모수 또는 분포에 대한 추측이나 주장을 **가설**(hypothesis)이라고 한다. 앞에서 언급한 것과 같이 가설검정을 하려면 기본적으로 참과 거짓으로 나누어지는 두 가지 가설이 필요한데, 이 두 가설을 귀무가설과 대립가설이라고 한다.

대립가설(alternative hypothesis)은 표본에서 얻은 정보를 이용하여 우리가 입증하고자 하는 가설로 앞으로 H_1 로 표시한다. **귀무가설**(null hypothesis)은 영가설이라고도 하며 일반적으로 H_0 으로 표시되는데 대립가설과 반대되는 형태를 가지며 검정의 대상이 되는 가설이다. 통계적 가설검정에서는 우리가 보이고자 하는 대립가설이 옳다는 것을 직접적으로 보이지 않는다. 자료로부터 대립가설의 반대되는 귀무가설이 잘못되었다는 충분한 근거를 찾으면 대립가설이 타당하다고 주장하는 것이다.

관심모수가 ϕ 이고 기존 결과에 의하면 ϕ 의 값이 ϕ_0 라고 하자. 대부분 경우 통계적 가설검정을 통해 새로운 이론의 근거를 마련하려고 하기 때문에 우리가 입증하고자 하는 대립가설의 형태는 일반적으로 $\phi > \phi_0$, $\phi < \phi_0$, $\phi \neq \phi_0$ 의 형태를 가진다. 그러면 각각의 대립가설에 대해 대응되는 귀무가설을 다음과 같이 설정할 수 있다.

표 8.1 귀무가설과 대립가설의 형태

상황	귀무가설	대립가설
①	$H_0 : \phi \le \phi_0$	$H_1 : \phi > \phi_0$
②	$H_0 : \phi \ge \phi_0$	$H_1 : \phi < \phi_0$
③	$H_0 : \phi = \phi_0$	$H_1 : \phi \ne \phi_0$

상황 ①과 ②의 대립가설과 같이 ϕ가 ϕ_0보다 어떤 한쪽으로 크거나 작은지를 보고자 하는 경우 **단측검정(one-sided test)**라고 하고 상황 ③과 같이 방향에 관계없이 얼마나 차이가 있는지를 알아보고자 하는 경우 **양측검정(two-sided test)**이라고 한다.

예제 8.4

기존 초코파이의 평균 칼로리는 165 kcal이었다고 하자. 가설검정을 통해 새로운 초코파이는 기존의 초코파이보다 칼로리가 낮다는 것을 보이고자 한다면 대립가설은 $H_1 : \mu < 165$ 이고 귀무가설은 $H_0 : \mu \ge 165$ 가 된다.

예제 8.5

남녀의 출생성비가 다르다는 것을 보이고 싶다고 하자. 남아의 출생비율을 θ 라고 하면 여아의 출생비율은 $1-\theta$ 이기 때문에 출생성비가 다르다는 것은 $\theta \ne 1-\theta$ 가 된다. 그러므로 대립가설은 $H_1 : \theta \ne 0.5$ 이고 귀무가설은 $H_0 : \theta = 0.5$ 가 된다.

예제 8.6

A 전공 졸업생의 취업률 θ_A 가 B 전공 졸업생의 취업률 θ_B 보다 높다는 것을 보이고 싶다고 하면 대립가설은 $H_1 : \theta_A > \theta_B$ 이고 귀무가설은 $H_0 : \theta_A \le \theta_B$ 가 된다.

어떤 상황에서는 예전과 차이가 없는 것을 보이고자 하는 경우가 있다. 예를 들어, 어떤 제품을 만드는 새로운 방법은 비용이나 시간 등을 고려했을 때 기존의 방법보다 훨씬 경제적인 방법인데 그 제품의 품질은 기존의 방법과 비교해 차이가 없다는 것을 보이는 것이다. 최근에 글로벌 제약회사에서 독점적으로 판매했던 약의 특허권이 소멸되면서 국내 제약사에서는 제네릭 의약품이라고 하는 복제 약을 제조하여 판매하고 있다. 하지만 많은 경우 제약사의 기계설비 및 제조과정에서의 노하우 등이 다르고 제조에서의 미세한 차이가 약의 효능에 영향을 줄 수 있다. 그렇기 때문에 동일 성분이라고 하더라도 효과가 같은지에 대한 검정이 필요하다. 그러므로 특허기간이 완료된 오리지널 약과 제네릭 약의 효능을 비교해야 한다. 이 경우 제네릭 약의 효능을 ϕ, 기존 오리지널 약의 효능을 ϕ_0 라고 하면 가설검정을 통해 보이고자 하는 것은 $\phi - \phi_0$ 가 임상적으로 차이가 없다는 구간 $(-\delta, \delta)$ 에 있는 것을 보이는 것이다. 즉 귀무가설과 대립가설은 다음과 같이 설정된다.

$$H_0 : |\phi - \phi_0| \geq \delta \qquad\qquad H_1 : |\phi - \phi_0| < \delta$$

이와 같은 가설검정을 **동등성검정(equivalence test)**이라고하고 δ를 **동등성 마진(equivalence margin)**이라고 부른다. 이 책에서는 단측과 양측검정에 대해서만 알아보며 동등성 검정에 대해서는 강승호[1]를 참조하기 바란다.

4.2 유의수준과 오류

통계적 가설검정에서는 수집된 자료가 모집단을 대표할 수 있는 정상적인 자료이고 이 자료를 통해 대립가설이 옳다는 것을 보이고자 하는 것이다.

정상적인 자료 $\Rightarrow H_1$

대부분의 자료 수집과정에서는 확률적 오차가 발생하기 때문에 정상적인 자료를 근거

1 강승호(2013). *신약개발에 필요한 의학통계학-임상시험 통계분석* 2판. 자유아카데미

로 H_1 이 옳다는 것을 보이기는 쉽지 않다. 이러한 어려움을 해결하기 위해 통계학에서는 위에서 증명하고자 하는 주장의 대우를 확률적으로 보임으로써 대립가설의 타당성을 확보하고자 한다.

H_0 ⇒ 비정상적인 표본

즉, 우리가 수집한 자료가 귀무가설 하에서는 비정상적 자료라는 것을 보이는 것이다. 수집과정이 올바르게 진행되었다면 비정상적인 자료라는 것은 자주 발생하지 않는 자료라고 할 수 있으며 이러한 자료를 얻을 가능성이 낮다는 것을 의미한다. 이때 이런 자료를 얻을 가능성이 얼마나 낮아야 비정상적인지 결정하는 기준이 필요한데 이 기준값을 **유의수준**(significant level)이라고 한다. 일반적으로 0.05(5%)가 유의수준으로 많이 사용되는데, 이것은 귀무가설하에서 수집된 자료보다 극단적인 상황이 발생할 확률이 0.05보다 작으면 '이 자료는 비정상적이다'라고 판정하겠다는 것이다. 이런 경우 통계학에서는 '귀무가설 H_0 을 **기각**(reject)한다'라고 하고 우리가 보이고자 하는 H_1 이 옳다고 판정한다. 만약 귀무가설 하에서 수집된 자료보다 극단적인 상황이 발생할 확률이 유의수준보다 작지 않으면 H_1 이 옳다고 하지 못한다. 이런 경우 'H_0 를 **채택**(accept)한다'라고 하거나 'H_0 을 **유지**(retain)한다'라고 한다. 이는 자료로부터 새로운 증거를 찾을 때까지 H_1 을 보류한다는 것을 의미한다.

유의수준에 대해 좀 더 이론적으로 접근하려면 가설검정에서의 오류에 대해 알아야 한다. 통계적 가설검정은 수집된 자료를 근거로 이루어지기 때문에 자료를 잘못 뽑았을 경우 잘못된 결론을 내릴 수 있다. 예를 들어, 귀무가설이 사실인데 귀무가설을 기각시킬 수도 있고 대립가설이 사실인데 대립가설을 보류할 수도 있다. 이런 잘못된 결론을 내릴 때 **오류**(error)가 발생했다고 하는데 상황에 따라 【표 8.1】와 같이 정리할 수 있다.

【표 8.1】에서 귀무가설이 사실일 때 귀무가설을 기각, 즉 대립가설이 사실이라고 결정한 경우 **제1종의 오류**(type I error)라고 하고 대립가설이 사실인데 귀무가설을 채택한 경우 **제2종의 오류**(type II error)라고 한다. 좋은 가설검정 방법이라면 이 두 오류를 범할 확률을 가능한 한 작게 만들어야 하는데, 이때 제1종의 오류와 제2종의 오류 확률은

표 8.2 오류의 종류

결정 \ 실제	귀무가설 참	대립가설 참
귀무가설 참	O	제2종의 오류
대립가설 참	제1종의 오류	O

다음과 같이 정의된다.

$$\alpha = P(\text{제1종의 오류}) = P(H_0 \text{ 기각} \mid H_0 \text{ 사실})$$

$$\beta = P(\text{제2종의 오류}) = P(H_0 \text{ 채택} \mid H_1 \text{ 사실})$$

앞 절에서 유의수준은 귀무가설 하에서 비정상 여부를 결정하는 데 기준이 되는 확률로 위의 확률에서 귀무가설이 사실일 때 귀무가설을 기각시킬 확률 α와 연결된다. 이러한 확률을 계산하기 위해서는 H_0을 기각시키거나 채택하는 상황이 정해져야 한다. 예를 들어, 분산이 4인 정규모집단의 평균에 대한 가설 $H_0 : \mu = 0$과 $H_1 : \mu = 1$을 검정하려고 16개의 확률표본 $X_1, X_2, \cdots, X_{16}$을 얻는다고 하자. 만약 표본평균의 값이 0.5보다 크거나 같으면 귀무가설을 기각한다는 기준으로 가설검정을 한다면, 귀무가설하에서 $\mu = 0$이고 $\overline{X} \sim N(0, 4/16)$이므로 제1종의 오류 확률은

$$\alpha = P_{H_0}(\overline{X} \geq 0.5) = P\left(\frac{\overline{X} - 0}{2/\sqrt{16}} \geq \frac{0.5 - 0}{2/\sqrt{16}}\right) = P(Z \geq 1) = 0.1587$$

이 된다. 이때 귀무가설 기각의 기준이 되는 0.5를 **임계값**(critical value), 0.5보다 크거나 같은 구간을 **기각역**(rejection region), 0.5보다 작은 구간을 **채택역**(acceptance region)이라고 하고 한다. 같은 기각기준을 대립가설일 때 적용하면, $\mu = 1$이고 $\overline{X} \sim N(1, 4/16)$가 되고 표본평균이 0.5보다 작을 때 귀무가설을 채택하므로 제2종의 오류 확률은

$$\beta = P_{H_1}(\overline{X} < 0.5) = P\left(\frac{\overline{X} - 1}{2/\sqrt{16}} < \frac{0.5 - 1}{2/\sqrt{16}}\right) = P(Z < -1) = 0.1587$$

이 된다.

동일한 가설하에서 α를 작게 만들기 위해 표본평균이 0.75보다 크면 귀무가설을 기

각하는 기준으로 가설검정을 실시한다면, 제1종의 오류 확률은

$$\alpha = P_{H_0}(\overline{X} \geq 0.75) = P\left(\frac{\overline{X}-0}{2/\sqrt{16}} \geq \frac{0.75-0}{2/\sqrt{16}}\right) = P(Z \geq 1.5) = 0.0668$$

로 작아지지만 제2종의 오류 확률은

$$\beta = P_{H_1}(\overline{X} < 0.75) = P\left(\frac{\overline{X}-1}{2/\sqrt{16}} < \frac{0.75-1}{2/\sqrt{16}}\right) = P(Z < -0.5) = 0.3085$$

로 커진다.

일반적인 가설검정에서는 기각기준인 임계값을 먼저 정하지 않고 유의수준에 따라 임계값을 결정한다. 앞에서도 언급한 것 같이 α가 유의수준이다. 만약 유의수준을 0.05라고 한다면,

$$0.05 = P_{H_0}(\overline{X} \geq k) = P\left(\frac{\overline{X}-0}{2/\sqrt{16}} \geq \frac{k-0}{2/\sqrt{16}}\right) = P(Z \geq 2k)$$

가 되고 이를 만족하는 임계값은 $k = 1.645/2$가 된다.

【그림 8.2】와 같이 일반적으로 제1종의 오류 확률을 작게 만들면 제2종의 오류 확률이 커지기 때문에 적절한 수준에서 α 또는 β를 정해야 한다. 일반적으로 가설검정에 있어 α가 β보다 우선 고려되며 α에 대해 0.05와 같은 상한선을 정하고 β를 최소한으로 만드는 검정방법을 선택한다. 통계학에서는 $1-\beta$를 **검정력**(power)라고 하는데, 주어진 유의수준에서 검정력을 최대로 만드는 검정법을 찾는 방법을 수리통계학에서 배운다. 일반적으로 표본크기 n을 늘리는 것이 α와 β를 동시에 줄이거나 조절하는 방법이다. 그렇기 때문에 가설검정 과정에서 표본크기를 결정해야 하는 경우 유의수준과 검정력을 정

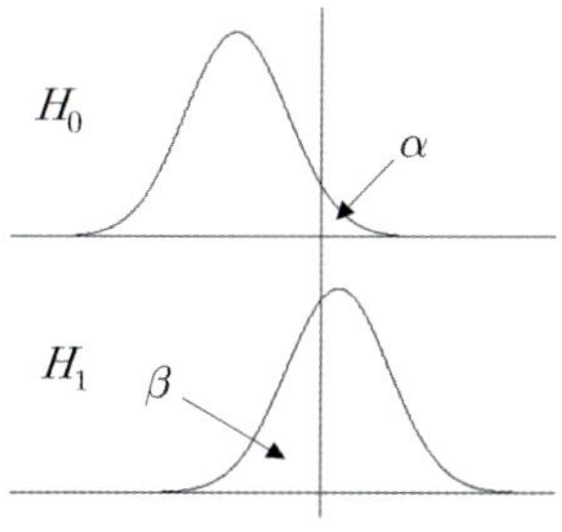

그림 8.2 α와 β의 관계

하고 이에 해당하는 표본크기를 계산한다. 이에 대한 내용도 이 책의 수준을 벗어나므로 생략한다. 이 책에서는 대립가설에서 모수의 값이 지정되었을 때 검정력을 계산하는 과정을 예제를 통해 알아본다.

예제 8.7

기존 초코파이의 평균 칼로리는 165kcal이었다고 하자. 가설검정을 통해 새로운 초코파이의 평균 칼로리는 기존의 초코파이보다 칼로리가 낮은 155kcal라는 것을 보이고자 한다. 즉, 귀무가설과 대립가설은 다음과 같다.

$$H_0 : \mu = 165, \qquad H_1 : \mu = 155$$

새로운 초코파이 칼로리의 분포는 표준편차가 20인 정규분포를 따른다고 가정한다. 이를 위해 새로운 초코파이 16개를 무작위로 선택하여 가설검정을 하는데 표본평균이 158 이하이면 칼로리가 낮다는 주장이 맞다고 판정하면,

$$\alpha = P_{H_0}(\overline{X} \le 158) = P\left(\frac{\overline{X} - 165}{20/\sqrt{16}} \le \frac{158 - 165}{20/\sqrt{16}}\right) = P(Z \le -1.4) = 0.0808$$

$$\beta = P_{H_1}(\overline{X} > 158) = P\left(\frac{\overline{X} - 155}{20/\sqrt{16}} > \frac{158 - 155}{20/\sqrt{16}}\right) = P(Z > 0.6) = 0.2743$$

으로 검정력은 1-0.2743=0.7257이다. 만약 동일한 기준에서 초코파이 25개를 조사하여 가설검정 한다면,

$$\alpha = P_{H_0}(\overline{X} \le 158) = P\left(\frac{\overline{X} - 165}{20/\sqrt{25}} \le \frac{158 - 165}{20/\sqrt{25}}\right) = P(Z \le -1.75) = 0.0401$$

$$\beta = P_{H_1}(\overline{X} > 158) = P\left(\frac{\overline{X} - 155}{20/\sqrt{25}} > \frac{158 - 155}{20/\sqrt{25}}\right) = P(Z > 0.75) = 0.2266$$

가 되는데 16개와 비교하면 α와 β가 모두 줄어든 것을 볼 수 있다. 이는 통계량 $\overline{X}$의 표준편차인 표준오차 $\sigma/\sqrt{n}$가 작아져 【그림 8.3】과 같이 귀무가설하에서 $\overline{X}$의 분포와 대립가설하에서의 분포가 좀 더 변별력을 가지도록 만들었기 때문이다.

【표 8.1】의 상황 ③과 같은 양측검정의 경우 귀무가설 하에서 모수는 한 값만 가진다.

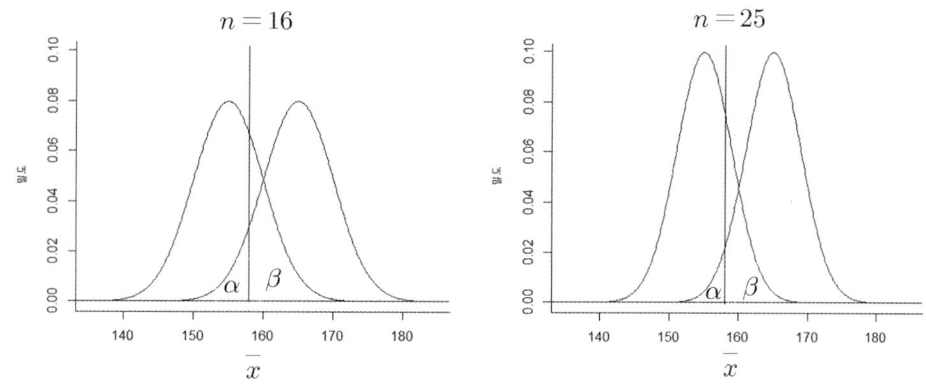

그림 8.3 $n = 16$ 때와 25일 때의 α와 β의 비교

그러므로 유의수준은 $\phi = \phi_0$일 때 귀무가설을 기각시킬 확률이다. 하지만 상황 ①과 ②와 같은 단측검정의 경우 귀무가설하에서 모수는 $\phi \le \phi_0$ 또는 $\phi \ge \phi_0$와 같이 구간으로 표시되기 때문에 모수를 어떤 값으로 정하는가에 따라 제1종의 오류확률이 달라진다. 예를 들어, 위의 예에서 모평균에 대한 가설검정에서 $H_0 : \mu \le 0$이고 $H_1 : \mu > 0$라고 하고 표본평균이 0.5보다 크거나 같은 구간을 기각역으로 정했다고 하자. 귀무가설하에서 모평균 μ가 0보다 작거나 같은 임의의 값 μ^*라고 하면 제1종의 오류확률은

$$P_{H_0}(\overline{X} \ge 0.5) = P\left(\frac{\overline{X} - \mu^*}{2/\sqrt{16}} \ge \frac{0.5 - \mu^*}{2/\sqrt{16}}\right) = P\left(Z \ge \frac{0.5 - \mu^*}{2/\sqrt{16}}\right)$$

가 되는데, 이 확률은 【그림 8.4】에서 보는 것과 같이 μ^*가 0에 가까워질수록 커지며 0

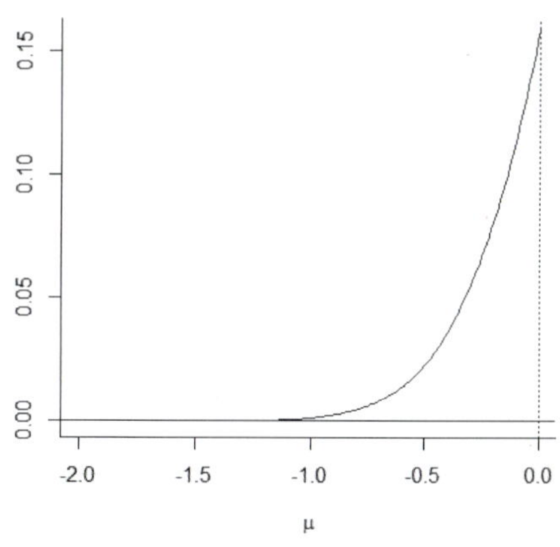

그림 8.4 μ^*에 따른 제1종 오류확률

일 때 가장 큰 값을 가진다.

귀무가설하에서의 모든 경우에 적용할 수 있으려면, 제1종 오류확률의 최댓값을 유의수준으로 정하는 것이 타당하다. 그러므로 단측검정에도 적용할 수 있도록 유의수준을 정의하면 다음과 같다.

$$\alpha = \max P(\text{제1종의 오류}) = \max P(H_0 \text{ 기각 } | \; H_0 \text{ 사실})$$

단측검정에서 유의수준은 대립가설과 경계를 이루는 점, 즉 $H_0 : \phi = \phi_0$ 에서 얻어지기 때문에 일반적인 가설검정에서 귀무가설은 단측, 양측 구분 없이 $H_0 : \phi = \phi_0$ 로 표시하는 경우가 있다.

4.3 검정통계량

앞에서 언급한 것과 같이 귀무가설을 기각시킬 것인지 채택할 것인지를 결정하기 위해서는 귀무가설하에서 수집된 자료의 발생 가능성을 확률적으로 표시할 수 있는 하나의 통계량이 필요하다. 가설검정에서 이러한 역할을 하는 통계량을 **검정통계량(test statistic)** 이라고 한다. 검정통계량은 확률변수이며 이에 해당하는 확률분포를 가지게 되는데, 이 분포를 이용하여 귀무가설 하에서의 자료에 대한 확률을 구한다. 대부분의 검정통계량은 점추정량이나 중심축량으로부터 유도된다. 예를 들어, 정규모집단의 평균 μ 에 대한 가설검정을 하는데【표 8.1】의 상황 ③과 같이 양측검정을 한다고 하자. 즉, 귀무가설과 대립가설은

$$H_0 : \mu = \mu_0 , \qquad H_1 : \mu \neq \mu_0$$

가 된다. 이 모집단에서 확률표본 $X_1, \cdots, X_n$ 을 추출한다고 하면, 귀무가설하에서는 $\mu = \mu_0$ 이기 때문에 μ 에 대한 직관적 점추정량인 표본평균은

$$\overline{X} \sim N(\mu_0, \sigma^2/n)$$

가 되고 이를 표준화한 중심축량은 다음과 같은 분포를 따른다.

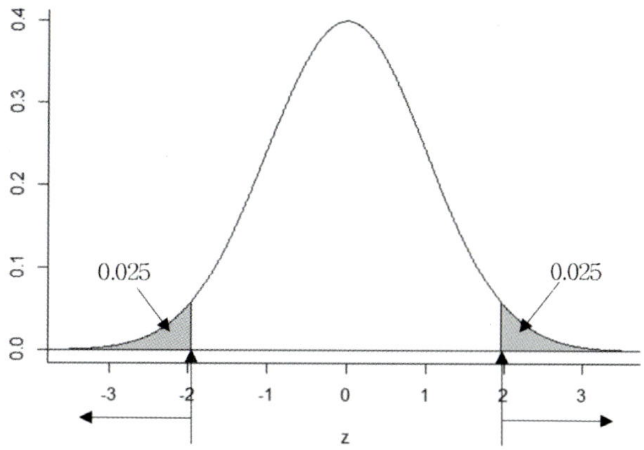

그림 8.5 H_0 하에서의 비정상 영역

$$Z_0 = \frac{\overline{X} - \mu_0}{\sigma / \sqrt{n}} \sim N(0,1)$$

여기서 분산 σ^2 의 값은 알고 있다고 가정하면 Z_0 은 귀무가설하에서의 검정통계량이 된다. 관측값 $x_1, x_2, \cdots, x_n$ 을 뽑았을 때 이 자료가 정상적인지 아닌지를 결정해야 하는데, 귀무가설하에서 $z_0 = \sqrt{n}(\overline{x} - \mu_0)/\sigma$ 가 중심부에 있으면 정상적인 자료라고 할 수 있으나 【그림 8.5】에서 보는 것과 같이 z_0가 양쪽 끝으로 가면 갈수록 이상한 자료라고 할 수 있다.

유의수준을 5%라고 하면, 양측검정의 경우

$$P(Z_0 < -1.96) = P(Z_0 > 1.96) = 0.025$$

이므로 만약

$$z = \frac{\overline{x} - \mu_0}{\sigma / \sqrt{n}}$$

가 −1.96보다 작거나 1.96보다 크면 이 관측값은 귀무가설 하에서 비정상적인 것으로 판단하고 귀무가설을 기각한다.

가설검정에서 기각역을 구하기 위해서는 일단 검정통계량의 확률분포를 알아야 하며 이 분포로부터 유의수준과 대립가설의 형태에 맞는 기각역을 계산할 수 있다. 그러므로 가설검정에서 중요한 과정 중 하나는 검정통계량의 확률분포가 어떤 분포인지를 아는 것이다. 우리는 앞으로 다양한 문제에 대한 검정통계량과 그것의 확률분포에 대해 알아볼 것이다. 어떤 경우에는 검정통계량의 확률분포가 복잡해 구하기 어렵거나 알 수 없는 경우도 있는데, 이런 경우 **붓스트랩(bootstrap)**과 같은 **재표집(resampling)** 방법을 사용하기도 한다. 자세한 내용은 Efron & Tibshirani[2]을 참고하기 바란다.

예제 8.8

【예제 8.4】에서 새로운 초코파이 평균 칼로리가 기존 초코파이보다 낮다는 것을 보이기 위해 25개의 초코파이를 조사한다고 하자. 초코파이의 칼로리 분포는 표준편차가 20인 정규분포를 따른다고 가정한다면 $H_0 : \mu = 165$ 하에서 검정통계량은 다음과 같은 분포를 따른다.

$$Z = \frac{\overline{X} - 165}{20/\sqrt{25}} \sim N(0,1)$$

대립가설은 $H_1 : \mu < 165$ 로 $\overline{X}$가 작을수록, 즉 Z가 작을수록 귀무가설 하에서는 이상한 자료가 되므로 유의수준을 5%로 했을 때 $P(Z \leq -1.645) = 0.05$ 이므로 기각역은 −1.645보다 작거나 같은 구간이다. 초코파이 25개를 조사한 결과 $\overline{x} = 156$ 이라고 하면, 이 값은

$$z = \frac{156 - 165}{20/\sqrt{25}} = -2.25$$

로 기각역에 있으며 귀무가설을 기각시킬 수 있다. 결론적으로 5% 유의수준에서 새로운 초코파이의 평균 칼로리는 기존 초코파이의 평균 칼로리보다 낮다고 할 수 있다.

4.4 유의확률(p-값)

【예제 8.8】에서 z가 5% 유의수준에서의 기각역에 있는지 여부로 귀무가설을 기각시킬

2 Efron, B and Tibshirani, R. J. (1993). *An Introduction to the Bootstrap*. Chapman & Hall, New York.

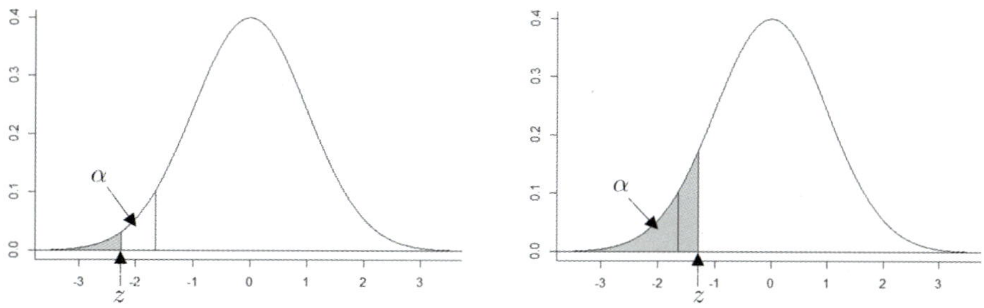

그림 8.6 유의수준과 유의확률 비교

것인지 채택할 것인지를 결정하였다. 만약 1%나 10%로 유의수준을 바꾼다면, 해당되는 기각역을 다시 계산하여 검정통계량과 비교해야 한다. 분석하는 사람에 따라 유의수준을 다르게 적용할 수 있기 때문에 통계분석 프로그램은 여러 가지 유의수준에 대한 기각역을 제공해야 하는 번거로움이 생길 수 있다. 통계학에서는 이런 번거로움을 해결하는 방법으로 p-값(p-value) 또는 **유의확률**(significance probability)이라는 것을 사용한다. 유의확률은 관측값에 의해 귀무가설을 기각시킬 수 있는 최소 유의수준으로 귀무가설하에서 계산된 검정통계량의 값보다 비정상적인 경우의 확률로 표시된다. 위 예제의 경우 【그림 8.6】의 첫 번째 그림과 같이 z가 기각역에 있으면 이 값보다 비정상적인 부분의 확률 $P(Z \leq z)$는 유의수준 α보다 작게 된다. 두 번째 그림과 같이 z가 채택역에 있으며 $P(Z \leq z)$는 유의수준 α보다 크게 되는 것을 볼 수 있다. 이때 $P(Z \leq z)$를 p-값 또는 유의확률이라고 한다.

이 유의확률을 이용하면 유의수준 α에 따른 기각역을 계산하지 않고 유의수준과 직접 비교하여 귀무가설 기각여부를 결정할 수 있다. 즉, 유의확률이 유의수준 α보다 작거나 같으면 귀무가설을 기각하고 크면 기각하지 못한다. 위의 예제에서 유의확률은 $P(Z \leq -2.25) = 0.0122$이며 5% 유의수준에서 귀무가설을 기각시킬 수 있지만 1% 유의수준에서는 기각시키지 못하는 것을 바로 알 수 있다.

평균 μ에 대한 양측검정에서 유의수준은 양쪽 끝부분으로 나누어 기각역을 계산하였다. 그러므로 양측검정에서 만약 z가 음수이면 $P(Z < z)$의 두 배, 양수이면 $P(Z > z)$의 두 배를 해야 하며 결론적으로 유의확률은 $2P(Z \geq |z|)$가 된다. 일반적으로 통계분석 프로그램에서는 별도의 옵션을 주지 않으면 평균에 대한 양측검정을 실시하고 이에 해당하는 유의확률을 제공하기 때문에 단측검정을 하는 경우 유의확률의 조정이 필요하다.

연·습·문·제

1 표준편차 σ가 5인 정규모집단의 모평균 μ에 대한 구간추정을 위해 25개의 확률표본을 구하여 95%구간을 구했더니 [22.54, 26.46]이었다고 할 때 아래의 물음에 대해 '맞음', '틀림', '모름'으로 답하여라.

(1) 모평균 μ가 구간 [22.54, 26.46]에 있을 확률은 0.95이다.
(2) 표본평균 $\bar{X}$가 구간 [22.54, 26.46]에 있을 확률은 0.95이다.
(3) 표본평균 $\bar{x}$가 구간 [22.54, 26.46]에 있을 확률은 0.95이다.
(4) 모평균 μ는 구간 [22.54, 26.46] 안에 있다.
(5) 표본평균 $\bar{X}$는 구간 [22.54, 26.46] 안에 있다.
(6) 표본평균 $\bar{x}$는 구간 [22.54, 26.46] 안에 있다.
(7) 표본의 95%가 구간 [22.54, 26.46] 안에 있다.
(8) 신뢰수준을 99%로 하면 신뢰구간의 폭은 넓어진다.

새로운 확률표본 100개를 추출하여 95% 신뢰구간을 구한다면,

(9) 새로운 신뢰구간은 [22.54, 26.46] 안에 있다.
(10) 새로운 신뢰구간의 폭은 26.46−22.54=3.92보다 좁다.

2 아래의 문제들에 대한 귀무가설과 대립가설을 세우고 적절한 형태의 검정통계량을 선택하고 비정상의 기준, 즉 기각역의 형태를 기술하여라.

(1) 어떤 제품을 생산하는 과정에서 품질의 변동, 즉 분산이 10보다 크면 문제가 발생하고 있다고 판정한다고 하자. 생산과정에서 문제가 발생하고 있는지를 알아보기 위해 무작위로 n개의 표본을 선택하여 조사한다.
(2) 어떤 지역의 셋째 아이의 남아출생비율이 둘째 아이의 남아출생비율보다 높다고 한다. 이를 알아보기 위해 이 지역에서 아이가 셋 이상인 가구 중 n 곳을 무작위로 방문하여 둘째와 셋째의 남아비율을 조사한다.
(3) 조류는 좁은 공간에서 가두어 키우면 서로 잡아먹는 상호포식 현상이 종종 발생하는데 어떤 양계업자가 폐사된 닭 중 상호포식에 의해 폐사되는 비율이 4% 미만인지를 알아보고자 한다. 이를 위해 폐사된 닭 중 n마리를 무작위로 추출하여 상호포식에 의한 비율을 조사한다.
(4) 흡연자의 소득이 비흡연자의 소득보다 높은지를 알아보고자 한다. 이를 위해 흡연자 중 m명을, 비흡연자 중 n명을 무작위로 선택하여 조사한다.
(5) 여주 아울렛과 파주 아울렛의 가격에 차이가 있는지를 알아보고자 한다. 이를 위해 여러 개의 제품을 무작위로 선택하여 각각의 제품에 대해 여주와 파주 아

울렛의 판매가격을 조사한다.

3 분산 σ^2이 1인 정규모집단의 평균 μ에 대한 통계적 추론을 위해 16개의 확률표본을 얻었다고 하자. 다음과 같은 가설에 대해

$$H_0 : \mu = 0, \quad H_1 : \mu = 1$$

표본평균 $\overline{X}$가 검정통계량일 때 다음의 물음에 답하여라.

(1) $\overline{X}$의 표준화된 검정통계량이 $4\overline{X}$인 것을 보여라.
(2) 유의수준 5%에서 $\overline{X}$에 대한 기각역을 구하여라.
(3) (2)에서 구한 기각역을 적용했을 때 제2종의 오류의 확률을 계산하여라.
(4) 표본평균이 $\overline{x} = 0.7$이었다면 단측검정에 의한 유의확률을 구하여라.

4 기존의 방법에 의한 독감백신 평균배양시간은 30시간이었다고 하자. 이 배양시간을 단축하고자 새로운 방법을 개발하였다. 새로 개발된 세포배양법에 의한 독감백신 배양시간을 알아보고자 독립적으로 25번 반복 실험을 하였다. 만약 배양시간이 정규분포를 따르고 표준편차는 기존의 방법에 의한 표준편차인 4시간 정도라고 가정하자. 만약 평균배양시간이 28.56시간으로 나왔다면,

(1) 이 세포배양법에 의한 독감백신 평균배양시간의 95% 신뢰구간을 구하여라.

새로운 방법의 평균배양시간이 기존 독감백신 평균배양시간인 30시간 보다 단축되었는지를 알아보고자 한다.

(2) 가설을 정하고 적절한 검정통계량과 해당 확률분포를 유도하여라.
(3) 유의수준 5%에서 기각역을 구하고 25번의 실험결과로 나온 평균배양시간 28.56시간으로 결론을 도출하여라.
(4) 동일한 자료에 대해 유의확률을 계산하고 1% 유의수준에서 결론을 도출하여라.
(5) (3)에서 구한 임계값으로 기각여부를 결정한다면 $H_1 : \mu = 28$일 때 제2종의 오류 확률을 구하여라.

5 어떤 제과점에서 판매하던 기존 파이의 평균 칼로리는 245 kcal이었다고 하자. 이 제과점에서 칼로리를 낮춘 다이어트 파이를 만들었다고 하자. 다이어트 파이는 기존 파이와 비교해 맛과 질감 등에서는 차이가 나지 않지만, 칼로리만 낮추었다고 한다. 이를 알아보고자 16개의 파이를 조사하였다. 만약 이 다이어트 파이의 칼로리 분포가 표준편차가 8인 정규분포라고 가정한다.

(1) 16개의 평균 칼로리가 242 kcal이었다고 하면, 다이어트 파이의 평균 칼로리에 대한 95% 신뢰구간을 구하여라.

다이어트 파이의 평균 칼로리가 기존 파이의 평균 칼로리보다 낮은지를 알아보고자 한다.

(2) 가설을 설정하고 검정통계량과 해당 확률분포를 유도하여라.

(3) 만약 16개의 평균 칼로리가 241.5 kcal보다 낮을 때 다이어트 파이의 평균 칼로리가 기존 것보다 낮다고 판정한다면 유의수준을 구하여라.

(4) 16개의 평균 칼로리가 242 kcal이었다고 할 때, 유의수준 5%에서 기각역을 구하고 가설검정의 결론을 도출하여라.

(5) 16개의 평균 칼로리가 242 kcal이었다고 할 때, 유의확률을 계산하고 5%와 10% 유의수준에서 결론을 도출하여라.

09

단일모집단에 대한 통계적 추론

이 장에서는 8장에서 알아본 통계적 추론을 바탕으로 어떤 단일모집단의 평균, 분산, 모비율에 대한 추론 방법에 대해 알아본다. 여기에서는 모수에 대한 점추정량의 통계적 성질을 기반으로 중심축량을 유도한다. 유도된 중심축량을 이용하여 모수에 대한 구간추정과 검정통계량을 만든다.

1 모평균에 대한 추론

2장에서 통계학 관련 학과 42곳을 무작위로 선택하여 취업률을 조사한 자료가 있었다. 통계학 관련 학과 전체의 평균 취업률에 대해 알아보고자 한다면 어떻게 해야 할까? 이 절에서는 모집단의 평균에 대한 추론에서 중심축량과 분포, 검정통계량과 분포를 어떻게 유도하는지에 대해 알아본다.

1.1 t - 분포

모집단이 평균 μ, 분산 σ^2인 정규분포이고 평균 μ가 얼마인지를 알아보려고 한다. 이를 위해 모집단으로부터 n개의 확률표본 $X_1, \cdots, X_n$을 얻는다고 하자.

$$X_1, X_2, \cdots, X_n \sim \text{iid} \;\; N(\mu, \sigma^2)$$

평균 μ에 대한 직관적인 점추정량은 표본평균 $\overline{X}$이다. 앞 장에서 본 것처럼 $\overline{X} \sim N(\mu, \sigma^2/n)$이며 이를 표준화하면,

$$\frac{\overline{X} - \mu}{\sigma/\sqrt{n}} \sim N(0, 1)$$

가 된다. 여기서 $\overline{X}$의 표준편차인 표준오차 $\sqrt{\sigma^2/n} = \sigma/\sqrt{n}$에는 미지의 모수인 표준편차 σ가 포함되어 있다. 8장에서는 이 σ를 알고 있다는 가정하에서 μ에 대한 추론을 알아보았다. 하지만 일반적인 자료 분석에서는 σ 또는 σ^2을 알 수 없다. 왜냐하면 σ^2은 μ를 중심으로 분포가 얼마나 퍼져있는지를 나타내는 값인데 μ를 모르면서 σ^2을 알고 있다는 것은 모순이기 때문이다. 그러므로 σ를 적절한 추정량으로 대체해야 한다.

표준편차 σ의 직관적인 추정량은 표본표준편차 S이며 σ를 S로 대체하면 다음과 같은 중심축량 T_μ를 구할 수 있다.

$$T_\mu = \frac{\overline{X} - \mu}{S/\sqrt{n}}$$

1908년 Guinness Brewery라는 맥주회사에서 일하던 고셋(W. S. Gosset, 1876~1937)이라는 연구원이 Biometrika라는 통계학술지에 T_μ는 자유도가 $n-1$인 t-분포를 따른다는 논문을 스튜던트(student)라는 필명으로 발표하였다. 이런 이유로 t-분포를 student t-분포라고 부르기도 한다. 일반적으로 자유도가 ν인 t-분포를 t_ν로 표시한다.

모평균에 대한 중심축량과 분포

$$T_\mu = \frac{\overline{X} - \mu}{S/\sqrt{n}} \sim t_{n-1}$$

정규모집단의 평균에 대한 기본적인 통계적 추론은 모두 이 중심축량을 이용한다.

t-분포에서 자유도는 모수로 σ^2의 추정량인 S^2에서의 자유도와 같다. t-분포의 확률밀도함수는 복잡하기 때문에 생략하고 그림으로 설명하고자 한다. t-분포의 확률밀도함수는 【그림 9.1】에서 보는 것과 같이 표준정규분포와 마찬가지로 0을 중심으로 대칭인 형태를 가지며 정규분포보다 양쪽 꼬리부분이 두텁다. 하지만 자유도가 커질수록 표준정규분포에 근접하게 되는데 자유도가 ∞이면 표준정규분포가 된다.

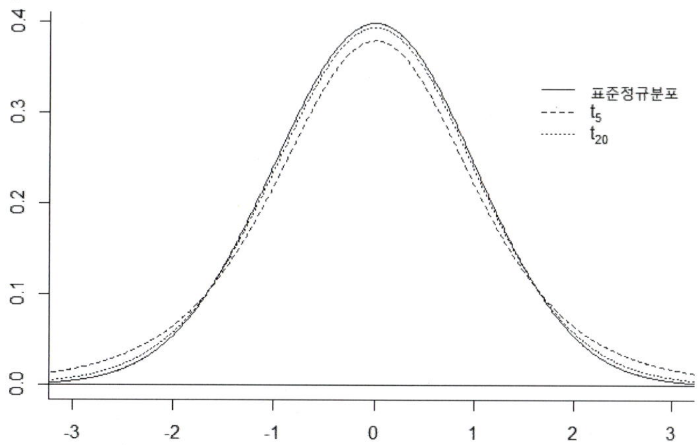

그림 9.1 t-분포와 표준정규분포의 비교

t-분포에서의 확률계산은 확률밀도함수에서의 면적으로 계산해야 하는데 적분이 간단한 식으로 표시되지 않고 수치해석학적으로 계산해야 한다. 그리고 자유도에 따라 같은 구간에 대한 확률이 다르기 때문에 표준정규분포와 같이 다양한 값에 대한 확률을 표로 제공하기 어렵다. 대신 【부록: 표4】에서는 구간추정이나 가설검정에서 많이 사용되는 신뢰수준 또는 유의수준에 해당하는 임계값을 자유도에 따라 제공한다. 예를 들어, 자유도가 12인 t-분포에서 $\alpha = 0.05$ 에 해당되는 값이 1.872가 되는데, 이는 T가 자유도가 12인 t-분포를 따를 때

$$P(T \geq 1.872) = 0.05$$

가 된다는 것을 의미한다.

자유도	분위수				
	0.1	0.05	0.025	0.01	⋯
⋮	⋮	⋮	⋮	⋮	⋯
10	1.372	1.812	2.228	2.764	⋯
11	1.363	1.796	2.201	2.718	⋯
12	1.356	1.782	2.179	2.681	⋯
13	1.350	1.771	2.160	2.650	⋯
14	1.345	1.761	2.145	2.624	⋯
15	1.341	1.753	2.131	2.602	⋯
16	1.337	1.746	2.120	2.583	⋯
⋮	⋮	⋮	⋮	⋮	⋯

만약 $P(T \leq t) = 0.05$ 를 만족하는 t 를 찾고자 한다면, t-분포는 0을 중심으로 대칭이므로 $P(T \leq -1.872) = 0.05$가 된다. 앞으로 $t_{\alpha,\nu}$ 는 자유도가 ν 인 t-분포에서 $1-\alpha$ 분위수를 나타낸다. 즉, T가 자유도가 ν 인 t-분포를 따를 때 $P(T \geq t_{\alpha,\nu}) = \alpha$ 를 만족하는 값을 의미한다. 이를 이용하여 다음과 같은 확률과 위수 관계를 이해해야 한다.

$$\alpha = P(T \geq t_{\alpha,\nu}), \quad \alpha = P(T \leq -t_{\alpha,\nu}), \quad \alpha = P(|T| \geq t_{\alpha/2,\nu})$$
$$1-\alpha = P(T \leq t_{\alpha,\nu}), \quad 1-\alpha = P(T \geq -t_{\alpha,\nu}), \quad 1-\alpha = P(|T| \leq t_{\alpha/2,\nu})$$

예제 9.1

확률변수 T는 자유도가 16인 $t-$분포를 따른다고 할 때, $t_{0.05,16} = 1.746$이 된다. 이는 【그림 9.2】에서 보는 것과 같이 $P(T \geq 1.746) = 0.05$를 의미하는데, $P(T \geq 1.746) = P(T \leq -1.746)$이므로 $P(T \geq -1.746) = 0.95$이고 $t_{0.95,16} = -1.746$가 된다.

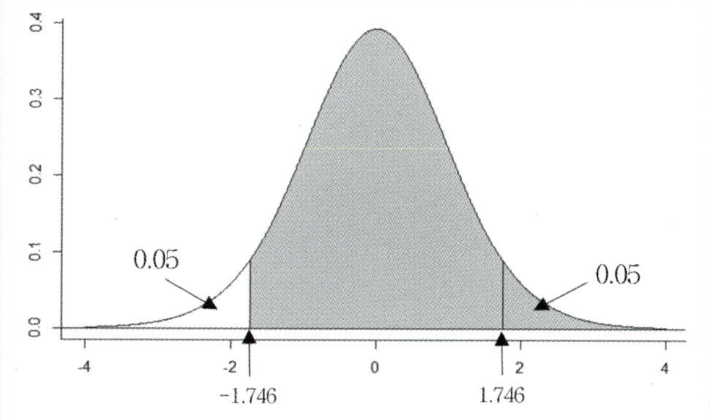

그림 9.2 자유도 16인 $t-$분포의 분위수

또한, $P(|T| > 1.746) = P(T > 1.746) + P(T \leq 1.746) = 0.05 + 0.05 = 0.1$가 된다.

1.2 모평균에 대한 구간추정

앞에서 모평균에 대한 추론을 위한 중심축량과 분포는

$$T_\mu = \frac{\overline{X} - \mu}{S/\sqrt{n}} \sim t_{n-1}$$

이라고 했다. 이 중심축량을 이용하여 평균 μ에 대한 구간추정은 다음의 식을 이용하여 유도할 수 있다.

$$P\left(-t_{\alpha/2,n-1} \le T_\mu \le t_{\alpha/2,n-1}\right) = 1-\alpha$$

위 식에서 T_μ를 $(\overline{X}-\mu)/(S/\sqrt{n})$로 대체하고 μ만 남겨 놓고 나머지를 양변으로 넘기면,

$$P\left(-t_{\alpha/2,n-1} \le \frac{\overline{X}-\mu}{S/\sqrt{n}} \le t_{\alpha/2,n-1}\right)$$
$$= P\left(\overline{X}-t_{\alpha/2,n-1}\frac{S}{\sqrt{n}} \le \mu \le \overline{X}+t_{\alpha/2,n-1}\frac{S}{\sqrt{n}}\right)$$

가 되는데 이는 평균 μ에 대한 $100(1-\alpha)$%의 신뢰구간이 아래와 같다는 것을 의미한다.

평균 μ에 대한 $100(1-\alpha)$%의 신뢰구간

$$\left[\overline{X}-t_{\alpha/2,n-1}\frac{S}{\sqrt{n}},\ \overline{X}+t_{\alpha/2,n-1}\frac{S}{\sqrt{n}}\right]$$

예제 9.2

【예제 2.4】에서 42개 통계학과 취업률의 평균과 표준편차는 각각 58.77과 15.54이고 $t_{0.025,41} = 2.02$이므로 통계학과의 평균취업률에 대한 95% 신뢰구간은 다음과 같다.

$$\left[58.77 - 2.02\frac{15.54}{\sqrt{42}}, 58.77 - 2.02\frac{15.54}{\sqrt{42}}\right] = [53.93,\ 63.61]$$

1.3 모평균에 대한 가설검정

앞 장에서 본 것처럼 모평균에 대한 가설검정에서 대립가설은 다음과 같은 세 가지 상황이 있고 귀무가설은 그와 반대되는 상황이다.

상황	귀무가설(H_0)	대립가설(H_1)
①	$\mu \le \mu_0$	$\mu > \mu_0$
②	$\mu \ge \mu_0$	$\mu < \mu_0$
③	$\mu = \mu_0$	$\mu \ne \mu_0$

귀무가설하에서의 유의수준은 $\mu = \mu_0$ 에서 계산되기 때문에 세 상황 모두 포함되어 있는 $H_0 : \mu = \mu_0$ 만 고려해도 된다.

모평균에 대한 검정통계량과 분포

$$T_0 = \frac{\overline{X} - \mu_0}{S/\sqrt{n}} \sim t_{n-1}$$

유의수준 $100\alpha\,\%$에 대한 기각역은 아래의 그림에 표시된 것 같이, ①인 경우 $[\,t_{\alpha,n-1}, \infty\,)$, ②는 $(-\infty, -t_{\alpha,n-1}\,]$, ③은 $(-\infty, -t_{\alpha/2,n-1}\,]$ 또는 $[\,t_{\alpha/2,n-1}, \infty\,)$ 가 된다.

대립가설	① $\mu > \mu_0$	② $\mu < \mu_0$	③ $\mu \ne \mu_0$
기각역	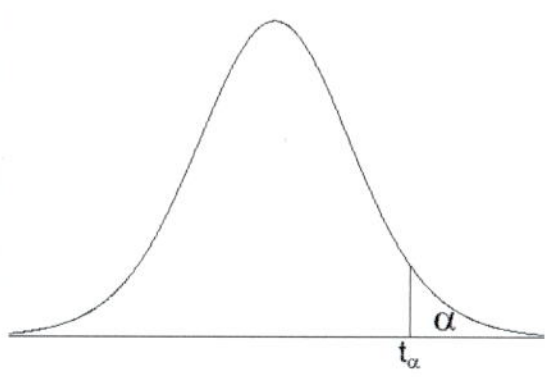	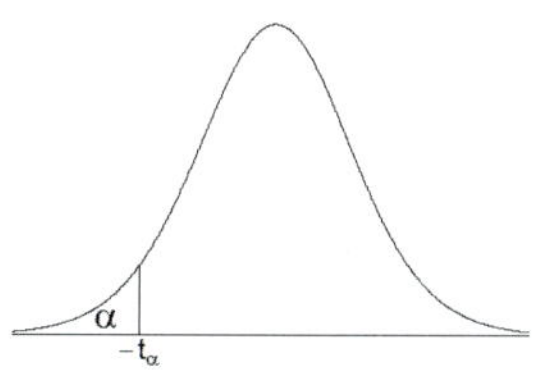	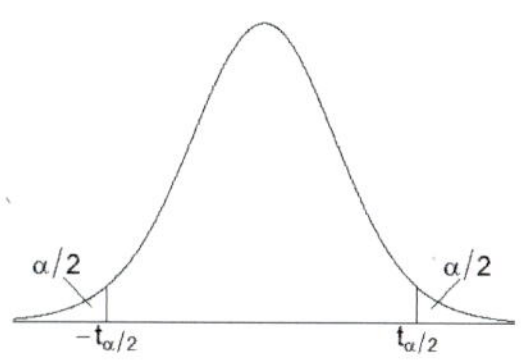

8장에서 언급한 것과 같이 유의확률을 계산하고 유의수준과 직접 비교하여 가설검정을 할 수 있으나 부록에 제시된 $t-$ 분포표를 이용하여 유의확률을 계산하기 어렵다. 하지만 통계분석 프로그램에서는 유의확률을 제공하기 때문에 이를 이용하여 가설검정을 할 수 있다.

예제 9.3

해당연도의 전체 대졸 취업률은 54.5% 정도 된다고 할 때 통계학 전공 관련 학과의 취업률 평균이 전체 취업률보다 높다고 할 수 있는지를 알아보자. 우리가 보이고자 하는 가설은 통계학 전공 학과의 취업률이 54.5%보다 높다는 것으로 귀무가설과 대립가설을 다음과 같이 정한다.

$$H_0 : \mu \leq 54.5\,, \quad H_1 : \mu > 54.5$$

5% 유의수준으로 가설검정을 하면 $n = 42$ 이므로 자유도는 41이고 단측검정으로 기각역은 $[1.683, \infty)$ 가 된다. 42개 학과 취업률의 평균과 표준편차는 각각 58.77과 15.54이므로 검정통계량의 값은

$$t_0 = \frac{58.77 - 54.5}{15.54/\sqrt{42}} = 1.78$$

가 되는데, 이는 기각역에 속하므로 5% 유의수준에서 귀무가설을 기각시킬 수 있다. 즉, 통계학 관련 전공 학과 취업률이 5% 유의수준에서 전체 취업률보다 높다고 할 수 있다.

2 모분산에 대한 추론

예제 9.4

어느 공장에서 생산하고 있는 제품의 강도에 대해 알아보고자 한다. 많은 경우 생산된 제품의 평균 강도가 얼마인지에 대해 궁금해한다. 때로는 제품의 품질이 얼마나 안정적으로 유지되고 있는지 알아보는 경우도 있다. 생산된 제품의 강도가 안정적으로 유지된다는 것은 강도의 변동성이 일정한 수준을 유지한다는 것을 의미하고 이런 변동성은 분산이나 표준편차로 표시될 수 있다. 제품 강도의 표준편차 σ 에 대해 알아보기 위해 n 개 표본을 무작위로 뽑아 제품의 강도를 측정하였다.

【예제 9.4】는 모집단의 분산 또는 표준편차가 얼마나 되는지 알아보기 위한 것이다. n 개의 확률표본 $X_1, \cdots, X_n$ 을 추출했을 때, 분산 σ^2 에 대한 직관적 점추정량은 표본분산 S^2이 되고 표준편차 σ 의 점추정량은 표본표준편차 S이다. 여기서 S^2 의 통계적인 성질 유도가 S보다 수월하기 때문에 이 절에서는 S^2 중심으로 설명한다.

앞 절의 $t-$분포를 유도하는 과정에서 모집단이 정규모집단이라고 가정하였다. 이 절에서도 모집단은 정규모집단이라고 가정한다. 분포이론에 의하면 $X_1, \cdots, X_n$ 이 $N(\mu, \sigma^2)$ 로부터 추출된 확률표본이라고 하면 다음과 같은 결과가 있다.

모분산에 대한 중심축량과 분포

$$X_\sigma^2 = \frac{\sum_{i=1}^{n}(X_i - \overline{X})^2}{\sigma^2} = \frac{(n-1)S^2}{\sigma^2} \sim \chi_{n-1}^2$$

여기서 χ_ν^2 은 자유도가 ν 인 카이제곱(chi-square)분포를 의미하는데, 이 분포는 【그림 9.3】과 같이 자유도 ν 에 따라 다양한 비대칭 형태를 가진다. 확률변수 X_σ^2 은 분자, 분모 모두 제곱의 형태로 양의 값을 가지기 때문에 χ^2-분포는 0보다 큰 부분만 고려하며, 【그림 9.3】에서 보는 것과 같이 자유도 ν 가 커지면 분포의 중심이 오른쪽으로 이동해 가면서 비대칭 정도 즉 양의 왜도가 점점 주는 것을 볼 수 있다. 이 분포는 14장 범주형자료

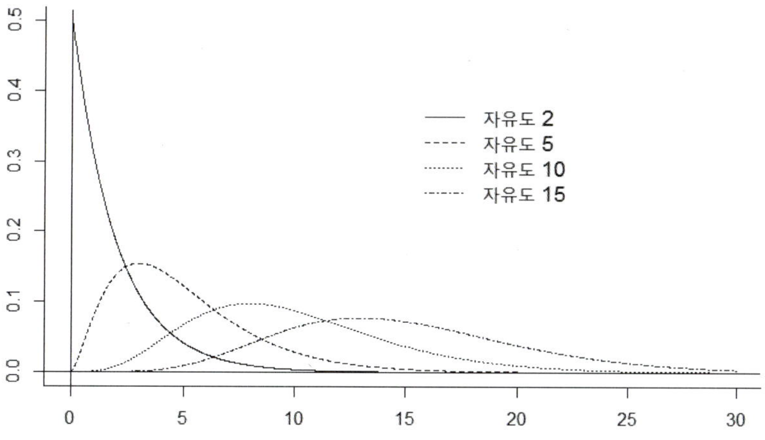

그림 9.3 자유도에 따른 카이제곱분포 형태

분석에서도 사용되는데 통계학 추론에서 매우 중요하다.

위의 X_σ^2 은 모수 σ^2 과 통계량 S^2 의 함수로 이 분포는 모수를 포함하지 않고 있기 때문에 중심축량인 것을 확인할 수 있으며 모분산 σ^2 에 대한 추론은 이 중심축량을 기반으로 이루어진다.

2.1 모분산에 대한 구간추정

χ^2 -분포는 정규분포나 t -분포와 다르게 확률밀도함수가 비대칭 형태를 가진다. 【그림 9.4】는 자유도가 10인 χ^2 -분포의 확률밀도함수를 그린 것으로 수평점선과 교차되는 수직점선의 구간 $[a, b]$ 의 밀도함수 면적이 0.95가 된다. 이 구간은 높은 밀도를 우선으로 적분하기 때문에 면적이 0.95가 되는 가장 짧은 구간이다. 이 구간을 컴퓨터 등을 이용하여 찾을 수 있으나 그 작업은 단순하지 않다. 이러한 계산상의 어려움 때문에 비대칭인 경우에는 대칭일 때처럼 구간 $[0, c]$와 $[d, \infty)$ 에 해당하는 면적이 각각 0.025가 되는 위수 c와 d를 사용하여 구간추정을 한다.

확률변수 X^2 이 자유도가 ν 인 χ^2 -분포를 따른다고 할 때, $\chi^2_{\alpha,\nu}$ 은 다음의 식을 만족하는 값이라고 하자.

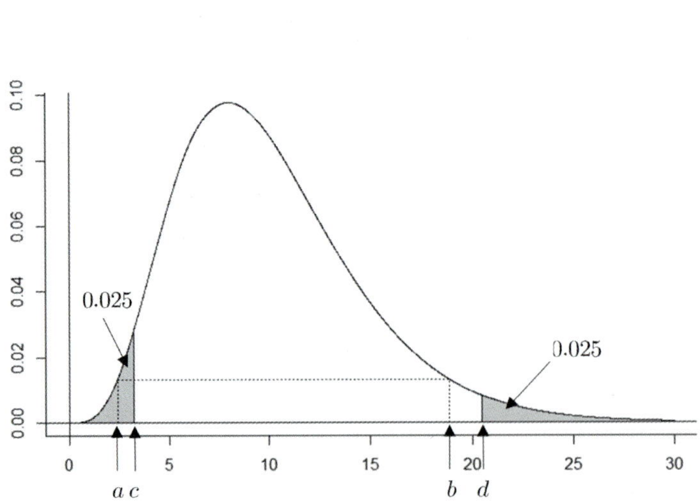

그림 9.4 자유도 10인 카이제곱분포의 분위수결정

$$P(X^2 \geq \chi^2_{\alpha,\nu}) = \alpha \quad \text{또는} \quad P(X^2 \leq \chi^2_{\alpha,\nu}) = 1-\alpha$$

자유도가 $n-1$ 인 χ^2-분포에서 $100(1-\alpha)\%$에 해당되는 구간은

$$[\chi^2_{1-\alpha/2,n-1}, \chi^2_{\alpha/2,\nu}]$$

가 되므로 σ^2에 대한 $100(1-\alpha)\%$ 신뢰구간은 다음과 같이 유도된다.

$$\begin{aligned} 1-\alpha &= P\left(\chi^2_{1-\alpha/2,n-1} < X^2_\sigma < \chi^2_{\alpha/2,n-1}\right) \\ &= P\left(\chi^2_{1-\alpha/2,n-1} < \frac{(n-1)S^2}{\sigma^2} < \chi^2_{\alpha/2,n-1}\right) \\ &= P\left(\frac{(n-1)S^2}{\chi^2_{\alpha/2,n-1}} < \sigma^2 < \frac{(n-1)S^2}{\chi^2_{1-\alpha/2,n-1}}\right) \end{aligned}$$

모분산에 대한 $100(1-\alpha)\%$ 신뢰구간

$$\left[\frac{(n-1)S^2}{\chi^2_{\alpha/2,n-1}}, \frac{(n-1)S^2}{\chi^2_{1-\alpha/2,n-1}}\right]$$

때로는 표준편차 σ에 대한 신뢰구간을 계산해야 하는 경우가 있는데, 이 구간은 별도의 이론을 도출하지 않고 다음과 같이 σ^2에 대한 신뢰구간 하한과 상한의 제곱근으로 표시된다.

$$\left[\sqrt{\frac{(n-1)S^2}{\chi^2_{\alpha/2,n-1}}}, \sqrt{\frac{(n-1)S^2}{\chi^2_{1-\alpha/2,n-1}}}\right]$$

예제 9.5

【예제 9.4】에서 8개의 표본을 무작위로 선택하여 제품의 강도를 측정한 결과 다음과 같은 자료를 얻었다고 하자.

24.3	28.6	30.2	26.5	25.7	27.8	26.9	29.0

이 관측자료에 대한 기본적인 통계값들은 다음과 같다.

$$\bar{x} = \frac{219.0}{8} = 27.375, \quad s^2 = \frac{1}{8-1}(6020.68 - 8 \times 27.375^2) = 3.651,$$
$$s = \sqrt{3.651} = 1.911$$

σ^2 에 대한 95% 신뢰구간을 구한다고 하면, 자유도가 7인 χ^2 -분포에서의 해당 위수는 각각

$$\chi^2_{0.975,7} = 1.690, \quad \chi^2_{0.025,7} = 16.013$$

가 된다. 그러므로 σ^2 에 대한 95% 신뢰구간은

$$\left[\frac{7 \times 3.651}{16.013}, \frac{7 \times 3.651}{1.690}\right] = [1.596, 15.12]$$

이고 표준편차 σ 에 대한 95%의 신뢰구간은 σ^2 의 신뢰한계값들의 제곱근으로

$$[\sqrt{1.596}, \sqrt{15.122}] = [1.263, 3.889]$$

가 된다.

2.2 모분산에 대한 가설검정

모분산에 대한 가설검정도 다음과 같은 세 가지 상황을 고려할 수 있다.

상황	귀무가설(H_0)	대립가설(H_1)
①	$\sigma^2 \le \sigma_0^2$	$\sigma^2 > \sigma_0^2$
②	$\sigma^2 \ge \sigma_0^2$	$\sigma^2 < \sigma_0^2$
③	$\sigma^2 = \sigma_0^2$	$\sigma^2 \ne \sigma_0^2$

검정통계량은 위의 중심축량에서 분산 σ^2 를 귀무가설하에서의 σ_0^2 으로 대체한 것으로

분포는 자유도 $n-1$ 인 χ^2 -분포를 따른다.

모분산에 대한 검정통계량과 분포

$$X_0^2 = \frac{(n-1)S^2}{\sigma_0^2} \sim \chi^2_{n-1}$$

상황 ①에서는 S^2 이 크면 클수록 귀무가설하에서는 비정상적인 자료라고 할 수 있으므로 유의수준 100α %에서 기각역은 $\left[\chi^2_{\alpha,n-1},\ \infty\right)$가 된다. 상황 ②에서의 기각역은 $\left[0,\ \chi^2_{1-\alpha,n-1}\right]$ 이 되고 ③은 $\left[0,\ \chi^2_{1-\alpha/2,n-1}\right]$ 또는 $\left[\chi^2_{\alpha/2,n-1},\ \infty\right)$이 기각역이 된다.

예제 9.6

【예제 9.5】에서 표준편차가 2 미만일 때 안정적인 품질관리가 유지되고 있다고 하자. 이 자료를 이용하여 안정적으로 품질관리가 이루어지는지를 가설검정 하고자 한다. 안정적인 품질이 관리되고 있다는 것은 $\sigma < 2$라는 것을 보이고자 하는 것으로 대립가설은 $H_1 : \sigma < 2$가 되고 귀무가설은 $H_0 : \sigma \geq 2$가 된다. 이를 분산의 형태로 표시하면 가설은 다음과 같이 표시할 수 있다.

$$H_0 : \sigma^2 \geq 4, \qquad H_1 : \sigma^2 < 4$$

단측검정으로 5% 유의수준에서 기각역은 $\chi^2_{0.95,7} = 2.167$보다 작거나 같은 영역이며,

$$x_0^2 = \frac{(8-1)3.65}{4} = 6.389 > 2.167$$

로 현재 자료에 의한 검정통계값은 채택역에 있어 귀무가설을 기각시키지 못한다. 이는 5% 유의수준에서 표준편차가 2 미만이라고 보기 힘들며 안정적으로 품질관리가 이루어지고 있다고 보기 어렵다는 결론을 내릴 수 있다.

3 모비율에 대한 추론

선거 과정에서 어떤 후보자의 지지율이 얼마나 되는지를 알아보고자 한다. 이 후보자를 지지하는 사람과 아닌 사람으로 모집단을 나눌 수 있고 무작위로 n 명을 표본추출 한다고 하자. 표본크기에 비해 모집단의 크기가 상대적으로 큰 경우 복원여부와 관계없이 각각의 표본은 베르누이 확률분포의 관측값으로 볼 수 있다. 만약 이 후보자의 지지율이 θ 이고 X를 n 명의 표본 중 이 후보자를 지지하는 사람의 수라고 하면, 확률변수 X가 시행횟수가 n 이고 성공확률이 θ 인 이항분포를 따른다고 할 수 있다.

3.1 모비율에 대한 구간추정

확률변수 X가 이항분포를 따를 때, 즉 $X \sim B(n, \theta)$ 일 때, n 이 크고 기댓값인 $n\theta$ 와 $n(1-\theta)$ 가 5 이상이라면, 중심극한정리에 의해 평균이 $n\theta$ 이고 분산이 $n\theta(1-\theta)$ 인 정규분포로 근사확률을 계산할 수 있음을 보였다. 같은 상황에서 모비율 π 의 점추정량인 표본비율 $P = X/n$ 는 평균이 θ 이고 분산이 $\theta(1-\theta)/n$ 인 정규분포로 근사확률을 계산할 수 있다. 이를 식으로 표시하면,

$$P \simeq N\left(\theta, \frac{\theta(1-\theta)}{n}\right)$$

가 되고 이를 평균과 표준편차로 표준화하면 아래의 결과를 얻을 수 있다.

$$Z = \frac{P - \theta}{\sqrt{\dfrac{\theta(1-\theta)}{n}}} \simeq N(0,1)$$

위의 Z 의 분포가 표준정규분포에 근사하기 때문에 다음과 같은 관계를 유도할 수 있다.

$$P(-z_{\alpha/2} < Z < z_{\alpha/2}) \approx 1 - \alpha$$

이 식에서 Z에서 평균 θ를 제외하고 나머지 부분을 좌우로 옮기면,

$$P\left(P - z_{\alpha/2}\sqrt{\frac{\theta(1-\theta)}{n}} < \pi < P + z_{\alpha/2}\sqrt{\frac{\theta(1-\theta)}{n}}\right) \approx 1-\alpha$$

가 된다. 위 식으로부터 확률 θ에 대한 $100(1-\alpha)\%$ 신뢰구간은 다음과 같이 된다.

$$\left[P - z_{\alpha/2}\sqrt{\frac{\theta(1-\theta)}{n}},\ P + z_{\alpha/2}\sqrt{\frac{\theta(1-\theta)}{n}}\right]$$

하지만 이 신뢰구간은 표준편차에 우리가 알고 싶어 하는 θ를 포함하고 있어 이 식을 이용하여 신뢰구간을 계산할 수 없다. 통계학에서는 이 문제를 해결하기 위해 많은 방법이 개발되었으며, 그 중 가장 간단한 방법은 다음과 같이 θ를 표본비율 P로 대체하는 것이다.

모비율에 대한 $100(1-\alpha)\%$ 신뢰구간

$$\left[P - z_{\alpha/2}\sqrt{\frac{P(1-P)}{n}},\ P + z_{\alpha/2}\sqrt{\frac{P(1-P)}{n}}\right]$$

예제 9.7

【예제 2.4】에 독일 Saxony 지역의 12명의 아이를 가진 6,115가구를 대상으로 아들이 몇 명인지를 조사한 자료가 제시되어 있다. 이 자료를 다시 정리하면 출생한 아이의 수는 $n = 6115 \times 12 = 73380$이 된다. 각 아이들의 출생결과가 서로 독립이고 아들을 낳을 확률이 부모와 관계없이 θ로 동일하다고 가정하자. 이 가정하에서 남아의 수 X는 시행횟수가 73380이고 확률이 θ인 이항분포를 따른다고 할 수 있다. 【표 2.2】에서 아들의 출생수는 $x = 38100$가 되고 남아 출생비율은

$$p = \frac{38100}{73380} = 0.5192$$

가 된다. 그러므로 남아 출생비 θ에 대한 95% 신뢰구간은 다음과 같다.

$$\left[0.5192 - 1.96\sqrt{\frac{0.5192 \times 0.4808}{73380}}, 0.5192 + 1.96\sqrt{\frac{0.5192 \times 0.4808}{73380}}\right]$$
$$= [0.5156, 0.5228]$$

여기서 흥미로운 사실은 95% 신뢰구간이 0.5를 포함하지 않고 있으며 이는 남녀출생 비율이 같지 않을 수 있다는 것을 의미한다.

3.2 표본크기 결정

방송이나 신문에서 각종 여론조사를 실시한 결과를 발표하고 마지막 부분에 다음과 같은 문장을 꼭 첨언하고 있다.

"이번 조사는 95% 신뢰수준에서 오차한계가 ±3.1%P이며 응답율은 17.6%였다."

여론조사를 하려면 먼저 몇 명의 표본을 조사할 것인지를 결정해야 한다. 조사에서의 표본크기는 결과에 대한 정확도 및 신뢰성을 결정하며 조사비용과 직접적인 관련이 있다. 즉, 표본크기를 결정하는 데 있어 어느 정도의 예산 안에서 얼마만큼 정확하고 신뢰할 수 있는 결과를 얻고 싶은지를 먼저 결정해야 한다.

통계학에서는 조사결과의 정확도와 신뢰성을 오차한계와 신뢰수준으로 표시한다. **오차**(error)란 우리가 알고 싶어 하는 모수와 추정량의 차로 $P-\theta$를 의미하며 $|P-\theta| \le \delta$를 만족하는 δ를 **오차한계**(error margin, error limit)라고 한다. 여론조사의 정확도는 이 오차한계가 얼마나 작은가에 의해 결정되기 때문에 조사결과에서의 $P-\theta$의 범위를 최대 얼마까지 허용할 것인지가 중요하다. P는 확률변수이기 때문에 $P-\theta$는 항상 변동성이 있어 그 값이 얼마인지는 확률적으로만 설명할 수 있다. 즉, 이 오차가 허용범위 내에 있는지 아닌지가 아니라 허용범위 내에 있을 가능성이 얼마나 되는가를 설명할 수밖에 없다. 통계학에서는 이 가능성을 신뢰수준으로 표시하는데 신뢰구간 유도식에서 오차 $P-\theta$에 대한 식은

$$P\left(-z_{\alpha/2}\sqrt{\frac{\theta(1-\theta)}{n}} < P-\theta < z_{\alpha/2}\sqrt{\frac{\theta(1-\theta)}{n}}\right) \approx 1-\alpha$$

가 된다. 위의 문장에서 95% 신뢰수준에서 오차한계가 ±3.1%P라는 것은

$$P(|P-\theta| \le 0.031) = P(-0.031 \le P-\theta \le 0.031) = 0.95$$

를 의미한다. '95% 신뢰수준에서' 라는 것은 $\alpha = 0.05$ 을 의미하며 $z_{0.025} = 1.96$ 이므로 다음과 같은 관계식을 유도할 수 있다.

$$1.96\sqrt{\frac{\theta(1-\theta)}{n}} = 0.031$$

이를 n 의 식으로 표시하면,

$$n = \left(\frac{1.96}{0.031}\right)^2 \theta(1-\theta) = 3997.5\,\theta(1-\theta)$$

가 된다. 이를 $100(1-\alpha)$ % 신뢰수준에서 오차한계가 100δ %P라는 것으로 일반화하면 다음과 같은 식을 구할 수 있다.

$$n = \left(\frac{z_{\alpha/2}}{\delta}\right)^2 \theta(1-\theta)$$

【그림 9.5】는 95% 신뢰수준에서 $n=$ 1000, 4000일 때 θ 와 δ 의 관계

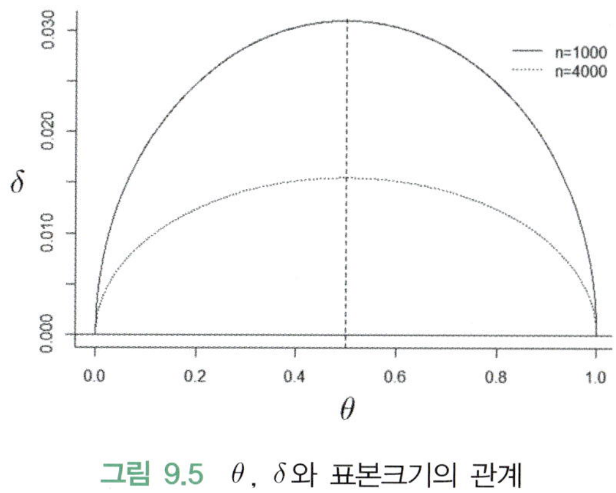

그림 9.5 θ, δ 와 표본크기의 관계

$$\delta = z_{\alpha/2}\sqrt{\frac{\theta(1-\theta)}{n}}$$

을 보여준다. 그림에서 보는 것과 같이 모든 θ에 대해 $n=4000$일 때의 δ는 $n=1000$일 때의 반이 된다. 즉, δ를 작게 하려면 n을 크게 만들어야 한다. 또한, 동일한 n에 대해 θ가 0이나 1에 가까울수록 δ는 작아지고 $\theta=0.5$일 때 가장 큰 값을 가진다.

표본크기를 결정하는 데 있어 만약 θ에 대한 사전정보가 있다면 이 값을 위의 식에 대입하여 사용할 수 있다. 하지만 대부분의 경우 θ를 모르는 상황에서 이 값이 얼마인지 알아보기 위해 조사를 하는 것이기 때문에 어떠한 θ에서도 위에서 언급한 신뢰수준과 오차한계가 성립할 수 있도록 최대한으로 표본을 추출하는 것이 좋다. 위에서도 언급한 것과 같이 $\theta=0.5$일 때 가장 큰 n이 계산되는데 이 예제에서는

$$n = 3997.5 \times 0.25 = 999.38$$

로 총 1,000명의 표본을 추출했다는 것을 의미한다. 이를 일반적인 상황으로 확대하면 $100(1-\alpha)\%$ 신뢰수준에서 오차한계가 100δ%P일 때, 표본크기는 다음과 같이 계산할 수 있다.

$100(1-\alpha)\%$ 신뢰수준, 오차한계가 100δ%P일 때의 표본크기

$$n = \frac{1}{4}\left(\frac{z_{\alpha/2}}{\delta}\right)^2$$

실제 전화조사와 같은 여론조사에서는 응답을 하지 않고 끊는 경우가 많다. 응답률 17.6%라는 것은 1,000명의 표본을 얻기 위해 5,682명을 시도했으며, 이 중 82.4%는 응답하지 않았고 17.6%만 응답했다는 것을 의미한다. 이 응답률은 결과가 왜곡될 수 있는 정도를 나타낼 수도 있다. 응답률이 낮다는 것은 전체 의견보다 응답을 적극적으로 참여한 그룹의 의견이 많이 반영되었을 가능성이 높다는 것을 의미하며 이는 조사결과가 전체 구성원의 의견과 다를 수 있다는 것을 의미한다.

3.3 모비율에 대한 가설검정

앞에서도 언급한 것과 같이 모비율과 표본비율도 관찰되는 자료가 0 또는 1일뿐 일종의 평균이다. 그러므로 모비율에 대한 검정은 모평균 검정과 마찬가지로 귀무가설하에서의 임의의 θ_0 값에 대해 $\theta-\theta_0$ 가 얼마나 0에서 떨어져 있는지를 판정하는 것이다. 모비율에 대한 가설검정도 아래와 같이 세 가지 상황으로 구분하여 실시된다.

상황	귀무가설(H_0)	대립가설(H_1)
①	$\theta \le \theta_0$	$\theta > \theta_0$
②	$\theta \ge \theta_0$	$\theta < \theta_0$
③	$\theta = \theta_0$	$\theta \ne \theta_0$

표본크기 n 이 크고 $n\theta_0 \ge 5$, $n(1-\theta_0) \ge 5$ 이면 표본비율 P 는 점근적으로 정규분포를 따르기 때문에 귀무가설 $H_0 : \theta = \theta_0$ 하에서 표본비율 P 는

$$P \simeq N\left(\theta_0, \frac{\theta_0(1-\theta_0)}{n}\right)$$

이다. 이를 표준화하면 다음과 같은 검정통계량을 구할 수 있다.

모비율에 대한 검정통계량과 점근적 분포

$$Z_0 = \frac{P-\theta_0}{\sqrt{\frac{\theta_0(1-\theta_0)}{n}}} \simeq N(0,1)$$

여기서 중요한 것은 P 의 표준오차 $\sqrt{\theta(1-\theta)/n}$ 을 구간추정에서는 $\sqrt{P(1-P)/n}$ 으로 추정한 반면, 가설검정에서는 귀무가설이 참이라고 가정하기 때문에 θ 를 θ_0 으로 바꾼 $\sqrt{\theta_0(1-\theta_0)/n}$ 으로 대체했다는 것이다. 유의수준 α 에 대해, 상황 ①에서는

$[z_\alpha, \infty)$, ②에서는 $(-\infty, -z_\alpha]$, ③에서는 $(-\infty, -z_{\alpha/2}]$ 또는 $[z_{\alpha/2}, \infty)$가 기각역이 된다.

예제 9.9

【예제 9.7】의 자료를 이용하여 남아의 출생비율이 높은지를 알아보고자 한다면, θ를 남아의 출생비율이라고 했을 때 귀무가설과 대립가설은 다음과 같다.

$$H_0 : \theta = 0.5, \qquad H_1 : \theta > 0.5$$

전체표본크기 $n = 73380$이고 남아 출생비율은 $p = 38100/73380 = 0.5192$이므로 검정통계량의 값은

$$z = \frac{0.5192 - 0.5}{\sqrt{\dfrac{0.5 \times 0.5}{73380}}} = 10.41$$

가 된다. 유의수준을 1%라고 할 때 $z_{0.01} = 2.326$이므로 z는 기각역에 있어 귀무가설을 기각시킬 수 있다. 즉, 남아의 출생비율이 여아의 출생비율보다 높다고 할 수 있다.

위에서 언급한 내용과 예제는 표본의 크기가 커 표본비율에 대해 중심극한정리를 적용할 수 있는 경우다. 만약 표본크기 n이 작아 중심극한정리를 적용할 수 없는 경우에는 X가 이항분포를 따름을 이용하는데, 상황 ①과 ② 같은 단측검정에서는 유의확률을 계산하여 가설검정을 할 수 있다. 예를 들어, x라는 값이 관측되었다면 유의확률은

$$① : P(X \geq x), \qquad ② : P(X \leq x)$$

여기서 X는 귀무가설하에서의 이항확률변수로 $X \sim B(n, \theta_0)$이 된다. 이 방법은 n이 커도 사용할 수 있는 방법으로 중심극한정리를 이용하여 나온 것과 비슷한 결과를 얻을 수 있다. 상황 ③과 같은 양측검정에서의 유의확률 계산은 **중간-p값(mid p-value)**를 이용한 방법이 사용되고 있으나 내용이 단순하지 않기 때문에 생략하기로 한다. 이에 대한 자세한 내용은 Agresti[1]를 참고하기 바란다.

1 Agresti, A. (2002). *Categorical Data Aanlysis*, 2nd Ed. Wiley Interscience.

- $X_1, \ldots, X_n \sim$ iid $N(\mu, \sigma^2)$ 일 때,

① μ에 대한 $100(1-\alpha)\%$ 신뢰구간

$$\left[\overline{X} - t_{\alpha/2,n-1}\frac{S}{\sqrt{n}},\ \overline{X} + t_{\alpha/2,n-1}\frac{S}{\sqrt{n}}\right]$$

② $H_0 : \mu = \mu_0$에 대한 검정통계량과 분포

$$T = \frac{\overline{X} - \mu_0}{S/\sqrt{n}} \sim t_{n-1}$$

③ σ^2에 대한 $100(1-\alpha)\%$ 신뢰구간

$$\left[\frac{(n-1)S^2}{\chi^2_{\alpha/2,n-1}},\ \frac{(n-1)S^2}{\chi^2_{1-\alpha/2,n-1}}\right]$$

④ $H_0 : \sigma^2 = \sigma_0^2$에 대한 검정통계량과 분포

$$\frac{(n-1)S^2}{\sigma_0^2} \sim \chi^2_{n-1}$$

⑤ σ에 대한 $100(1-\alpha)\%$ 신뢰구간

$$\left[\sqrt{\frac{(n-1)S^2}{\chi^2_{\alpha/2,n-1}}},\ \sqrt{\frac{(n-1)S^2}{\chi^2_{1-\alpha/2,n-1}}}\right]$$

- $X \sim B(n,\theta)$ 이고 n이 큰 경우

⑥ θ에 대한 $100(1-\alpha)\%$ 신뢰구간

$$\left[P - z_{\alpha/2}\sqrt{\frac{P(1-P)}{n}},\ P + z_{\alpha/2}\sqrt{\frac{P(1-P)}{n}}\right]$$

⑦ $H_0 : \theta = \theta_0$에 대한 검정통계량과 분포

$$\frac{P - \theta_0}{\sqrt{\theta_0(1-\theta_0)/n}} \simeq N(0,1)$$

⑧ $100(1-\alpha)\%$ 신뢰수준에서 오차한계가 100δ%P인 표본크기 결정

$$n = \frac{1}{4}\left(\frac{z_{\alpha/2}}{\delta}\right)^2$$

연·습·문·제

1 통계학 공부가 얼마나 스트레스를 주는지를 알아보기 위해 무작위로 선택된 6명의 학생을 대상으로 기초통계학을 수강하기 전보다 후의 스트레스 증가량에 측정한 결과 아래와 같은 자료를 얻었다. 이 증가량의 분포가 정규분포를 따른다고 가정할 때 물음에 답하여라.

4	−2	6	3	0	6

(1) 스트레스 증가량의 표본평균과 표본표준편차를 계산하여라.
(2) 기초통계학이 학생의 학업 스트레스를 높이는 요인이라고 할 수 있는지를 5% 유의수준으로 검정하여라.
(3) 스트레스 증가량의 표준편차에 대한 95% 신뢰구간을 구하여라.

2 일기 예보의 정확도를 확인하기 위해 "비가 올 확률이 60%"로 예보된 날들을 조사한 결과 100일 중 비가 내린 날은 51일이었다고 하자. 이를 근거로 "비가 올 확률이 60%"라는 일기예보가 예측력이 있다고 할 수 있는가? 그 이유를 설명하여라. 만약 50%로 예보된 100일 중 며칠 정도가 비가 내리면 예측력에 큰 문제가 없다고 할 수 있는지 설명하여라.

3 아래의 자료는 2008년 노동정책연구에 발표된 대졸 남성정규직 신입사원 연봉에 대한 조사결과이다. 표본평균과 표본표준편차의 단위는 만원이다. 기업 구분에 따라 대졸 남성정규직 신입사원의 평균연봉에 대한 95% 신뢰구간을 구하여라.

기업 구분	기업수	표본평균	표본표준편차
민간부문	1081	2266	562
공공부문	235	2610	529
노조사업장	829	2693	531
비노조사업장	578	2449	488

4 아래의 값은 어떤 사이트에 올라온 숙대입구역 근처에 있는 원룸 중 보증금 1,000만인 월세 자료(단위: 만 원)이다. 정규성 검정결과 정규분포를 따른다고 할 수 있다고 하면 물음에 답하여라.

70, 90, 80, 55, 100, 110, 110, 110, 100, 80, 80, 95, 68, 80, 95, 55, 85, 80

(1) 이 자료를 이용하여 표본평균과 표본분산을 계산하여라.
(2) 이 지역 원룸의 평균월세에 대한 95% 신뢰구간을 구하여라.
(3) 월세의 표준편차에 대한 95% 신뢰구간을 구하여라.
(4) 부동산 전문가에 의하면 이 지역 원룸의 실제 평균월세는 70만 원이라고 할 때 호가가 70만 원보다 높다고 할 수 있는지 5% 유의수준에서 검정하여라.

5 거미의 종류에 따라 지면에서 수직을 기준으로 거미집의 각도가 다르다고 한다. Isoxya cicatricosas의 거미집 평균각도는 $\mu = 28.12°$이고 Araneus rufipalpus는 $\mu = 15.66°$라고 한다. 동일 거미 10마리의 거미집의 각도를 측정한 자료[2]가 다음과 같다.

25° 12° 31° 26° 17° 15° 24° 10° 16° 12°

(1) 표본평균과 표준편차를 계산하여라.
(2) 이 거미의 거미집 평균각도에 대해 95% 신뢰구간을 구하여라.
(3) 가설검정을 통해 이 거미들이 Isoxya cicatricosas와 Araneus rufipalpus 중 어느 쪽일 가능성이 높은지를 알아보아라.

6 어떤 동물학자가 아프리카코끼리의 평균수명에 대해 알아보기 위해 15마리의 야생코끼리에 대한 자료를 수집하였다. 이들 코끼리의 평균수명은 27.8년이고 표준편차는 5.5년이라고 하자.

(1) 아프리카코끼리의 실제 평균수명에 대해 95% 신뢰구간을 구하여라.
(2) 이 신뢰구간추정이 적절하기 위해 필요한 가정에 대해 설명하여라.
(3) 인도코끼리의 수명은 평균 60년이라고 한다. 아프리카코끼리는 인도코끼리보다 수명이 짧은지 1% 유의수준에서 가설검정 하여라.

7 어떤 연구에 의하면 우리나라 40대의 고혈압 유병률이 24.8%라고 한다. 이를 확인하기 위해 40대 성인 200명의 최근 의료기록을 무작위로 뽑아 유병률을 조사한 결과 68명이 고혈압에 걸린 것으로 나타났다.

2 Gadsden, R.J. & Kanji, G.K. (1981). Sequential analysis for angular data. The Statistician, 30, 119–129.

(1) 만약 이 연구의 주장이 옳다면 200명 중 고혈압에 걸린 사람은 평균 몇 명 정도인가?
(2) 조사 결과를 활용하여 우리나라 40대의 고혈압 유병률에 대한 95% 신뢰구간을 구하여라.
(3) 조사 결과를 활용하여 우리나라 40대의 고혈압 유병률이 24.8%라는 주장에 대해 유의수준 5%에서 가설검정 하여라.
(4) 위의 조사에서 사용된 표본이 우리나라 40대 고혈압 유병률을 분석하는데 적절하다고 볼 수 있는가? 문제가 있다면 어떤 문제가 있으며 어떻게 표본을 선정해야 하는지 설명하여라.

8 어떤 공장에서 생산된 정밀 부품의 불량률 θ를 알아보려고 한다.

(1) 95% 신뢰수준에서 한계오차를 ±1.5%P까지 허용하고 싶을 경우, 몇 개의 표본을 추출해야 하는가?
(2) 불량률 θ에 대해 추론하기 위해 200개의 부품을 무작위로 추출하였다. 비록 비복원 추출이지만 이 공장에서는 매일 수만 개의 부품을 생산하고 있어 복원 추출과 차이가 거의 없다고 가정할 수 있다고 하자.
① 만약 θ가 0.30이라면 불량 제품의 표본비율이 0.27과 0.33 사이에 있을 확률을 근사적으로 구하여라.
② 200개의 표본 중 174개가 정상으로 관찰되었다고 할 때 θ에 대한 90% 신뢰구간을 구하여라.
③ 이 공장에서는 불량률이 20% 미만이라고 주장한다.
(a) 귀무가설과 대립가설을 θ로 설정하여라.
(b) 200개의 표본 중 175개 이상이 정상이면 이 회사의 주장을 채택한다면 제1종의 오류를 범할 확률을 구하여라.
(c) 200개의 표본 중 179개가 정상으로 관찰되었을 때 5% 유의수준에서 이 공장의 주장을 검정하여라.
(d) (c)에 대한 p-값을 구하여라.

9 어떤 담배에서 판매하고 있는 담배 한 개비에 포함된 타르함량의 평균이 4.5mg이라고 한다. (참조, 【연습문제 7.9】) 이 주장의 진위를 알아보기 위해 무작위로 담배 100개비를 추출하여 조사했더니 표본평균이 4.6mg이고 표준편차가 0.45mg으로 나왔다.

(1) 이 담배에 포함된 실제 평균 타르함량에 대한 95% 신뢰구간을 구하여라.
(2) 이 자료를 근거로 담배 피해자들이 실제 타르함량이 회사의 주장보다 많다고 한다. 실제 타르함량이 회사의 주장보다 많은지 5% 유의수준에서 검정하여라.

10 사고가 발생했을 때 기존 환자 이송시스템에서는 사고 발생 후 병원까지 환자를 이송하여 응급실에서의 처치를 받는데 걸리는 시간은 평균이 25분이고 표준편차가 5분인

정규분포를 따랐다고 하자. 사고 후 30분 이내에 응급실 처치를 받지 못하면 환자는 위험상태에 빠진다고 가정할 때 물음에 답하여라. (참고, 【연습문제 7.10】) 새로운 시스템을 도입하여 환자를 100명을 독립적으로 이송한 경우 5명만 위험한 상태에 빠졌다고 한다. 이 시스템은 기존 시스템보다 환자이송시간을 단축시켰다고 할 수 있는지 5% 유의수준에서 검정하여라.

11 진단키트의 정확성을 확인하기 위한 지표로 민감도(감염자에 대한 양성반응의 비율)와 특이도(비감염자에 대한 음성반응 비율)가 사용된다. Covid-19 감염 여부를 확인하기 위해 사용되는 신속항원검사키트의 경우 민감도는 90%, 특이도는 99% 이상 되어야 한다. 만약, 100명의 감염자와 100명의 비감염자를 대상으로 임상시험을 진행했을 때 민감도는 95%, 특이도는 98%가 나왔다면,

(1) 9장의 3.1절에 소개된 공식을 이용하여 실제 민감도와 특이도에 대한 95% 신뢰구간을 구하여라.

(2) (1)에서 구한 신뢰구간의 문제점을 확인하고 왜 이런 문제가 발생했는지 설명하여라.

(3) θ를 실제 민감도 또는 특이도를 비율로 표시한 것이라고 하자. 통계학에서는 이 θ를 직접 분석하기도 θ의 로그 오즈(log odd)라고 하는 $\psi=\log(\theta/(1-\theta))$에 대해 추론하기도 한다. 여기서 log는 자연로그를 의미한다. θ는 0에서 1 사이의 값이지만 ψ는 $-\infty$에서 ∞사이의 값으로 상대적으로 제약이 덜하고 통계적으로는 훨씬 좋은 성질을 가진다. 또한 θ를 ψ로 표시하면 $\theta=\exp(\psi)/(1+\exp(\psi))$와 같이 쓸 수 있는데 통계이론에 의하면 시행 횟수가 커질수록 $\hat{\psi}=\log(P/(1-P))$는 평균이 ψ인 정규분포에 근사하고 표준오차는 $\sqrt{1/(P(1-P))}$로 추정할 수 있다.

① 이 이론을 기반으로 ψ에 대한 95% 신뢰구간을 구하여라.

② 식 $\theta=\exp(\psi)/(1+\exp(\psi))$에 ①에서 구한 신뢰한계값을 대입하여 θ에 대한 95% 신뢰구간을 구하고 (1)의 신뢰구간과 비교하여라.

10

두 모집단의 비교

이 장에서는 두 모집단의 평균, 분산, 비율을 비교하는 통계적 추론 방법에 대해 알아본다. 평균과 분산은 수치형자료에 대한 대푯값으로 이들 모수에 대한 분석은 모집단을 어떻게 가정하는가에 따라 방법론에 차이가 있다. 두 모집단의 비율 비교에서는 각각의 모집단이 두 개의 범주로 나누어져 있고 어떤 범주에 속할 비율이 차이가 있는지에 대해 알아본다. 모집단이 여러 개의 범주로 나누어져 있거나 모집단이 여러 개인 경우에서의 비율 비교는 13장에서 알아본다.

1 모평균 비교

모집단 평균에 대한 비교는 자료를 어떻게 수집하는가에 따라 분석방법이 다르다. 예를 들어, 학생들을 무작위로 나누어 수업을 수강하게 한 후 시험결과에 대한 비교를 하거나 두 지역에 거주하는 주민을 무작위로 선택하여 소득을 비교한다고 하면 비교되는 두 모집단은 별개의 집단이다. 이러한 모집단에서 추출된 표본을 **독립표본(independent sample)**이라고 한다. 이와 대비되는 것이 **대응표본(pairwise sample)** 또는 **짝을 이룬 표본(paired sample)**으로, 어떤 사람의 운동 전과 운동 후의 폐활량 비교 또는 일란성 쌍둥이를 대상으로 다른 다이어트 방법을 실시한 후 효과를 비교하는 것과 같이 동일하거나 동일하게 생각되는 개체를 대상으로 짝비교를 하는 경우가 있다.

1.1 독립표본 - 분산이 같은 경우

예제 10.1

Western Collaborative Group Study(이하 WCGS)에서는 1960 ~ 1961년에 3,154명의 건강한 중년남성을 대상으로 행동유형, 혈압, 콜레스테롤 수치, 흡연여부, 연령과 같은 변수들이 심장질환이나 각종 암의 발생, 생존율에 어떤 영향을 주는지를 알아보기 위해 장기간 정보를 수집했다. 아래의 자료는 이들을 두 가지 행동유형으로 나누었을 때 각 유형에서 체중이 많이 나가는 사람들 중 20명을 임의로 선택해 콜레스테롤 수치를 기록한 것이다. 유형 A는 성격이 급하거나 공격적이며 야심이 많은 사람들이고 유형 B는 느긋하거나 경쟁심이 없으며 서두름이 적은 사람들이다.

유형 A	유형 B
233 291 312 250 246 197 268 224 239 239 254 276 234 181 248 252 202 218 212 325	344 185 263 246 224 212 188 250 148 169 226 175 242 252 153 183 137 202 194 213

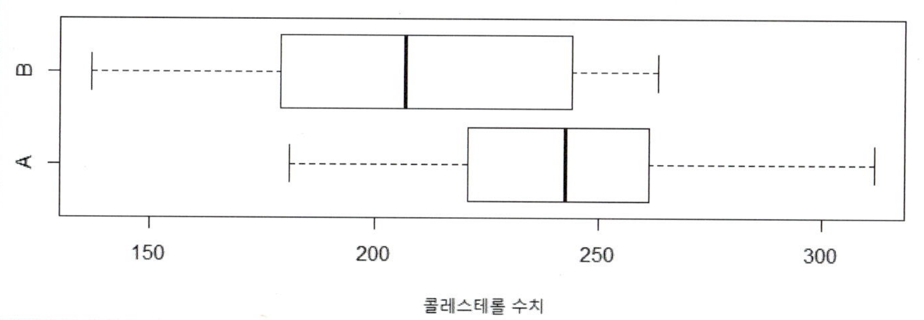

그림 10.1 콜레스테롤 수치의 상자그림

이 자료를 통해 행동유형에 따라 콜레스테롤의 평균 수치에 차이가 있는지를 알아보고자 한다. 【그림 10.1】의 상자그림에서 유형 A의 콜레스테롤 수치들이 유형 B에 비해 전반적으로 높게 분포되어 있는 것을 볼 수 있으나 수치적으로 유형 A 그룹의 콜레스테롤 평균이 유형 B 그룹의 평균보다 높다고 할 수 있는가?

유형 A와 B 모집단의 콜레스테롤 평균을 각각 μ_A와 μ_B라고 하자. 위의 예제는 두 모평균 μ_A와 μ_B를 비교하는 문제로 이를 수식으로 표시하면 $\mu_A - \mu_B$ 또는 μ_A/μ_B가 무엇인지를 알아보는 것이다. 만약 $\mu_A - \mu_B$가 0보다 크거나 μ_A/μ_B가 1보다 크면 μ_A는 μ_B보다 크다고 할 수 있다. 이 모수들에 대한 점추정량은 표본평균의 차와 표본평균의 비로 표시할 수 있는데 통계적으로 표본평균의 차가 다루기 쉽기 때문에 우리는 두 모평균의 차인 $\mu_A - \mu_B$에 대한 통계적 추론을 알아본다.

먼저 자료의 수집단계 과정을 살펴보자. $X_1, \cdots, X_m$는 평균이 μ_1이고 분산이 σ^2인 정규분포에서 추출된 확률표본이고 $Y_1, \cdots, Y_n$은 평균이 μ_2이고 분산 σ^2인 정규분포에서 추출된 확률표본이라고 하자.

$$X_1, \cdots, X_m \sim \text{iid } N(\mu_1, \sigma^2), \qquad Y_1, \cdots, Y_n \sim \text{iid } N(\mu_2, \sigma^2)$$

여기서 주의해야 할 것은 두 모집단의 분산은 같다고 가정한 것이다.

앞으로 설명할 통계추론은 위의 가정을 만족하는 경우에 최적의 방법이라고 할 수 있다. 그러므로 통계추론을 진행하기 전에 모집단에 대한 가정의 적절성을 표본을 통해 확인하는 것이 좋다. 모집단이 정규분포인지 아닌지를 알아보는 것을 **정규성검정**(normality test)이라고 한다. 정규성검정은 여러 가지가 있는데, 그중 하나를 13장 범주형자료분석에서 배울 것이다. 두 모집단의 분산이 같은지에 대한 검정방법을 **등분산검정**(equal variance test)이라고 하는데 자세한 것은 10장의 2절에서 알아본다. 간단하게 등분산인지를 알아보는 방법은 두 표본표준편차의 비가 0.5 ~ 2에 있는지를 확인하는 것이다.

두 평균에 대한 비교를 $\mu_1 - \mu_2$가 무엇인지로 표시한다고 하자. 앞에서도 언급한 것처럼 μ_1과 μ_2에 대한 직관적인 점추정량은 $\overline{X}$와 $\overline{Y}$이므로 평균의 차인 $\mu_1 - \mu_2$의 직관적인 점추정량은 $\overline{X} - \overline{Y}$이다. 이 추정량의 통계적 성질을 통해 중심축량을 유도할 수 있다. 각각의 확률표본은 모두 정규분포에서 추출되었기 때문에

$$\overline{X} \sim N(\mu_1, \sigma^2/m), \quad \overline{Y} \sim N(\mu_2, \sigma^2/n)$$

이며 $\overline{X}$와 $\overline{Y}$는 독립이다. 그러므로

$$\overline{X} - \overline{Y} \sim N\left(\mu_1 - \mu_2, \frac{\sigma^2}{m} + \frac{\sigma^2}{n}\right)$$

가 되고 이를 표준화하면

$$\frac{\overline{X} - \overline{Y} - \delta}{\sigma\sqrt{\dfrac{1}{m} + \dfrac{1}{n}}} \sim N(0,1)$$

가 된다. 여기서 σ가 얼마인지 알고 있다면 위의 값이 중심축량이 될 수 있다. 하지만 현실적으로 σ 또는 σ^2를 알고 있는 경우는 드물며 표준편차 σ 또는 분산 σ^2을 추정해야 한다. 만약 각 모집단의 분산이 다르다면 각각의 표본분산 $S_X^2 = \frac{1}{m-1}\sum_{i=1}^{m}(X_i - \overline{X})^2$ 또는 $S_Y^2 = \frac{1}{n-1}\sum_{i=1}^{n}(Y_i - \overline{Y})^2$으로 각 모분산을 추정하면 된다. 하지만 위의 가정과 같이 두 모집단 모두 동일한 분산을 가진다면 σ^2은 공통분산이라고 할 수 있고 이에 대한 추정량은 $X_1, \ldots, X_m$와 $Y_1, \ldots, Y_n$를 모두 활용한 것이어야 한다. 표본분산은 편차의 제곱을 다 더한 후 자유도로 나눈 것이다. 표본들의 편차는 각각의 표본에서 해당 그룹의 표본평균을 뺀 값으로 전체자료에 대한 편차의 제곱합은

$$\sum_{i=1}^{m}(X_i - \overline{X})^2 + \sum_{i=1}^{n}(Y_i - \overline{Y})^2$$

이 된다. 그리고 첫 번째 제곱합와 두 번째 제곱합의 자유도는 각각 $m-1$, $n-1$이므로 전체 편차제곱합의 자유도는 $m-1+n-1=m+n-2$가 되어 공통분산 σ^2의 추정량은 다음과 같이 구할 수 있다.

$$S_p^2 = \frac{\sum(X_i - \overline{X})^2 + \sum(Y_i - \overline{Y})^2}{m+n-2}$$

이때 S_p^2을 **합동표본분산**(pooled sample variance)이라고 한다. σ를 S_p로 대체하면 다음과 같이 중심축량을 구할 수 있는데 이 중심축량은 자유도가 $m+n-2$인 $t-$분포를 따르는 것으로 알려져 있다.

$\mu_1 - \mu_2$에 대한 중심축량과 분포

$$T = \frac{\overline{X} - \overline{Y} - (\mu_1 - \mu_2)}{S_p\sqrt{\dfrac{1}{m} + \dfrac{1}{n}}} \sim t_{m+n-2}$$

앞 장에서 언급한 것과 같이 $t-$분포는 정규분포처럼 0을 중심으로 대칭이고 0에서 멀어질수록 밀도함수가 낮아지는 형태를 가진다. 그러므로 중심축량을 이용하면 다음 등식이 성립한다.

$$P(-t_{\alpha/2,m+n-2} \le T \le t_{\alpha/2,m+n-2}) = 1-\alpha$$

이를 이용하여 $\mu_1 - \mu_2$에 대한 $100(1-\alpha)\%$ 신뢰구간을 구할 수 있는데 위 식에서 T를 추정량과 모수의 형태로 표시하면,

$$P\left(-t_{\alpha/2,m+n-2} \le \frac{\overline{X} - \overline{Y} - (\mu_1 - \mu_2)}{S_p\sqrt{1/m + 1/n}} \le t_{\alpha/2,m+n-2}\right) = 1-\alpha$$

가 되고 $\mu_1 - \mu_2$ 부분만 남겨놓고 통계량들을 좌우로 넘기면 다음과 같은 식을 얻을 수 있다.

$$P\left(\overline{X}-\overline{Y}-t_{\alpha/2,m+n-2}S_p\sqrt{\frac{1}{m}+\frac{1}{n}} \le \right.$$
$$\left. \mu_1-\mu_2 \le \overline{X}-\overline{Y}+t_{\alpha/2,m+n-2}S_p\sqrt{\frac{1}{m}+\frac{1}{n}}\right)=1-\alpha$$

$\mu_1-\mu_2$에 대한 $100(1-\alpha)$% 신뢰구간

$$\left[\overline{X}-\overline{Y}-t_{\alpha/2,m+n-2}S_p\sqrt{\frac{1}{m}+\frac{1}{n}},\ \overline{X}-\overline{Y}+t_{\alpha/2,m+n-2}S_p\sqrt{\frac{1}{m}+\frac{1}{n}}\right]$$

예제 10.2

【예제 10.1】의 WCGS에서 유형 A의 평균과 유형 B의 평균 차 $\mu_A-\mu_B$에 대한 95% 신뢰구간을 구해 보자. 유형 A의 자료를 $x_1, \cdots, x_{20}$, 유형 B의 자료를 $y_1, \cdots, y_{20}$이라고 하면,

$$\overline{x}=245.05,\quad \overline{y}=210.30,\quad \sum x_i^2=1{,}226{,}495,\quad \sum y_i^2=928{,}920$$

가 되고 표준편차가 각각 $s_A=36.64$, $s_B=48.34$로 표준편차의 비가 $s_A/s_B=0.758$로 앞에서 언급한 것과 이 비가 0.5 ~ 2에 있으므로 분산이 같다는 가정을 위배하지 않는 것으로 나타났다. 합동표본분산은

$$s_p^2=\frac{(1226495-20\times 245.05^2)+(928920-20\times 210.30^2)}{(20-1)+(20-1)}$$
$$=\frac{69903.15}{38}=1839.557$$

로 합동표본표준편차는 $s_p=42.89$가 되며 자유도가 38인 $t-$분포에서 $t_{0.025,38}=2.02$이므로 $\mu_A-\mu_B$에 대한 95% 신뢰구간은

$$\left[245.05-210.30-2.02\times 42.89\sqrt{\frac{1}{20}+\frac{1}{20}},\right.$$
$$\left. 245.05-210.30+2.02\times 42.89\sqrt{\frac{1}{20}+\frac{1}{20}}\right]$$

즉, [7.29, 62.21]가 된다.

가설검정의 경우 기본적으로 두 모평균의 비교에 대한 세 가지의 대립가설을 생각할 수 있다.

상황	귀무가설(H_0)	대립가설(H_1)
①	$\mu_1 \le \mu_2$	$\mu_1 > \mu_2$
②	$\mu_1 \ge \mu_2$	$\mu_1 < \mu_2$
③	$\mu_1 = \mu_2$	$\mu_1 \ne \mu_2$

즉, $\mu_1 - \mu_2$가 0보다 ① 크거나 ② 작거나 ③ 같지 않은 상황에 대한 검정이다. 두 모평균이 같은지를 알아보는 검정에서는 귀무가설은 $\mu_1 - \mu_2 = 0$, 대립가설에서 ①은 $\mu_1 - \mu_2 > 0$, ②는 $\mu_1 - \mu_2 < 0$, ③은 $\mu_1 - \mu_2 \ne 0$로 표시된다. 두 모집단의 평균 비교에 대한 검정통계량은 다음과 같이 중심축량에서 $\mu_1 - \mu_2$를 귀무가설하에서의 값인 0으로 대체하는 것이다.

$\mu_1 = \mu_2$ 하에서의 검정통계량과 분포

$$T_0 = \frac{\overline{X} - \overline{Y}}{S_p\sqrt{\frac{1}{m} + \frac{1}{n}}} \sim t_{m+n-2}$$

유의수준을 α라고 하면, 기각역은 각각 ① $[t_{\alpha, m+n-2}, \infty)$ ② $(-\infty, -t_{\alpha, m+n-2}]$ ③ $(-\infty, -t_{\alpha/2, m+n-2}]$ 또는 $[t_{\alpha/2, m+n-2}, \infty)$가 된다. 수집된 자료를 이용하여

$$t_0 = \frac{\overline{x} - \overline{y}}{s_p\sqrt{\frac{1}{m} + \frac{1}{n}}}$$

를 구하고 t_0이 기각역에 있는지 여부로 귀무가설 기각을 결정할 수 있다. 유의확률은 ① $P(T_0 \ge t_0)$ ② $P(T_0 \le t_0)$ ③ $2P(T_0 \ge |t_0|)$가 되는데 이 확률은 컴퓨터 프로그

램을 이용하여 계산할 수 있다.

예제 10.3

【예제 10.1】의 WCGS에서 유형 A의 평균 콜레스테롤 수치가 유형 B의 평균 콜레스테롤 수치보다 높다고 할 수 있는가? 이에 대한 귀무가설과 대립가설은 다음과 같이 표시할 수 있으며

$$H_0 : \mu_A = \mu_B, \qquad H_1 : \mu_A > \mu_B$$

이는 단측검정이 된다. 【예제 10.2】에서 계산한 결과를 이용하여 검정통계량의 값을 구하면,

$$t = \frac{245.05 - 210.30}{42.89\sqrt{\frac{1}{20} + \frac{1}{20}}} = 2.562$$

가 된다. 현재 분석은 단측검정으로 5% 유의수준에서의 임계값 $t_{0.05,38} = 1.686$ 이 되고 검정통계량의 값이 임계값보다 크기 때문에 귀무가설을 기각시킬 수 있다. 즉, 5% 유의수준에서 유형 A의 평균 콜레스테롤 수치가 유형 B의 평균보다 높다고 할 수 있다. 컴퓨터 프로그램을 이용하여 현재 자료에 대한 p-값을 계산하면,

$$\text{p-값} = P(T > 2.562) = 0.007$$

이 되는데 이는 1% 유의수준에서도 유형 A의 평균 콜레스테롤 수치가 유형 B의 평균보다 높다고 할 수 있다는 것을 의미한다.

1.2 독립표본 - 분산이 다른 경우

위의 추론에서 두 모집단은 동일한 분산을 가지는 정규분포라고 가정하였다. 그러므로 위의 추론방법을 적용하기 위해서는 두 모집단의 분산이 같은지 정규분포를 따르는지를 확인해야 한다. 만약 2절에서 배울 분산비교에서 두 모집단의 분산이 같지 않다고 판단

되는 경우에는 다음과 같이 추론하는 것이 적절하다.

분산을 제외한 모든 것이 앞에서의 상황과 동일하다고 하자. 즉, 첫 번째 모집단의 분산을 σ_1^2, 두 번째 모집단의 분산을 σ_2^2 라고 하면,

$$X_1, X_2, \cdots, X_m \sim \text{iid } N(\mu_1, \sigma_1^2), \quad Y_1, Y_2, \cdots, Y_n \sim \text{iid } N(\mu_2, \sigma_2^2)$$

가 된다. 우리가 관심을 가지는 모수는 $\mu_1 - \mu_2$ 이고 이에 대한 직관적인 점추정량은 여전히 $\overline{X} - \overline{Y}$ 이며 이 점추정량은 다음과 같은 분포를 따른다.

$$\overline{X} - \overline{Y} \sim N\left(\mu_1 - \mu_2, \frac{\sigma_1^2}{m} + \frac{\sigma_2^2}{n}\right)$$

이를 표준화하면

$$\frac{\overline{X} - \overline{Y} - (\mu_1 - \mu_2)}{\sqrt{\dfrac{\sigma_1^2}{m} + \dfrac{\sigma_2^2}{n}}} \sim N(0,1)$$

가 되는데 분산 σ_1^2 과 σ_2^2 를 알고 있다면 이 값이 중심축량이 되지만 대부분 모르기 때문에 표본을 이용하여 추정해야 한다. 이들 분산에 대한 직관적 점추정량은 각각

$$S_X^2 = \frac{1}{m-1}\sum_{i=1}^{m}(X_i - \overline{X})^2, \quad S_Y^2 = \frac{1}{n-1}\sum_{i=1}^{n}(Y_i - \overline{Y})^2$$

이고 결론적으로 중심축량은

$$\frac{\overline{X} - \overline{Y} - (\mu_1 - \mu_2)}{\sqrt{\dfrac{S_X^2}{m} + \dfrac{S_Y^2}{n}}}$$

가 된다. 문제는 형태상 간단하게 보이는 이 중심축량의 정확한 분포를 아직까지 유도하지 못하고 있다는 것이다. 이 문제를 통계학에서는 **베렌스-피셔 문제(Behrens-Fisher problem)**라고 하는데, Behrens의 1929년도 논문을 1935년 Fisher가 언급하며 근사적인 분포를 유도함으로써 시작되었다. 이후 다양한 근사분포가 제시되었는데 기초통계학

수준의 교재에서는 대부분 위의 중심축량이 자유도가 둘 중 작은 값, 즉 $\min(m-1, n-1)$인 $t-$분포를 근사적으로 따른다고 한다. 하지만 SAS와 같은 통계분석 프로그램에서는 Satterthwaite가 제안한 자유도

$$\frac{\left(S_X^2/m+S_Y^2/n\right)^2}{S_X^4/(m^2(m-1))+S_Y^4/(n^2(n-1))}$$

를 기반으로 한 $t-$분포를 디폴트로 사용하고 있다. 분석자에 따라 다른 방법의 자유도를 사용할 수 있기 때문에 이 책에서는 선택된 자유도가 ν라고 가정하고 중심축량이 다음과 같은 근사분포를 따른다고 표시한다.

분산이 다른 경우 $\mu_1-\mu_2$에 대한 중심축량과 분포

$$\frac{\overline{X}-\overline{Y}-(\mu_1-\mu_2)}{\sqrt{\dfrac{S_X^2}{m}+\dfrac{S_Y^2}{n}}}\simeq t_\nu$$

$\mu_1-\mu_2$에 대한 $100(1-\alpha)\%$ 신뢰구간의 근사 구간은 다음과 같은 관계식에 의해 구할 수 있다.

$$\begin{aligned}1-\alpha &\simeq P\left(-t_{\alpha/2,\nu}<\frac{\overline{X}-\overline{Y}-(\mu_1-\mu_2)}{\sqrt{S_X^2/m+S_Y^2/n}}<t_{\alpha/2,\nu}\right)\\ &=P\left(\overline{X}-\overline{Y}-t_{\alpha/2,\nu}\sqrt{\frac{S_X^2}{m}+\frac{S_Y^2}{n}}<\mu_1-\mu_2<\overline{X}-\overline{Y}+t_{\alpha/2,\nu}\sqrt{\frac{S_X^2}{m}+\frac{S_Y^2}{n}}\right)\end{aligned}$$

그러므로 $\mu_1-\mu_2$에 대한 $100(1-\alpha)\%$ 근사신뢰구간은 다음과 같다.

$$\left[\overline{X}-\overline{Y}-t_{\alpha/2,\nu}\sqrt{\frac{S_X^2}{m}+\frac{S_Y^2}{n}},\ \overline{X}-\overline{Y}+t_{\alpha/2,\nu}\sqrt{\frac{S_X^2}{m}+\frac{S_Y^2}{n}}\right]$$

위의 중심축량을 이용하여 두 모평균이 같은지에 대한 가설검정을 하고자 하는 경우 검정통계량은

$$T_0 = \frac{\overline{X} - \overline{Y}}{\sqrt{\frac{S_X^2}{m} + \frac{S_Y^2}{n}}} \simeq t_\nu$$

이 되고 유의수준 $100\alpha\%$에 대한 기각역은 앞 절에서 자유도 $m+n-2$ 대신 ν로 대체하는 것을 제외하고 동일하다.

예제 10.4

A지역과 B지역에서 각각 20명을 무작위로 선택해 수능 수리영역 성적을 조사하여 다음과 같은 결과를 얻었다. 두 지역의 수리영역 평균성적에 차이가 있는지를 비교하려고 한다.

통계량	A	B
평균	65	71
표준편차	23	11

분산이 같은지에 대한 간이 검정에 의하면 두 표준편차의 비율이 23/11 > 2이므로 분산이 다른 상황에서 평균을 비교하는 것이 적절하다고 판단된다. 이 경우 검정통계량의 값은

$$t = \frac{65 - 71}{\sqrt{\frac{23^2}{20} + \frac{11^2}{20}}} = -0.781$$

이고 자유도가 $\min(m-1, n-1)$인 $t-$분포로 판정한다면 5% 유의수준에서 $t_{0.025,19} = 2.093$이므로 $|t| = 0.781 < 2.093$이 되고 두 지역 간에 수리영역 평균에 유의한 차이가 없다고 할 수 있다.

1.3 독립표본 - 정규분포가 아닌 경우 평균비교

위의 추론방법들은 두 모집단이 모두 정규분포라는 가정하에서 유도되었다. 만약 표본들이

심각하게 정규성을 위반하고 있다면 다른 방법을 적용하는 것이 더 적절할 수 있다. 이에 대한 다양한 방법들이 있으나 이 책의 수준에서 설명 가능한 방법을 소개하고자 한다.

일단 자료에 이상점이 없다면 위에서 설명한 방법을 사용해도 큰 문제가 없다. 만약 아주 심각한 이상점이 없고 표본의 크기가 크다면 평균 비교에 대한 추론은 중심극한정리를 이용하여 유도할 수 있다. 즉, 첫 번째 모집단의 평균과 분산이 μ_1, σ_1^2이고 두 번째 모집단의 평균과 분산이 μ_2, σ_2^2이라고 하자. 만약 표본크기 m, n이 모두 크다면 중심극한정리에 의해

$$\overline{X} \simeq N(\mu_1, \sigma_1^2/m), \quad \overline{Y} \simeq N(\mu_2, \sigma_2^2/n)$$

가 되고 두 표본평균의 차는 다음과 같은 점근적 분포를 따른다.

$$\overline{X} - \overline{Y} \simeq N\left(\mu_1 - \mu_2, \frac{\sigma_1^2}{m} + \frac{\sigma_2^2}{n}\right)$$

이를 표준화하면

$$Z = \frac{\overline{X} - \overline{Y} - (\mu_1 - \mu_2)}{\sqrt{\dfrac{\sigma_1^2}{m} + \dfrac{\sigma_2^2}{n}}} \simeq N(0,1)$$

이 되는데 표본크기가 큰 경우 σ_1^2와 σ_2^2를 S_X^2와 S_Y^2로 대체해도 Z의 통계적인 성질은 큰 차이가 없다고 알려져 있다. 즉, 중심축량과 분포는 다음과 같이 유도된다.

$$Z_\theta = \frac{\overline{X} - \overline{Y} - (\mu_1 - \mu_2)}{\sqrt{\dfrac{S_X^2}{m} + \dfrac{S_Y^2}{n}}} \simeq N(0,1)$$

이 중심축량을 이용하여 다음과 같은 근사확률식을 유도할 수 있다.

$$1 - \alpha \simeq P\left(-z_{\alpha/2} < \frac{\overline{X} - \overline{Y} - (\mu_1 - \mu_2)}{\sqrt{S_X^2/m + S_Y^2/n}} < z_{\alpha/2}\right)$$

그러므로 $\mu_1 - \mu_2$에 대한 $100(1-\alpha)\%$ 신뢰구간은 1.2절의 신뢰구간에서 $t-$분포의

위수를 정규분포의 위수로 바꾸어 다음과 같이 구할 수 있다.

$$\left[\overline{X}-\overline{Y}-z_{\alpha/2}\sqrt{\frac{S_1^2}{m}+\frac{S_2^2}{n}},\ \overline{X}-\overline{Y}+z_{\alpha/2}\sqrt{\frac{S_1^2}{m}+\frac{S_2^2}{n}}\right]$$

두 모평균이 같은지에 대한 가설검정의 경우도 검정통계량과 분포는

$$Z_0=\frac{\overline{X}-\overline{Y}}{\sqrt{\frac{S_1^2}{m}+\frac{S_2^2}{n}}}\simeq N(0,1)$$

가 되고 기각역은 1.2절의 기각역에서 $t-$분포의 위수를 정규분포의 위수로 대체한 것으로 ① $[z_\alpha, \infty)$ ② $(-\infty, -z_\alpha]$ ③ $(-\infty, -z_{\alpha/2}]$ 또는 $[z_{\alpha/2}, \infty)$가 된다.

예제 10.5

A회사와 B회사에는 비슷한 종류의 초코파이를 생산하고 있다. 두 회사에서 생산하고 있는 초코파이의 칼로리를 비교하고자 한다. A회사에서 50개, B회사에서 100개를 무작위로 추출하여 다음과 같은 결과를 얻었다.

파이종류	A	B
평균	155 kcal	151 kcal
표준편차	7 kcal	6 kcal

표본의 크기가 50, 100으로 일반적으로 중심극한정리를 적용하는 기준인 30보다 크기 때문에 중심극한정리를 적용할 수 있다. 이를 기초로 초코파이 무게의 평균 차인 $\mu_A-\mu_B$에 대한 95% 신뢰구간을 구해보자.

$$\bar{x}-\bar{y}\pm z_{0.025}\sqrt{\frac{s_1^2}{m}+\frac{s_2^2}{n}}=155-151\pm 1.96\sqrt{\frac{7^2}{50}+\frac{6^2}{100}}$$

으로 [1.73, 6.27]이 된다. 이 신뢰구간은 0을 포함하고 있지 않기 때문에 두 초코파이의 평균에 차이가 있다는 것을 알 수 있다. A회사의 초코파이가 B회사의 초코파이보다 칼로리가 높은지를 1% 유의수준으로 알아보고자 한다고 하자. 이때 귀무가설과 대립가설은

$$H_0 : \mu_A = \mu_B, \quad H_1 : \mu_A > \mu_B$$

이고 검정통계량의 값은

$$z = \frac{155 - 151}{\sqrt{7^2/50 + 6^2/100}} = 3.46$$

이 된다. 1% 유의수준에 해당하는 기각역은 $[z_{0.01}, \infty)$로 정규분포표에서 $z_{0.01} = 2.33$인 것을 확인할 수 있다. 우리 자료의 검정통계량 값이 기각역 안에 있기 때문에 1% 유의수준에서 귀무가설을 기각시킬 수 있으며 이는 A회사의 초코파이가 B회사의 초코파이보다 칼로리가 높다는 것을 의미한다.

마지막으로 이상점이 있으면서 표본크기가 크지 않은 경우에는 비모수적인 방법이나 붓스트랩과 같은 방법을 적용할 수 있다. 두 방법 모두 이 책의 수준을 벗어나므로 설명하지 않으며 자세한 내용은 Siegel & Castellan[1]과 Efron & Tibshirani[2]를 참고하기 바란다.

1.4 짝비교

사람을 대상으로 이루어지는 임상시험에서는 동일한 대상이나 거의 유사한 두 대상을 한 조로 만들어 서로 다른 처리를 한 후 처리의 효과들 간에 차이가 있는지를 알아보는 경우가 많다. 예를 들어, 혈압 약의 효과를 보기 위해 약을 먹기 전에 혈압을 측정하고 먹고 일정 시간이 지난 후 혈압을 측정하여 혈압이 얼마나 감소했는지를 알아보는 것이다. 이 실험은 동일한 대상에게서 자료를 얻기 때문에 전·후의 두 자료가 서로 독립이라고 보기 어렵다. 이 절에서는 이와 같이 짝을 이룬 자료를 이용하여 전·후의 평균을 어떻게 비교하는지에 대해 알아본다.

---

1 Siegel, S. & Castellan, N.J. (1988). Nonparametric Statistics for the Behavioral Sciences. McGraw-Hill, New York.

2 Efron, B. & Tibshirani, R. J. (1993). *An Introduction to the Bootstrap*. Chapman & Hall, New York.

혈압 약을 복용하기 전의 평균혈압을 μ_1, 복용 후 평균혈압을 μ_2 라고 하면, 전·후의 평균 비교는 $\mu_1 - \mu_2$ 로 표시할 수 있다. 이를 알아보기 위해 모집단으로부터 n 명의 확률표본을 추출한다고 하자. $X_1, \cdots, X_n$ 은 약을 복용하기 전 측정한 혈압이라고 하고 $Y_1, \cdots, Y_n$ 은 이들이 약을 복용한 후 측정한 혈압이라고 하자. $\mu_1 - \mu_2$ 에 대한 점추정량은 $\overline{X} - \overline{Y}$ 이 된다. 만약 X_i 들과 Y_i 들이 독립이라면 $\overline{X} - \overline{Y}$ 의 분산은 $\overline{X}$ 의 분산과 $\overline{Y}$ 의 분산의 합으로 계산할 수 있으나 여기에서는 X_i 와 Y_i 가 짝을 이룬 것으로 독립이라고 할 수 없다. 그러므로 앞 절에서 배운 방법을 적용할 수 없다.

이러한 문제를 간단하게 해결하는 방법은 다음과 같이 짝들 간의 차를 이용하는 것이다.

번호	처리 1	처리 2	차
1	X_1	Y_1	$D_1 = X_1 - Y_1$
2	X_2	Y_2	$D_2 = X_2 - Y_2$
⋮	⋮	⋮	⋮
n	X_n	Y_n	$D_n = X_n - Y_n$
평균	$\overline{X}$	$\overline{Y}$	$\overline{D} = \overline{X} - \overline{Y}$

처리 1과 처리 2의 평균 차인 $\delta = \mu_1 - \mu_2$ 의 점추정량 $\overline{X} - \overline{Y}$ 는 표에서와 같이 짝들 간 차의 표본평균 $\overline{D}$ 와 같다. 뿐만 아니라 D_i 들은 서로 독립이기 때문에 상대적으로 다루기 쉽다. 이렇게 쌍을 이룬 표본의 경우에는 $(X_1, Y_1), (X_2, Y_2), \cdots, (X_n, Y_n)$ 대신 차인 $D_1, D_2, \cdots, D_n$ 를 이용하여 9장에서 배운 단일모집단의 평균에 대한 추론 방법을 적용한다. 즉, $D_1, D_2, \cdots, D_n$ 은 평균이 δ 이고 분산이 σ_D^2 인 정규분포에서 추출된 확률표본이라고 가정하고 δ 에 대해 추론한다. 이 경우 중심축량과 분포는 다음과 같다.

$\delta = \mu_1 - \mu_2$ 에 대한 중심축량과 분포: 짝비교인 경우

$$T_\delta = \frac{\overline{D} - \delta}{S_D / \sqrt{n}} \sim t_{n-1}$$

이를 기반으로 δ에 대한 $100(1-\alpha)\%$ 신뢰구간은 다음의 관계식을 이용하여 구할 수 있다.

$$P(-t_{\alpha/2,n-1} \le T_\delta \le t_{\alpha/2,n-1}) = 1-\alpha$$

위 식에서 T_δ를 추정량과 모수의 형태로 표시하면,

$$P\left(-t_{\alpha/2,n-1} \le \frac{\overline{D}-\delta}{S_D/\sqrt{n}} \le t_{\alpha/2,n-1}\right) = 1-\alpha$$

가 되고 δ 부분만 남겨놓고 통계량들을 좌우로 넘기면,

$$P\left(\overline{D} - t_{\alpha/2,n-1}\frac{S_D}{\sqrt{n}} \le \delta \le \overline{D} + t_{\alpha/2,n-1}\frac{S_D}{\sqrt{n}}\right) = 1-\alpha$$

가 된다.

δ에 대한 $100(1-\alpha)\%$ 신뢰구간

$$\left[\overline{D} - t_{\alpha/2,n-1}\frac{S_D}{\sqrt{n}},\ \overline{D} + t_{\alpha/2,n-1}\frac{S_D}{\sqrt{n}}\right]$$

가설검정의 경우도 두 독립표본의 비교와 마찬가지로 세 가지의 대립가설을 생각할 수 있다.

상황	귀무가설(H_0)	대립가설(H_1)
①	$\mu_1 \le \mu_2$	$\mu_1 > \mu_2$
②	$\mu_1 \ge \mu_2$	$\mu_1 < \mu_2$
③	$\mu_1 = \mu_2$	$\mu_1 \ne \mu_2$

즉, δ가 0보다 ① 크거나 ② 작거나 ③ 같지 않은 상황에 대한 검정이다. 처리 전·후의 평균 비교에 대한 귀무가설은 $\delta = 0$, 대립가설에서 ①은 $\delta > 0$, ②는 $\delta < 0$, ③은

$\delta \neq 0$ 로 표시된다. 그러므로 검정통계량은 다음과 같이 중심축량에서 δ를 귀무가설하에서의 값인 0으로 대체하는 것이다.

$\delta = 0$ 하에서의 검정통계량과 분포

$$T_0 = \frac{\overline{D}}{S_D / \sqrt{n}} \sim t_{n-1}$$

유의수준을 α라고 하면, 기각역은 각각 ① $[t_{\alpha, n-1}, \infty)$ ② $(-\infty, -t_{\alpha, n-1}]$ ③ $(-\infty, -t_{\alpha/2, n-1}]$ 또는 $[t_{\alpha/2, n-1}, \infty)$가 된다. 수집된 자료를 이용하여

$$t_0 = \frac{\overline{d}}{s_d / \sqrt{n}}$$

를 구하고 t_0이 기각역에 있는지 여부로 귀무가설 기각을 결정할 수 있다. 유의확률은 ① $P(T_0 \geq t_0)$ ② $P(T_0 \leq t_0)$ ③ $2P(T_0 \geq |t_0|)$로 통계프로그램을 이용하여 계산할 수 있다.

예제 10.6

다음 자료는 Darwin[3]이 타가수분을 한 묘목의 성장량이 자가수분을 한 묘목의 성장량보다 큰지를 알아보기 위해 비슷한 수령의 타가와 자가수분을 한 두 묘목을 쌍으로 묶고 일정 기간이 지난 후 성장량을 측정한 것이다.

쌍	1	2	3	4	5	6	7	8	9	10	11	12	13	14	15
타가	23.5	12.0	21.0	22.0	19.1	21.5	22.1	20.4	18.3	21.6	23.3	21.0	22.1	23.0	12.0
자가	17.4	20.4	20.0	20.0	18.4	18.6	18.6	15.3	16.5	18.0	16.3	18.0	12.8	15.5	18.0
차	6.1	-8.4	1.0	2.0	0.7	2.9	3.5	5.1	1.8	3.6	7.0	3.0	9.3	7.5	-6.0

μ_1을 타가수분한 묘목의 평균성장량, μ_2를 자가수분한 묘목의 평균성장량이라고

3 Darwin, C. (1876). *The effects of cross– and self–fertilization in the vegetable kingdom*, 2nd Ed. London: John Murray.

하면 가설검정에서 μ_1 이 μ_2 보다 큰지를 알아보기 때문에 귀무가설과 대립가설은 다음과 같이 설정한다.

$$H_0 : \mu_1 - \mu_2 = 0\,, \qquad H_1 : \mu_1 - \mu_2 > 0$$

$$\overline{d} = 2.607\,, \quad s_d^2 = 22.211\,, \quad s_d = 4.713$$

검정통계량의 값과 5% 유의수준에서 기각역의 임계값은 다음과 같이 계산된다.

$$t = \frac{2.607}{4.713/\sqrt{15}} = 2.142 > t_{0.05,14} = 1.761$$

귀무가설을 기각시킬 수 있으며 타가수분한 묘목의 평균성장량이 자가수분한 묘목의 성장량보다 크다고 할 수 있다. 추가로 타가수분과 자가수분한 묘목의 성장량 차이에 대한 95% 신뢰구간을 구하려고 한다면 $t_{0.025,14} = 2.145$ 이므로

$$\left[2.607 - 2.145 \times \frac{4.713}{\sqrt{15}},\ 2.607 - 2.145 \times \frac{4.713}{\sqrt{15}}\right] = [-0.003,\ 5.217]$$

가 된다. 이 구간은 양측신뢰구간으로 가설검정에서의 단측검정의 결론과 다르게 나왔다. 만약 95% 신뢰수준에서 단측신뢰구간을 얻고자 한다면,

$$\left[2.607 - 1.761 \times \frac{4.713}{\sqrt{15}},\ \infty\right) = [0.464,\ \infty)$$

가 되어 위의 가설검정과 같은 결론에 도달한다.

만약 모집단에 대해 정규분포를 가정하기 어려우나 표본크기가 큰 경우라면 중심극한정리를 이용하여 중심축량과 분포를 다음과 같이 유도할 수 있다.

$$\frac{\overline{D} - \delta}{S_D/\sqrt{n}} \simeq N(0,1)$$

이는 앞에서 사용된 자유도가 $n-1$ 인 $t-$분포 대신 $N(0,1)$ 로 바꾸는 것을 제외하고 나머지는 모두 같은 절차로 구간추정과 가설검정을 할 수 있다는 것을 의미한다.

예제 10.7

다음의 결과는 1980년 영국의 성인 신장에 대한 OPCS 연구 자료에서 부부 간 신장 차이에 대한 자료이다(Marsh[4] 참조). 총 170쌍의 부부에 대해 남편의 신장에서 부인의 신장을 뺀 값에 대한 표본평균과 표본분산이 각각 2.235이고 16.607이었다. 이를 이용하여 부부 간 신장 차이가 있는지를 5% 유의수준에서 가설검정을 한다면,

$$t = \frac{\bar{d}}{s_d/\sqrt{n}} = \frac{2.235}{4.075/\sqrt{170}} = 7.152 > z_{0.025} = 1.96$$

이므로 부부 간 신장 차이가 있는 것으로 나타났다. 이 자료를 이용하여 부부 간 평균 신장차이가 얼마나 되는지에 대한 95% 근사신뢰구간을 구하면 다음과 같다.

$$\left[2.235 - 1.96 \times \frac{4.075}{\sqrt{170}},\ 2.235 + 1.96 \times \frac{4.075}{\sqrt{170}}\right] = [1.622,\ 2.848]$$

2 모분산의 비교

분산 또는 표준편차는 평균을 중심으로 분포가 얼마나 퍼져 있는가를 나타내는 측도 중 하나이다. 만약 어떤 분포가 넓게 퍼져 있다면 평균이 중심위치로써의 역할을 안정적으로 하지 못할 수 있으며 전체적으로 변동성이 커진다고 볼 수 있다. 어떤 라인에서 생산되는 제품들의 품질의 분산이 크다면 제품이 안정적으로 생산되지 않고 있다는 것을 의미한다. 만약 생산라인이 두 개 있을 때, 두 라인에서 생산되는 제품의 품질이 안정적인지를 비교하고자 한다면 품질의 분산 또는 표준편차를 비교하여 확인할 수 있다. 이 절에서는 두 모분산을 비교하는 방법에 대해 알아본다.

$X_1, \cdots, X_m$ 은 $N(\mu_1, \sigma_1^2)$ 으로부터 추출한 m개의 확률표본이고 $Y_1, \cdots, Y_n$ 은 $N(\mu_2, \sigma_2^2)$ 으로부터 추출한 n개의 확률표본이라고 하자. 우리는 이 두 모집단의 분산이

4 March, C. (1988). *Exploring Data*. Cambridge, UK: Polity Press, 315.

같은지에 관심이 있다고 하자. 이를 식으로 표시하면 $\sigma_1^2 = \sigma_2^2$이 되며 $\sigma_1^2 - \sigma_2^2 = 0$ 또는 $\sigma_1^2/\sigma_2^2 = 1$로 표시할 수 있다. 분산의 경우 $\sigma_1^2 - \sigma_2^2$ 보다는 σ_1^2/σ_2^2이 통계적으로 다루기 쉽다. 이 절에서는 두 모분산의 비율 σ_1^2/σ_2^2에 대한 통계적 추론에 대해 알아본다.

분산의 비 σ_1^2/σ_2^2에 대한 직관적인 추정량은 S_X^2/S_Y^2 이다. 두 모집단의 분산 비에 대한 추론에서는 다음과 같은 중심축량을 이용한다.

σ_1^2/σ_2^2에 대한 중심축량과 분포

$$F = \frac{S_X^2/S_Y^2}{\sigma_1^2/\sigma_2^2} = \frac{S_X^2/\sigma_1^2}{S_Y^2/\sigma_2^2} \sim F_{m-1,n-1}$$

여기서 $F_{m-1,n-1}$은 자유도가 $m-1$과 $n-1$인 F-분포를 의미한다. 자유도는 F-값에서 보듯이 분자의 S_X^2와 분모의 S_Y^2의 자유도이다. 이 F-분포는 이 절뿐만 아니라 11장의 분산분석과 12장 회귀분석에서 사용되는 중요한 분포이다.

F-분포는【그림 10.2】에서 보는 것처럼 비대칭적인 형태를 가진다. 동일한 분모의 자유도에 대해 분자의 자유도가 커질수록 분포의 중심이 오른쪽으로 이동해 가는 형태를 가지고 있다. 확률변수 X가 자유도가 ν_1, ν_2인 F-분포를 따를 때, F_{α,ν_1,ν_2}를

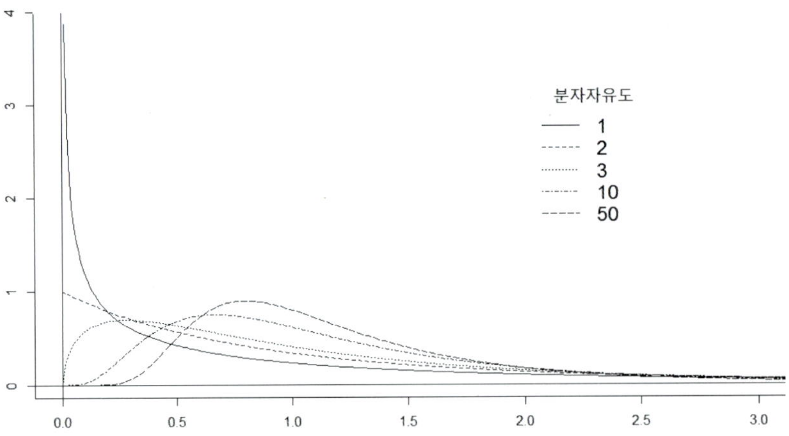

그림 10.2 $\nu_2 = 10$일 때 ν_1의 변화에 따른 F-분포의 형태

$P(X \geq F_{\alpha,\nu_1,\nu_2}) = \alpha$를 만족하는 값이라고 하면, 위의 중심축량은 다음의 확률을 만족한다.

$$P(F_{1-\alpha/2,m-1,n-1} \leq F \leq F_{\alpha/2,m-1,n-1}) = 1-\alpha$$

F_{α,ν_1,ν_2}에 해당하는 값은 【부록: 표 6】에 주어져 있다. 이 식으로부터

$$\begin{aligned} 1-\alpha &= P\left(F_{1-\alpha/2,m-1,n-1} \leq \frac{S_X^2/S_Y^2}{\sigma_1^2/\sigma_2^2} \leq F_{\alpha/2,m-1,n-1}\right) \\ &= P\left(\frac{F_{1-\alpha/2,m-1,n-1}}{S_X^2/S_Y^2} < \frac{1}{\sigma_1^2/\sigma_2^2} < \frac{F_{\alpha/2,m-1,n-1}}{S_X^2/S_Y^2}\right) \\ &= P\left(\frac{S_X^2/S_Y^2}{F_{\alpha/2,m-1,n-1}} \leq \frac{\sigma_1^2}{\sigma_2^2} \leq \frac{S_X^2/S_Y^2}{F_{1-\alpha/2,m-1,n-1}}\right) \end{aligned}$$

의 관계식을 유도할 수 있다.

σ_1^2/σ_2^2에 대한 $100(1-\alpha)$ % 신뢰구간은

$$\left[\frac{S_X^2/S_Y^2}{F_{\alpha/2,m-1,n-1}}, \frac{S_X^2/S_Y^2}{F_{1-\alpha/2,m-1,n-1}}\right]$$

만약, 분산 비 σ_2^2/σ_1^2에 관심을 가진다면 중심축량과 분포는

$$\frac{S_Y^2/S_X^2}{\sigma_2^2/\sigma_1^2} = \frac{S_Y^2/\sigma_2^2}{S_X^2/\sigma_1^2} \sim F_{n-1,m-1}$$

이 된다. 이 중심축량은 위의

$$\frac{1}{F} = \frac{\sigma_1^2/\sigma_2^2}{S_X^2/S_Y^2} = \frac{S_Y^2/\sigma_2^2}{S_X^2/\sigma_1^2}$$

와 같다. 이 관계를 이용하면 다음의 확률식을 유도할 수 있다.

$$1-\alpha = P\left(F_{1-\alpha/2, n-1, m-1} \le \frac{1}{F} \le F_{\alpha/2, n-1, m-1}\right)$$

$$= P\left(\frac{1}{F_{\alpha/2, n-1, m-1}} \le F \le \frac{1}{F_{1-\alpha/2, n-1, m-1}}\right)$$

이는 확률변수 X가 자유도가 ν_1, ν_2 인 F-분포를 따른다면 $1/X$은 자유도가 ν_2, ν_1 인 F-분포를 따른다는 것을 의미한다. 앞에서 정의한 것처럼

$$\alpha = P(X \ge F_{\alpha, \nu_1, \nu_2}) = P(X \le F_{1-\alpha, \nu_1, \nu_2})$$

이고

$$\alpha = P(1/X \ge F_{\alpha, \nu_2, \nu_1}) = P(X \le 1/F_{\alpha, \nu_2, \nu_1})$$

가 성립한다. 이는 $F_{1-\alpha, \nu_1, \nu_2} = 1/F_{\alpha, \nu_2, \nu_1}$ 이고 $F_{\alpha, \nu_1, \nu_2} = 1/F_{1-\alpha, \nu_2, \nu_1}$ 이 성립함을 의미한다.

분산이 같은지에 대한 가설검정에서도 다음과 같은 세 가지 상황을 고려할 수 있다.

상황	귀무가설(H_0)	대립가설(H_1)
①	$\sigma_1^2 \le \sigma_2^2$	$\sigma_1^2 > \sigma_2^2$
②	$\sigma_1^2 \ge \sigma_2^2$	$\sigma_1^2 < \sigma_2^2$
③	$\sigma_1^2 = \sigma_2^2$	$\sigma_1^2 \ne \sigma_2^2$

평균에 대한 비교에서와 마찬가지로 $\sigma_1^2 = \sigma_2^2$ 일 때 제1종 오류의 확률이 유의수준이 되기 때문에 상황에 관계없이 귀무가설은 $\sigma_1^2 = \sigma_2^2$ 인 경우만 고려한다. 귀무가설하에서 분산의 비는 $\sigma_1^2/\sigma_2^2 = 1$ 이 된다.

$\sigma_1^2 = \sigma_2^2$ 하에서의 검정통계량과 분포

$$F_0 = \frac{S_X^2}{S_Y^2} \sim F_{m-1, n-1}$$

유의수준을 α라고 하면, 기각역은 각각 ① $[F_{\alpha, m-1, n-1}, \infty)$ ② $[0, F_{1-\alpha, m-1, n-1}]$ ③ $[0, F_{1-\alpha/2, m-, n-1}]$ 또는 $[F_{\alpha/2, m-1, n-1}, \infty)$가 된다. 수집된 자료를 이용하여

$$f_0 = \frac{s_X^2}{s_Y^2}$$

를 구하고 f_0가 기각역에 있는지에 따라 귀무가설 기각 여부를 결정할 수 있다. 유의확률은 ① $P(F_0 \geq f_0)$ ② $P(F_0 \leq f_0)$ ③의 경우 f_0가 1보다 크면 $2P(F_0 \geq f_0)$, 아니면 $2P(F_0 \leq f_0)$로 통계프로그램을 이용하여 계산할 수 있다.

예제 10.8

【예제 10.2】에서 표본표준편차의 비가 0.5 ~ 2에 있으면 분산이 같다고 볼 수 있다고 했으나 여기에서는 정식적으로 분산이 같은지를 비교하고자 한다. 유형 A와 B의 분산을 각각 σ_A^2, σ_B^2이라고 하고 표본분산을 s_A^2, s_B^2이라고 하면 $s_A^2 = 1342.366$이고 $s_B^2 = 2336.747$이 된다. 표본크기가 모두 20이므로 분자와 분모의 자유도는 $20-1=19$이며 【부록: 표6】에서 $F_{0.025,19,19} = 2.526$, $F_{0.975,19,19} = 0.396$이므로 σ_A^2/σ_B^2에 대한 95% 신뢰구간은

$$\left[\frac{s_A^2/s_B^2}{F_{0.025,19,19}}, \frac{s_A^2/s_B^2}{F_{0.975,19,19}}\right] = \left[\frac{1342.36/2336.75}{2.526}, \frac{1342.36/2336.75}{0.396}\right]$$
$$= [0.227, 1.451]$$

이 된다. 표준편차의 비 σ_A/σ_B에 대한 95% 신뢰구간은 위의 신뢰구간의 경계값을 제곱근한 $[\sqrt{0.227}, \sqrt{1.451}] = [0.477, 1.205]$가 된다. $H_0 : \sigma_A^2 = \sigma_B^2$에 대한 검정통계량 값은

$$f_0 = \frac{1342.37}{2336.75} = 0.574$$

이고 $F_{0.025,19,19} = 2.526$, $F_{0.975,19,19} = 0.396$ 사이에 있기 때문에 귀무가설을 기각시킬 수 없어 분산이 같다고 볼 수 있다.

만약 분산이 같은지가 아니라 σ_1^2가 σ_2^2의 δ 배인지에 대한 가설검정을 한다면, 귀무가설은 $H_0 : \sigma_1^2/\sigma_2^2 = \delta$가 되고 검정통계량은

$$F_0 = \frac{S_X^2/S_Y^2}{\delta} \sim F_{m-1,n-1}$$

가 된다. 이에 대한 기각역과 유의확률은 위와 동일하게 적용된다.

3 모비율의 비교

두 모집단이 두 범주로 나누어져 있고 관심의 범주에 속할 확률 또는 관심의 범주가 차지하는 모비율이 각각 θ_1, θ_2 라고 하자. 앞에서 언급한 것과 같이 비율은 일종의 평균이기 때문에 두 모비율의 비교는 $\theta_1 - \theta_2$가 무엇인지 알아보는 것으로 표시할 수 있다. 모비율 비교의 경우 때로는 θ_1/θ_2로도 표시할 수 있으며 다음과 같이 좀 더 복잡한 형태로 표현 가능하다.

$$\frac{\theta_1/(1-\theta_1)}{\theta_2/(1-\theta_2)}, \qquad \log\left(\frac{\theta_1/(1-\theta_1)}{\theta_2/(1-\theta_2)}\right)$$

이 형태는 복잡해 보이지만 통계학적으로 볼 때 $\theta_1 - \theta_2$보다 좋은 성질을 가지고 있다. 하지만 상대적으로 어려운 이론을 적용해야 하므로 기초통계학 수준에서는 다루기 어렵다. 이 책에서는 모수의 비교를 $\theta_1 - \theta_2$로 표시하여 추론하는 방법에 대해 알아본다.

모수 $\theta_1 - \theta_2$에 대해 알아보기 위해 첫 번째 모집단으로부터 추출한 m개의 확률표본 중 X개가, 두 번째 모집단으로부터 추출한 n개 중 Y개가 해당 범주에서 관측된다고 하자. 이 경우 모수 $\theta_1 - \theta_2$에 대한 직관적 점추정량은 표본비율의 차인 $P_1 - P_2$이다. 여기서 $P_1 = X/m$, $P_2 = Y/n$을 의미한다. 만약 중심극한정리를 적용할 수 있을 정도로 표본크기 m과 n이 크다면,

$$P_1 \simeq N\left(\theta_1, \frac{\theta_1(1-\theta_1)}{m}\right), \qquad P_2 \simeq N\left(\theta_2, \frac{\theta_2(1-\theta_2)}{m}\right)$$

가 된다. 그러므로 표본비율의 차의 분포는 점근적으로 다음과 같은 분포를 따른다.

$$P_1 - P_2 \simeq N\left(\theta_1 - \theta_2, \frac{\theta_1(1-\theta_1)}{m} + \frac{\theta_2(1-\theta_2)}{n}\right)$$

이를 표준화하면 다음과 같은 중심축량을 구할 수 있다.

$\theta_1 - \theta_2$에 대한 중심축량과 점근적 분포

$$Z = \frac{P_1 - P_2 - (\theta_1 - \theta_2)}{\sqrt{\frac{\theta_1(1-\theta_1)}{m} + \frac{\theta_2(1-\theta_2)}{n}}} \simeq N(0,1)$$

이 중심축량을 이용하면 다음과 같은 확률식을 유도할 수 있다.

$$P(-z_{\alpha/2} \le Z \le z_{\alpha/2}) \approx 1 - \alpha$$

이 식에서 Z의 $\theta_1 - \theta_2$ 부분을 제외한 나머지 부분을 양쪽으로 넘기면,

$$\begin{aligned} P\Bigg(P_1 - P_2 - z_{\alpha/2}\sqrt{\frac{\theta_1(1-\theta_1)}{m} + \frac{\theta_2(1-\theta_2)}{n}} \\ \le \theta_1 - \theta_2 \le P_1 - P_2 + z_{\alpha/2}\sqrt{\frac{\theta_1(1-\theta_1)}{m} + \frac{\theta_2(1-\theta_2)}{n}}\Bigg) \\ \approx 1 - \alpha \end{aligned}$$

가 된다. 그러므로 $\theta_1 - \theta_2$에 대한 $100(1-\alpha)\%$ 신뢰구간은

$$\left[P_1 - P_2 - z_{\alpha/2}\sqrt{\frac{\theta_1(1-\theta_1)}{m} + \frac{\theta_2(1-\theta_2)}{n}},\right. \\ \left. P_1 - P_2 + z_{\alpha/2}\sqrt{\frac{\theta_1(1-\theta_1)}{m} + \frac{\theta_2(1-\theta_2)}{n}}\right]$$

가 된다. 하지만 이 신뢰구간을 사용할 수 없다. 왜냐하면 이 신뢰구간에 포함된 표준오차에 미지의 값인 θ_1과 θ_2가 포함되어 있기 때문이다. 통계학에서는 이 문제를 해결하기 위한 방법들이 개발되었는데 가장 간단한 방법은 모수를 점추정량으로 대체하는 것이

다. 즉 θ_1를 P_1, θ_2를 P_2로 대체하여 다음과 같은 구간을 구하는 것이다.

$\theta_1 - \theta_2$에 대한 $100(1-\alpha)$% 신뢰구간

$$\left[P_1 - P_2 - z_{\alpha/2}\sqrt{\frac{P_1(1-P_1)}{m}+\frac{P_2(1-P_2)}{n}},\quad P_1 - P_2 + z_{\alpha/2}\sqrt{\frac{P_1(1-P_1)}{m}+\frac{P_2(1-P_2)}{n}} \right]$$

모비율 비교에 대한 가설검정도 다음과 같은 세 가지 상황을 고려할 수 있다.

상황	귀무가설(H_0)	대립가설(H_1)
①	$\theta_1 \le \theta_2$	$\theta_1 > \theta_2$
②	$\theta_1 \ge \theta_2$	$\theta_1 < \theta_2$
③	$\theta_1 = \theta_2$	$\theta_1 \ne \theta_2$

여기서도 귀무가설은 $\theta_1 = \theta_2$인 경우만 고려한다. 이 경우 모비율을 첨자와 관계없이 $\theta_1 = \theta_2 = \theta$로 표시할 수 있다. 그러므로 귀무가설하에서 중심축량으로부터 유도된 검정통계량과 점근적 분포는

$$Z = \frac{P_1 - P_2}{\sqrt{\frac{\theta(1-\theta)}{m}+\frac{\theta(1-\theta)}{n}}} = \frac{P_1 - P_2}{\sqrt{\theta(1-\theta)}\sqrt{\frac{1}{m}+\frac{1}{n}}} \simeq N(0,1)$$

이 된다. 하지만 이 Z는 검정통계량이 아니다. 왜냐하면 Z에는 여전히 미지의 모수인 θ가 포함되어 있기 때문이다.

귀무가설에서는 $\theta_1 = \theta_2$라는 것만 가정했지 그 값이 얼마인지 제시되지 않았다. 그러므로 θ를 추정하지 않는 이상 Z는 여전히 검정통계량이 아니다. 여기서 θ는 두 모집단의 비율이 같다는 가정하에서의 전체 모비율로 직관적인 점추정량은 전체 자료 중 해당 범주에 속한 표본의 비율

$$P = \frac{X+Y}{m+n}$$

이다. 우리가 사용할 검정통계량은 다음과 같이 θ를 P로 대체한 것이다.

$H_0 : \theta_1 = \theta_2$ 하에서의 검정통계량과 점근적 분포

$$Z_0 = \frac{P_1 - P_2}{\sqrt{P(1-P)}\sqrt{\frac{1}{m}+\frac{1}{n}}} \simeq N(0,1)$$

여기서는 표본비율 P가 미지의 모수인 θ를 단순히 대체한 값으로 취급했지만 13장 범주형자료분석에서 그 이상의 의미가 있다는 것을 설명할 것이다.

유의수준을 α라고 하면, 기각역은 각각 ① $[z_\alpha, \infty)$ ② $(-\infty, -z_\alpha]$ ③ $(-\infty, -z_{\alpha/2}]$ 또는 $[z_{\alpha/2}, \infty)$가 된다. 수집된 자료를 이용하여

$$z_0 = \frac{p_1 - p_2}{\sqrt{p(1-p)}\sqrt{\frac{1}{m}+\frac{1}{n}}}$$

를 구하고 z_0가 기각역에 있는지 여부로 귀무가설 기각을 결정할 수 있다. 유의확률은 ① $P(Z_0 \geq z_0)$ ② $P(Z_0 \leq z_0)$ ③ $2P(Z_0 \geq |z_0|)$로 통계프로그램을 이용하여 계산할 수 있다.

예제 10.9

Steering Committee of the Physician's Health Study Research Group (1989)에서는 예방의약 관점에서 아스피린의 효과를 알아보기 위해 건강한 사람을 대상으로 실험을 진행하였다. 실험에 참여한 22,071명의 사람을 무작위로 두 그룹으로 나누고 한쪽에는 아스피린을 다른 한쪽에는 위약을 복용하게 한 후 다음과 같은 자료를 얻었다.

그룹	심장마비	뇌졸중	전체
아스피린	139	119	11,037
위약	239	98	11,034
전체	378	217	22,071

모수 θ_1과 θ_2를 각각 아스피린과 위약을 복용한 사람의 심장마비 비율이라고 하자. 이 모수의 추정값을 각각 p_1과 p_2라고 하면,

$$p_1 = \frac{139}{11037} = 0.013, \quad p_2 = \frac{239}{11034} = 0.022$$

가 된다. 이를 이용하여 일단 각 모수에 대한 95% 신뢰구간을 구하면,

$$\theta_1 : \left[0.013 - 1.96\sqrt{\frac{0.013 \times 0.987}{11037}},\ 0.013 + 1.96\sqrt{\frac{0.013 \times 0.987}{11037}}\right]$$
$$= [0.011,\ 0.015]$$
$$\theta_2 : \left[0.022 - 1.96\sqrt{\frac{0.022 \times 0.978}{11034}},\ 0.022 + 1.96\sqrt{\frac{0.022 \times 0.978}{11034}}\right]$$
$$= [0.019,\ 0.024]$$

로 겹쳐지는 부분이 없다. 또한 $\theta_1 - \theta_2$에 대한 95% 신뢰구간도

$$0.013 - 0.022 \pm 1.96\sqrt{\frac{0.013 \times 0.987}{11037} + \frac{0.022 \times 0.978}{11034}} = -0.009 \pm 0.003$$

즉, [−0.012 −0.006]으로 0을 포함하지 않기 때문에 차이가 있는 것으로 나타났다. 가설검정의 경우 이 연구의 목적은 아스피린이 심장마비 예방에 효과가 있다는 것을 보이는 것이기 때문에 가설은 $H_0 : \theta_1 = \theta_2$와 $H_1 : \theta_1 < \theta_2$가 된다. 이에 대한 검정통계량의 값은

$$z = \frac{0.013 - 0.022}{\sqrt{0.017 \times 0.983}\sqrt{\frac{1}{11037} + \frac{1}{11034}}} = \frac{-0.009}{0.0017} = -5.15$$

가 되는데 분모의 0.017은 공통확률에 추정값으로 $p = (139 + 239)/(11037 + 11034)$에서 유도되었다. 표준정규분포표에서 −3.5보다 작을 확률이 0.0002이므로 p-값인 $P(Z \leq -5.15)$는 이보다 훨씬 작은 값이 되기 때문에 1% 유의수준에서도 귀무가설을 기각시킬 수 있으며 아스피린을 복용한 사람들이 위약을 복용한 사람들보다 심장마비에 걸릴 확률이 유의하게 낮다고 할 수 있다.

뇌졸중의 경우 아스피린을 복용한 사람들이 오히려 많은데 이에 대한 유의성은 연습문제로 남긴다.

- $X_1, \dots, X_m \sim$ iid $N(\mu_1, \sigma^2)$ 이고 $Y_1, \dots, Y_n \sim$ iid $N(\mu_2, \sigma^2)$ 일 때,

① $\mu_1 - \mu_2$ 에 대한 $100(1-\alpha)$% 신뢰구간

$$\left[\overline{X}-\overline{Y}-t_{\alpha/2,m+n-2}S_p\sqrt{\frac{1}{m}+\frac{1}{n}},\ \overline{X}-\overline{Y}+t_{\alpha/2,m+n-2}S_p\sqrt{\frac{1}{m}+\frac{1}{n}}\right]$$

② $H_0 : \mu_1 = \mu_2$ 에 대한 검정통계량과 분포

$$T=\frac{\overline{X}-\overline{Y}}{S_p\sqrt{1/m+1/n}} \sim t_{m+n-2}$$

- $X_1, \dots, X_m \sim$ iid $N(\mu_1, \sigma_1^2)$ 이고 $Y_1, \dots, Y_n \sim$ iid $N(\mu_2, \sigma_2^2)$ 일 때,

③ $H_0 : \mu_1 = \mu_2$ 에 대한 검정통계량과 분포

$$T=\frac{\overline{X}-\overline{Y}}{\sqrt{S_1^2/m+S_2^2/n}} \sim t_\nu, \quad \nu \text{는 본문참조}$$

④ σ_1^2/σ_2^2 에 대한 $100(1-\alpha)$% 신뢰구간

$$\left[\frac{S_1^2/S_2^2}{F_{1-\alpha/2,m-1,n-1}},\ \frac{S_1^2/S_2^2}{F_{\alpha/2,m-1,n-1}}\right]$$

⑤ $H_0 : \sigma_1^2 = \sigma_2^2$ 에 대한 검정통계량과 분포

$$S_1^2/S_2^2 \sim F_{m-1,n-1}$$

⑥ σ_1/σ_2 에 대한 $100(1-\alpha)$% 신뢰구간

$$\left[\sqrt{\frac{S_1^2/S_2^2}{F_{1-\alpha/2,m-1,n-1}}},\ \sqrt{\frac{S_1^2/S_2^2}{F_{\alpha/2,m-1,n-1}}}\right]$$

- $X \sim B(m, \theta_1)$, $Y \sim B(n, \theta_2)$ 이고 m, n 이 큰 경우

⑦ $\theta_1 - \theta_2$ 에 대한 $100(1-\alpha)$% 신뢰구간

$$\left[P_1-P_2-z_{\alpha/2}\sqrt{\frac{P_1(1-P_1)}{m}+\frac{P_2(1-P_2)}{n}},\ P_1-P_2+z_{\alpha/2}\sqrt{\frac{P_1(1-P_1)}{m}+\frac{P_2(1-P_2)}{n}}\right]$$

⑧ $H_0 : \theta_1 = \theta_2$ 에 대한 검정통계량과 분포

$$\frac{P_1-P_2}{\sqrt{P(1-P)}\sqrt{1/m+1/n}} \simeq N(0,1)$$

- 쌍을 이룬 자료의 평균비교

$$- \ (X_1, Y_1), \cdots, (X_n, Y_n) \Rightarrow D_i = X_i - Y_i$$

⑨ $\mu_1 - \mu_2$ 에 대한 $100(1-\alpha)$% 신뢰구간

$$\left[\overline{D}-t_{\alpha/2,n-1}S_D/\sqrt{n},\ \overline{D}+t_{\alpha/2,n-1}S_D/\sqrt{n}\right]$$

⑩ $H_0 : \mu_1 = \mu_2$ 에 대한 검정통계량과 분포

$$T=\frac{\overline{D}}{S_D/\sqrt{n}} \sim t_{n-1}$$

연·습·문·제

1 진통제 효과를 비교하는 실험에서 9명의 환자에게 A 진통제를, 12명의 환자에게 B 진통제를 복용시킨 후 무통(無痛)시간을 측정하였다. 두 진통제의 무통시간은 동일한 분산을 가지는 정규분포를 따른다고 할 때 다음의 질문에 답하여라.

통계량	A 진통제	B 진통제
표본평균	5.8	5.0
표본표준편차	1.3	1.5

(1) 합동표준편차(S_p)가 1.419인 것을 보여라.
(2) A 진통제의 평균무통시간에 대해 95% 신뢰구간을 구하여라.
(3) A 진통제의 무통시간 분산이 B 진통제의 무통시간 분산보다 작은지를 5% 유의수준에서 검정하여라.
(4) A 진통제가 B 진통제보다 진통효과가 있는지를 5% 유의수준에서 검정하여라.

2 다음 자료는 14년 6월 4일 지방선거에 당선한 17개 지역 광역단체장의 소속정당과 득표율을 정리한 것이다(【연습문제 2.11】 참조).

지역	충북	강원	인천	대전	경기	부산	충남	대구	서울
정당	새민련	새민련	새누리	새민련	새누리	새누리	새민련	새누리	새민련
득표율	49.75	49.76	49.95	50.07	50.43	50.65	52.21	55.95	56.12
지역	세종	광주	경남	제주	울산	전북	경북	전남	
정당	새민련	새민련	새누리	새누리	새누리	새민련	새누리	새민련	
득표율	57.78	57.85	58.85	59.97	65.42	69.23	77.73	77.96	

유권자수 또는 투표자수 등 다른 정보가 없다는 가정하에 이들 득표율만 이용하여 다음 물음에 답하여라.

(1) 각 정당의 평균득표율에 대한 95% 구간추정을 하여라.
(2) 두 정당의 득표율에 차이가 있는지를 5% 유의수준에서 검정하여라.

3 【표 2.18】에 있는 프로야구 타자와 투수 기록(1982년~2015년)을 2000년 이전(1982~1999년)과 이후(2000~2015년)로 나누어 물음에 답하여라. 단, 모든 변수들은 정규분포를 따른다고 가정한다.

(1) 두 기간의 최저방어율 분산에 차이가 있는지 5% 유의수준에서 검정하여라.
(2) (1)의 결과를 기반으로 두 기간의 평균 최저방어율 차이에 대한 95% 신뢰구간을 구하여라.
(3) 두 기간에 따라 최고타율의 평균에 차이가 있는지를 5% 유의수준에서 검정하여라.
(4) 최다 안타, 최다 홈런, 최다 도루, 최다 승에 대해서도 두 기간에 따라 평균과 분산에 차이가 있는지 5% 유의수준에서 검정하여라.

4 아래 자료는 Gosset이 Student[5]라는 필명으로 발표한 논문에서 언급한 자료이다. 이 자료는 수면제를 복용하지 않은 10명의 환자에 대해 수면시간을 측정하고 Ⓐ D. hyposcyamine hydrobromide와 Ⓑ L. hyposcyamine hydrobromide 처치를 한 후의 수면제 복용 전에 비해 늘어난 수면 시간을 기록하였다.

환자	Ⓐ	Ⓑ	Ⓑ − Ⓐ
1	0.7	1.9	1.2
2	−1.6	0.8	2.4
3	−0.2	1.1	1.3
4	−1.2	0.1	1.3
5	−1.0	−0.1	0.9
6	3.4	4.4	1.0
7	3.7	5.5	1.8
8	0.8	1.6	0.8
9	0.0	4.6	4.6
10	2.0	3.4	1.4

(1) 처치 Ⓐ를 했을 때 수면시간이 얼마나 늘었는지 95% 신뢰구간을 구하여라.
(2) 처치 Ⓑ를 했을 때 수면시간이 늘었다고 할 수 있는지 5% 유의수준에서 검정하여라.
(3) 처치 Ⓑ가 처치 Ⓐ보다 수면시간을 늘려주는 효과가 있는지를 5% 유의수준에서 검정하여라.
(4) 만약 9번째 환자의 Ⓑ−Ⓐ 값을 17.6으로 잘못 계산했다고 하자.

5 Student (1908). The probable error of a mean. *Biometrika*, 6, 1–15.

① Ⓑ가 처치 Ⓐ보다 수면시간을 늘려주는 효과가 있는지를 5% 유의수준에서 검정하여라.

② (3)의 결과와 비교하여 왜 이런 결과가 나왔는지 원인을 알아보아라.

(5) 위의 추론을 하는 데 있어 필요한 가정을 자료가 만족하는지 확인하여라.

5 다음 표는 University of North Carolina 치대에서 수집된 11명의 여아와 16명의 남아 자료로 뇌하수체의 중앙에서 날개위턱까지의 거리를 연령에 따라 측정한 것이다 (참고: Potthoff & Roy[6]).

번호	연령							
	8	10	12	14	8	10	12	14
1	21	20	21.5	23	26	25	29	31
2	21	21.5	24	25.5	21.5	22.5	23	26.5
3	20.5	24	24.5	26	23	22.5	24	27.5
4	23.5	24.5	25	26.5	25.5	27.5	26.5	27
5	21.5	23	22.5	25.5	20	23.5	22.5	26
6	20	21	21	22.5	24.5	25.5	27	28.5
7	21.5	22.5	23	25	22	22	24.5	26.5
8	23	23	23.5	24	24	21.5	24.5	25.5
9	20	21	22	21.5	23	20.5	31	26
10	16.5	19	19	19.5	27.5	28	31	31.5
11	24.5	25	28	28	23	23	23.5	25
12					21.5	23.5	24	28
13					17	24.5	26	29.5
14					22.5	25.5	25.5	26
15					23	24.5	26	30
16					22	21.5	23.5	25

(1) 여아의 자료를 이용하여

① x축은 연령, y축은 평균거리인 산점도를 그리고 연령순서대로 선을 연결하여라.

② 8세 때와 10세 때 거리 간 평균차이에 대해 95% 신뢰구간을 구하여라.

③ 14세 때 거리가 8세 때보다 늘었는지 5% 유의수준에서 검정하여라.

(2) 남아자료를 이용하여 14세 때 거리가 8세 때보다 늘었는지 5% 유의수준에서 검정하여라.

(3) 8세 때와 14세 때의 길이차이를 남녀별로 계산하고 다음 물음에 답하여라.

① 남녀 자료의 분산 비에 대해 95% 신뢰구간을 구하여라.

---

6 Potthoff, R.F. & Roy, S.N. (1964). A generalized multivariate analysis of variance model useful especially for growth curve problem. *Biometrika*, 51, 313–326.

② 남녀 간 평균차이가 다른지 5% 유의수준에서 검정하여라.

(4) 14세 때의 남녀 간 평균거리 차이에 대해 95% 신뢰구간을 구하여라.

6 다음 자료는 기초통계학을 수강하는 학생들 중 6명을 무작위로 뽑아 중간시험과 기말시험의 점수를 표시한 것이다.

번호	1	2	3	4	5	6
중간점수	65	72	93	87	77	55
기말점수	69	70	99	91	88	62

기말시험 점수가 중간시험 점수보다 높은지를 5% 유의수준에서 검정하여라.

7 A회사와 B회사에는 생산하고 있는 초코파이의 열량을 비교하기 위해, A회사에서 50개를 B회사에서 100개를 무작위로 추출하여 열량을 측정한 결과가 다음과 같다.

	A	B
평균	155 kcal	151 kcal
표준편차	7 kcal	6 kcal

(1) 두 회사의 초코파이 평균열량의 차이에 대해 95% 신뢰구간을 구하여라.

(2) A회사의 초코파이 평균열량이 B회사의 평균열량보다 높은지를 5% 유의수준으로 검정하여라.

8 다음 자료는 A지역에서 1862명을 B지역에서 188명을 임의로 뽑아 태어난 계절을 조사한 결과이다.

계절		봄	여름	가을	겨울
지역	A	480	454	446	482
	B	46	53	49	40

(1) A지역의 자료만 이용하여 다음 물음에 답하여라.

① 봄과 겨울의 출생비율이 여름과 가을의 출생비율보다 높다고 할 수 있는지를 5% 유의수준에서 검정하여라.

② 봄의 출생비율에 대해 95% 신뢰구간을 구하여라.

(2) A지역의 여름 출생비율과 B지역의 여름 출생비율의 차에 대한 95% 신뢰구간

을 구하여라.

(3) A지역과 B지역의 겨울 출생비율이 동일한지를 5% 유의수준에서 검정하여라.

9 확률변수 X와 Y는 서로독립이고 $X \sim B(n_1, \theta_1)$, $Y \sim B(n_2, \theta_2)$라고 하자. 성공확률 θ_1와 θ_2에 대한 점추정량으로 $P_1 = X/n_1$과 $P_2 = Y/n_2$를 생각할 수 있다.

(1) P_1과 P_2의 표준오차를 구하여라.

(2) $P_1 - P_2$의 기댓값과 표준오차를 구하여라.

(3) 만약 $\theta_1 = \theta_2 = \theta$라고 할 때 θ의 점추정량인 $P = (X + Y)/(n_1 + n_2)$의 표준오차를 구하여라.

10 【예제 10.9】에서 아스피린을 복용한 사람 중 뇌졸중에 걸린 비율을 θ_1, 위약을 복용한 사람 중 뇌졸중에 걸린 비율을 θ_2라고 할 때 다음 물음에 답하여라.

(1) 각 모수에 대한 95% 신뢰구간을 구하여라.

(2) $\theta_1 - \theta_2$에 대한 95% 신뢰구간을 구하여라.

(3) 아스피린을 복용한 사람들이 위약을 복용한 사람들보다 뇌졸중에 걸릴 확률이 높은지 5% 유의수준에서 검정하여라.

11 【연습문제 9.2】에서 언급한 2008년 노동정책연구에 발표된 대졸 남성정규직 신입사원 연봉자료를 이용하여 물음에 답하여라.

(1) 민간부문과 공공부문의 대졸 남성정규직 신입사원 평균연봉 간에 차이가 있는지 5% 유의수준에서 검정하여라.

(2) 노조사업장과 비노조사업장의 대졸 남성정규직 신입사원 평균연봉 간에 차이가 있는지 5% 유의수준에서 검정하여라.

11

분산분석

10장의 1절에서 두 모집단의 평균을 비교하는 문제를 다루었다. 이 장에서는 셋 이상의 모집단 평균을 비교하는 방법에 대해 알아본다. 서로 다른 처리를 통해 어떤 모집단을 여러 개의 부모집단으로 나눈 후 부모집단 간 평균을 비교함으로써 처리에 의해 부모집단의 특성이 달라졌는지를 확인하는 과정도 포함한다.

1 t-검정과 F-검정

10장 1절에서는 두 모평균을 비교하기 위해 $t-$검정을 사용하였다. 만약 비교해야 할 대상이 셋 이상의 모평균이라면 어떻게 해야 할까? 예를 들어, 비교해야 할 평균이 μ_1, μ_2, μ_3라고 할 때, 귀무가설은 $H_0 : \mu_1 = \mu_2 = \mu_3$이고 대립가설은 '최소한 하나의 μ_i는 같지 않다'이다. 두 모평균을 비교할 때는 $\mu_1 - \mu_2$에 대한 점추정량을 이용하여 통계적 추론을 했으나 세 모평균을 비교할 때는 적절한 형태의 모수 표현방식이 없다. 이 경우 쉽게 생각해 볼 수 있는 방법은 모든 쌍 (μ_1, μ_2), (μ_1, μ_3), (μ_2, μ_3)을 비교하는 것이다. 즉, 세 개의 귀무가설

$$H_{01} : \mu_1 = \mu_2,\ H_{02} : \mu_1 = \mu_3,\ H_{03} : \mu_2 = \mu_3$$

에 대해 각각 $t-$검정을 실시하는 것이다. 만약 이 세 가설검정에서 모두 귀무가설을 채택하면 세 평균 μ_1, μ_2, μ_3는 모두 같다고 결론을 내리는 것이다. 하지만 이 방법은 유의수준에서 문제가 발생한다.

유의수준은 귀무가설이 참일 때, 귀무가설을 기각시킬 확률이다. 각각의 검정에서 유의수준 α를 적용하면, 유의수준의 정의에 의해

$$P(H_{0i}\ \text{채택} \mid H_{0i}\ \text{참}) = 1 - \alpha$$

가 된다. 여기서 위의 세 귀무가설을 모두 채택했을 때 세 모평균에 차이가 없다는 귀무가설은 $H_0 : \mu_1 = \mu_2 = \mu_3$을 채택한다고 하자. 그러면 H_0에 대한 유의수준은 다음과 같이 쓸 수 있다.

$$P(H_0\ \text{채택} \mid H_0\ \text{참}) = P(H_{01}\ \text{채택} \cap H_{02}\ \text{채택} \cap H_{03}\ \text{채택} \mid H_0\ \text{참})$$

이 확률은 3장의 3절에서 언급한 교사건 확률에 대한 본페로니 부등식에 의해

$$\begin{aligned} &P(H_{01}\ \text{채택} \cap H_{02}\ \text{채택} \cap H_{03}\ \text{채택} \mid H_0\ \text{참}) \\ &\quad \geq P(H_{01}\ \text{채택} \mid H_0\ \text{참}) + P(H_{02}\ \text{채택} \mid H_0\ \text{참}) + P(H_{03}\ \text{채택} \mid H_0\ \text{참}) - 2 \\ &\quad = 1 - \alpha + 1 - \alpha + 1 - \alpha - 2 = 1 - 3\alpha \end{aligned}$$

가 된다. 즉, 위와 같이 세 가설검정을 통해 H_0 에 대한 가설검정을 실시한다면 실제 유의수준은

$$P(H_0 \text{ 기각} | H_0 \text{ 참}) = 1 - P(H_0 \text{ 채택} | H_0 \text{ 참}) \le 3\alpha$$

가 되어 의도했던 유의수준 α 와 다를 수 있으며 최대 3α 까지 커질 수 있다. 그렇기 때문에 유의수준을 만족시키는 다른 형태의 검정방법이 필요하다. 이 절에서는 10장 1절에서 배운 독립 $t-$검정을 이용하여 셋 이상의 모평균을 비교할 수 있는 검정통계량을 유도하는 방법에 대해 알아본다.

【그림 11.1】은 두 그룹으로부터 각각 25개의 표본을 무작위로 뽑아 표시한 것이다. 그림 안에 파선은 x 그룹의 표본평균, 점선은 y 그룹의 표본평균 위치를 표시한 것으로, 그림에서 x 그룹과 y 그룹의 표본평균 차이는 동일하지만 왼쪽그림은 두 그룹의 표준편차가 상대적으로 크고 오른쪽은 작다. 오른쪽 그림은 두 그룹 간 차이가 확연히 보이지만 왼쪽은 상대적으로 덜 한 것을 볼 수 있다. 즉, 두 그룹의 평균을 비교하기 위해서는 단순히 평균의 차이만 볼 것이 아니라 각 그룹의 퍼져 있는 정도인 분산이나 표준편차에 비해 얼마나 차이가 큰지를 판단해야 한다.

확률표본 $X_1, \cdots, X_{n_1}$은 $N(\mu_1, \sigma^2)$ 에서, 확률표본 $Y_1, \cdots, Y_{n_2}$는 $N(\mu_2, \sigma^2)$ 에서 추

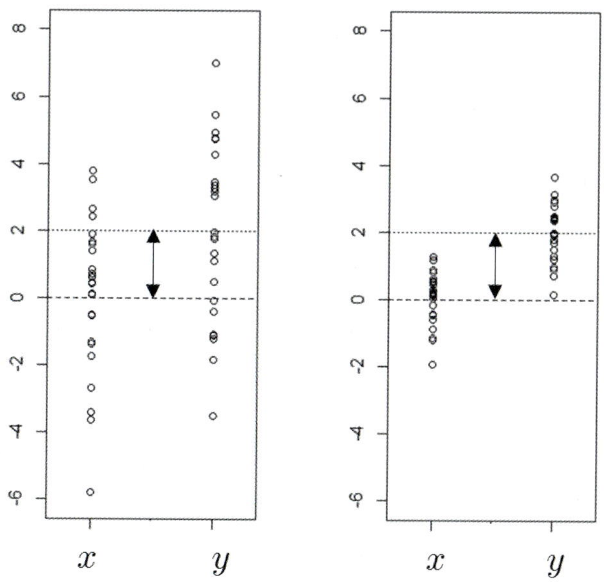

그림 11.1 표준편차의 크기에 따른 평균비교

출되고 두 모집단은 독립적인 집단이라고 할 때, $H_0 : \mu_1 = \mu_2$ 에 대한 검정은 아래와 같은 검정통계량과 분포를 사용하였다.

$$T = \frac{\overline{X} - \overline{Y}}{S_p \sqrt{\frac{1}{n_1} + \frac{1}{n_2}}} \sim t_{n_1 + n_2 - 2}$$

분포이론에 의하면 확률변수 T가 자유도 ν인 t-분포를 따를 때, T^2는 자유도가 $(1, \nu)$인 F-분포를 따른다고 알려져 있다.[1]

분포이론:

$$T \sim t_\nu \text{ 이면 } T^2 \sim F_{1,\nu}$$

이 이론을 위의 검정통계량에 적용하면 $T^2 \sim F_{1, n_1 + n_2 - 2}$ 가 된다. 여기서 T^2은

$$T^2 = \frac{(\overline{X} - \overline{Y})^2}{S_p^2 \left(\frac{1}{n_2} + \frac{1}{n_2} \right)} = \frac{\frac{n_1 n_2}{n_1 + n_2} (\overline{X} - \overline{Y})^2}{S_p^2}$$

으로 표시되고 마지막 식의 분자를 풀어쓰면 다음과 같이 정리할 수 있다.

$$\begin{aligned}
\frac{n_1 n_2}{n_1 + n_2} (\overline{X} - \overline{Y})^2 &= \frac{(n_1 + n_2) n_1 n_2}{(n_1 + n_2)^2} (\overline{X} - \overline{Y})^2 \\
&= \frac{n_1 n_2^2}{(n_1 + n_2)^2} (\overline{X} - \overline{Y})^2 + \frac{n_1^2 n_2}{(n_1 + n_2)^2} (\overline{X} - \overline{Y})^2 \\
&= n_1 \left[\frac{n_2}{n_1 + n_2} (\overline{X} - \overline{Y}) \right]^2 + n_2 \left[\frac{n_1}{n_1 + n_2} (\overline{Y} - \overline{X}) \right]^2 \qquad (11.1)
\end{aligned}$$

여기서 전체표본의 평균을 $\hat{\mu} = \left(\sum_{i=1}^{n_1} X_i + \sum_{i=1}^{n_2} Y_i \right) / (n_1 + n_2)$ 라고 하면 식 (11.1)의 첫

1 자세한 내용은 이 책의 수준을 벗어나므로 여인권 외(2009)를 참조하기 바란다.

번째 대괄호 안의 값은

$$\frac{n_1 n_2}{n_1(n_1+n_2)}(\overline{X}-\overline{Y})=\frac{1}{n_1(n_1+n_2)}\left(n_2\sum_{i=1}^{n_1}X_i-n_1\sum_{i=1}^{n_2}Y_i\right)$$

$$=\frac{1}{n_1(n_1+n_2)}\left[(n_1+n_2)\sum_{i=1}^{n_1}X_i-n_1\left(\sum_{i=1}^{n_1}X_i+\sum_{i=1}^{n_2}Y_i\right)\right]=\overline{X}-\hat{\mu}$$

가 된다. 같은 방법을 식 (11.1)의 두 번째 대괄호 안에 적용하면 $\overline{Y}-\hat{\mu}$가 된다. 결론적으로 검정통계량 T^2은 다음과 같이 정리된다.

$$T^2=\frac{n_1(\overline{X}-\hat{\mu})^2+n_2(\overline{Y}-\hat{\mu})^2}{S_p^2}\sim F_{1,n_1+n_2-2}$$

여기서 T^2의 분모와 분자가 의미하는 것을 이해하면, 두 모집단의 평균비교를 k개의 모집단 평균비교로 확장시킬 수 있다. 분모인 S_p^2은 공통분산인 σ^2의 추정량으로

$$S_p^2=\frac{\sum_{i=1}^{n_1}(X_i-\overline{X})^2+\sum_{i=1}^{n_2}(Y_i-\overline{Y})^2}{(n_1-1)+(n_2-1)}$$

가 되는데 이는 각 그룹의 관측값들이 표본평균을 중심으로부터 얼마나 퍼져 있는지를 나타내는 값이다. 분자는 전체평균 $\hat{\mu}$을 중심으로 각 그룹의 평균 $\overline{X}$와 $\overline{Y}$가 얼마나 퍼져 있는지를 나타내는 값으로, $\overline{X}$는 n_1개의 관측값을 대표하고 $\overline{Y}$는 n_2개의 관측값을 대표하기 때문에 각 편차제곱에 해당 표본수를 곱한 것이다. 여기서 주의해야 할 것은 편차 $\overline{X}-\hat{\mu}$과 $\overline{Y}-\hat{\mu}$ 중 하나를 알면 다른 하나의 값을 구할 수 있기 때문에 분자에 해당하는 자유도는 1이 된다. 그러므로 T^2의 정확한 표현은

$$T^2=\frac{\left\{n_1(\overline{X}-\hat{\mu})^2+n_2(\overline{Y}-\hat{\mu})^2\right\}/1}{\left\{\sum_{i=1}^{n_1}(X_i-\overline{X})^2+\sum_{i=1}^{n_2}(Y_i-\overline{Y})^2\right\}/(n_1+n_2-2)}\sim F_{1,n_1+n_2-2}$$

가 되며 F-분포의 자유도는 분자의 자유도 1, 분모의 자유도 $m+n-2$를 의미한다. 이 통계량은 그룹 내의 분산과 그룹 간의 분산의 비로 표시되는데 이 통계량을 기반으로 평

균을 비교하는 검정을 **분산분석**(analysis of variance)이라고 한다. 여기서 주의해야 할 것은 T^2을 고려한다는 것은 양측검정 $H_1 : \mu_1 \neq \mu_2$을 실시하겠다는 것을 의미하고 T^2이 클수록 귀무가설을 기각시킬 수 있다는 것이다.

이제 두 개의 모집단에서 k개의 모집단으로 일반화해 보자. 만약 i번째 모집단의 평균이 μ_i이고 분산은 같은 k개의 정규모집단으로부터 각각 n_i개의 확률표본을 추출한다고 하자. Y_{ij}를 i번째 모집단에서 j번째 표본이라고 하면, 수식으로 다음과 같이 쓸 수 있다.

$$Y_{ij} \sim N(\mu_i, \sigma^2), \quad i = 1, \ldots, k, \ j = 1, \ldots, n_i$$

이런 상황에서 각 모평균이 같은지, 즉 $H_0 : \mu_1 = \mu_2 = \cdots = \mu_k$에 대한 가설검정을 한다고 하자. 표기의 편의를 위해 전체표본의 수를 $m = \sum_{i=1}^{k} n_i$, i번째 표본평균을 $\overline{Y}_i = \sum_{j=1}^{n_i} Y_{ij}/n_i$, 전체표본평균을 $\overline{Y} = \sum_{i=1}^{k}\sum_{j=1}^{n_i} Y_{ij}/n$이라고 한다. 위의 검정통계량에서 분모에 해당하는 모분산 σ^2의 추정량은 S_p^2를 단순히 k개로 확장한 것으로 다음과 같이 구할 수 있다.

$$\hat{\sigma}^2 = \frac{\sum_{i=1}^{n_1}(Y_{1i} - \overline{Y}_1)^2 + \cdots + \sum_{i=1}^{n_k}(Y_{ki} - \overline{Y}_k)^2}{(n_1 - 1) + \cdots + (n_k - 1)} = \frac{\sum_{i=1}^{k}\sum_{j=1}^{n_i}(Y_{ij} - \overline{Y}_i)^2}{m - k}$$

이는 각 그룹의 표본평균을 중심으로 구한 편차의 제곱합을 각 그룹의 자유도 합인 $m-k$로 나눈 값이다. 검정통계량의 분자 값은 전체 평균을 중심으로 각각의 평균이 얼마나 퍼져 있는지를 나타내는 통계량으로 k개의 편차 $\overline{Y}_i - \overline{Y}$ 중 $k-1$개 편차는 자유롭게 값을 가질 수 있으므로 통계량은 다음과 같이 쓸 수 있다.

$$\frac{n_1(\overline{Y}_1 - \overline{Y})^2 + \cdots + n_k(\overline{Y}_k - \overline{Y})^2}{k-1} = \frac{\sum_{i=1}^{k} n_i(\overline{Y}_i - \overline{Y})^2}{k-1}$$

이를 정리하면 분산이 동일한 정규모집단 가정을 만족할 때 k개의 평균비교에 대한 귀무가설

$$H_0 : \mu_1 = \mu_2 = \cdots = \mu_k$$

에 대한 검정통계량과 그 분포는 다음과 같다.

F-통계량과 분포:

$$F = \frac{\sum_{i=1}^{k} n_i(\overline{Y}_i - \overline{Y})^2/(k-1)}{\sum_{i=1}^{k}\sum_{j=1}^{n_i}(Y_{ij} - \overline{Y}_i)^2/(m-k)} \sim F_{k-1,m-k}$$

대립가설은 '최소한 하나 이상의 μ_i는 다른 것과 같지 않다'이고 F의 값이 자유도가 $(k-1, m-k)$인 F-분포에서 유의수준에 해당하는 임계값보다 크거나 같으면 귀무가설을 기각시킨다.

예제 11.1

다음 결과는 Marsh[2]의 책에 언급된 1980년 영국의 성인 신장에 대한 OPCS 연구 자료로부터 얻은 것으로 결혼할 때 남편의 연령대와 부부의 신장 차이(남편의 신장-부인의 신장)를 정리한 것이다.

연령대	표본수	표본평균	표본분산
10대	11	-1.818	15.364
20대	129	2.070	11.159
30대 이상	29	4.552	31.542

정보를 얻을 수 있는 부부는 169쌍이었고 이들의 평균 신장 차이는 $\overline{y} = 2.235$이었다. 이 자료를 이용하여 남편의 결혼당시 연령대에 따라 부부 간 신장의 평균차가 다른지를 검정하려고 한다. 위의 F-통계량에서 분모를 계산하기 위해서는 각각의 자료의 값이 필요하지만, s_i^2이 i 번째 그룹의 표본분산이라고 하면 $s_i^2 = \frac{1}{n_i - 1}$

2 March, C. (1988). *Exploring Data*. Cambridge, UK: Polity Press, 315.

$\sum_j (y_{ij}-\overline{y}_i)^2$이므로

$$\sum_i \sum_j (y_{ij}-\overline{y_i})^2 = \sum_i (n_i-1)s_i^2$$

가 성립한다. 그러므로

$$\begin{aligned}\sum n_i(\overline{y}_i-\overline{y})^2 &= 11(-1.817-2.235)^2+129(2.070-2.235)^2+29(4.552-2.235)^2 \\ &= 339.89\end{aligned}$$

$$\sum\sum(y_{ij}-\overline{y}_i)^2 = (11-1)15.364+(129-1)11.159+(29-1)31.542 = 2465.17$$

가 되고 F-검정통계량의 값과 분포의 임계값은

$$F = \frac{339.89/2}{2465.17/166} = 11.44 > F_{0.05,2,166} = 3.05$$

가 된다. 검정통계량의 값이 임계값보다 크기 때문에 남편의 결혼당시 연령대에 따라 부부 간 신장의 평균차가 다르다고 할 수 있다.

2 일원배치 분산분석

앞 절에서는 모집단이 k개가 있다는 가정하에서 시작했다. 분산분석은 실험을 통해 어떤 처리의 효과가 있는지를 알아볼 때 많이 사용된다. 예를 들어, 사료에 따라 쥐의 체중증가량에 차이가 있는지, 촉매에 따라 화학물질이 결합하는 데 걸리는 시간에 차이가 있는지 등과 같이 어떤 처리방법에 따라 관심을 가지는 변수의 평균 간에 차이여부를 알아볼 때 사용된다. 이런 실험에서 체중증가량이나 결합시간과 같이 우리가 관심을 가지는 변수를 **반응변수**(response variable)라고 한다. 반응변수에 영향을 줄 것으로 생각되는 변수를 **설명변수**(explanatory variable)라고 하는데 사료나 촉매와 같이 질적인 변수인 경우 특별히 **요인**(factor)이라고 한다. 만약 4종류의 사료에 따른 쥐의 체중증가량을 비교한다면 실험하는 측면에서 4가지 실험조건이 적용되었으며 이 실험조건을 **처리**(treatment)라고 한다. 이 처리에 따라 반응변수의 평균에 차이가 있으면 **처리효과**

(treatment effect)가 있다고 한다.

예제 11.2

담금질 용액(기름, 소금물, 혼합용액)에 따른 알루미늄 합금의 강도에 차이가 있는지를 알아보기 위해 실험을 한다고 하자. 이 경우 반응변수는 알루미늄 합금의 강도이고, 요인은 담금질 용액이 되며 기름, 소금물, 혼합용액이 처리가 된다. 즉 이 실험은 요인이 하나이고 처리의 수가 3이다. 요인이 하나인 경우 처리를 **수준**(level)이라고도 한다.

어떤 모집단을 서로 다른 처리를 해 k개의 부모집단으로 만드는 경우를 생각해 보자. 일반적으로 전체 모집단에 대해 처리를 하지 못하기 때문에 이런 실험을 할 때 무작위로 m개의 표본을 선택하여 k개의 그룹으로 나누고 각각의 그룹에 처리를 하여 실험을 진행한다. 이때 m개의 표본을 k개의 그룹으로 나누는 것을 **처리배치**(treatment allocation)라고 한다. 여기서 실험에 고려된 요인이 하나인 경우 **일원배치**(one-way layout)라고 한다. 실험 단위의 배치할 때에는 실험자가 자기에게 유리한 결과가 나오도록 실험개체를 편향적으로 선택하는 것을 방지하기 위해 무작위배치를 원칙으로 하며 이러한 실험을 **완전확률화설계**(completely randomized design)라고 한다.

임상시험과 같은 실험에서는 m개 표본을 한꺼번에 얻었을 없는 경우가 많다. 이런 경우 실험 전에 무작위로 작성된 처리 순서를 정해 놓은 배치표를 마련하고 표본이 얻어질 때마다 이 순서대로 처리를 하며 실험을 진행한다. 이처럼 처리의 순서를 무작위한 것으로 **무작위 배정**(random allocation) 또는 **무작위 할당**이라고 한다. 이 무작위 배정을 실험자가 알면 편향된 실험을 진행할 수 있기 때문에 대부분 독립적인 통계전문가가 무작위 배정하고 실험자는 모르게 하는데 이를 **맹검**(blinding) 또는 **눈가림**이라고 한다.

요인이 하나인 경우 완전확률화설계에 의해 실험이 진행되고 다음과 같은 결과를 얻는다고 하자.

반복수	요인의 수준			
	1	2	⋯	k
1	Y_{11}	Y_{21}	⋯	Y_{k1}
2	Y_{12}	Y_{22}	⋯	Y_{k2}
⋮	⋮	⋮	⋱	⋮
	Y_{1n_1}	Y_{2n_2}	⋯	Y_{kn_k}
합	Y_{1+}	Y_{2+}	⋯	Y_{k+}
평균	$\overline{Y}_1$	$\overline{Y}_2$	⋯	$\overline{Y}_k$

여기서 Y_{ij}는 i번째 처리를 받은 j번째 관측값을 의미하며 간단한 표기를 위해 $Y_{i+} = \sum_{j=1}^{n_i} Y_{ij}$, $Y_{++} = \sum_{i=1}^{k}\sum_{j=1}^{n_i} Y_{ij}$라고 표시한다. 이 실험에서는 i번째 처리를 받은 실험개체의 수가 n_i인데 이 n_i를 반복수라고 한다. 반복수가 동일한 경우 통계적으로 좋은 성질들이 있기 때문에 가능한 반복수는 동일하게 실험을 하는 것이 좋다. 반복수가 동일한 경우 **균형자료**(balanced data)라고 하고 반복수가 다른 경우 **불균형자료**(unbalanced data)라고 한다.

관측값 Y_{ij}는 평균이 μ_i이고 분산은 어떤 처리를 했는지에 관계없이 동일하게 σ^2인 정규분포를 따른다고 가정한다. 즉, $Y_{ij} \sim N(\mu_i, \sigma^2)$라고 가정한다. 관측값에 해당 평균을 뺀 값 $Y_{ij} - \mu_i = \varepsilon_{ij}$를 **오차**(error)라고 하는데, 모든 i와 j에 대해 $\varepsilon_{ij} \sim N(0, \sigma^2)$가 된다. Y_{ij}들은 서로 독립이므로 ε_{ij}들도 서로 독립이고 $\varepsilon_{ij} \sim \text{iid } N(0, \sigma^2)$로 표시할 수 있다. 이는

$$Y_{ij} = \mu_i + \varepsilon_{ij} = \mu + (\mu_i - \mu) + \varepsilon_{ij} = \mu + \tau_i + \varepsilon_{ij}$$

로 쓸 수 있다. 여기서 μ는 전체 모평균을 의미하고 $\tau_i = \mu_i - \mu$를 i번째 처리효과라고 한다. 만약 $\tau_i = 0$이라면 i번째 처리한 부모집단의 평균이 전체 평균과 차이가 없다는 것을 의미하며 이 경우 i번째 처리효과가 없다고 한다.

만약 처리에 따른 평균이 같다면, 즉 $\mu_1 = \mu_2 = \cdots = \mu_k$이면 모든 μ_i가 전체평균 μ와 같다고 할 수 있다. 이는 모든 처리효과 $\tau_i = \mu_i - \mu$가 0이라는 것을 의미하며 위의

식은 $Y_{ij} = \mu + \varepsilon_{ij}$가 된다. 귀무가설 $H_0 : \mu_1 = \mu_2 = \cdots = \mu_k$를 처리효과로 표시하면,

$$H_0 : \tau_1 = \tau_2 = \cdots = \tau_k = 0$$

가 된다. 이에 대한 대립가설은 최소한 하나 이상의 i에 대해 $\tau_i \neq 0$이다. 단, $\sum_{i=1} \tau_i = 0$ 이어야 한다.

위의 가설에 대한 검정통계량은 앞 절에서 언급한 $F-$통계량으로

$$F = \frac{\sum_{i=1}^{k} n_i (\overline{Y}_i - \overline{Y})^2 / (k-1)}{\sum_{i=1}^{k} \sum_{j=1}^{n_i} (Y_{ij} - \overline{Y}_i)^2 / (m-k)} \sim F_{k-1, m-k}$$

가 된다. 귀무가설하에서는 $\varepsilon_{ij} = Y_{ij} - \mu$이고 이에 대한 추정량은 $\hat{\varepsilon}_{ij} = Y_{ij} - \overline{Y}$가 되고 $Var(\varepsilon_{ij}) = \sigma^2$에 대한 추정량은 $\frac{1}{m-1} \sum_{i=1}^{k} \sum_{j=1}^{n_i} (Y_{ij} - \overline{Y})^2$라고 할 수 있다. 여기서 자유도는 $n_1 + \cdots + n_k = m$ 개의 Y_{ij}를 사용하지만 $\sum\sum(Y_{ij} - \overline{Y}) = 0$이라는 제약조건 때문에 하나가 빠져 $m-1$이 된다. 분산분석에서는 $\sum_{i=1}^{k} \sum_{j=1}^{n_i} (Y_{ij} - \overline{Y})^2$을 전체제곱합(total sum of squares, TSS)라고 하는데 다음과 같이 분해할 수 있다.

$$\begin{aligned}\sum_{i=1}^{k} \sum_{j=1}^{n_i} (Y_{ij} - \overline{Y})^2 &= \sum_{i=1}^{k} \sum_{j=1}^{n_i} (Y_{ij} - \overline{Y}_i + \overline{Y}_i - \overline{Y})^2 \\ &= \sum_{i=1}^{k} \sum_{j=1}^{n_i} (Y_{ij} - \overline{Y}_i)^2 + \sum_{i=1}^{k} n_i (\overline{Y}_i - \overline{Y})^2 + 2 \sum_{i=1}^{k} \sum_{j=1}^{n_i} (Y_{ij} - \overline{Y}_i)(\overline{Y}_i - \overline{Y})\end{aligned}$$

여기서 편차의 합은 0이므로 마지막 식의 세 번째 항은

$$\sum_{i=1}^{k} \sum_{j=1}^{n_i} (Y_{ij} - \overline{Y}_i)(\overline{Y}_i - \overline{Y}) = \sum_{i=1}^{k} (\overline{Y}_i - \overline{Y}) \sum_{j=1}^{n_i} (Y_{ij} - \overline{Y}_i) = 0$$

이 된다. 그러므로 아래와 같은 등식이 성립하는데 이를 **변동분해**(decomposition of variability)라고 한다.

$$\sum_{i=1}^{k} \sum_{j=1}^{n_i} (Y_{ij} - \overline{Y})^2 = \sum_{i=1}^{k} \sum_{j=1}^{n_i} (Y_{ij} - \overline{Y}_i)^2 + \sum_{i=1}^{k} n_i (\overline{Y}_i - \overline{Y})^2$$

이 등식의 오른쪽에 있는 두 항은 F-통계량의 분모와 분자에 있는 변동의 합이다. 이 식의 각 항에 대해

$$\sum_{i=1}^{k}\sum_{j=1}^{n_i}(Y_{ij}-\overline{Y}_i)^2 \equiv \text{잔차제곱합(sum of square errors, } SSE)$$

$$\sum_{i=1}^{k} n_i(\overline{Y}_i-\overline{Y})^2 \equiv \text{처리제곱합(sum of square due to treatment, } SSTR)$$

라고 한다. SSE의 경우 $\sum_j (Y_{ij}-\overline{Y}_i)=0$이므로 각 그룹의 자유도는 n_i-1이고 이를 합하면 $m-k$가 된다. 또한 $SSTR$의 경우도 앞 절에서 설명한 것과 같이 $k-1$개의 자유도를 가진다. 그러므로 변동과 해당 자유도 간에는 다음과 같은 관계가 성립한다.

$$\begin{aligned} TSS &= SSTR + SSE \\ m-1 &= k-1 + m-k \end{aligned}$$

F-통계량을 계산하는 데 있어 위 세 항 중 계산이 용이한 두 항을 구하면 나머지 항을 관계식에 의해 유도할 수 있다. 실제 계산에서는 TSS와 $SSTR$의 계산이 상대적으로 수월하다.

다음과 같이 전체합의 제곱을 전체 표본의 수로 나눈 값을 CT라고 하자.

$$CT=\frac{Y_{++}^2}{m}$$

전체제곱합와 처리제곱합은 다음과 같은 식으로 계산할 수 있다.

$$TSS=\sum_{i=1}^{k}\sum_{j=1}^{n_i}(Y_{ij}-\overline{Y})^2=\sum_{i=1}^{k}\sum_{j=1}^{n_i}Y_{ij}^2-CT$$

$$SSTR=\sum_{i=1}^{k}n_i(\overline{Y}_i-\overline{Y})^2=\sum_{i=1}^{k}n_i\overline{Y}_i^2-CT=\sum_{i=1}^{k}Y_{i+}^2/n_i-CT$$

결론적으로 오차제곱합은

$$SSE=TSS-SSTR=\sum_{i=1}^{k}\sum_{j=1}^{n}Y_{ij}^2-\sum_{i=1}^{k}n_i\overline{Y}_i^2$$

이 된다. 제곱합을 자유도로 나눈값은 평균제곱(mean squares)이라고 하는데

$$MSE = \frac{SSE}{m-k} \equiv \text{평균제곱오차(mean squares error)}$$

$$MSTR = \frac{SSTR}{k-1} \equiv \text{평균제곱처리(mean sqaures due to treatment)}$$

가 된다. 그러므로 앞에서 언급한 것과 같이 $H_0 : \tau_1 = \tau_2 = \cdots = \tau_k = 0$에 대한 검정 통계량과 분포는 다음과 같다.

처리효과에 대한 검정통계량과 분포

$$F = \frac{SSTR/(k-1)}{SSE/(m-k)} = \frac{MSTR}{MSE} \sim F_{k-1,m-k}$$

위의 F-통계량을 계산을 효과적으로 하기 위해 다음과 같은 표를 이용하는데 이를 **분산분석표(ANOVA table)**라고 한다.

변인	자유도	제곱합	평균제곱	$F-$통계량
모형	$k-1$	SSTR	MSTR	MSTR/MSE
오차	$m-k$	SSE	MSE	
전체	$m-1$	TSS		

예제 11.3

다음 자료[3]는 4종류의 사료를 먹은 쥐의 성장량에 대한 실험결과이다. 이 실험에서는 비슷한 크기의 쥐 40마리를 무작위로 10마리씩 나누고 1. 저단백질쇠고기사료, 2. 고단백질쇠고기사료, 3. 저단백질곡류사료, 4. 고단백질곡류사료를 일정기간 먹인 후 몸무게 증가량을 측정하였다.

3 Snedecor, G.W. & Cochran, G.C. (1967). *Statistical Methods*, 6th Ed, Ames, Iowa: Iowa State University Press, 347.

사료	1	2	3	4	
Source Protein	Beef Low	Beef High	Cereal Low	Cereal High	
	90 76 90 64 86 51 72 90 95 78	73 102 118 104 81 107 100 87 117 111	107 95 97 80 98 74 74 67 89 58	98 74 56 111 95 88 82 77 86 92	
합	792	1000	839	859	3490
평균	79.2	100	83.9	85.9	87.25

【그림 11.2】 상자그림을 비교한 결과 고단백질쇠고기사료를 먹인 쥐들의 성장량이 다른 사료를 먹인 쥐들의 성장량보다 대체로 큰 것으로 볼 수 있다.

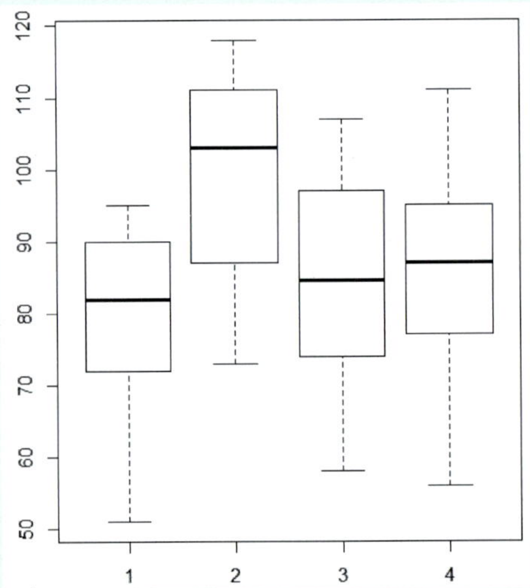

그림 11.2 사료별 쥐의 성장량 비교

처리효과 $H_0 : \tau_1 = \tau_2 = \tau_3 = \tau_4 = 0$에 대한 가설검정을 위해 제곱합을 구하면

$$TSS = 90^2 + 76^2 + \cdots + 92^2 - 3490^2/40 = 10453.5$$

$$SSTR = (792^2 + \cdots + 859^2)/10 - 3490^2/40 = 2404.1$$

$$SSE = TSS - SSTR = 8049.4$$

가 되고 이를 분산분석표로 표시하면 다음과 같다.

변인	자유도	제곱합(SS)	평균제곱(MS)	F
처리(모형)	3	2404.1	801.37	3.584
오차	36	8049.4	223.59	
전체	39	10453.5		

유의수준 5%에 해당하는 임계값 $F_{0.05,3,36} = 2.866$보다 F값이 커 처리효과가 없다는 귀무가설을 기각시킬 수 있다. 즉, 5% 유의수준에서 사료에 따라 평균 성장량에 유의한 차이가 있는 것으로 나타났다.

분산분석표의 $F-$통계량이 $F_{k-1,m-k}$인 분포를 따른다는 것은 $\varepsilon_{ij} \sim \text{iid } N(0, \sigma^2)$이라는 가정으로부터 유도된다. 그러므로 분산분석을 통해 최종 결론을 도출하기 전에 오차항에 대한 가정이 만족되는지 확인하는 단계를 거치는데 이를 **잔차검진(residual diagnostic)**이라고 한다. 이 장에서는 분산분석 결과에 상대적으로 영향을 많이 주는 등분산성을 확인하는 방법에 대해 간략하게 언급하고 잔차검진에 관련된 추가내용은 12장에서 알아본다.

$F-$통계량의 분모인 MSE는 분산이 동일하다는 가정하에서 유도된 일종의 합동표본분산이다. 만약 처리별로 분산이 다르다면 $Var(Y_{ij}) = Var(\varepsilon_{ij}) = \sigma_i^2$이므로 k개의 분산을 추정해야 하며 $F-$통계량과 같은 형태를 유도할 수 없게 된다. 그러므로 현재 자료에 대해 분산분석이 적절하다고 할 수 있으려면 처리별로 분산이 같은지를 확인할 필요가 있다. 처리별 분산이 같은지 여부를 확인하는 방법은 여러 가지 있는데 이 중 가장 간단한 Hartley 검정을 소개한다. 이 방법은 반복수가 동일한 경우에만 적용 가능한데 n을 반복수라고 하면 $H_0 : \sigma_1^2 = \sigma_2^2 = \cdots = \sigma_k^2$에 대한 Hartley 검정통계량은 다음과 같이 처리별 분산 중 가장 큰 것과 작은 것의 비율로 표시된다.

Hartley 검정통계량

$$H = \frac{\max(S_1^2, \cdots, S_k^2)}{\min(S_1^2, \cdots, S_k^2)} \sim H(k, n-1)$$

이 통계량의 분포는【부록: 표7】에 주어져 있으며 H가 크면 클수록 분산 간에 차이가 있을 가능성이 높아져 등분산성 가설을 기각시킬 수 있다.

【예제 11.3】에서 각 처리에 대한 표본분산은

$$s_1^2 = 192.84,\ s_2^2 = 229.11,\ s_3^2 = 246.77,\ s_4^2 = 225.66$$

가 된다. 4개의 표본분산 중 최댓값은 246.77이고 최솟값은 192.84이므로 Hartley 통계량은

$$H = \frac{246.77}{192.84} = 1.280$$

이고【부록: 표7】에서 5% 유의수준에 해당하는 임계값이 $H(0.95, 4, 9) = 6.31$ 이므로 분산이 같다는 귀무가설을 기각시킬 수 없어 등분산성을 만족하는 것으로 볼 수 있다.

3 다중비교

분산분석에서 처리효과가 있는 것으로 결론이 나왔다면 어떤 처리에서 차이가 있는지를 확인할 필요가 있다. 대부분 모든 $i \neq j$에 대해 $\mu_i = \mu_j$ 인지 아닌지를 검정하는데 이를 **다중비교(multiple comparison)**라고 한다. 여러 가지 다중비교 방법들이 개발되었는데 이 책에서는 이 중 앞 절에서 배운 $t-$검정을 기초로 한 두 가지 방법에 대해 알아본다.

3.1 최소유의차 방법

첫 번째 방법은 Fisher의 **최소유의차(least significant difference, LSD)** 방법이다. 이 방법은 모든 $i \neq j$에 대해, 분산분석에서의 유의수준 α에서 가설 $H_0 : \mu_i = \mu_j$에 대해 t-검정을 한다.

모수의 차인 $\mu_i - \mu_j$ 의 점추정량은 $\overline{Y}_i - \overline{Y}_j$ 이고 이 추정량은

$$\overline{Y}_i - \overline{Y}_j \sim N\left(\mu_i - \mu_j, \sigma^2\left(\frac{1}{n_i} + \frac{1}{n_j}\right)\right)$$

가 된다. 이를 표준화하면

$$\frac{\overline{Y}_i - \overline{Y}_j - (\mu_i - \mu_j)}{\sqrt{\sigma^2(1/n_i + 1/n_j)}} \sim N(0, 1)$$

가 되는데 여기서 분산 σ^2 에 대한 추정량을 구해야 한다. 문제는 σ^2 의 추정량은 10장의 1절에서 구한 합동표본분산 S_p^2 가 아니다 라는 것이다. 다중비교는 분산분석 이후에 수행되는 작업이며 분산분석에서의 σ^2 추정량은

$$\hat{\sigma}^2 = \frac{\sum_{i=1}^{k}\sum_{j=1}^{n_i}(Y_{ij} - \overline{Y}_i)^2}{m-k} = MSE$$

이다. σ^2 에 추정하는 데 있어 MSE 는 가장 많은 정보를 활용한다고 볼 수 있다. 그러므로 σ^2 을 MSE 로 대체하여 다음과 같은 중심축량을 구할 수 있다.

최소유의차 중심축량과 분포

$$\frac{\overline{Y}_i - \overline{Y}_j - (\mu_i - \mu_j)}{\sqrt{MSE}\sqrt{1/n_i + 1/n_j}} \sim t_{m-k}$$

여기서 $t-$분포의 자유도 $m-k$ 는 MSE 에서의 자유도이다. 이 중심축량을 이용하여 구간추정 또는 가설검정을 통해 다중비교를 하게 된다. 귀무가설 $\mu_i = \mu_j$ 하에서 검정통계량은

$$T_{ij} = \frac{\overline{Y}_i - \overline{Y}_j}{\sqrt{MSE}\sqrt{1/n_i + 1/n_j}} \sim t_{m-k}$$

이므로

$$|T_{ij}| > t_{\alpha/2, m-k} \text{ 또는 } |\overline{Y}_i - \overline{Y}_j| > t_{\alpha/2, m-k}\sqrt{MSE}\sqrt{\frac{1}{n_i}+\frac{1}{n_j}}$$

이면 μ_i와 μ_j에 차이가 있다고 판단한다.

3.2 본페로니 방법

Fisher의 최소유의차 방법의 경우 $p=\binom{k}{2}=k(k-1)/2$쌍의 $(\mu_i,\ \mu_j)$에 대해 $t-$검정을 실시하는데 각각의 검정에서 분산분석에서의 유의수준을 적용한다. 이 경우 1절에서 보인 것처럼 전체 유의수준은 최대 $p\alpha$까지 커질 수 있으며 이는 실제로 차이가 없는 데도 불구하고 차이가 있다고 할 가능성이 높아질 수 있음을 의미한다. 이런 문제를 간단히 해결하는 방법은 유의수준을 조정하는 것으로 각각의 검정에서 유의수준을 α가 아닌 α/p로 사용하는 것이다. 이 방법을 본페로니의 부등식을 이용하여 최소한의 유의수준을 만족하도록 유의수준을 조정한 것으로 **본페로니의 minimum significant difference(Bonferroni's MSD)**라고 한다. Fisher의 최소유의차 방법에서 유의수준을 α에서 α/p로 바꾸었을 뿐 나머지 부분은 동일하다. 그러므로

$$|T_{ij}| > t_{\alpha/(2p), m-k} \text{ 또는 } |\overline{Y}_i - \overline{Y}_j| > t_{\alpha/(2p), m-k}\sqrt{MSE}\sqrt{\frac{1}{n_i}+\frac{1}{n_j}}$$

이면 μ_i와 μ_j에 차이가 있다고 판단한다. 본페로니 방법은 최소유의차 검정에 비해 유의수준이 작기 때문에 차이가 있다고 할 가능성이 상대적으로 낮다.

이 책에서 언급한 방법 이외에 Scheffe, Tukey, Duncan 등 다양한 방법들이 사용되고 있는데 이 중 어떤 것이 더 좋다고 할 수 없으며 분석자의 선호에 따라 선택하여 일관성 있게 사용하면 된다.

예제 11.4

【예제 11.3】에서의 분석에서는 사료에 따라 쥐의 몸무게 증가량에 차이가 있는 것으로 나타났다. 이에 어떤 사료들 간에 차이가 있는지를 알아보기 위해 다중비교를 하고자 한다. 이 실험에서는 반복수가 동일하기 때문에 $\overline{Y}_i - \overline{Y}_j$의 표준오차의 추정량은 모두 $\sqrt{MSE}\sqrt{1/10+1/10} = \sqrt{MSE/5}$가 된다. 분산분석표에 의하면 $MSE = 223.59$이므로 표준오차의 추정값은 6.687이 된다. 유의수준 $\alpha = 0.05$일 때, 자유도가 36인 $t-$분포에서 임계값은 $t_{0.025,36} = 2.028$, $t_{0.025/6,36} = 2.792$이므로

$$\text{LSD} = 2.028 \times 6.687 = 13.56$$

$$\text{MSD} = 2.792 \times 6.687 = 18.67$$

가 된다. 즉 두 평균의 차이가 LSD보다 크면 최소유의차 기준에서는 차이가 있으며 MSD보다 크면 본페로니 기준에서 차이가 있다고 할 수 있다.

종류	평균	종류	평균	차이	LSD	Bonferroni
1	79.2	2	100	20.8	O	O
		3	83.9	4.7	X	X
		4	85.9	6.7	X	X
2	100	3	83.9	16.1	O	X
		4	85.9	14.1	O	X
3	83.9	4	85.9	2.0	X	X

위의 표는 최소유의차와 본페로니 기준에 의해 평균 간에 차이여부를 표시한 것으로 최소유의차의 경우 1과 2, 2와 3, 2와 4 처리 간에 차이가 있는 것으로 나타났고 본페로니의 경우 1과 2 처리 간에만 차이가 있는 것으로 나타났다.

연·습·문·제

1 새로 개발된 치료약의 유효성을 평가하기 위해 기존에 사용되고 있는 두 가지 약과 비교하려고 한다. 환자 30명을 대상으로 임상시험을 진행한다고 하면 환자의 배치 등 시험을 어떻게 진행해야 하는지 실험설계를 해 보고 자료의 분석을 하는 데 필요한 주요절차에 대해 알아보아라.

2 분산이 같은 세 정규모집단으로부터 확률표본을 다음과 같이 추출하였다.

모집단 1	모집단 2	모집단 3
3.1	1.1	5.4
4.3	0.2	3.6
2.2	2.0	4.0
		3.0

(1) CT와 TSS를 구하여라.
(2) SSTR과 MSTR을 구하여라.
(3) SSE와 MSE를 구하여라.
(4) 분산분석표를 작성하여 세 모집단의 평균이 같은지 5% 유의수준에서 검정하여라.
(5) 모집단 3의 평균에 대한 95% 신뢰구간을 구하여라.
(6) Fisher의 LSD 방법을 이용하여 세 모집단 평균에 대해 5% 유의수준으로 다중비교하여라.

3 분산분석표의 일부분이 다음과 같이 주어졌다.

변인	자유도	제곱합(SS)
처리(모형)	5	24
오차	35	57

(1) 요인의 수준수와 전체 표본의 크기를 구하여라.
(2) 5% 유의수준에서 F-검정을 실시하여 처리효과가 있는지 검정하여라.

4 다음의 분산분석표에서 부분정보가 주어졌을 때 나머지 부분을 채우고 처리효과가 있는지를 5% 유의수준에서 검정하여라.

변인	자유도	제곱합(SS)	평균제곱(MS)	F
처리(모형)	Ⓐ	Ⓓ	Ⓖ	Ⓘ
오차	Ⓑ	Ⓔ	Ⓗ	
전체	Ⓒ	Ⓕ		

(1) Ⓐ = 2, Ⓒ = 14, Ⓔ = 28, Ⓕ = 42
(2) Ⓑ = 10, Ⓕ = 70, Ⓖ = 7, Ⓗ = 3.5
(3) Ⓐ = 3, Ⓔ = 14, Ⓖ = 10, Ⓘ = 5.0
(4) 세 가지 다이어트 방법에 따라 체중 감소량(kg)에 차이가 있는지를 알아보기 위해 12명의 사람을 3그룹으로 4명씩 무작위로 배치한 후 실험을 진행하였다. Ⓓ = 350이고 Ⓔ = 120이라고 한다.
(5) 세 가지 다이어트 방법에 따라 체중 감소량(kg)에 차이가 있는지를 알아보기 위해 12명의 사람을 3그룹으로 4명씩 무작위로 배치한 후 실험을 진행하였다. 12명의 체중 감소량 합이 60이고 Ⓖ = 175, Ⓕ = 470이라고 한다.
(6) 세 가지 다이어트 방법에 따라 체중 감소량(kg)에 차이가 있는지를 알아보기 위해 12명의 사람을 3그룹으로 4명씩 무작위로 배치한 후 실험을 진행하였다. 12명의 체중 감소량 합이 60, 감소량의 제곱합이 770이고 Ⓓ = 350라고 한다.

5 다음 표는 세 기관의 연수자들의 학업성과를 비교하기 위해 무작위로 3명씩 선발하여 시험을 본 결과를 분석한 것이다.

변인	자유도	제곱합	평균제곱	F	p-값
처리(모형)	2	150.0	75.0	5.0	0.053
오차	6	90.0	15.0		
전체	8	240.0			

(1) 세 기관의 연수자들의 학업성과에 차이가 있다는 주장을 입증하고 싶다. 적절한 가설을 기술하여라.
(2) 유의수준 1%, 5%, 10%에서 세 기관의 연수자들의 학업성과에 차이가 있는지를 각각 검정하여라.

6 세 가지 스마트폰에서 방출되는 전자파 양을 비교하기 위해 각 스마트폰을 무작위로 $n_1 = 11$, $n_2 = 11$, $n_3 = k_1$개씩 선택하여 전자파 양을 측정하고 각각의 표본분산을 계산하였더니 $s_1^2 = 7$, $s_2^2 = k_2$, $s_3^2 = 12$였다고 하자. 이 결과를 이용하여 분산분석에서의 분산의 추정량인 평균제곱오차(MSE)는 k_3 이었다고 하자.

(1) $k_1 = 21$ 이고 $k_2 = 9$ 라고 할 때 k_3 을 구하여라.
(2) $k_1 = 21$ 이고 $k_3 = 10$ 이라고 할 때 k_2 를 구하여라.
(3) $k_2 = 9$ 이고 $k_3 = 10$ 이라고 할 때 k_1 을 구하여라.

7 4가지 스마트폰에서 방출되는 전자파의 양을 비교하기 위해 실험하려고 한다. 이를 알아보기 위해 각 모델에서 6개의 스마트폰을 무작위로 선택하여 전자파 양을 측정하여 다음과 같은 결과를 얻었다.

모델	반복수					
	1	2	3	4	5	6
A	61	64	72	76	78	86
B	73	81	87	100	102	104
C	58	67	74	74	80	89
D	56	74	77	82	86	88

(1) 모델별로 전자파 양에 대한 상자그림을 그리고 비교하여라.
(2) 모델별로 평균전자파 양에 대한 95% 신뢰구간을 구하여라.
(3) 모델 간 전자파 양의 분산에 차이가 있는지를 Hartley 방법을 이용하여 5% 유의수준에서 검정하여라.
(4) 모델 간 전자파 양의 평균에 차이가 있는지에 대한 분산분석표를 작성하고 5% 유의수준에서 검정하여라.
(5) Fisher LSD와 본페로니 방법을 이용하여 모델 간 평균전자파 양의 차이여부에 대해 다중비교하여라.

8 다음 자료는 사료에 추가한 약이 병아리 성장에 영향을 주는지를 알아보기 위해 시험한 결과이다. 병아리를 12마리를 무작위 배정하여 사료만(Control), 사료+저용량(Low dose), 사료+고용량(High dose)를 먹이는 시험을 진행하여 체중증가량을 측정하였다.

Control	Low dose	High dose
393	396	399
378	394	396
388	402	396
384	394	410

(1) 약의 용량에 따라 병아리 성장량의 분산에 차이가 있는지를 Hartley 방법을 이용하여 5% 유의수준에서 검정하여라.
(2) 위의 자료에 대해 분산분석표를 작성하여 사료만, 사료+저용량, 사료+고용량 그룹 간 체중증가량에 차이가 있는지를 5% 유의수준에서 검정하여라.
(3) Control 그룹과 사료+저용량 그룹의 평균 증가량 차에 대해 95% 신뢰구간을 구하여라.

9 다음 자료는 직물의 가연성을 검증하기 위해 네 가지 직물로 만든 옷의 가두리에 있는 종이드림에 불을 붙인 후 타는 시간을 측정한 것이다.

직물 1	직물 2	직물 3	직물 4
17.8	11.2	11.8	14.9
16.2	11.4	11.0	10.8
17.5	15.8	10.0	12.8
17.4	10.0	9.2	10.7
15.0	10.4	9.2	10.7

(1) 분산에 차이가 있는지를 Hartley 방법을 이용하여 5% 유의수준에서 검정하여라.
(2) 분산분석표를 작성하고 직물에 따라 가연성에 차이가 있는지를 5% 유의수준에서 검정하여라.
(3) 만약 차이가 있다면 평균 타는 시간이 가장 짧은 직물의 평균에 대해 95% 신뢰구간을 구하여라.
(4) 잔차를 계산하고 잔차검진을 하여라.
(5) 만약 실험의 대상인 직물이 여러 직물에서 무작위로 선택된 것이라면 실험의 결론이 어떻게 달라질 수 있는지 알아보아라.

10 빵을 만드는 세 방법에 따라 빵의 밀도에 차이가 있는가를 알아보기 위해 실험을 진행하여 다음과 같은 자료를 얻었다.

방법	관측값
1	0.95 0.86 0.71 0.72
2	0.71 0.85 0.62 0.72 0.64
3	0.69 0.68 0.51 0.73 0.44

(1) 5% 유의수준에서 세 방법 간에 평균밀도 차이가 있는지를 검정하여라.
(2) 만약 방법 1은 새로운 방법이고 방법 2와 3은 기존방법이라고 하면 새로운 방법과 기존방법 간에 평균밀도 차이가 있는지를 알아보려면 어떻게 하면 되는지 알아보아라.

(3) Fisher LSD와 본페로니 방법을 이용하여 방법 간 평균밀도에 차이가 있는지 다중비교하여라.

12

회귀분석

과학학술지 Nature 2004년 9월호에 Oxford 대학교의 임상병리학자인 Andrew Tatem[1]과 그의 연구진이 2156년 올림픽 100m 육상경기에서 여자우승기록이 남자우승기록보다 빠를 것으로 예측한 논문을 발표하였다. 이들은 1900년부터 2004년까지의 남자와 여자의 100m 달리기 우승기록을 분석하여 앞으로 우승기록이 어떻게 변할지 예측하였다. 그들은 2008년 베이징 올림픽에서 남자우승기록은 9.73±0.144(9.586, 9.874), 여자우승기록은 10.57±0.232(10.338, 10.802)로 예측하였는데, 실제 기록은 9.69, 10.75로 그들이 예측한 구간 안에 있었다. 또한, 이들이 유도한 추세가 지속된다면 2156년 올림픽에서 100m 우승기록은 남자의 경우 8.098초, 여자는 8.079초가 될 것이며 통계적 오차(예측구간)를 고려하면 빠르면 2064년, 늦어도 2788년에는 여자기록이 남자기록보다 빠를 것이라고 예측했다. 이 연구는 3974년에 여자의 마라톤 최고기록이 남자의 최고기록을 능가할 것이라고 예측했던 Whipp & Ward[2]의 1992년 Nature 논문 이후 운동경기에서 성별 간에 격차가 사라질 것인지에 대한 오랜 논쟁을 다시 되살렸다.

이 장에서는 이들의 주장에 사용되었던 모형과 모형에 포함된 모수를 어떻게 추정하고 이를 이용한 다양한 추론과 예측 방법에 대해 알아본다.

1 단순선형회귀모형

우리는 2장의 3.5절에서 변수 간의 관계를 시각적으로 확인하는 방법인 산점도에 대해 배웠다. 산점도는 변수 간에 관계가 있는지, 있다면 어떤 관계가 존재하는지를 시각적으로 보여준다. 또한, 2장의 4.4절에서 배운 상관계수는 자료 간의 직선관계의 정도를 수치적으로 나타낸다. 하지만 이 두 도구를 이용하여 두 변수의 관계를 구체적인 식으로 유도하는 데는 한계가 있다. 이 절에는 어떤 변수가 다른 변수 또는 변수들에 의해 영향을 받을 때, 그 관계식을 모형화하고 유도하는 방법에 대해 알아본다.

【표 12.1】은 【예제 2.8】에서 언급되었던 올림픽 100m 육상경기 우승기록이다.

표 12.1 올림픽 육상 100m 우승기록

연도	우승기록		연도	우승기록		연도	우승기록		연도	우승기록	
	남자	여자		남자	여자		남자	여자		남자	여자
1896	12	-	1932	10.3	11.9	1972	10.14	11.07	2004	9.85	10.93
1900	11	-	1936	10.3	11.5	1976	10.06	11.08	2008	9.69	10.78
1904	11	-	1948	10.3	11.9	1980	10.25	11.06	2012	9.63	10.75
1908	10.8	-	1952	10.4	11.5	1984	9.99	10.97	2016	9.81	10.71
1912	10.8	-	1956	10.5	11.5	1988	9.92	10.54	2021	9.80	10.61
1920	10.8	-	1960	10.2	11.0	1992	9.96	10.82	2024	?	?
1924	10.6	-	1964	10	11.4	1996	9.84	10.94	2028	?	?
1928	10.8	12.2	1968	9.95	11.08	2000	9.87	10.75	2032	?	?

【그림 12.1】은 연도에 따른 우승기록을 남녀별로 나누어 그린 산점도이다. 이 그림에서 연도가 증가함에 따라 남녀 모두 기록이 전반적으로 빨라지는 것을 볼 수 있으며 음의 기울기를 가지는 선형추세를 가진다고 할 수 있다. 연도를 x, 기록을 y라고 표시라고 하면, 연도와 기록 간의 관계를 【그림 12.1】에서의 실선과 같이 가정할 때 수식으로

1 Tatem, A. J., Guerra, C. A., Atkinson, P. M. & Hay, S. I. (2004). Momentous sprint at the 2156 Olympics?. Nature, 431, 525.

2 Whipp, B. J. & Ward, S. (1992). Will women soon outrun men?. Nature, 355, 25.

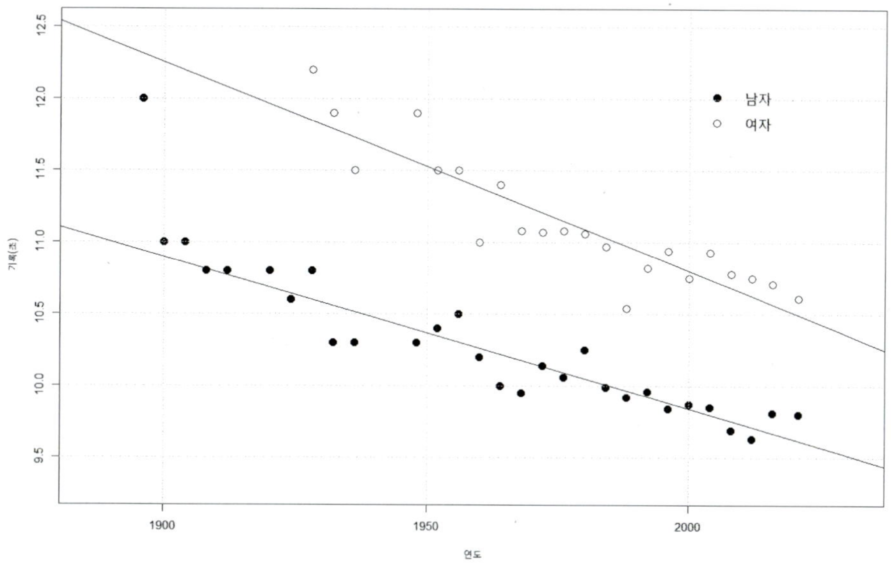

그림 12.1 연도별 올림픽 100m 달리기 우승기록 추세

표시하면,

$$y = a + bx$$

가 된다. 여기서 기울기인 b는 음수가 될 것이다. 만약 모든 자료가 이러한 식에 의해 설명이 되면 x와 y는 수학적 관계를 가진다고 한다. 하지만 그림에서 보는 것과 같이 대부분의 자료는 이 직선상에 있지 않고 직선의 아래위에 분포되어 있는 것을 볼 수 있다. 이와 같은 형태를 가지는 자료를 어떻게 표시할 수 있으며 우리가 관심을 가지는 절편과 기울기는 어떻게 계산할 수 있을까?

위의 예제에서의 관심사는 연도와 우승기록 간에 관계를 유도하여 특정 연도의 올림픽에서 육상 100m 우승기록이 얼마인지를 예측하는 것이다. 어떤 변수가 다른 변수에 영향을 주거나 받을 때, 영향을 주는 입력변수를 x라고 하고 관계식 f에 의해 영향을 받는 결과변수를 y라고 하면,

$$y = f(x)$$

로 표시된다. 하지만 위의 올림픽 예제에서 보는 것과 같이 단순한 구조의 $f(x)$로는 모든 자료를 설명할 수는 없다. 통계학에서는 이런 불일치를 설명하기 위해 다음과 같은

모형식을 제안하고 있다.

$$y = f(x, \varepsilon)$$

여기서 ε은 x로 y를 설명할 때 설명되지 못한 부분으로 **오차**(error)라고 한다. 관계식 f를 어떻게 설정하는가에 따라 다양한 형태의 모형을 정의할 수 있는데, 우리는 관계식이 입력변수 x와 추가적인 모수 $\boldsymbol{\beta}$의 함수로 표시된다고 가정한다. 즉,

$$y = f(x, \boldsymbol{\beta}) + \varepsilon$$

이라고 설정하고 **회귀계수**(regression coefficient)라고 하는 모수 $\boldsymbol{\beta}$를 적절한 방법으로 추정한다. 이와 같이 관계식을 유도함에 있어 입력변수인 x를 **설명변수**(explanatory variable) 또는 **독립변수**(independent variable)라고 하고 출력변수인 y를 **반응변수**(response variable) 또는 **종속변수**(dependent variable)라고 한다. 위와 같은 모형을 기반으로 설명변수와 반응변수 간의 관계를 유도하는 것을 **회귀분석**(regression analysis)이라고 한다.

자료의 형태나 분석목적에 따라 관측할 수 있거나 관심을 가지는 설명변수의 수가 다를 수 있다. 예를 들어, 광고비에 따른 상품판매량을 알고 싶을 때는 설명변수가 광고비가 되고 상품판매량이 반응변수가 된다. 이와 같이 설명변수가 하나인 경우 **단순회귀모형**(simple regression model)이라고 한다. 비료량, 평균강수량, 평균일조량에 따른 옥수수 수확량이 얼마나 되는지 알고 싶은 경우, 옥수수 수확량이 반응변수가 되고 설명변수는 비료량, 평균강수량, 평균일조량으로 세 개가 된다. 이와 같이 설명변수가 여러 개인 모형을 **다중회귀모형**(multiple regression model)이라고 한다. 다중회귀모형에 대한 추론은 벡터와 행렬로 표시해야 하는 부분이 있기 때문에 이 책에서는 단순회귀모형 중심으로 설명하고 다중회귀모형에 대해서는 핵심내용만 정리하고자 한다.

다양한 형태의 관계식 f를 생각할 수 있으나 이 책에서는 가장 간단한 형태인 선형모형에 대해 알아본다. 선형모형은 관계식이 다음과 같이 모수와 설명변수의 선형결합형태로 표시된다.

$$f(x, \beta) = \beta_0 + \beta_1 x$$

$$f(\boldsymbol{x}, \boldsymbol{\beta}) = \beta_0 + \beta_1 x_1 + \beta_2 x_2 + \cdots + \beta_p x_p$$

첫 번째 식과 같이 설명변수가 하나이면 **단순선형회귀모형**(simple linear regression model), 두 번째 식과 같이 여러 개의 설명변수로 이루어져 있으면 **다중선형회귀모형**(multiple linear regression model) 또는 **중선형회귀모형**이라고 한다. 여기서 선형이라는 것은 설명변수 x에 대해 선형이라는 것이 아니라 모수 β에 대해 선형이라는 것이다. 모형이 선형인지 비선형인지를 판단하기 위해서는 모형을 모수에 대해 미분하였을 때 모수가 여전히 남아 있으면 비선형, 모수를 포함하지 않으면 선형이라고 할 수 있다. 예를 들어, $f(x,\boldsymbol{\beta}) = \beta_0 + \beta_1 x^2$라고 하면 β_0와 β_1로 미분한 값은 1과 x^2으로 모수를 포함하고 있지 않기 때문에 선형이 된다.

회귀분석에서 설명변수 x는 일단 관찰자나 실험자에 의해 조절 가능한 값이거나 임의의 상수로 본다. 올림픽의 연도, 광고비, 비료량 등은 조절할 수 있거나 상수이다. 하지만 평균강수량이나 평균일조량의 경우 관찰자나 실험자가 임의로 조절하기 어렵다. 이런 경우 설명변수는 상수가 아니라 확률변수로 처리하는 것이 더 적절하다고 할 수 있다. 하지만 실제 분석에서 이 확률변수는 관측된 값으로 주어진 것으로 가정한다. 이와 관련된 내용은 이 책의 수준을 넘어가기 때문에 생략한다. 앞으로 설명변수는 상수로 처리하며 소문자로 표시한다. 이에 반해 반응변수는 동일한 x 값에 대해서 다른 값이 나올 수 있으므로 확률변수가 된다. 결론적으로 n개의 두 변수 자료가 $(x_1, Y_1), (x_2, Y_2), \cdots, (x_n, Y_n)$이라고 할 때, 단순선형회귀모형은

$$Y_i = \beta_0 + \beta_1 x_i + \varepsilon_i\,, \qquad i = 1, 2, \ldots, n$$

으로 표시되는데 여기서 오차항 ε_i도 확률변수가 된다.

회귀분석의 목적은 이 관계식에서의 회귀계수 β_0와 β_1를 추정하고 추정된 회귀식을 통해 x에 대응하는 Y 또는 $E(Y)$를 예측하는 것이다. 단순선형회귀모형에서 절편 β_0는 x가 0일 때 Y의 기댓값이고 기울기 β_1은 설명변수 x를 한 단위 변화시킬 때 Y의 평균변화량을 의미한다. 만약 β_1이 0이라고 하면 x가 변하더라도 Y의 평균에는 변화가 없으며 이는 설명변수 x가 반응변수 Y에 영향을 주지 않는다는 것을 의미한다. 그러므로 회귀분석에서의 주요관심사는 기울기인 β_1이 0인지 아닌지를 검정하고 0이 아니라고 하면 얼마인지를 추정하는 것이다.

위에서 언급한 것처럼 ε_i는 선형식 $\beta_0+\beta_1 x_i$로 Y_i를 설명하지 못하는 부분이다. 만약 오차항들에서 특정 패턴이 발견된다면 그것은 관계식으로 설명할 수 있는 부분이 있다는 것이고 이를 관계식에 추가해야 한다. 그렇기 때문에 모형이 적절하게 설정되었다면 오차항 ε은 다음의 가정을 만족해야 한다.

① $E(\varepsilon)=0$

② $Var(\varepsilon)=\sigma^2$

③ 오차들은 서로 독립이다.

④ 오차의 분포는 정규분포이다.

즉, $\varepsilon_1, \varepsilon_2, \ldots, \varepsilon_n \sim \text{iid } N(0, \sigma^2)$가 된다. 이를 반응변수의 관점에서 보면,

$$E(Y)=E(\beta_0+\beta_1 x+\varepsilon)=\beta_0+\beta_1 x$$

$$Var(Y)=Var(\beta_0+\beta_1 x+\varepsilon)=Var(\varepsilon)=\sigma^2$$

이므로 Y_i들은 서로 독립이고,

$$Y_i \sim N(\beta_0+\beta_1 x_i, \sigma^2)$$

가 된다. 이를 그림으로 표시하면 다음과 같이 그릴 수 있다.

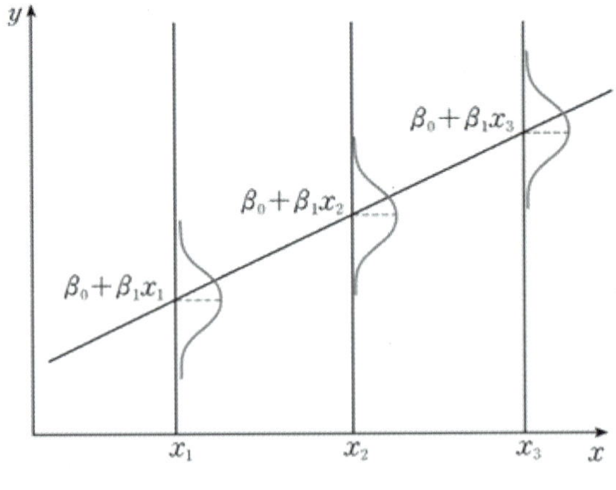

그림 12.2 회귀모형에서의 반응변수분포

2 모수의 추정

단순선형회귀모형에서는 n 개의 자료를 얻는다고 할 때 설명변수 x 와 반응변수 Y 의 관계를 다음과 같은 모형으로 가정한다.

$$Y_i = \beta_0 + \beta_1 x_i + \varepsilon_{i,} \quad i = 1, 2, \ldots, n$$

여기서 절편 β_0과 기울기 β_1은 적절한 절차를 통해 추정해야 할 모수이다. 회귀계수 β_0과 β_1은 모르는 값이기 때문에 $\beta_0 + \beta_1 x$ 는 일종의 가상의 선이다. 그러므로 오차 $\varepsilon_i = Y_i - \beta_0 - \beta_1 x_i$는 관측될 반응변수와 가상의 회귀선의 차라고 할 수 있으며 모수를 모르는 경우 실제로 관측될 수 없다.

이제 【그림 12.3】과 같은 실제 관측값 $(x_1, y_1), (x_2, y_2), \ldots, (x_n, y_n)$을 얻었다고 하자. 그림과 같이 이 자료들을 설명하기 위한 임의의 직선 $b_0 + b_1 x$ 를 생각해 보자.

이 직선이 적절한 직선이 되려면 x 에 대응하는 관측값 y 와 $b_0 + b_1 x$ 와의 거리를 가능한 한 작게 만들어야 할 것이다. 거리를 구하기 위해 먼저 y 와 $b_0 + b_1 x$ 의 차인 $d_i = y_i - b_0 - b_1 x_i$를 계산한다. 2장에서 표본분산을 설명하기 위해 두 점의 거리에 대해 알아보았다. 회귀분석에서도 두 점 사이의 거리를 어떻게 정의하는가에 따라 추정방법이 달라진다. 만약 거리를 두 점의 차의 절댓값으로 표시한다면 y 들과 직선 $b_0 + b_1 x$

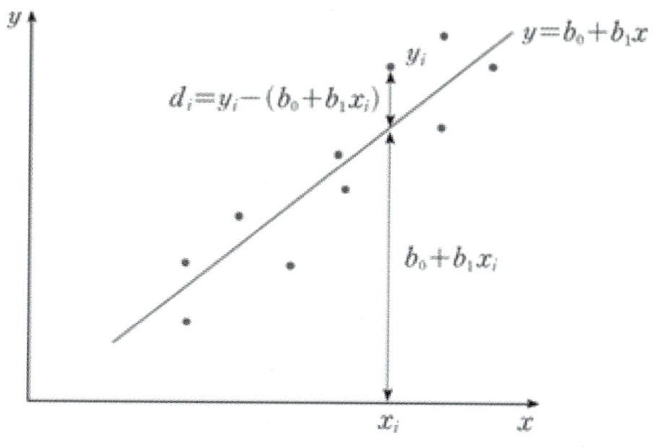

그림 12.3 관측값과 잠재선과의 차이

의 거리의 합은

$$D_1(b_0, b_1) = \sum_{i=1}^{n} |d_i| = \sum_{i=1}^{n} | y_i - b_0 - b_1 x_i |$$

이 된다. 분산을 계산할 때와 같이 거리를 차의 제곱으로 표시하면 거리의 합은 다음과 같다.

$$D_2(b_0, b_1) = \sum_{i=1}^{n} d_i^2 = \sum_{i=1}^{n} (y_i - b_0 - b_1 x_i)^2$$

D_1을 기준으로 거리의 합을 최소로 만드는 b_0과 b_1을 구하는 방법을 **최소절대편차추정**(least absolute deviation estimation)이라고 하고 D_2를 최소로 만드는 b_0과 b_1을 구하는 방법을 **최소제곱추정**(least squares estimation)이라고 한다. 이 책에서는 상대적으로 다루기 쉬운 최소제곱추정에 대해서만 알아본다.

거리의 합을 D_2로 사용하는 경우, D_2를 최소로 만드는 b_0과 b_1은 D_2를 b_0과 b_1로 각각 미분했을 때 둘 다 0이 되게 만드는 것으로 이때 식을 **정규방정식**(normal equation)이라고 한다.

$$\frac{\partial D_2}{\partial b_0} = -2\sum_{i=1}^{n}(y_i - b_0 - b_1 x_i) = 0 \;\Rightarrow\; \sum_{i=1}^{n} y_i - n b_0 - b_1 \sum_{i=1}^{n} x_i = 0 \qquad (12.1)$$

$$\frac{\partial D_2}{\partial b_1} = -2\sum_{i=1}^{n} x_i (y_i - b_0 - b_1 x_i) = 0 \Rightarrow \sum_{i=1}^{n} x_i y_i - b_0 \sum_{i=1}^{n} x_i - b_1 \sum_{i=1}^{n} x_i^2 = 0 \qquad (12.2)$$

식 (12.1)에 $\sum x_i$를 곱하고 식 (12.2)에 n을 곱한 후 연립방정식을 풀면,

$$b_1 = \frac{\sum_{i=1}^{n} x_i y_i - n\overline{x}\,\overline{y}}{\sum_{i=1}^{n} x_i^2 - n\overline{x}^2} = \frac{\sum_{i=1}^{n} (x_i - \overline{x})(y_i - \overline{y})}{\sum_{i=1}^{n} (x_i - \overline{x})^2} = \frac{S_{xy}}{S_{xx}}$$

이다. 이 값을 식 (12.1)에 대입하여 풀면 $b_0 = \overline{y} - b_1 \overline{x}$가 된다. 앞으로 이렇게 최소제곱법에 의해 유도된 b_0를 $\hat{\beta}_0$로, b_1를 $\hat{\beta}_1$로 표시하는데 이 값들을 **최소제곱추정값**(least squares estimate)이라고 한다. 이들 추정값을 이용하여 나온 추정선 $\hat{\beta}_0 + \hat{\beta}_1 x$ 를 **적합회귀직선**(fitted regression line) 또는 **추정회귀직선**(estimated regression line)이라고 하고 설명변수 x_i 에 해당하는 추정회귀직선상의 값을 **예측값**(predicted value)이라고 하며 $\hat{y}_i = \hat{\beta}_0 + \hat{\beta}_1 x_i$ 로 표시한다. 설명변수의 새로운 값 x_0 에 대한 반응변수의 예측값은 $\hat{y}_0 = \hat{\beta}_0 + \hat{\beta}_1 x_0$ 가 된다.

실제 관측값 y_i 과 예측값 $\hat{y}_i$ 의 차

$$e_i = y_i - \hat{y}_i = y_i - \hat{\beta}_0 - \hat{\beta}_1 x_i$$

를 **잔차**(residual)라고 하는데, 최소제곱추정값을 유도과정에서 보듯이 $\sum e_i = 0$ 이고 $\sum x_i e_i = 0$ 이다.

예제 12.1

Tatem의 연구에서와 마찬가지로 【표 12.1】에서 1896년 기록을 제외한 나머지 자료를 이용하여 개최연도에 따른 우승기록의 관계를 유도해 보자. 반응변수 y 를 우승기록, 설명변수 x 를 개최연도라고 할 때, 최소제곱추정량을 구하기 위한 기초자료는 다음과 같이 정리된다.

통계값	남자	여자
n	28	22
$\sum x_i$	54961	43493
$\sum y_i$	286.56	244.99
$\bar{x}$	1962.89	1976.95
$\bar{y}$	10.234	11.136
$\sum x_i^2$	107919529	85999929
$\sum x_i y_i$	562097	484098.4
S_{xx}	36974.68	16244.95
S_{xy}	-389.617	-235.724

이 결과를 이용하여 남녀별로 최소제곱추정값을 구하면 다음과 같다.

남자 :

$$\hat{\beta}_1 = \frac{-389.617}{36974.68} = -0.01054,$$

$$\hat{\beta}_0 = 10.234 - (-0.01054)1962.89 = 30.9181$$

여자 :

$$\hat{\beta}_1 = \frac{-235.724}{16244.95} = -0.01451,$$

$$\hat{\beta}_0 = 11.136 - (-0.01451)1976.95 = 39.8227$$

즉, 추정회귀선은

남자: $\hat{y} = 30.9181 - 0.01054\,x$

여자: $\hat{y} = 39.8227 - 0.01451\,x$

가 된다. 이 추정회귀선을 이용하면 2024년 올림픽 100m 달리기에서 남자 우승기록은 9.590, 여자 우승기록은 10.453 정도가 될 것으로 예측된다. 만약 이 추세가 지속된다면 여자의 우승기록이 남자의 우승기록보다 빨라지는 시점을 아래의 부등식으로 유도할 수 있다.

$$39.8227 - 0.01451\,x < 30.9181 - 0.01054\,x$$

3 회귀모수에 대한 추론

앞 절에서 회귀모수를 추정할 때 반응변수에 대해 관측값 y를 사용하였다. 회귀모수에 대한 추론에서는 실제 관측값인 y_i 대신 확률변수인 Y_i를 사용해야 한다. 그러므로

회귀계수 최소제곱추정량:

$$\hat{\beta}_0 = \overline{Y} - \hat{\beta}_0\overline{x}, \qquad \hat{\beta}_1 = \frac{\sum(x_i - \overline{x})(Y_i - \overline{Y})}{\sum(x_i - \overline{x})^2} = \frac{S_{xY}}{S_{xx}}$$

가 되는데 이를 **최소제곱추정량(least square estimator)**라고 한다. 회귀분석에서 추론하는 과정에 사전에 알아두어야 할 내용을 먼저 정리하고자 한다. 먼저 편차의 합은 0이라는 사실을 이용하면 S_{xx} 와 S_{xY} 는 다음과 같이 쓸 수 있다.

$$S_{xx} = \sum_{i=1}^{n}(x_i - \overline{x})^2 = \sum_{i=1}^{n}x_i(x_i - \overline{x})$$

$$S_{xY} = \sum_{i=1}^{n}(x_i - \overline{x})(Y_i - \overline{Y}) = \sum_{i=1}^{n}(x_i - \overline{x})Y_i$$

확률변수 Y_i 들이 서로독립이고 $Y_i \sim N(\mu_i, \sigma^2)$ 이면, 임의의 상수 a_i 들에 대해

$$\sum_{i=1}^{n}a_i Y_i \sim N\left(\sum_{i=1}^{n}a_i \mu_i,\ \sigma^2 \sum_{i=1}^{n}a_i^2\right)$$

가 성립한다. 이를 표준화하면

$$\frac{\sum_{i=1}^{n}a_i Y_i - \sum_{i=1}^{n}a_i\mu_i}{\sqrt{\sigma^2 \sum_{i=1}^{n}a_i^2}} \sim N(0,1)$$

가 되는데 실제 추론을 위해서는 미지의 모수인 σ^2 을 추정해야 한다. 모분산 σ^2 은 ε_i 의 분산이면서 Y_i 의 분산으로 $\sigma^2 = E((Y_i - \beta_0 - \beta_1 x_i)^2)$ 이다. 그러므로 직관적인 추정량은 다음과 같이 잔차제곱합을 기반으로 유도되어야 한다.

$$SSE = \sum_{i=1}^{n}\left(Y_i - \hat{\beta}_0 - \hat{\beta}_1 x_i\right)^2 = \sum_{i=1}^{n}e_i^2$$

여기에 지금까지 해왔듯이 자유도로 나누어 **평균제곱오차(mean sqaure error)**를 구한다. 위 식에서 $\hat{\beta}_0$ 과 $\hat{\beta}_1$ 을 유도하는 과정에서 두 개의 제약조건

$$\sum_{i=1}^{n}e_i = 0, \qquad \sum_{i=1}^{n}x_i e_i = 0$$

이 사용되었다. 이는 SSE 를 계산하기 위해 n 개의 잔차를 사용하지만 실제로 $n-2$ 개의

잔차만 자유롭게 값을 가질 수 있고 나머지 두 개는 위의 두 제약조건을 만족시키는 역할만 한다는 것을 의미한다. 그러므로 SSE에 대한 자유도는 $n-2$이고 평균제곱오차는

$$MSE = \frac{SSE}{n-2} = \frac{1}{n-2}\sum_{i=1}^{n} e_i^2$$

이 된다. 모분산 σ^2의 추정량으로 MSE를 사용하면 다음과 같은 중심축량을 유도할 수 있다.

$$\frac{\sum_{i=1}^{n} a_i Y_i - \sum_{i=1}^{n} a_i \mu_i}{\sqrt{MSE}\sqrt{\sum_{i=1}^{n} a_i^2}} \sim t_{n-2} \tag{12.3}$$

잔차제곱합 SSE를 효과적으로 계산하는 방법 중 하나는 모수를 추정하는 과정에서 사용했던 제곱합을 이용하는 것이다. Y_i들의 수정제곱합 S_{YY}는

$$\begin{aligned} S_{YY} &= \sum_{i=1}^{n}(Y_i - \overline{Y})^2 = \sum_{i=1}^{n}(Y_i - \widehat{Y}_i + \widehat{Y}_i - \overline{Y})^2 \\ &= \sum_{i=1}^{n}(Y_i - \widehat{Y}_i)^2 + \sum_{i=1}^{n}(\widehat{Y}_i - \overline{Y})^2 + 2\sum_{i=1}^{n}(Y_i - \widehat{Y}_i)(\widehat{Y}_i - \overline{Y}) \end{aligned} \tag{12.4}$$

로 표시할 수 있다. 여기서 $\widehat{Y}_i = \hat{\beta}_0 + \hat{\beta}_1 x_i$이고 $\hat{\beta}_0 = \overline{Y} - \hat{\beta}_1 \overline{x}$이므로

$$\widehat{Y}_i - \overline{Y} = \hat{\beta}_0 + \hat{\beta}_1 x_i - \overline{Y} = \overline{Y} - \hat{\beta}_1 \overline{x} + \hat{\beta}_1 x_i - \overline{Y} = (x_i - \overline{x})\hat{\beta}_1$$

이 된다. 그러므로 식 (12.4)의 가운데 항은

$$\sum_{i=1}^{n}(\widehat{Y}_i - \overline{Y})^2 = \sum_{i=1}^{n}(x_i - \overline{x})^2 \hat{\beta}_1^2$$

이 된다. 또한, $Y_i - \widehat{Y}_i = e_i$이고 $\sum e_i = 0$, $\sum x_i e_i = 0$이므로 식 (12.4)의 마지막 항은

$$\sum_{i=1}^{n}(Y_i - \widehat{Y}_i)(\widehat{Y}_i - \overline{Y}) = \sum_{i=1}^{n} e_i (x_i - \overline{x})\hat{\beta}_1 = \hat{\beta}_1\left(\sum_{i=1}^{n} x_i e_i - \overline{x}\sum_{i=1}^{n} e_i\right) = 0$$

이 된다. 그러므로 $S_{YY} = SSE + \hat{\beta}_1^2 \sum (x_i - \overline{x})^2 = SSE + S_{xY}^2 / S_{xx}$ 의 관계가 성립하여 SSE는 다음과 같이 계산할 수 있다.

$$SSE = S_{YY} - \frac{S_{xY}^2}{S_{xx}}$$

3.1 기울기 β_1에 대한 추론

앞에서 Y_i들의 선형결합에 대한 이론을 충분히 고찰했다. 여기서는 최소제곱추정량이 Y_i들의 선형결합인 것을 보이고 위에서 언급한 결과를 적용할 것이다. 기울기 β_1의 최소제곱추정량은 다음과 같이 쓸 수 있다.

$$\hat{\beta}_1 = \frac{S_{xY}}{S_{xx}} = \frac{1}{S_{xx}} \sum_{i=1}^{n} (x_i - \overline{x})(Y_i - \overline{Y}) = \frac{1}{S_{xx}} \sum_{i=1}^{n} (x_i - \overline{x}) Y_i$$

그러므로 $\hat{\beta}_1$는 정규분포를 따르고 평균은

$$\begin{aligned} E(\hat{\beta}_1) &= \frac{1}{S_{xx}} \sum_{i=1}^{n} (x_i - \overline{x}) E(Y_i) = \frac{1}{S_{xx}} \sum_{i=1}^{n} (x_i - \overline{x})(\beta_0 + \beta_1 x_i) \\ &= \frac{\beta_0}{S_{xx}} \sum_{i=1}^{n} (x_i - \overline{x}) + \frac{\beta_1}{S_{xx}} \sum_{i=1}^{n} (x_i - \overline{x}) x_i = \beta_1 \end{aligned}$$

이고 분산은

$$Var(\hat{\beta}_1) = \frac{1}{S_{xx}^2} \sum_{i=1}^{n} (x_i - \overline{x})^2 \, Var(Y_i) = \frac{\sigma^2}{S_{xx}^2} \sum_{i=1}^{n} (x_i - \overline{x})^2 = \frac{\sigma^2}{S_{xx}}$$

이다. 결론적으로 $\hat{\beta}_1 \sim N(\beta_1, \sigma^2 / S_{xx})$가 되며 이를 표준화하면,

$$\frac{\hat{\beta}_1 - \beta_1}{\sigma / \sqrt{S_{xx}}} \sim N(0, 1)$$

가 된다. 여기서 σ를 추정값 $\sqrt{MSE}$로 바꾸면 β_1에 대한 중심축량은 다음과 같다.

β_1 에 대한 중심축량과 분포:

$$\frac{\hat{\beta}_1 - \beta_1}{\sqrt{MSE}/\sqrt{S_{xx}}} \sim t_{n-2}$$

이 중심축량을 이용하면

$$P\left(-t_{\alpha/2,n-2} \le \frac{\hat{\beta}_1 - \beta_1}{\sqrt{MSE/S_{xx}}} \le t_{\alpha/2,n-2}\right) = 1-\alpha$$

이고 이를 β_1에 대해 정리하면

$$P\left(\hat{\beta}_1 - t_{\alpha/2,n-2}\sqrt{\frac{MSE}{S_{xx}}} \le \beta_1 \le \hat{\beta}_1 + t_{\alpha/2,n-2}\sqrt{\frac{MSE}{S_{xx}}}\right) = 1-\alpha$$

가 된다. 즉, β_1의 $100(1-\alpha)\%$ 신뢰구간은 다음과 같다.

$$\left[\hat{\beta}_1 - t_{\alpha/2,n-2}\sqrt{\frac{MSE}{S_{xx}}},\ \hat{\beta}_1 + t_{\alpha/2,n-2}\sqrt{\frac{MSE}{S_{xx}}}\right]$$

회귀분석은 설명변수가 반응변수에 어떻게 영향을 주는지 알아보는 것이다. 이를 위해 먼저 영향을 주는지에 대한 검정이 필요한데 이를 $\beta_1 = 0$인지 아닌지로 검정할 수 있다. 만약 $\beta_1 = 0$이면 회귀식은 $Y_i = \beta_0 + \varepsilon_i$로 표시되어 설명변수 x_i가 어떤 값을 가지더라도 변하지 않는다. 이는 설명변수가 반응변수에는 영향을 주지 않는다는 것을 의미한다. 그러므로 가설은 다음과 같이 쓸 수 있다.

$$H_0:\ \beta_1 = 0, \qquad H_1:\ \beta_1 \ne 0$$

중심축량으로부터 이에 대한 검정통계량과 분포는 다음과 같이 유도한다.

$$T = \frac{\hat{\beta}_1}{\sqrt{MSE/S_{xx}}} \sim t_{n-2}$$

만약, 귀무가설을 기각시켰다면 $\hat{\beta}_1$ 은 β_1 의 추정값으로 설명변수를 한 단위 증가시킬 때 평균적으로 변화하는 반응변수의 값을 추정한 것으로 해석한다.

예제 12.2

【예제 12.1】에서의 추정회귀식을 이용하여 연도에 따른 단축기록에 대한 추론을 해보자. 추론을 위해서는 추정에서 사용한 통계값에 추가로 분산의 추정량인 MSE를 구해야 한다. 이를 위해 먼저 S_{yy} 를 구한다.

$$\text{남자 : } S_{yy} = 2937.31 - 1962.89^2/28 = 4.5735$$

$$\text{여자 : } S_{yy} = 2732.434 - 1976.95^2/22 = 4.2479$$

이므로 잔차제곱합과 평균제곱오차는

$$\text{남자 : } SSE = 4.5735 - \frac{(-389.617)^2}{36974.68} = 0.4679,$$

$$MSE = \frac{0.4679}{28-2} = 0.0180$$

$$\text{여자 : } SSE = 4.2479 - \frac{(-235.724)^2}{16244.95} = 0.8274,$$

$$MSE = \frac{0.8274}{22-2} = 0.0414$$

가 된다. 그러므로 구간추정과 가설검정을 위해 필요한 자료를 다음과 같이 정리할 수 있다.

성별	남자	여자
$\hat{\beta}_1$	-0.01054	-0.01451
n	28	22
SSE	0.4679	0.8274
MSE	0.0180	0.0414
$\sqrt{MSE}$	0.1342	0.2034
S_{xx}	36974.68	16244.95
$t_{0.025,n-2}$	2.056	2.086

이 정보를 이용해 β_1 에 대한 95% 신뢰구간을 구하면,

$$\text{남자} : -0.01054 \pm 2.056\times\sqrt{0.0180/36974.68} = [-0.0120, -0.0091]$$
$$\text{여자} : -0.01451 \pm 2.086\times\sqrt{0.0414/16244.95} = [-0.0178, -0.0112]$$

가 된다. 두 구간 모두 음의 구간에 포함되어 연도가 증가함에 따라 기록은 평균적으로 단축되고 있다고 볼 수 있다. 또한, 회귀계수에 대한 가설 $\beta_1 = 0$ 에 대한 검정통계량의 값은

$$\text{남자} : t = \frac{-0.01054}{\sqrt{0.0180/36974.68}} = -15.104$$
$$\text{여자} : t = \frac{-0.01451}{\sqrt{0.0414/16244.95}} = -9.093$$

으로 유의수준 5%에서 기준이 되는 -2.056과 -2.086보다 훨씬 작다. 구간추정과 가설검정 결과 연도가 증가하면 기록은 단축되는 추세를 가지며 4년마다 평균적으로 남자는 0.0421초, 여자는 0.0580초 정도 기록이 단축되는 것으로 나타났다.

3.2 절편 β_0 에 대한 추론

모수 β_0 는 선형회귀 식에서 절편으로 설명변수 x 가 0일 때 Y 의 평균값이다. 설명변수와 반응변수의 관계가 원점을 꼭 지나야만 하는 특별한 상황이 아닌 이상 회귀분석에서는 일반적으로 β_0 가 0인지에 대한 가설검정을 하지 않는다. 그 이유는 정규방정식에서 β_0 에 대한 추정값을 구할 때

$$\frac{\partial D}{\partial b_0} = -2\sum(y_i - b_0 - b_1 x_i) = 0$$

이 되는데 이는 잔차의 합을 0으로 만들어주는 과정이다. 즉, $\hat{\beta}_0$ 은 잔차의 합이 0이 되도록 만드는 역할을 한다. 만약 선형회귀모형에서 β_0 을 빼면 특별한 경우를 제외하고 $\sum e_i = 0$ 을 만족하지 않는다. 그래서 절편 β_0 에 대한 통계적 추론은 $x = 0$ 인 상황이

특별한 의미가 있을 때 진행하며 가설검정보다는 구간추정이 더 일반적이다.

β_0 의 최소제곱추정량 $\hat{\beta}_0$ 도 Y_i 들의 선형식으로 표시할 수 있다.

$$\hat{\beta}_0 = \overline{Y} - \hat{\beta}_1 \overline{x} = \sum_{i=1}^{n} \frac{Y_i}{n} - \sum_{i=1}^{n} \frac{(x_i - \overline{x}) Y_i}{S_{xx}} \overline{x} = \sum \left\{ \frac{1}{n} - \frac{(x_i - \overline{x})\overline{x}}{S_{xx}} \right\} Y_i$$

그러므로 $\hat{\beta}_0$ 은 정규분포를 따르고 평균은

$$E(\hat{\beta}_0) = E(\overline{Y} - \hat{\beta}_1 \overline{x}) = \frac{1}{n} \sum_{i=1}^{n} E(Y_i) - E(\hat{\beta}_1)\overline{x} = \beta_0 + \beta_1 \overline{x} - \beta_1 \overline{x} = \beta_0$$

이고 분산은

$$\begin{aligned} Var(\hat{\beta}_0) &= \sum_{i=1}^{n} \left\{ \frac{1}{n} - \frac{(x_i - \overline{x})\overline{x}}{S_{xx}} \right\}^2 Var(Y_i) \\ &= \sigma^2 \sum_{i=1}^{n} \left\{ \frac{1}{n^2} - 2\frac{(x_i - \overline{x})\overline{x}}{nS_{xx}} + \frac{(x_i - \overline{x})^2 \overline{x}^2}{S_{xx}^2} \right\} \\ &= \sigma^2 \left\{ \frac{1}{n} + \frac{\overline{x}^2}{S_{xx}} \right\} \end{aligned}$$

가 된다. 즉,

$$\hat{\beta}_0 \sim N\left(\beta_0, \sigma^2 \left\{ \frac{1}{n} + \frac{\overline{x}^2}{S_{xx}} \right\}\right)$$

가 되는데 이를 표준화하고 σ^2 을 MSE 로 대체하면 다음과 같은 중심축량을 유도할 수 있다.

β_0 에 대한 중심축량과 분포:

$$\frac{\hat{\beta}_0 - \beta_0}{\sqrt{MSE\left(\frac{1}{n} + \frac{\overline{x}^2}{S_{xx}}\right)}} \sim t_{n-2}$$

이 중심축량을 이용하여 β_0에 대한 $100(1-\alpha)\%$ 신뢰구간을 구하면 다음과 같다.

$$\left[\hat{\beta}_0 - t_{\alpha/2,n-2}\sqrt{MSE}\sqrt{\frac{1}{n}+\frac{\bar{x}^2}{S_{xx}}},\ \hat{\beta}_0 + t_{\alpha/2,n-2}\sqrt{MSE}\sqrt{\frac{1}{n}+\frac{\bar{x}^2}{S_{xx}}}\right]$$

【예제 12.2】와【예제 12.1】의 결과를 이용하여 절편에 대한 95% 신뢰구간을 구하면

$$\text{남자}:\ 30.918 \pm 2.056\times\sqrt{0.0180}\sqrt{\frac{1}{28}+\frac{1962.89^2}{36974.68}} = [\ 28.103,\ 33.734]$$

$$\text{여자}:\ 39.323 \pm 2.086\times\sqrt{0.0414}\sqrt{\frac{1}{22}+\frac{1976.95^2}{16244.95}} = [33.241,\ \ 46.404]$$

가 된다.

4 추정회귀식에 대한 추론 및 예측

4.1 반응변수의 기댓값에 대한 추론

설명변수가 x_k 일 때, 해당되는 반응변수 Y_k 의 기댓값은 $E(Y_k)=\beta_0+\beta_1 x_k$ 이다. 이 기댓값에 대한 직관적인 추정량은 x_k 일 때의 예측값인 $\hat{Y}_k=\hat{\beta}_0+\hat{\beta}_1 x_k$ 이다. 앞에서 언급한 것과 같이 $\hat{\beta}_0$ 와 $\hat{\beta}_1$ 은 정규분포를 따르므로 $\hat{Y}_k$ 도 정규분포를 따르며 평균은

$$E(\hat{Y}_k)=E(\hat{\beta}_0)+E(\hat{\beta}_1)x_k=\beta_0+\beta_1 x_k$$

가 된다. $\hat{Y}_k$ 의 분산을 계산하려면 $\hat{Y}_k$ 에서 $\hat{\beta}_0=\overline{Y}-\hat{\beta}_1\overline{x}$ 를 대입하여 다음과 같이 Y_i 들의 선형식으로 정리할 필요가 있다.

$$\begin{aligned}\hat{\beta}_0 + \hat{\beta}_1 x_k &= \overline{Y} - \hat{\beta}_1 \overline{x} + \hat{\beta}_1 x_k = \overline{Y} + (x_k - \overline{x})\hat{\beta}_1 = \overline{Y} + (x_k - \overline{x})\frac{S_{xY}}{S_{xx}} \\ &= \sum_{i=1}^{n}\left\{\frac{1}{n} + (x_k - \overline{x})\frac{(x_i - \overline{x})}{S_{xx}}\right\} Y_i\end{aligned}$$

즉, $\widehat{Y}_k$는 Y_i들의 선형결합이므로 $\widehat{Y}_k$의 분산은

$$\begin{aligned}Var(\widehat{Y}_k) &= \sum_{i=1}^{n}\left\{\frac{1}{n} + (x_k - \overline{x})\frac{(x_i - \overline{x})}{S_{xx}}\right\}^2 Var(Y_i) \\ &= \sigma^2 \sum_{i=1}^{n}\left\{\frac{1}{n^2} + (x_k - \overline{x})^2 \frac{(x_i - \overline{x})^2}{S_{xx}^2}\right\} \\ &= \sigma^2\left\{\frac{1}{n} + \frac{(x_k - \overline{x})^2}{S_{xx}}\right\}\end{aligned}$$

가 된다. 위 식에서 보는 것과 같이 $\widehat{Y}_k$의 분산은 x_k의 값에 따라 달라질 수 있는데 x_k가 $\overline{x}$에서 멀어질수록 분산은 커지고 x_k가 $\overline{x}$일 때 σ^2/n으로 가장 작은 값을 가진다. 결론적으로

$$\widehat{Y}_k = \hat{\beta}_0 + \hat{\beta}_1 x_k \sim N\left(\beta_0 + \beta_1 x_k,\ \sigma^2\left\{\frac{1}{n} + \frac{(x_k - \overline{x})^2}{S_{xx}}\right\}\right)$$

가 되고 이를 표준화한 후 σ^2을 MSE로 대체하면 다음과 같은 중심축량을 얻을 수 있다.

$E(Y_i)$에 대한 중심축량과 분포:

$$\frac{\widehat{Y}_i - E(Y_i)}{\sqrt{MSE}\sqrt{\dfrac{1}{n} + \dfrac{(x_i - \overline{x})^2}{S_{xx}}}} \sim t_{n-2}$$

이 중심축량을 이용하여 $E(Y_i) = \beta_0 + \beta_1 x_i$의 $100(1-\alpha)\%$ 신뢰구간을 구하면 다음과 같다.

$$\left[\hat{Y}_i - t_{\alpha/2,n-2}\sqrt{MSE}\sqrt{\frac{1}{n}+\frac{(x_i-\bar{x})^2}{S_{xx}}},\ \hat{Y}_i + t_{\alpha/2,n-2}\sqrt{MSE}\sqrt{\frac{1}{n}+\frac{(x_i-\bar{x})^2}{S_{xx}}} \right]$$

예제 12.3

【예제 12.1】과【예제 12.2】의 결과를 이용하면 추정된 회귀선은

$$\text{남자: } \hat{y} = 30.9181 - 0.01054\,x$$
$$\text{여자: } \hat{y} = 39.8227 - 0.01451\,x$$

이다. 이 추정식에 의하면 2021년에 열린 도쿄올림픽에서 기대되었던 우승기록의 추정값은

$$\text{남자: } \hat{y} = 30.9181 - 0.01054 \times 2021 = 9.622$$
$$\text{여자: } \hat{y} = 39.8227 - 0.01451 \times 2021 = 10.497$$

이고 95% 신뢰구간은

$$\text{남자: } 9.622 \pm 2.056 \times \sqrt{0.0180}\sqrt{\frac{1}{28}+\frac{(2021-1962.89)^2}{36974.68}} = [9.524,\ 9.720]$$

$$\text{여자: } 10.497 \pm 2.086 \times \sqrt{0.0414}\sqrt{\frac{1}{22}+\frac{(2021-1976.95)^2}{16244.95}} = [10.325,\ 10.669]$$

이다. 2021년 올림픽에서 여자 우승기록은 10.61초로 95% 신뢰구간 안에 있는 것을 볼 수 있는 반면 남자 우승기록인 9.80초는 신뢰구간 밖에 있다. 이는 2008년과 2012년 Usain Bolt에 의해 세워진 9.6초대 기록이 전후의 9.8초대 기록보다 현저히 낮은데 이 두 자료가 상대적으로 후반부에 있어 감소 추세를 더 해게 하는 요인으로 작용하여 실제 기록보다 현저히 빠른 우승기록을 예상한 것으로 보인다.

4.2 새로운 관측값에 대한 예측

설명변수의 값이 기존 자료가 아닌 새로운 x^* 일 때 관측값 Y^* 의 예측에 대해 알아보

자. x^* 일 때 추정된 회귀식에 의해 예측된 값은

$$\hat{Y}^* = \hat{\beta}_0 + \hat{\beta}_1 x^*$$

가 되고 실제 관측값 Y^* 은 선형회귀식으로 표시하면,

$$Y^* = \beta_0 + \beta_1 x^* + \varepsilon$$

이 된다. 앞에서는 기댓값 $E(Y_i)$ 에 대한 예측이고 지금은 확률변수인 관측값 Y^* 에 대한 예측으로 차이가 있다. 새로운 값에 대한 예측에 있어 중요한 역할을 하는 것이 **예측오차**(prediction error)이다. 예측오차는 예측값과 관측값의 차로 다음과 같이 정의된다.

$$Y^* - \hat{Y}^* = Y^* - (\hat{\beta}_0 + \hat{\beta}_1 x^*)$$

여기서 Y^* 와 $\hat{Y}^*$ 는 모두 정규분포를 따르기 때문에 예측오차 $Y^* - \hat{Y}^*$ 는 정규분포를 따른다. 또한 $\hat{\beta}_0$ 과 $\hat{\beta}_1$ 은 기존 $Y_1, Y_2, \cdots, Y_n$ 을 이용한 추정량이고 Y^* 는 새로운 관측값이기 때문에 $\hat{\beta}_0$ 과 $\hat{\beta}_1$ 으로 이루어진 $\hat{Y}^*$ 와 Y^* 는 독립이다. 앞에서 언급한 것과 같이 $E(\hat{\beta}_0) = \beta_0$ 이고 $E(\hat{\beta}_1) = \beta_1$ 이며 예측오차의 평균은

$$E\left(Y^* - \hat{Y}^*\right) = E(Y^*) - E\left(\hat{Y}^*\right) = \beta_0 + \beta_1 x^* - E\left(\hat{\beta}_0 - \hat{\beta}_1 x^*\right) = 0$$

이고 분산은

$$\begin{aligned} Var(Y^* - \hat{Y}^*) = \ & Var(Y^*) + Var(\hat{Y}^*) = \sigma^2 + \sigma^2\left(\frac{1}{n} + \frac{(x^* - \overline{x})^2}{S_{xx}}\right) \\ = \ & \sigma^2\left(1 + \frac{1}{n} + \frac{(x^* - \overline{x})^2}{S_{xx}}\right) \end{aligned}$$

가 된다. 예측오차의 분산은 예측값 $\hat{Y}^*$ 의 분산에 관측값 Y^* 의 분산이 추가되어 $E(Y^*) = \beta_0 + \beta_1 x^*$ 를 예측할 때 보다 σ^2 만큼 커진다. 결론적으로

$$Y^* - \hat{Y}^* \sim N\left(0, \sigma^2\left(1 + \frac{1}{n} + \frac{(x^* - \overline{x})^2}{S_{xx}}\right)\right)$$

이고 이를 표준화하고 σ^2 을 MSE 로 대체하면 다음과 같은 중심축량을 구할 수 있다.

예측오차의 분포

$$\frac{Y^* - \hat{Y}^*}{\sqrt{MSE}\sqrt{1+\frac{1}{n}+\frac{(x^*-\overline{x})^2}{S_{xx}}}} \sim t_{n-2}$$

위의 중심축량을 기반으로 Y^* 의 $100(1-\alpha)\,\%$ 예측구간을 다음과 같이 구할 수 있다.

$$\left[\ \hat{Y}^* - t_{\alpha/2,n-2}\sqrt{MSE}\sqrt{1+\frac{1}{n}+\frac{(x^*-\overline{x})^2}{S_{xx}}},\ \ \hat{Y}^* + t_{\alpha/2,n-2}\sqrt{MSE}\sqrt{1+\frac{1}{n}+\frac{(x^*-\overline{x})^2}{S_{xx}}}\ \right]$$

예제 12.4

2021년 우승기록에 대한 예측값은【예제 12.3】에서와 동일하게 남자는 9.622초, 여자는 10.497초이지만 95% 예측구간은

남자: $9.622 \ \pm\ 2.056\times\sqrt{0.0180}\sqrt{1+\frac{1}{28}+\frac{(2021-1962.89)^2}{36974.68}} = [9.329,\ 9.915]$

여자: $10.497 \ \pm\ 2.086\times\sqrt{0.0414}\sqrt{1+\frac{1}{22}+\frac{(2021-1976.95)^2}{16244.95}}$

$= [10.039,\ 10.955]$

로 우승기록의 기댓값에 대한 신뢰구간보다 구간이 넓은 것을 볼 수 있다.

5 다중회귀모형*

어떤 반응변수에 영향을 줄 것으로 생각되는 설명변수가 p 개 있다고 하자. Y_i 를 i 번째 관측값의 반응변수, x_{ij} 를 i 번째 관측값의 j 번째 설명변수라고 하면 다중선형회귀모형

은 다음과 같이 쓸 수 있다.

$$Y_i = \beta_0 + \beta_1 x_{i1} + \beta_1 x_{i2} + \cdots + \beta_p x_{ip} + \varepsilon_i, \quad i = 1, 2, \ldots, n$$

여기서 ε_i는 오차이며 위의 모형이 적절하다면 $\varepsilon_i \sim \text{iid } N(0, \sigma^2)$를 만족한다고 가정한다. 일반적으로 다중회귀모형을 표시하고 이론을 도출할 때에는 벡터와 행렬을 이용하는데 이 내용은 이 책의 수준을 벗어나므로 생략하고 예제를 통해 다중회귀분석에서의 결과를 어떻게 해석하고 이용할 것인지에 대해서만 설명하고자 한다.

예제 12.5

다음의 자료는 시멘트 성분과 응고될 때 발생하는 열량과의 관계를 알아보기 위한 실험의 결과이다(참고, Woods, Steinour & Starke[1]). 원자료에는 4가지 성분의 자료가 있으나 이 중 2가지(x_1 : $3CaOAl_2O_3$, x_2 : $3CaOSiO_2$)의 함유비율이 물 40%와 혼합한 후 180일 후의 1g당 열량에 어떻게 영향을 주는지에 대해 알아보려고 한다.

성분함유비율(%)		g당 열량	성분함유비율(%)		g당 열량
x_1	x_2		x_1	x_2	
7	26	78.5	3	71	102.7
1	29	74.3	1	31	72.5
11	56	104.3	2	54	93.1
11	31	87.6	21	47	115.9
7	52	95.9	21	47	114
11	55	109.2	1	40	83.8
11	55	108	11	66	113.3
11	55	110.2	10	68	109.4

통계프로그램을 이용하여 위 자료를 회귀분석하면 다음과 같은 두 표가 출력된다.

1 Woods, H., Steinour, H.H. and Starke, H.R. (1932). Effect of composition of Portland cement on heat evolved during hardening. Industrial Engineering and Chemistry, 24, 1207-1214.

표 12.2 분산분석표

원인	자유도	제곱합	평균제곱	F	p-값
모형	2	3218.03	1609.02	239.01	<0.0001
오차	13	87.52	6.732		
전체	15	3305.05			

표 12.3 모수 추정 및 검정

변수	모수추정값	표준오차	t-통계값	p-값
절편	52.185	2.457	21.24	<0.0001
x_1	1.480	0.108	13.66	<0.0001
x_2	0.678	0.048	13.99	<0.0001

다중회귀분석결과에서 각 회귀계수에 대한 추론 결과를 살펴보기 전에 확인할 사항은 【표 12.2】의 분산분석표이다. 11장에서 우리는 모집단 간의 평균 또는 각 처리에 대한 효과가 같은지 다른지를 검정하기 위해 분산분석을 사용했다. 분산분석에서의 귀무가설은 '각 처리에 대한 평균이 같다'이다. 이는 회귀분석에서의 관점에서 보면 설명변수가 다르다고 하더라도 반응변수의 평균이 같다는 것이다. 즉, 반응변수에 영향을 주는 설명변수가 하나도 없다는 것으로 회귀분석 모형식에서 설명변수에 대한 회귀계수가

$$\beta_1 = \beta_2 = \cdots = \beta_p = 0$$

이고 $Y_i = \beta_0 + \varepsilon_i$ 라는 것이다. 이는 분산분석에서 처리효과가 없으면 $Y_{ij} = \mu + \varepsilon_{ij}$ 로 표시되는 것과 같다.

분산분석에서 변동분해할 때 $E(Y_{ij}) = \mu_i$ 를 해당 그룹의 표본평균 $\overline{Y}_i$ 로 추정하여 $Y_{ij} - \mu = \mu_i - \mu + \varepsilon_{ij}$ 를 $Y_{ij} - \overline{Y} = \overline{Y}_i - \overline{Y} + Y_{ij} - \overline{Y}_i$ 한 것처럼 회귀분석에서는 $E(Y_i)$ 를 $\hat{Y}_i = \hat{\beta}_0 + \hat{\beta}_1 x_{i1} + \hat{\beta}_2 x_{i2} + \cdots + \hat{\beta}_p x_{ip}$ 로 추정한다. 그러므로 회귀분석에서의 변동분해는

$$\sum_{i=1}^{n}(Y_i-\overline{Y})^2=\sum_{i=1}^{n}(\hat{Y}_i-\overline{Y})^2+\sum_{i=1}^{n}(Y_i-\hat{Y}_i)^2+2\sum_{i=1}^{n}(Y_i-\hat{Y}_i)(\hat{Y}_i-\overline{Y})$$

가 된다. 위 식의 마지막 항은 0이 되기 때문에 다음과 같이 정리된다.

$$\sum_{i=1}^{n}(Y_i-\overline{Y})^2=\sum_{i=1}^{n}(\hat{Y}_i-\overline{Y})^2+\sum_{i=1}^{n}(Y_i-\hat{Y}_i)^2$$

위 등식에서 $\sum(Y_i-\overline{Y})^2$은 분산분석에서의 TSS이고 $\sum(Y_i-\hat{Y}_i)^2$은 SSE가 된다. 또한 $\sum(\hat{Y}_i-\overline{Y})^2$은 분산분석에서의 SSTR를 의미하는데 회귀분석에서는 회귀선에 의해 설명되는 변동으로 **회귀제곱합**(sum of squares due to regression, SSR)이라고 한다. 여기에 β_0까지 포함해 $p+1$개의 모수를 추정하는 과정에서 $p+1$개의 제약조건을 만족해야 하므로 SSE의 자유도는 $n-(p+1)$이 되고 TSS의 자유도는 $n-1$이므로 SSR의 자유도는 p가 된다. 이를 정리하면 다음과 같은 분산분석표를 작성할 수 있다.

	자유도	제곱합	평균제곱	F
모형	p	SSR	MSR	MSR/MSE
오차	$n-p-1$	SSE	MSE	
전체	$n-1$	TSS		

여기서 검정통계량 $F=MSR/MSE$은 분자의 자유도가 p, 분모의 자유도가 $n-p-1$인 F분포를 따른다. MSR이 MSE보다 유의하게 크다는 것은 회귀선에 의해 설명되는 부분이 설명하지 못하는 부분(잔차)에 비해 크다는 것을 의미하며 제시한 회귀모형은 최소한의 설명력이 있는 모형이라는 것을 의미한다. 위 예제에서의 $F=239.01$이고 이에 해당하는 p-값은 0.0001보다 작으므로 $H_0:\beta_1=\beta_2=0$는 충분히 기각시킬 수 있다. 이는 최소한 두 설명변수 중 하나는 시멘트 열량에 영향을 준다고 할 수 있다.

회귀모형이 자료를 얼마나 잘 설명하는지를 평가하는 측도로 **결정계수**(coefficient of determination)가 있는데, 이는 총변동에서 회귀변동이 차지하는 비율로 표시된다. 결정계수를 식으로 쓰면

$$R^2 = \frac{SSR}{TSS} = 1 - \frac{SSE}{TSS}$$

이다. 단순선형회귀모형의 경우 결정계수는

$$R^2 = \frac{SSR}{TSS} = \frac{S_{xY}^2}{S_{xx}S_{YY}}$$

로 표시되는데, 이는 설명변수와 반응변수 간의 상관계수를 제곱한 값이다. 그러므로 결정계수의 값이 1에 가까울수록 TSS에서 SSR이 차지하는 부분이 크기 때문에 관측 결과를 잘 설명한다고 할 수 있다. 모형이 잘못 선택된 경우 일반적으로 결정계수가 작아지는 경향이 있다. 하지만 모형이 적절하더라도 설명변수의 퍼져있는 정도가 오차의 분산에 비해 상대적으로 작은 경우에도 결정계수가 작아지기 때문에 결정계수가 작다고 해서 모형이 잘못 선택되었다고 할 수 없다. 우리 예제의 경우 $R^2 =$ 3218.03/3305.55=0.9735 이므로 설명변수들이 반응변수를 잘 설명하고 있다.

회귀모형에 대한 분산분석은 최소한 하나 이상의 설명변수가 설명력이 있다는 것을 의미할 뿐 모든 설명변수가 설명력이 있다는 것을 의미하지 않는다. 그렇기 때문에 분산분석 후 사후분석을 하듯 회귀모형에 대한 분산분석에서 설명력이 있는 모형이라는 결론을 얻었으면 어떤 설명변수가 설명력이 있는지를 검정해야 한다. 각각의 설명변수에 대한 설명력은 해당 회귀모수가 $\beta_i = 0$ 인지 아닌지에 의해 결정된다. 그러므로 $i = 1, 2, \ldots, p$ 에 대해

$$H_0 : \beta_i = 0 , \qquad H_1 : \beta_i \neq 0$$

을 검정해야 하는데 이를 위해 $t-$검정을 사용한다. 이때 사용되는 검정통계량은 12장의 3.1절에서 사용한 검정통계량과 유사하지만 조금 더 복잡한 형태를 가진다. 【표 12.3】에 회귀모수의 추정값과 표준오차, $t-$검정 통계값과 해당 통계값에 대한 p-값이 표시되어 있다. 먼저 $t-$검정 결과 두 회귀모수 β_1 과 β_2 모두 0이 아닌 것으로 나타났으며 두 설명변수는 모두 시멘트 열량에 영향을 주는 것으로 나타났다. 그러므로 시멘트 열량(y)과 두 설명변수(x_1, x_2) 간의 관계를 다음과 같이 정리할 수 있다.

$$\hat{y} = 52.185 + 1.480 \ x_1 + 0.678 \ x_2$$

만약, $t-$검정에서 설명력이 떨어지는, 즉 $H_0 : \beta_i = 0$을 기각시키지 못하는 경우 모형에 포함시킬 필요가 없다. 이런 경우 모형에서 해당 변수를 제외시켜도 모형의 설명력은 떨어지지 않고 모형이 간단해져 해석이나 활용 측면에서 더 편할 수 있다.

6 잔차검진

앞에서 회귀모형을 설정할 때, 모형이 적절하게 설정되었다면 오차항 $\varepsilon_i \sim$ iid $N(0, \sigma^2)$을 만족한다고 가정하였다. 이 가정을 근거로 모수 및 예측에 대한 추론이 이루어졌기 때문에 만약 우리가 얻은 자료가 이 가정을 심하게 위반한다면 분석 전체에 대한 신뢰성에 문제가 발생할 수 있다. 그렇기 때문에 회귀분석의 최종 결론을 도출하기 전에 모형의 가정이 적절했는지 확인하는 절차를 거치는 것이 좋다.

회귀모형에서의 오차 ε_i는 측정 불가능한 값이므로 자료를 통해 측정할 수 있는 잔차 $e_i = y_i - \hat{y}_i$으로 오차항 가정에 대한 만족여부를 판단해야 한다. 잔차로 모형의 가정을 만족하는지를 확인하는 작업을 **잔차검진**(residual diagnostics) 또는 **잔차진단**이라고 한다. 잔차검진을 위한 다양한 수치적 방법이 있으나 이 책의 수준을 벗어나므로 생략하고 그림을 통해 간단하게 검진하는 방법에 대해 알아보자.

오차에 대한 가정은 정규성, 독립성, 등분산성으로 나눌 수 있다. 정규성의 경우 잔차를 히스토그램 등을 이용하여 확인할 수 있고 상자그림을 통해 이상점이 있는지를 확인할 수 있다. 이 책에서 증명하지는 않지만 잔차들 간에는 상관관계가 존재한다. 그렇기 때문에 독립성 여부를 잔차로 검진하기에는 약간의 제약이 있다. 따라서 자료를 얻을 때 독립적으로 수집되었다고 하면 독립성에 대해서는 문제가 없는 것으로 처리하겠다. 단, 자료가 시간순으로 얻어졌다면 시간에 따라 잔차에 특별한 패턴이 있는지를 확인할 필요는 있다. 만약 i가 시간 순서를 나타낸다고 하면 (e_{i-1}, e_i), $i = 2, \ldots, n$에 대한 산점도를 그려 잔차 간에 관계를 알아볼 수 있다. 만약, 【그림 12.4】의 첫 번째 그림과 같이 형태가 나오면 (e_{i-1}, e_i)들 간에는 양의 상관관계가 존재한다고 할 수 있다. 두 번째 그림과 같이 원 형태가 나오면 (e_{i-1}, e_i) 간에는 상관관계가 없다고 할 수 있다. 하지만 때

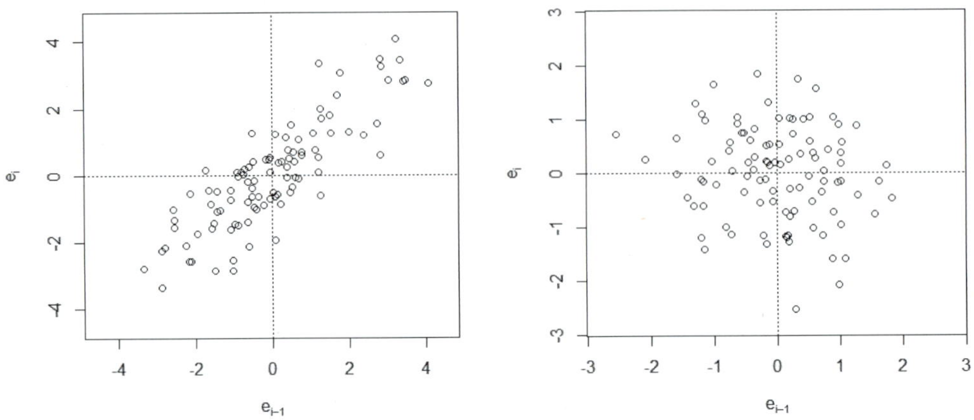

그림 12.4 잔차 (e_{i-1}, e_i)의 산점도

로는 보다 높은 시차 (e_{i-k}, e_i)에서 관계를 가지는 경우가 있어 적절한 $k \geq 1$에 대해 산점도를 그려볼 수도 있다.

분산분석과 마찬가지로 회귀분석에서 가장 중요한 가정은 등분산성이다. 등분산성을 확인하기 위해 많이 사용되는 것이 **잔차그림(residual plot)**이다. 잔차그림은 일종의 산점도로 $(\hat{y}_1, e_1), (\hat{y}_2, e_2), \ldots, (\hat{y}_n, e_n)$을 2차원 평면에 표시한 것이다. 【그림 12.5】는 몇 가지 형태의 잔차그림을 보여주고 있다. 첫 번째 잔차그림은 등분산성을 만족하지 않는

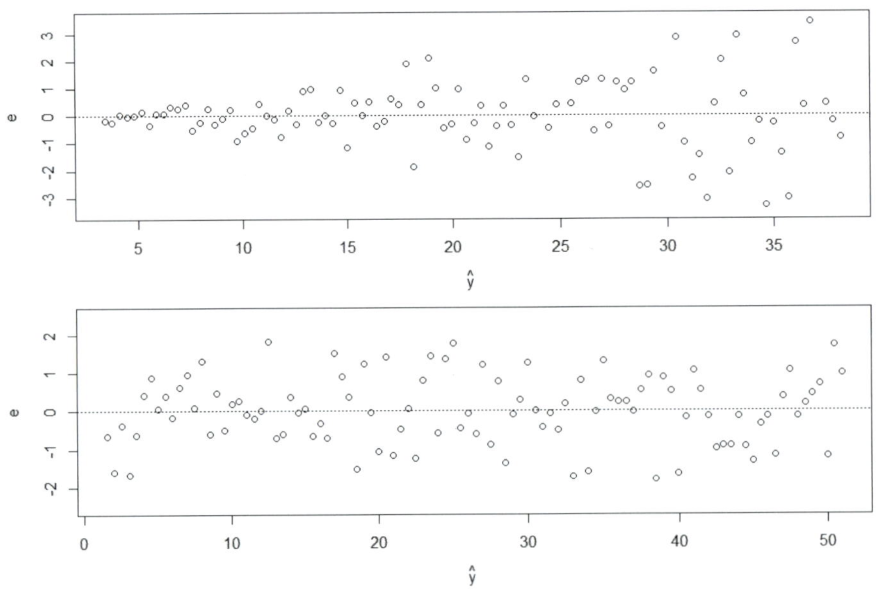

그림 12.5 잔자그림의 예

경우 흔히 볼 수 있는 그림으로 $\hat{y}$가 커짐에 따라 e들의 퍼짐도 커지는 형태를 가지고 있다. 눈으로 확인할 수 있는 퍼짐의 정도는 표준편차로 표시되는데 이 그림에서는 평균 $E(Y_i)$가 작은 부분에서의 표준편차 $SD(Y_i)$는 작고 $E(Y_i)$가 큰 부분에서의 $SD(Y_i)$는 커지는 형태를 가져 어떤 Y_i에 대해서도 분산이 같다는 등분산성을 만족하지 않는다는 것을 의미한다. 특히, 그림과 같이 늘어나는 폭이 일정한 경우 해결방법은 Y 대신 로그를 취한 $\log(Y)$를 반응변수로 사용하여 분석하는 것이다. 즉, $\log(Y_i) = W_i$라고 하면 모형은 다음과 같다.

$$W_i = \beta_0 + \beta_1 x_i + \varepsilon_i, \qquad i = 1, \ldots, n$$

여기서 log는 자연로그 또는 상용로그 모두 가능하며 $\varepsilon_i \sim$ iid $N(0, \sigma^2)$을 가정한다. 만약 두 번째 그림과 같이 잔차들이 특별한 패턴 없이 일정한 구간 내에서 골고루 퍼져 있으면 등분산성을 만족한다고 볼 수 있다. 참고로, 로그 변환하여 추정된 모형을 기반으로 구한 예측값을 역변환하여 원래의 척도 하에서의 예측값을 구했다면, 그 예측값은 산술평균이 아닌 기하평균의 예측값이 된다. 이런 방식으로 다른 설명변수 값에 대해서 원래 척도의 예측값을 구하여 비교하는 경우 두 예측값의 차를 비교하는 것보다 비율로 비교하는 것이 적절하다.

연·습·문·제

1 다음의 관계식이 선형인지 비선형인지를 판정하여라.

(1) $Y_i = \beta_0 + \beta_1 x_i + \beta_2 x_i^2 + \varepsilon_i$

(2) $Y_i = e^{\beta_0 + \beta_1 x_i} \varepsilon_i$

(3) $Y_i = \dfrac{\beta_0}{1 + \exp(\beta_1 + \beta_2 x_i)} + \varepsilon_i$

(4) $Y_i = \beta_0 + \beta_1 \sin(tx_i) + \beta_2 \cos(tx_i) + \varepsilon_i$, t는 임의의 상수

(5) (2)의 식 양변에 log를 취한 식

2 아래의 자료는 기초통계학을 수강한 학생 중 임의로 선택한 7명의 중간시험점수와 기말시험점수이다.

학생	1	2	3	4	5	6	7
중간시험(x)	45	52	63	68	57	55	60
기말시험(y)	49	50	69	71	53	61	62
적합값	46.3		①	70.9	59.1	③	62.3
잔차	2.7	②		0.1	6.1	④	-0.3

참고: $\sum x_i y_i = 24076, \sum x_i^2 = 23196, \sum y_i^2 = 25077$

(1) 중간시험과 기말시험의 점수 간의 산점도(scatter plot)를 그려보아라.
(2) 중간시험점수와 기말시험 점수의 상관계수를 구하여라.
(3) 중간시험점수를 설명변수, 기말시험점수를 반응변수인 단순선형회귀모형의 회귀계수를 최소제곱법으로 추정하여라.
(4) (3)에서 구한 결과와 표의 값을 이용하여 ①, ②, ③, ④를 계산하여라.
(5) 중간시험점수가 기말시험점수에 영향을 주는지를 5% 유의수준에 확인하여라.
(6) 중간시험점수가 55점 받은 학생의 평균기말시험점수에 대한 95% 신뢰구간을 구하여라.

3 아래의 자료는 임의로 선발된 20명의 신장과 체중 자료이다.

번호	1	2	3	4	5	6	7	8	9	10
신장(x)	165	164	172	168	161	163	160	163	171	168
체중(y)	62	59	60	67	53	59	59	48	60	56
번호	11	12	13	14	15	16	17	18	19	20
신장(x)	174	166	166	177	167	168	178	171	162	167
체중(y)	73	55	69	67	59	53	80	74	52	62

참고: $\sum x_i = 3351$, $\sum y_i = 1227$, $\sum x_i y_i = 206138$, $\sum x_i^2 = 561941$, $\sum y_i^2 = 76543$

(1) 번호 1에서 10까지의 사람들에 대한 신장과 체중의 산점도를 그리고 신장과 체중 간의 관계를 간략하게 설명하여라. (키를 x축, 몸무게를 y축에 표시)

(2) 피어슨의 표본상관관계를 계산하여라.

(3) 신장을 설명변수, 체중을 반응변수라고 할 때, 최소제곱법을 이용하여 단순선형 회귀식을 추정하여라.

(4) (3)의 결과에서 절편의 값에는 관계없이 기울기가 1인지 아닌지를 5% 유의수준에 검정하여라.

(5) (3)에서 추정한 회귀식을 이용하여 신장이 185 cm인 학생의 체중에 대한 95% 예측구간을 구하여라.

(6) 잔차그림을 통해 등분산 가정을 만족하는지 확인하여라.

4 아래의 자료는 통계청에서 발표한 1980년부터 2020년까지 인구동태와 관련된 자료를 연도별로 정리한 것이다.

연도	출생아수	사망자수	혼인건수	이혼건수	기대수명	기대수명 (남자)	기대수명 (여자)
1980	862,835	277,284	403,031	23,662	66.1	61.9	70.4
1981	867,409	237,481	406,795	24,278	66.7	62.4	70.9
1982	848,312	245,767	387,468	26,124	67.2	62.9	71.5
1983	769,155	254,563	412,984	28,549	67.7	63.4	71.9
1984	674,793	236,445	385,188	35,772	68.3	64	72.6
1985	655,489	240,418	384,686	38,187	68.9	64.6	73.2
1986	636,019	239,256	390,229	39,132	69.5	65.3	73.8
1987	623,831	243,504	390,276	42,268	70.1	65.9	74.3
1988	633,092	235,779	410,129	42,757	70.7	66.5	74.8
1989	639,431	236,818	410,708	44,017	71.2	67	75.3
1990	649,738	241,616	399,312	45,694	71.7	67.5	75.9

연도	출생아수	사망자수	혼인건수	이혼건수	기대수명	기대수명 (남자)	기대수명 (여자)
1991	709,275	242,270	416,872	49,205	72.2	67.9	76.4
1992	730,678	236,162	419,774	53,539	72.6	68.4	76.8
1993	715,826	234,257	402,593	59,313	73.1	68.9	77.3
1994	721,185	242,439	393,121	65,015	73.5	69.3	77.7
1995	715,020	242,838	398,484	68,279	73.8	69.7	77.9
1996	691,226	241,149	434,911	79,895	74.2	70.2	78.3
1997	675,394	244,693	388,960	91,160	74.7	70.7	78.7
1998	641,594	245,825	373,500	116,294	75.1	71.2	79
1999	620,668	247,734	360,407	117,449	75.5	71.8	79.2
2000	640,089	248,740	332,090	119,455	76	72.3	79.7
2001	559,934	243,813	318,407	134,608	76.5	72.9	80.1
2002	496,911	247,524	304,877	144,910	76.8	73.4	80.3
2003	495,036	246,463	302,503	166,617	77.3	73.8	80.8
2004	476,958	246,220	308,598	138,932	77.8	74.3	81.2
2005	438,707	245,874	314,304	128,035	78.2	74.9	81.6
2006	451,759	244,162	330,634	124,524	78.8	75.4	82.1
2007	496,822	246,482	343,559	124,072	79.2	75.9	82.5
2008	465,892	246,113	327,715	116,535	79.6	76.2	83
2009	444,849	246,942	309,759	123,999	80	76.7	83.4
2010	470,171	255,405	326,104	116,858	80.2	76.8	83.6
2011	471,265	257,396	329,087	114,284	80.6	77.3	84
2012	484,550	267,221	327,073	114,316	80.9	77.6	84.2
2013	436,455	266,257	322,807	115,292	81.4	78.1	84.6
2014	435,435	267,692	305,507	115,510	81.8	78.6	85
2015	438,420	275,895	302,828	109,153	82.1	79	85.2
2016	406,243	280,827	281,635	107,328	82.4	79.3	85.4
2017	357,771	285,534	264,455	106,032	82.7	79.7	85.7
2018	326,822	298,820	257,622	108,684	82.7	79.7	85.7
2019	302,676	295,110	239,159	110,831	83.3	80.3	86.3
2020	272,337	304,948	213,502	106,500	83.5	80.5	86.5

(1) 각 변수에 대해 시계열 그림을 작성하고 연도별로 어떤 추세가 있는지 기술하여라.
(2) 각 변수에 대해 설명변수가 연도인 단순선형회귀모형을 유도하고 추정된 모수의 유의성을 검정하여라.
(3) 앞에서 유도된 회귀직선을 이용하여 2025년일 때 각 변수의 기댓값을 추정하고 95% 예측구간을 구하여라.
(4) 출생아수와 사망자수를 비교하여 인구가 줄어들기 시작하는 시점을 찾아보고 95% 예측구간을 이용하여 감소하기 시작하는 가장 빠른 시점을 계산하여라.
(5) 남자의 평균수명이 여자의 평균수명보다 길어질 수 있는지를 확인하고 만약 그렇다면 언제 가능한지 알아보아라.

5 아래의 표는 제품 인지도의 제곱과 판매량을 선형관계를 가지는 것으로 나타나 설명변수가 제품 인지도의 제곱(X), 반응변수가 판매량인 선형회귀모형을 결과이다. 회귀모형을 추정하는데 사용된 자료의 수는 20개이다.

변수	추정값	표준오차
절편	20	1.5
X	1.2	0.3

(1) $S_{xx} = 100/9$일 때 분산추정량인 MSE를 구하여라.
(2) 위의 결과를 이용하여 제품 인지도의 제곱이 판매량에 영향을 주는지 5% 유의수준에서 검정하여라.
(3) 제품 인지도 제곱의 평균이 10이라고 할 때 회귀식의 절편에 대한 95% 신뢰구간을 구하여라.
(4) 위의 결과를 이용하여 평균 판매량이 50이 되는 제품 인지도의 값은 얼마나 될지 유도하여라.

6 단순선형회귀모형 $Y_i = \alpha + \beta x_i + \varepsilon_i,\ i = 1,\ \ldots, n$ 에서 오차항 ε_i 는 서로 독립이고 정규분포 $N(0, \sigma^2)$ 를 따른다고 하자.

(1) 기울기인 회귀모수 β 에 대해 $\beta = 0$ 이라고 믿을 만한 충분한 근거가 있을 때의 모형 $Y_i = \alpha + \varepsilon_i$ 에서 α 의 최소제곱추정량을 구하고 추정량의 기댓값과 분산을 구하시오.
(2) 절편인 $\alpha = 0$ 에 대해 $\alpha = 0$ 이라고 믿을 만한 충분한 근거가 있을 때의 모형 $Y_i = \beta x_i + \varepsilon_i$ 에서 β 의 최소제곱추정량을 구하여라.
① σ^2 의 값을 알고 있다고 가정할 때, $\beta = 0$ 인지 검정하기 위한 통계량과 그 분포를 기술하여라.
② σ^2 의 값을 모를 때 적절한 σ^2 의 추정량을 구하고 $\beta = 0$ 인지 검정하기 위한 통계량과 그 분포를 기술하여라.

7 아래의 자료는 Woods, Steinour & Starke(1932)에 언급되어 있는 시멘트 성분과 응고될 때 발생하는 열량의 전체 자료이다.

(1) 성분들의 비율에 대해 산점도 행렬을 그리고 이들 간의 관계를 알아보아라.
(2) 각 성분들과 각 시점에서의 열량과의 산점도를 그리고 어떤 관계가 있는지를 알아보아라.
(3) 180일의 시멘트 열량에 대한 설명변수로 네 성분의 비율을 모두 고려하여라.
① 통계프로그램을 사용하여 회귀분석을 하고 분산분석표와 모수추정 및 검정표를 작성하여라.
② 분산분석표의 결과와 모수에 대한 검정결과 간에 모순이 있는지를 확인하여라.
③ 모수에 대한 검정결과표에서 가장 유의하지 않은 설명변수를 차례로 빼면서 회귀분석을 다시 수행하여라.
④ ③의 결과를 거쳐 최종적인 모형을 도출하고 이를 이용하여 $x_1 = 18$, $x_2 = 2$, $x_3 = 22$, $x_4 = 54$일 때 180일의 시멘트 열량에 대해 추정하여라.

성분함유비율(%)				g당 열량				
$4CaOAl_2O_3Fe_2O_3$ (x_1)	$3CaOAl_2O_3$ (x_2)	$2CaOSiO_2$ (x_3)	$3CaOSiO_2$ (x_4)	3일	7일	28일	90일	180일
6	7	60	26	51.2	53.1	72.5	81.2	78.5
15	1	52	29	40.6	45.7	61	71.9	74.3
8	11	20	56	74.8	84.7	92.2	100.6	104.3
8	11	47	31	53.2	63.1	73.7	77.7	87.6
6	7	33	52	71.9	78.8	88.8	92.6	95.9
9	11	22	55	77.5	90.3	101	103.7	109.2
9	11	22	55	73.3	91.5	97.7	103.3	108
9	11	22	55	79.1	91.5	96.3	104.1	110.2
17	3	6	71	77.3	87.5	92.4	100.5	102.7
22	1	44	31	42.1	46.8	61.5	70	72.5
18	2	22	54	64.7	77.9	85.8	90.1	93.1
4	21	26	47	89.5	96.6	108.8	114.1	115.9
4	21	26	47	90.6	95.2	106.4	108.7	114
23	1	34	40	58.8	62.8	74.2	78.1	83.8
9	11	12	66	84.8	94.5	103.7	107.5	113.3
8	10	12	68	84	91.3	99.9	106.2	109.4
18	1	61	17	28.3	36.3	49.8		

8 아래의 표는 2000년 1분기부터 2020년 4분까지의 분기별 제품의 출하량(만 톤)을 선형회귀모형으로 분석한 결과이다. 변수 Time은 1998년 1분기를 1로 하고 분기별로 1씩 증가시킨 값이며, Quarter1은 1분기이면 1 아니면 0, Quater2는 2분기이면 1 아니면 0, Quarter3은 3분기이면 1 아니면 0을 가지는 가변수(dummy variable)이라고 할 때, 아래의 물음에 답하여라. 단, 잔차분석 결과 회귀모형의 가정을 만족한다고 가정한다.

변수	자유도	모추추정	표준오차	t-값	p-값
절편	1	11.052	0.048	230.25	<0.0001
Time	1	0.065	0.001	65.00	<0.0001
Quarter1	1	-0.168	0.050	-3.36	0.0016
Quarter2	1	0.218	0.050	4.36	<0.0001
Quarter3	1	0.161	0.050	3.22	0.0024

(1) 위의 결과를 이용하여 추정회귀식을 기술하여라.
(2) 2010년 1분기의 출하지수를 추정하여라.
(3) 같은 해 2분기와 4분기의 평균출하지수 차이를 추정하여라.

9 R 프로그램을 아래와 같이 실행하여라.

프로그램 ①	프로그램 ②
n <- 100 x <- 10*runif(n) y <- 1+0.5*x+rnorm(n) result1 <- lm(y~x) summary(result1)	n <- 100 x <- runif(n) y <- 1+0.5*x+rnorm(n) result2 <- lm(y~x) summary(result2)

위의 프로그램은 $\varepsilon_i \sim$ iid $N(0,1)$일 때, $Y_i = 1 + 0.5x_i + \varepsilon_i$의 관계를 가지는 (x_i, y_i) 100개를 생성하여 회귀분석한 결과를 출력하는 것이다. 여기서 프로그램 ①은 설명변수 x가 0에서 10 사이, 프로그램 ②는 0에서 1 사이 값 중 무작위로 선택하도록 하였다.

(1) 회귀계수에 대한 가설검정 결과를 비교하여라.
(2) 결정계수(R 결과에서 Multiple R-squared의 값)를 비교하고 차이가 나는 이유를 설명하여라.
(3) 프로그램 첫 번째 줄 n <- 100에서 100을 30, 50, 300, 500으로 변경하면서 (1)과 (2)를 다시 살펴보아라.

10 아래의 분석결과는 【표 12.1】 의 자료에서 1896년 아테네 올림픽 자료를 제외한 나머지 자료를 성별로 분리하지 않고 전체 자료를 이용하여 다음과 같은 회귀모형을 기반으로 분석한 결과이다.

$$Y_i = \beta_0 + \beta_1 x_{i1} + \beta_2 I(x_{2i} = M) + \beta_3 x_{i1} I(x_{2i} = M) + \varepsilon_i$$

여기서, x_{i1} 는 i 번째 자료의 연도, x_{2i} 는 i 번째 자료의 성별로 $I(x_{2i} = M)$ 는 성별이 남성(Male)이면 1 아니면 0의 값을 가지는 지시함수(indicator function)을 의미한다. 아래의 결과를 근거로 물음에 답하여라.

모수	추정값	표준오차	t-값	유의확률
β_0	39.823	2.603	15.298	0.000
β_1	-0.0145	0.0013	-11.021	0.000
β_2	-8.9046	3.1164	-2.857	0.006
β_3	0.0040	0.0016	2.515	0.015

(1) 이 결과를 이용하여 남자에 대한 추세선과 여자에 대한 추세선을 구하고 【예제 12.3】의 결과와 비교하여라.

(2) 남자의 선형추세선과 여자의 선형추세선 간 절편에 유의한 차이가 있다고 할 수 있는지를 설명하여라.

(3) 현재의 추세가 유지된다면 남녀 간 우승기록에 교차가 일어날 수 있는지를 설명하고 교차가 이루어진다면 언제인지를 유도하여라.

(4) 본문의 설명에는 자료를 성별로 분리한 자료를 분석한 결과와 위의 모형과 같이 분리하지 않고 성별을 가변수(dummy variable)로 처리하고 분석한 결과에 어떤 차이점이 있는지를 살펴보아라.

13

범주형 자료분석

우리는 2장의 2절에서 범주형 자료 또는 범주화된 수치자료를 도수분포표와 분할표를 이용하여 정리하는 방법을 배웠다. 일변량 자료는 도수분포표로, 이변량 이상의 자료는 분할표로 정리했으며 자료를 어떻게 수집했는가에 따라 분할표의 각 칸에 비율을 표시하는 방법에 대해 알아보았다. 이 장에서는 범주형 자료를 분석하는 데 많이 사용되고 있는 기본적인 검정방법에 대해 알아본다.

1 피어슨의 적합도검정

2장의 2.1절에서 일변량 범주형 자료에 대해 도수와 상대도수를 표시한 도수분포표에 대해 알아보았다. 이 절에서는 모집단이 여러 범주로 나누어져 있는 경우 각 범주의 비율에 대한 가설이 적절한지를 검정하는 방법에 대해 알아본다.

가설검정을 위해 어떤 모집단이 k개의 범주로 나누어져 있다고 하자. 모집단에서 j번째 범주가 차지하는 비율을 θ_j라고 하면 $\theta_1 + \cdots + \theta_k = 1$이 된다. 여기에서는 θ_j들이 θ_j^*인지 아닌지에 대해 가설검정을 한다. 즉, 귀무가설은 다음과 같다.

$$H_0 : \theta_1 = \theta_1^*, \theta_2 = \theta_2^*, \cdots , \theta_k = \theta_k^*$$

이를 확인하기 위해 모집단으로부터 n개의 확률표본을 추출한다고 하자.

도수분포표에는 해당 범주에 속해 있는 표본의 도수와 상대도수를 계산하여 표시한다. n개의 확률표본 중 j번째 범주에 속하는 표본의 수를 n_j라고 하면 상대도수는 $p_j = n_j/n$이 된다. 만약 각 범주의 상대도수 p_j와 귀무가설하에서의 비율 θ_j^* 간에 차이가 크면 귀무가설이 적절하지 않다고 할 수 있다. 이때 차이의 크기를 어떻게 나타내고 크기가 얼마나 커야 귀무가설을 기각할 수 있는지 등을 정해야 한다. 즉, 어떤 검정통계량을 사용하고 검정통계량의 분포를 어떻게 유도하는지를 알아야 하는데 이 절에서는 이에 대해 알아본다.

예제 13.1

멘델(G. J. Mendel)의 유전법칙 중에는 독립법칙(law of independent assortment)이 있다. 이 법칙에 의하면 둥글고 노란색인 완두콩(우성)과 주름지고 녹색인 완두콩(열성)을 교배한 잡종 1대를 자가수분하면 둥글고 노란색인 완두콩(R/Y), 둥글고 녹색인 완두콩(R/G), 주름지고 노란색인 완두콩(W/Y), 주름지고 녹색인 완두콩(W/G)의 비율은 9 : 3 : 3 : 1이 된다. 멘델은 이를 확인하기 위해 실험을 진행하여 다음과 같은 자료를 얻었다.

표 13.1 멘델의 유전실험결과

완두종류	관측도수	상대도수
R/Y	315	0.567
R/G	108	0.194
W/Y	101	0.182
W/G	32	0.058
합계	556	1.000

우리는 이 자료를 통해 독립의 법칙이 적절한 이론인지를 확인하고자 한다.

위의 문제를 좀 더 단순한 상황으로 바꾸어 생각해 보자. 예를 들어, 완두의 종류를 색깔만 이용한다면 Y과 G의 비는 12 : 4가 된다. 즉, Y이 차지하는 비율은 전체의 75%이고 G는 25%가 된다. 이는 9.3절에서 배운 모집단이 2개의 범주 Y과 G로 나누어져 있을 때 색깔이 Y일 확률이 $\theta_Y = 0.75$ 인지 아닌지 또는 G일 확률이 $\theta_G = 0.25$ 인지 아닌지를 검정하는 문제와 동일하다.

모집단이 두 범주로 나누어져 있고 첫 번째 범주의 모비율 θ_1가 임의의 값 θ_1^* 인지 아닌지를 가설검정 한다면 귀무가설과 대립가설은 다음과 같다.

$$H_0 : \theta_1 = \theta_1^*, \qquad H_1 : \theta_1 \neq \theta_1^*$$

두 범주의 비율 합은 $\theta_1 + \theta_2 = 1$ 이므로 이 가설은 $H_0 : \theta_1 = \theta_1^*,\ \theta_2 = 1 - \theta_1^*$를 의미한다. 이 가설을 검정하기 위해 모집단으로부터 n개의 확률표본을 추출했을 때 첫 번째 범주에서 추출된 표본의 수를 O_1 라고 하면, 귀무가설하에서는 $O_1 \sim B(n, \theta_1^*)$가 된다. 이를 도수분포표로 표시하면 첫 번째 범주의 도수는 O_1, 두 번째 범주의 도수는 나머지인 $O_2 = n - O_1$ 이 되고 상대도수는 도수를 전체 n 으로 나눈 값으로 각각 $P_1 = O_1/n$, $P_2 = 1 - P_1 = O_2/n$ 이 된다. 또한, 귀무가설하에서의 각 범주에서 관측되는 기대도수는 $E(O_1) = n\theta_1^*$, $E(O_2) = n(1-\theta_1^*)$가 된다. 그러므로 다음과 같은 표로 정리할 수 있다.

범주	도수	상대도수	기대도수
I	O_1	P_1	$n\theta_1^*$
II	$n-O_1$	$1-P_1$	$n(1-\theta_1^*)$
합	n	1	n

9장의 3절에서 언급한 것과 같이 n이 어느 정도 크고 $n\theta_1^* \geq 5$, $n(1-\theta_1^*) \geq 5$의 조건을 만족하면 중심극한정리에 의해 P_1은 점근적으로 정규분포로 따른다고 할 수 있다. 즉, 귀무가설하에서 검정통계량과 분포는 다음과 같다.

$$Z = \frac{P_1 - \theta_1^*}{\sqrt{\theta_1^*(1-\theta_1^*)/n}} \simeq N(0,1)$$

유의수준 α에 대한 기각역은 $(-\infty, -z_{\alpha/2}]$와 $[z_{\alpha/2}, \infty)$이다. 정규분포는 대칭이므로 만약 Z 대신 Z^2을 사용한다면 기각역은 $[z_{\alpha/2}^2, \infty)$가 된다.

모집단이 두 범주로 나누어진 경우라면 Z 또는 Z^2을 검정통계량으로 사용할 수 있다. 하지만 셋 이상의 범주로 이루어진 경우 Z와 같이 직관적인 검정통계량을 유도하기 어렵다. 이 경우 각각의 모비율에 대해 가설검정을 실시할 수 있으나 이 경우 분산분석에서 언급한 것과 같이 다중성의 문제가 발생하여 원하는 유의수준의 검정이 되지 못한다. 셋 이상의 범주에 대한 모비율 검정을 위한 검정통계량을 유도하기 위해서는 Z^2의 통계적 성질에 대해 알아볼 필요가 있다.

분포이론에 의하면 확률변수 Z가 표준정규분포를 따르면 Z^2은 자유도가 1인 카이제곱분포를 따른다(여인권 외(2009) 참조). 위의 검정통계량 Z는 점근적으로 표준정규분포를 따르기 때문에 Z^2은 점근적으로 자유도가 1인 카이제곱분포를 따른다고 할 수 있다. 여기서 Z^2을 풀어쓰면 다음과 같이 형태로 정리할 수 있다.

$$\begin{aligned} Z^2 &= \frac{n\left(P_1-\theta_1^*\right)^2}{\theta_1^*(1-\theta_1^*)} = \frac{n\left(P_1-\theta_1^*\right)^2}{\theta_1^*} + \frac{n\left(P_1-\theta_1^*\right)^2}{1-\theta_1^*} \\ &= \frac{n\left(P_1-\theta_1^*\right)^2}{\theta_1^*} + \frac{n\left(1-P_1-(1-\theta_1^*)\right)^2}{1-\theta_1^*} \end{aligned}$$

$$= \frac{\left(O_1 - n\theta_1^*\right)^2}{n\theta_1^*} + \frac{\left(n - O_1 - n(1-\theta_1^*)\right)^2}{n(1-\theta_1^*)} \simeq \chi_1^2$$

식의 마지막 줄에 있는 검정통계량의 각 항을 보면, 분자는 해당범주의 관측도수와 귀무가설하에서의 기대도수의 차를 제곱한 값이고 분모는 해당 범주의 기대도수이다. 즉, 귀무가설하에서의 각 범주의 기대도수를 $E_1 = n\theta_1^*$, $E_2 = n(1-\theta_1^*)$ 라고 표시하면,

$$Z^2 = \frac{(O_1 - E_1)^2}{E_1} + \frac{(O_2 - E_2)^2}{E_2}$$

이 된다. 여기서 E_i 는 귀무가설이 옳다는 가정하에서 i 번째 범주에서 기대되는 도수로 이 가설이 옳다면 실제 관측도수 O_i 와 차이가 클 가능성이 적을 것이다. 만약 O_i 가 정상적으로 관찰된 자료인데 O_i 와 E_i 의 차이가 크다면 귀무가설이 잘못 설정되었을 가능성을 높다는 것을 의미한다. 여기서 $O_1 + O_2 = n$ 이라는 조건 때문에 관측자료 O_1 과 O_2 중 하나만 알아도 나머지는 자동으로 알 수 있기 때문에 Z^2 을 계산하기 위한 자유도는 1이 된다. 유의수준 α 에 대한 기각역은 $[z_{\alpha/2}^2, \infty)$ 가 되는데 $z_{\alpha/2}^2$ 은 자유도가 1인 카이제곱분포에서 $1-\alpha$ 분위수인 $\chi_{\alpha,1}^2$ 과 같다. 즉, 임계값은 $z_{\alpha/2}^2 = \chi_{\alpha,1}^2$ 이고 기각역은 $[\chi_{\alpha,1}^2, \infty)$ 가 된다.

위의 검정통계량은 범주가 셋 이상인 경우에 대해서도 직관적으로 확장시킬 수 있다. 각 범주의 비율에 대한 귀무가설의 적절성을 해당 범주의 기대도수와 관측도수의 차를 제곱한 값을 기대도수로 나눈 것으로 판단하고 전체에 대한 것은 이를 모두 더한 것으로 평가하는 것이다. 모집단이 k개의 범주로 이루어져 있고 각 범주의 비율을 $\theta_1, \theta_2, \ldots, \theta_k$ 라고 할 때, 귀무가설

$$H_0 : \theta_1 = \theta_1^*, \theta_2 = \theta_2^*, \ \ldots, \theta_k = \theta_k^*$$

를 검정한다고 하자. 여기서 $\theta_1 + \ \cdots \ + \theta_k = 1$ 이다. 모집단으로부터 n 개의 확률표본을 추출했을 때, 귀무가설하에서 j 번째 범주의 기대도수를 $E_j = n\theta_j^*$ 라고 하고 실제 관측도수를 O_j 라고 하면 검정통계량은 다음과 같이 정의된다.

$$X^2 = \frac{(O_1 - E_1)^2}{E_1} + \cdots + \frac{(O_k - E_k)^2}{E_k} = \sum_{i=1}^{k} \frac{(O_i - E_i)^2}{E_i}$$

이 통계량을 **피어슨의 적합도**(Pearson's goodness of fit) 검정통계량이라고 한다.

만약 n이 크고 k개의 E_j 중 75% 이상이 5 이상이면, 검정통계량 X^2은 점근적으로 카이제곱분포를 따른다. 이때 $O_1 + \cdots + O_k = n$이기 때문에 k개의 O_j 중 $k-1$개의 O_j만 자유롭게 값을 가질 수 있어 자유도는 $k-1$이 된다.

피어슨의 적합도 통계량과 분포:

$$X^2 = \sum_{j=1}^{k} \frac{(O_j - E_j)^2}{E_j} \simeq \chi^2_{k-1}$$

위의 검정통계량을 이용하여 가설검정을 할 때 주의해야 할 것은 E_j가 1보다 작으면 $O_j - E_j$가 조금만 커도 X^2에 큰 영향을 줄 수 있다. 그렇기 때문에 실제 분석에서 어떤 E_j가 1보다 작은 경우가 발생하면 그대로 분석하는 것보다 그 범주를 다른 유사한 범주와 통합하여 기대도수를 어느 정도 크게 만든 후 새로 분석하는 것이 좋다.

만약 위의 적합도검정에서 귀무가설을 기각시켰다면 어떤 범주의 비율이 특히 잘못 설정되었는지를 확인할 때가 있다. 이때 사용되는 것이 **피어슨 잔차**(Pearson's residual)이다. 이 잔차는 피어슨의 적합도검정통계량에서 더해지는 항의 제곱근으로 다음과 같이 정의한다.

$$R_j^{(P)} = \frac{O_j - E_j}{\sqrt{E_j}}$$

이 값으로 귀무가설에서의 각 그룹에 대한 비율의 적절성을 확인할 수 있는데, 이 값이 0에서 어느 수준 이상으로 멀어지면 귀무가설하에서의 기대도수와 관측도수 간에 차이가 커 해당 범주의 확률에 대한 가설이 적절하지 않다는 것을 의미한다. 피어슨 잔차는 일종의 표준화 잔차로 엄밀히 따지면 분모의 E_j는 기댓값이 아니라 분산을 나타내고 결국 $\sqrt{E_j}$은 표준편차를 의미하는데 이는 포아송 분포에서 평균과 분산이 같다는 사실에서 유도된 것으로 이해하면 된다. 이에 대한 내용은 이 책의 수준을 벗어나므로 생략한다.

범주		1	2	…	k	합
H_0	확률	θ_1^*	θ_2^*	…	θ_k^*	1
	기대도수	$E_1 = n\theta_1^*$	$E_2 = n\theta_2^*$	…	$E_k = n\theta_k^*$	n
관측도수		O_1	O_2	…	O_k	n
피어슨 잔차		$\frac{O_1 - E_1}{\sqrt{E_1}}$	$\frac{O_2 - E_2}{\sqrt{E_2}}$	…	$\frac{O_k - E_k}{\sqrt{E_k}}$	–

예제 13.2

멘델의 독립법칙에 의해 R/Y, R/G, W/Y, W/G의 비는 9 : 3 : 3 : 1이므로 각 범주에 속할 비율에 대한 귀무가설은

$$H_0 : \theta_1 = \frac{9}{16},\ \theta_2 = \frac{3}{16},\ \theta_3 = \frac{3}{16},\ \theta_4 = \frac{1}{16}$$

이고 대립가설은 'H_1 : H_0은 아니다'가 된다. 전체 표본크기는 $n = 556$이고 각 범주의 기대도수는

$$E_1 = 556 \times \frac{9}{16} = 312.75,\ E_2 = E_3 = 556 \times \frac{3}{16} = 104.25,$$
$$E_4 = 556 \times \frac{1}{16} = 34.75$$

가 된다. 이에 대한 주요 통계값을 정리하면 다음과 같다.

완두종류	R/Y	R/G	W/Y	W/G	합계
관측도수(o_i)	315	108	101	32	556
기대도수(E_i)	312.75	104.25	104.25	34.75	556
$(o_i - E_i)^2 / E_i$	0.016	0.135	0.101	0.218	0.470
피어슨잔차	0.127	0.367	-0.318	-0.467	-0.290

위의 자료를 이용하여 피어슨의 적합도검정을 하면,

$$x^2 = \frac{(315-312.75)^2}{312.75} + \frac{(108-104.25)^2}{104.25} + \frac{(101-104.25)^2}{104.25} + \frac{(32-34.75)^2}{34.75}$$
$$= 0.016 + 0.135 + 0.101 + 0.218 = 0.47$$

이 되고 기대도수가 모두 5 이상의 값을 가지기 때문에 자유도가 3인 카이제곱분포를 이용할 수 있다. 결론적으로 $x^2 = 0.47 < \chi^2_{3,0.05} = 7.815$이므로 유의수준 5%에서 귀무가설을 기각시킬 수 없으며 10% 유의수준에서도 임계값이 6.251로 귀무가설을 기각시킬 수 없어 R/Y, R/G, W/Y, W/G의 비율이 9 : 3 : 3 : 1이라는 주장은 문제가 없는 것으로 판단된다. 그러므로 피어슨 잔차를 통한 각 칸에 대한 적합여부 분석은 필요하지 않다. 또한 위의 표에서 보는 것과 같이 피어슨 잔차의 합은 −0.290으로 합이 0일 필요는 없다.

8장부터 12장까지 배운 모수적 추론의 대부분은 자료가 정규분포를 따른다는 가정하에서 유도되었다. 자료가 정규분포를 따르는지를 알아보는 방법으로 적합도검정을 사용할 수 있다. 어떤 모집단으로부터 n개의 확률표본 $X_1, X_2, \ldots, X_n$을 추출했을 때, 이 모집단이 평균이 0이고 분산이 1인 표준정규분포인지를 확인하고 싶다고 하자. 표준정규분포라고 하면 【그림 13.1】과 같이 k개의 구간으로 나누었을 때 해당되는 확률 θ_j^*을 구할 수 있다.

이 확률은 $Z \sim N(0,1)$이라고 하면 ,

$$\theta_1^* = P(Z \le z_1),\ \theta_2^* = P(z_1 < Z \le z_2) = P(Z \le z_2) - P(Z \le z_1),\ \cdots ,$$
$$\theta_{k-1}^* = P(Z \le z_{k-1}) - P(Z \le z_{k-2}),$$
$$\theta_k^* = P(Z > z_{k-1}) = 1 - P(Z \le z_{k-1})$$

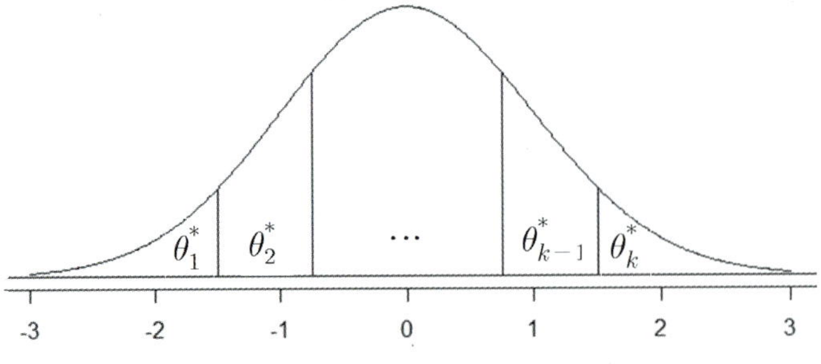

그림 13.1 표준정규분포의 분할

이고 만약 모집단이 표준정규분포라고 하면 n의 자료 중 j번째 구간에 기대되는 도수는 $E_j = n\theta_j^*$가 될 것이다. 표본 중 구간 $(z_{j-1}, z_j]$에서의 관측된 표본의 개수를 O_j라고 하자. 여기서 $z_0 = -\infty$이고 $z_k = \infty$이다. 만약 O_j와 E_j의 차이가 크면 클수록 모집단이 표준정규분포라는 것에 더욱 의문을 가질 수 있다. 즉, 피어슨의 적합도검정통계량

$$\sum_{j=1}^{k} \frac{(O_j - E_j)^2}{E_j} \simeq \chi^2_{k-1}$$

으로 정규성 검정을 할 수 있다. 평균과 분산을 모르는 경우에는 표본평균 $\overline{x}$와 표본표준편차 s를 이용하여 표준화한 $y_i = (x_i - \overline{x})/s$를 계산한다. 이 표준화된 값을 이용하여 구간 $(z_{j-1}, z_j]$에서의 관측된 표본의 개수 O_j를 구하고 위에서와 같이 $E_j = n\theta_j^*$를 구하여 $\sum(O_j - E_j)^2/E_j$를 계산한다. 이 경우 모르는 모수 μ와 σ를 추정했기 때문에 적합도검정통계량은 자유도는 $k-1$에 추정한 모수의 개수 2를 뺀 $k-3$을 사용한다.

예제 13.3

다음 자료는 어떤 모집단에서 무작위로 추출한 40개의 표본을 오름차순으로 정렬한 것이다.

1.0	2.0	3.2	3.4	3.5	3.7	4.2	4.4	4.4	5.2
5.4	5.5	5.6	5.8	5.9	6.0	6.1	6.5	6.7	6.7
6.9	7.2	7.5	7.6	8.7	8.9	9.7	9.8	10.2	11.2
11.6	12.4	13.6	15.2	16.3	16.9	16.9	17.8	19.0	24.0

위의 자료는 $\overline{x} = 8.665$이고 $s = 5.263$이다. 다음과 같이 다섯 구간으로 나누면

표준정규분포 구간	확률 θ_i	기대도수 E_i	관측도수 O_i	$\frac{(O_i - E_i)^2}{E_i}$	피어슨잔차
$(-\infty$, -1.0]	0.1587	6.348	4	0.868	-0.932
(-1.0, -0.25]	0.2426	9.704	18	7.092	2.663
(-0.25, 0.25]	0.1974	7.896	6	0.455	-0.675
(0.25, 1.0]	0.2426	9.704	5	2.280	-1.510
(1.0, ∞)	0.1587	6.348	7	0.067	0.259
합	1	40	40	10.763	-0.195

피어슨의 적합도 값은 10.763이 된다. 이를 자유도 4 - 2 = 2인 카이제곱분포의 95백분위수 $\chi^2_{0.05,2}$ = 5.99와 비교하면 적합도 값이 크기 때문에 정규분포를 따른다는 귀무가설을 기각시킬 수 있다. 피어슨 잔차를 보면 표준화된 자료 중 (-1.0, -0.25]에 해당되는 자료가 18개로 정규분포일 때 기대되는 9.7개 정도보다 많은 것이 정규분포를 따르지 않는다는 결론에 큰 역할을 했다.

2 동질성검정

10장의 3절에서 두 범주로 이루어진 두 모집단이 동일한 비율의 범주로 이루어져 있는지를 비교하는 문제에 대해 알아보았다. 이 절에서는 모집단이 셋 이상의 범주로 이루어져 있거나 모집단이 셋 이상일 때, 모집단이 동일한 비율의 범주로 구성되어 있는지를 검정하는 방법에 대해 알아본다. 적합도검정과 마찬가지로 두 범주로 이루어진 두 모집단의 비율검정으로부터 셋 이상의 모집단이나 범주에 대한 일반식을 도출한다.

어떤 두 모집단이 다음과 같이 두 개의 범주로 나누어져 있다고 하자.

표 13.2 두 모비율 비교 실험

모집단 \ 범주	1		2		합	
	모비율	관측도수	모비율	관측도수	모비율	관측도수
I	θ_{11}	O_{11}	$\theta_{12}=1-\theta_{11}$	$O_{12}=n_1-O_{11}$	1	n_1
II	θ_{21}	O_{21}	$\theta_{22}=1-\theta_{21}$	$O_{22}=n_2-O_{21}$	1	n_2

각 모집단의 첫 번째 범주 비율을 θ_{11}, θ_{21}라고 할 때, θ_{11}과 θ_{21}이 같은지에 대한 검정을 실시한다고 하자. 즉, 귀무가설과 대립가설은 다음과 같다.

$$H_0 : \theta_{11} = \theta_{21}, \quad H_1 : \theta_{11} \neq \theta_{21}$$

이를 위해 각 모집단에서 각각 n_1, n_2개의 확률표본을 추출하는데 각 모집단의 첫 번째 범주에서 관측된 수를 O_{11}, O_{21} 라고 하자. 그러면 확률변수 O_{11} 과 O_{21} 는 서로 독립이고 각각

$$O_{11} \sim B(n_1, \theta_{11}), \qquad O_{21} \sim B(n_2, \theta_{21})$$

이 된다. 표본크기 n_1, n_2 이 모두 크면 귀무가설하에서의 검정통계량과 근사분포는 다음과 같다.

$$Z = \frac{P_{11} - P_{21}}{\sqrt{P_1(1-P_1)}\sqrt{\dfrac{1}{n_1} + \dfrac{1}{n_2}}} \simeq N(0,1)$$

여기서 $P_{11} = O_{11}/n_1$ 과 $P_{21} = O_{21}/n_2$ 는 θ_{11} 과 θ_{21} 의 점추정량인 표본비율이고 $P_1 = (O_{11} + O_{21})/(n_1 + n_2)$ 는 $\theta_{11} = \theta_{21} = \theta_1$ 이라는 귀무가설하에서 공통확률인 θ_1 의 추정량이다. 직관적으로 $P_2 = (O_{12} + O_{22})/(n_1 + n_2) = 1 - P_1$ 은 $1 - \theta_1$ 의 추정량이라고 할 수 있다. 10장의 2절에서는 이 부분에 대해 특별히 강조하지 않았지만 공통확률에 대한 추정량 P_1 은 매우 중요한 역할을 한다.

앞 절에서 언급한 것처럼 Z^2 은 점근적으로 자유도가 1인 카이제곱분포를 따른다. 그러면 Z^2 이 어떤 형태로 쓸 수 있는지를 알아보자.[2]

$$Z^2 = \frac{(P_{11} - P_{21})^2}{P_1(1-P_1)\left(\dfrac{1}{n_1} + \dfrac{1}{n_2}\right)} = \frac{n_1 n_2 (P_{11} - P_{21})^2}{(n_1 + n_2) P_1 (1 - P_1)}$$

이 되는데 마지막 항의 분모에서 $P_1(1-P_1)$ 를 제외한 부분에서 분자와 분모에 $n_1 + n_2$ 를 곱해 풀면,

$$\frac{n_1 n_2}{n_1 + n_2}(P_{11} - P_{21})^2 = \frac{n_1 n_2^2}{(n_1 + n_2)^2}(P_{11} - P_{21})^2 + \frac{n_1^2 n_2}{(n_1 + n_2)^2}(P_{11} - P_{21})^2$$

이 된다. 위 식의 우변에 첫 번째 항에서 P_{11}, P_{21} 를 O_{11}/n_1, O_{21}/n_2 로 바꾸어 풀면,

2 이 부분은 생략 가능하며 결론만 알고 있어도 무방함.

$$\frac{n_1 n_2^2}{(n_1+n_2)^2}(P_{11}-P_{21})^2 = \frac{(n_1 n_2)^2}{n_1(n_1+n_2)^2}\left(\frac{n_2 O_{11} - n_1 O_{21}}{n_1 n_2}\right)^2$$

$$= n_1\left(\frac{n_2 O_{11} - n_1 O_{21}}{n_1(n_1+n_2)}\right)^2$$

$$= n_1\left(\frac{O_{11}}{n_1} - \frac{O_{11}+O_{21}}{n_1+n_2}\right)^2 = n_1(P_{11}-P_1)^2$$

이 된다. $(P_{11}-P_{21})^2 = (P_{21}-P_{11})^2$ 이므로 같은 방법을 적용하면,

$$\frac{n_1 n_2}{n_1+n_2}(P_{11}-P_{21})^2 = n_1(P_{11}-P_1)^2 + n_2(P_{21}-P_1)^2$$

이다. 이 결과와 $\frac{1}{P_1(1-P_1)} = \frac{1}{P_1} + \frac{1}{1-P_1}$ 이라는 것을 이용하면 Z^2 은 다음과 같이 쓸 수 있다.

$$Z^2 = n_1(P_{11}-P_1)^2\left(\frac{1}{P_1}+\frac{1}{1-P_1}\right) + n_2(P_{21}-P_1)^2\left(\frac{1}{P_1}+\frac{1}{1-P_1}\right)$$

위 식에 $P_{11} = O_{11}/n_1$ 이고 $P_{21} = O_{21}/n_2$ 를 다시 대입하여 정리하면,

$$Z^2 = \frac{(O_{11}-n_1P_1)^2}{n_1}\left(\frac{1}{P_1}+\frac{1}{1-P_1}\right) + \frac{(O_{21}-n_2P_1)^2}{n_2}\left(\frac{1}{P_1}+\frac{1}{1-P_1}\right)$$

$$= \frac{(O_{11}-n_1P_1)^2}{n_1P_1} + \frac{(O_{11}-n_1P_1)^2}{n_1(1-P_1)} + \frac{(O_{21}-n_2P_1)^2}{n_2P_1} + \frac{(O_{21}-n_2P_1)^2}{n_2(1-P_1)}$$

이 된다. 위 식의 분자에서 $(O_{i1}-n_iP_1)^2 = (n_i - O_{i1} - n_i(1-P_1))^2 = (O_{i2}-n_iP_2)^2$ 인 것을 이용하면 최종적으로 다음과 같은 결과를 얻을 수 있다.

$$Z^2 = \frac{(O_{11}-n_1P_1)^2}{n_1P_1} + \frac{(O_{12}-n_1P_2)^2}{n_1P_2} + \frac{(O_{21}-n_2P_1)^2}{n_2P_1} + \frac{(O_{22}-n_2P_2)^2}{n_2P_2}$$

여기서 주의해서 볼 것은 $\theta_{11} = \theta_{21} = \theta_1$ 이라는 귀무가설하에서 $E(O_{i1}) = n_i\theta_1$, $E(n_i - O_{i1}) = E(O_{i2}) = n_i(1-\theta_1)$ 이고 n_iP_1 와 $n_i(1-P_1) = n_iP_2$ 는 이 기댓값들의

추정량이다. 즉, 각 항의 분자는 각 범주의 관측도수와 귀무가설하에서의 기대도수 추정량의 차이를 제곱한 것이다. 또한 분모는 해당 범주의 기대도수 추정량으로 적합도검정의 검정통계량에서 기대도수 대신 기대도수의 추정량으로 바뀐 것을 제외하고는 동일한 구조를 가지고 있다. 위의 【표 13.2】에서 (i, j)번째 칸의 관측도수는 O_{ij} 이고 그 칸의 기대도수의 추정량을 $\hat{E}_{ij} = n_i P_j$ 라고 하면 위의 검정통계량은

$$Z^2 = \sum_{i=1}^{2}\sum_{j=1}^{2} \frac{(O_{ij} - \hat{E}_{ij})^2}{\hat{E}_{ij}} \simeq \chi_1^2$$

으로 표시할 수 있다. 여기서 전체표본 수를 $n = n_1 + n_2$ 라고 하면,

$$\hat{E}_{ij} = n_i P_j = n_i \frac{O_{1j} + O_{2j}}{n}, \quad i = 1,2,\ j = 1,2$$

가 된다. 이는 (i, j)번째 칸의 기대도수의 추정량은 해당 행의 실험횟수와 해당 열의 관측도수의 합의 곱을 전체 실험횟수로 나눈 값이다. 정리하면 검정통계량 Z^2 은 해당 칸의 관측도수와 귀무가설하에서의 기대도수 추정량의 차이를 제곱한 값을 기대도수 추정량으로 나누어 모두 더한 것으로 모집단이 셋 이상이거나 범주가 셋 이상인 경우에도 적용할 수 있는 형태로 표시된다.

만약 【표 13.3】의 분할표처럼 r개의 모집단이 각각 c개의 그룹으로 이루어져 있고 이들 그룹의 비율이 같은지를 검정하고자 한다고 하자. 각 모집단에서 추출한 표본크기들은 미리 지정된 상수이기 때문에 표에서 행의 합인 n_i를 소문자로 표시하였다.

표 13.3 범주가 c개인 r개 집단에 대한 분할표

모집단	범주(그룹)				합
	1	2	$\cdots$	c	
1	O_{11}	O_{12}	$\cdots$	O_{1c}	n_1
2	O_{21}	O_{22}	$\cdots$	O_{2c}	n_2
$\vdots$	$\vdots$	$\vdots$	$\ddots$	$\vdots$	$\vdots$
r	O_{r1}	O_{r2}	$\cdots$	O_{rc}	n_r
합	M_1	M_2	$\cdots$	M_c	n

θ_{ij}를 i번째 모집단에서 j번째 그룹이 차지하는 비율이라고 하면 귀무가설은

$$H_0 : \theta_{11} = \theta_{21} = \cdots = \theta_{r1},\ \theta_{12} = \theta_{22} = \cdots = \theta_{r2},\ \ldots,\ \theta_{1c} = \theta_{2c} = \cdots = \theta_{rc}$$

가 된다. 귀무가설하에서 j번째 그룹의 공통확률을 $\theta_j (= \theta_{1j} = \theta_{2j} = \cdots = \theta_{rj})$라고 하면 이 확률의 추정값은 다음과 같이 전체 자료 중 해당되는 그룹에 속한 빈도로 표시할 수 있다.

$$\hat{\theta}_j = \frac{O_{1j} + O_{2j} + \cdots + O_{rj}}{n} = \frac{M_j}{n}$$

또한, 귀무가설하에서 (i, j)번째 칸의 기대도수의 추정량은

$$\hat{E}_{ij} = n_i \hat{\theta}_j = \frac{n_i M_j}{n}$$

가 된다. 이를 2×2 분할표에서의 검정통계량을 유도했던 형태로 표시하면,

$$X^2 = \sum_{i=1}^{r} \sum_{j=1}^{c} \frac{(O_{ij} - \hat{E}_{ij})^2}{\hat{E}_{ij}}$$

이 되는데 $\hat{E}_{ij}$ 중 75% 이상이 5 이상의 값을 가지면 이 검정통계량은 점근적으로 카이제곱분포를 따른다. 문제는 이 카이제곱분포의 자유도를 어떻게 유도할 것인가이다.

각 모집단으로부터 추출할 표본크기 또는 실험 횟수는 미리 지정되고 $O_{i1} + O_{2i} + \cdots + O_{ic} = n_i$라는 조건 때문에 $c-1$개 범주의 도수 정보만 있어도 된다. 그러므로 각 모집단에서 추출된 표본으로부터 얻어지는 자유도는 $c-1$이고 r의 모집단이 있기 때문에 $r(c-1)$가 된다. 여기에 $\theta_1 + \theta_2 + \cdots + \theta_c = 1$이므로 $c-1$개의 공통확률 θ_j을 알아야 하는데 이를 $\hat{\theta}_j$으로 추정하는 과정에서 $c-1$개 자유도가 빠진다. 결국 X^2의 자유도는

$$r(c-1) - (c-1) = (r-1)(c-1)$$

가 되어 다음과 같은 결론을 얻을 수 있다.

동질성 검정통계량과 분포:

$$X^2 = \sum_{i=1}^{r}\sum_{j=1}^{c} \frac{(O_{ij} - \widehat{E}_{ij})^2}{\widehat{E}_{ij}} \simeq \chi^2_{(r-1)(c-1)}$$

이러한 검정법을 **동질성검정(test of homogeneity)**이라고 하는데, 검정통계량 X^2 값이 크면 클수록 실제 관측도수와 귀무가설하에서의 기대도수 추정량 간에 차이가 크다는 것을 의미하며 이는 귀무가설이 잘못 설정되어 있을 수 있음을 의미한다. 적합도 검정에서와 같이 $\hat{E}_{ij}$의 값이 1보다 작으면 X^2의 값이 유의하게 커질 수 있기 때문에 표본크기를 늘리거나 범주를 병합하거나 $\hat{E}_{ij}$를 크게 만든 후 적용하는 것이 좋다.

동질성검정에서 귀무가설을 기각시킨 경우 어떤 범주 또는 모집단이 다르게 구성되어 있는지는 일반적으로 피어슨 잔차를 통해 확인할 수 있다. 적합도검정에서의 피어슨 잔차에서 E_i는 기대도수였으나 동질성검정에서는 기대도수의 추정값 $\hat{E}_{ij}$이 대신 사용될 뿐 동일한 형태를 가진다.

$$R_{ij}^{(P)} = \frac{O_{ij} - \hat{E}_{ij}}{\sqrt{\hat{E}_{ij}}}$$

이 피어슨의 잔차를 통해 분석을 할 때 한 가지 문제는 $\left|R_{i,j}^{(P)}\right|$가 얼마나 커야 유의하게 차이가 있는지 언급하기 어렵다는 것이다. 이를 보완하기 위한 방법으로 **수정잔차(adjusted residual)**라는 것이 사용되는데, (i,j)번째 칸의 수정잔차는 다음과 같이 정의된다.

$$R_{ij}^{(A)} = \frac{O_{ij} - \hat{E}_{ij}}{\sqrt{\hat{E}_{ij}(1-p_i)(1-\hat{\theta}_j)}}$$

여기서 $p_i = n_i/n$는 전체표본에서 해당 모집단의 표본의 비율이다. 표본크기가 큰 경우 귀무가설하에서 $R_{i,j}^{(A)}$는 근사적으로 표준정규분포에 근사한다.

$$R_{i,j}^{(A)} \simeq N(0,1)$$

예제 13.4

세 가지 스마트폰 모델에 대해 남녀별로 선호도 차이가 있는지를 알아보기 위해 남자 76명과 여자 70명을 대상으로 세 가지 모델 중 가장 마음에 드는 모델을 선택하게 하였다. 그 결과 남자 76명 중 모델 A는 35, B는 23, C는 18명이 선택하였고 여자 70명 중 A는 17명, B는 33, C는 20명이 선택하였다. 이 결과는 다음과 같은 분할표로 정리할 수 있다.

표 13.4 성별에 따른 스마트폰 모델 선호도 결과

성별		스마트폰 모델			
		A	B	C	합계
남자	관측도수(O_{1j})	35	23	18	76
	기대도수($\widehat{E_{1j}}$)	27.07	29.15	19.78	
	$(O_{1j}-\widehat{E_{1j}})^2/\widehat{E_{1j}}$	2.32	1.30	0.16	3.78
여자	관측도수(O_{2j})	17	33	20	70
	기대도수($\widehat{E_{2j}}$)	24.93	26.85	18.22	
	$(O_{2j}-\widehat{E_{2j}})^2/\widehat{E_{2j}}$	2.52	1.41	0.17	4.11
합계		52	56	38	146

이를 이용하여 카이제곱통계량을 계산하면,

$$X^2 = 2.32 + 1.30 + \cdots + 0.17 = 7.89$$

이고 5% 유의수준에서 검정을 실시한다면 $\chi^2_{0.05,2} = 5.99$ 이므로 스마트폰 모델에 대한 남녀 간에 선호도가 같다는 귀무가설을 기각시킬 수 있다. 어떤 차이가 있는지를 알아보기 위해 피어슨잔차와 수정잔차를 구해 보면,

$$r_{11}^{(P)} = \frac{o_{11} - \hat{e}_{11}}{\sqrt{\hat{e}_{11}}} = \frac{35 - 27.07}{\sqrt{27.07}} = 1.524$$

$$r_{11}^{(A)} = \frac{o_{11} - \hat{e}_{11}}{\sqrt{\hat{e}_{11}(1-p_1)(1-\hat{\pi}_1)}}$$

$$= \frac{35 - 27.07}{\sqrt{27.07(1-76/146)(1-52/146)}} = 2.744$$

가 되고 【표 13.5】는 모든 칸에 대해 피어슨잔차와 수정잔차를 정리한 것이다.

표 13.5 피어슨잔차와 수정잔차

성별	잔차	스마트폰 모델		
		A	B	C
남자	피어슨	1.524	-1.139	-0.400
	수정	2.744	-2.095	-0.672
여자	피어슨	-1.588	1.187	0.417
	수정	-2.744	2.095	0.672

이 결과에 의하면 남자 중 A 모델을 선호하는 비율이 여자의 비율에 비해 매우 유의하게 높은 것을 볼 수 있으며 여자 중 B 모델을 선호하는 비율이 남자의 비율보다 높은 것을 알 수 있다. C 모델에 대한 남녀 간 선호도 차이는 없는 것으로 나타났다.

3 독립성검정

4장의 4절에서 두 확률변수 X와 Y의 독립성에 대한 필요충분조건으로 결합확률질량함수가 각각의 주변확률질량함수의 곱으로 표시된다고 배웠다. 확률변수 X와 Y의 결합확률질량함수를 $f(x,y)$, 각각의 주변확률질량함수를 $f_X(x)$, $f_Y(y)$라고 하자. 모든 x, y에 대해

$$f(x,y) = f_X(x) f_Y(y)$$

이면 X와 Y가 독립이고 그 역도 성립한다. 만약 자료를 이용하여 $f(x,y)$와 $f_X(x) f_Y(y)$를 추정했을 때 차이가 크다면 두 확률변수의 독립성에 대해 의문을 가질 수 있을 것이다. 이 절에서는 이러한 사실을 이용하여 두 범주형 확률변수의 독립성에 대한 검정법을 알아본다.

흡연여부와 폐암여부의 관계와 같이 두 변수 간의 관계가 있는지 없는지를 알아보기 위해 어떤 모집단에서 n개의 표본을 무작위로 추출한다고 하자. 관심을 가지는 두 변수

를 X, Y라고 표시하는데 X는 r개, Y는 c개의 범주를 가진다고 할 때, n개의 자료를 교차하여 다음과 같은 분할표를 얻었다고 하자. 이 표가 【표 13.3】과 다른 점은 실험 전에 전체 관측도수 n은 미리 지정한 상수이지만 주변관측도수가 얼마나 될지 모르기 때문에 확률변수가 되고 대문자로 표시한다는 것이다.

표 13.6 두 확률변수에 대한 결합관측도수와 주변관측도수

X \ Y	1	2	$\cdots$	c	합
1	O_{11}	O_{12}	$\cdots$	O_{1c}	N_1
2	O_{21}	O_{22}	$\cdots$	O_{2c}	N_2
$\vdots$	$\vdots$	$\vdots$	$\ddots$	$\vdots$	$\vdots$
r	O_{r1}	O_{r2}	$\cdots$	O_{rc}	N_r
합	M_1	M_2	$\cdots$	M_c	n

여기서 우리는 다음과 같이 두 확률변수의 독립성에 대한 가설검정을 하고자 한다.

$$H_0 : \text{두 확률변수 } X\text{와 } Y\text{는 독립이다.}$$

$$H_1 : \text{두 확률변수 } X\text{와 } Y\text{는 독립이 아니다.}$$

직관적으로 볼 때, $X=i$이고 $Y=i$일 확률 $f(i,j)$은 전체 자료에서 (i,j)번째 칸의 자료가 차지하는 비율인 O_{ij}/n으로 추정할 수 있다. 마찬가지로 $X=i$일 확률 $f_X(i)$는 N_i/n, $Y=j$일 확률 $f_Y(j)$는 M_j/n으로 추정할 수 있다. 만약 두 확률변수 X와 Y가 독립이라면 $f(i,j)=f_X(i)f_Y(j)$이 성립하고 이들의 추정량들도 다음과 같이 비슷한 값이 되어야 할 것이다.

$$\hat{f}(i,j)=\frac{O_{ij}}{n} \approx \frac{N_i}{n}\frac{M_j}{n}=\hat{f}_X(i)\hat{f}_Y(j)$$

위의 식의 양변에 n을 곱하면 $O_{ij} \approx N_iM_j/n$이 성립한다. 이는 두 확률변수가 독립이라면 모든 (i,j)번째 칸의 관측도수와 해당 행과 열의 주변관측도수를 전체도수로 나눈 값이 비슷할 것으로 기대된다는 것이다. 하지만 만약 O_{ij}와 N_iM_j/n의 차이들이 크게 나

온다면 우리는 두 확률변수가 독립이라는 가설에 대해 부정적인 입장을 취할 수 있다. 이때 차이가 얼마나 나야 독립이 아니라고 할 수 있는지에 대한 검정통계량이 필요하다.

동질성검정에서는 해당 칸에서 관측된 도수 O_{ij} 와 귀무가설에서의 기대도수 추정량 $\hat{E}_{ij} = n_i M_j / n$ 의 차이를 고찰하였다. 동질성검정에서 n_i 는 표본크기 또는 실험횟수로 미리 고정된 상수라고 하면, 독립성검정에서 N_i 는 실험 전에는 알 수 없는 도수로 확률변수라는 것을 제외하고는 동일한 형태의 문제로 볼 수 있다. 그러므로 $\hat{E}_{ij} = N_i M_j / n$ 라고 하면 이 추정량은 독립이라는 가정하에서 (i, j) 번째 칸에 기대되는 도수의 추정량으로 두 범주형 확률변수가 독립인지를 검정하기 위한 검정통계량도 다음과 같은 형태로 정의한다.

$$X^2 = \sum_{i=1}^{r} \sum_{j=1}^{c} \frac{(O_{ij} - \hat{E}_{ij})^2}{\hat{E}_{ij}}$$

이 검정통계량은 75% 이상의 $\hat{E}_{ij}$ 가 5 이상이면 점근적으로 자유도가 $(r-1)(c-1)$ 인 카이제곱분포를 따른다.

독립성 검정통계량과 분포:

$$X^2 = \sum_{i=1}^{r} \sum_{j=1}^{c} \frac{(O_{ij} - \hat{E}_{ij})^2}{\hat{E}_{ij}} \simeq \chi^2_{(r-1)(c-1)}$$

이때 자유도는 동질성검정과 다르게 유도되는데, 일단 모든 관측도수의 합이 $O_{11} + O_{12} + \cdots + O_{rc} = n$ 이므로 $rc - 1$ 개의 자유도가 되며 $r-1$ 개의 $f_X(i)$ 와 $c-1$ 개 $f_Y(j)$ 를 추정하는데 각각 $r-1$ 개와 $c-1$ 개의 자유도가 사용되어

$$rc - 1 - (r-1) - (c-1) = (r-1)(c-1)$$

가 된다. 이와 같은 검정법을 **독립성검정**(test of independence)이라고 한다.

독립성검정에서 두 변수의 독립성에 대한 가설을 기각시켰을 때 동질성검정과 마찬가지로 피어슨 잔차와 수정잔차를 사용하여 어떤 부분에서 기각의 사유가 발생했는지 확인할 수 있다. 동질성검정의 수정잔차에서 $p_i = N_i / n$ 가 된다.

독립성검정은 동질성검정과 비교해 동일한 형태의 검정통계량과 분포를 가지지만 표본을 추출하는 과정이 차이가 나며 가설과 이에 따른 결론의 해석이 다르다. 동질성검정은 모집단 간의 차이여부에 대한 것이고 독립성검정은 두 변수 간의 관련성 여부를 알아보는 것이다.

예제 13.5

Norton과 Dunn[1]은 코골이 정도와 심장질환의 연관성을 알아보기 위해 2,484명을 대상으로 코를 얼마나 고는가와 심장질환을 앓고 있는지를 조사하여 다음과 같은 자료를 얻었다.

심장질환	코골이 정도				합계
	골지 않음	가끔 골음	거의 매일	매일	
예	24	35	21	30	110
아니오	1355	603	192	224	2374
합계	1379	638	213	254	2484

조사대상 2,484명 중 심장질환을 앓고 있는 사람은 4.4%인 110명이고 아닌 사람은 95.6%인 2,374명인 것으로 나타났다. 만약 심장질환은 앓고 있는 사람 110명과 아닌 사람 2,374명을 미리 설정한 후 코골이 정도를 조사했다면, 동질성검정을 실시할 수 있지만 단순히 조사대상 2,484명을 조사하여 나온 결과이므로 분할표에 비율을 표시한다면 각 칸의 비율은 다음과 같이 2,484명을 기준으로 계산하는 것이 적절하다.

심장질환	코골이 정도				합계
	골지 않음	가끔 골음	거의 매일	매일	
예	24	35	21	30	110
	1.0%	1.4%	0.8%	1.2%	4.4%
아니오	1355	603	192	224	2374
	54.5%	24.3%	7.7%	9.0%	95.6%
합계	1379	638	213	254	2484
	55.5%	25.7%	8.6%	10.2%	100%

1 Norton, P.G. and Dunn, E.V. (1985). Snoring as a risk for disease: an epidemiological survey. *British Medical Journal*, 291, 630-632.

이 자료를 이용하여 코골이 정도와 심장질환에 관계가 있는지를 독립성검정을 통해 알아보고자 한다. 【표 13.7】은 독립성검정에 필요한 주요값들을 정리한 것이다.

표 13.7 심장질환과 코골이 정도의 독립성검정에 대한 통계값

심장질환		코골이 정도				합계
		골지 않음	가끔 골음	거의 매일	매일	
예	관측도수(O_{ij})	24	35	21	30	110
	기대도수($\hat{E}_{ij}$)	61.1	28.3	9.4	11.2	
	$(O_{ij}-\hat{E}_{ij})^2/\hat{E}_{ij}$	22.50	1.61	14.19	31.26	
아니오	관측도수(O_{ij})	1355	603	192	224	2374
	기대도수($\hat{E}_{ij}$)	1317.9	609.7	203.6	242.8	
	$(O_{ij}-\hat{E}_{ij})^2/\hat{E}_{ij}$	1.04	0.07	0.66	1.45	
합계		1379	638	213	254	2484

이를 이용하여 카이제곱통계량을 계산하면,

$$X^2 = 22.50 + 1.61 + \cdots + 1.45 = 72.78$$

이고 5% 유의수준에서 검정을 실시한다면 $\chi^2_{0.05,3} = 7.81$ 이므로 심장질환여부와 코골이 정도가 독립이라는 귀무가설을 기각시킬 수 있다. 이 두 변수 간에 어떤 관련성이 있는지를 알아보기 위해 피어슨잔차와 수정잔차를 구해 보면 심장질환이 있으면서(없으면서) 코를 거의 매일 또는 매일 고는 사람의 비율이 상대적으로 매우 높고(낮고), 심장질환이 있으면서(없으면서) 코를 골지 않는 사람의 비율은 상대적으로 매우 낮은(높은) 것으로 나타났다.

표 13.8 피어슨 잔차와 수정잔차

심장질환	잔차	코골이 정도			
		골지 않음	가끔 골음	거의 매일	매일
예	피어슨	-4.74	1.27	3.77	5.59
	수정	-7.27	1.51	4.03	6.04
아니오	피어슨	1.02	-0.27	-0.81	-1.20
	수정	7.27	-1.51	-4.03	-6.04

연·습·문·제

1 다음 자료는 미국 경마에서 출발선의 위치가 우승의 확률에 영향을 주는지를 알아보기 위해 조사한 결과이다. (New York Post, 1955년 8월 20일)

출발선	1	2	3	4	5	6	7	8
우승수	29	19	18	25	17	10	15	11

(1) 우승 확률은 출발선 위치와 관련이 없다는 가설을 어떻게 표시할 수 있는가?
(2) 위의 가설에 따른 통계모형을 기술하여라.
(3) 우승 확률과 출발선 위치와의 관련 여부를 5% 유의수준에서 검정하여라.
(4) 1번에서 4번까지의 출발선은 상대적으로 안쪽에 있다. 안쪽에서 출발한 말의 우승확률이 바깥쪽에서 출발한 말의 우승확률보다 높은지를 5% 유의수준에서 검정하여라.
(5) 1번 출발선의 말의 우승확률에 대해 95% 신뢰구간을 구하여라.
(6) 8번 출발선의 말의 우승확률이 예상확률보다 낮은지를 검정하여라.

2 다음 표는 어느 대학에 재학 중인 700명의 여학생을 대상으로 언제 출생했는지를 조사한 자료이다. (Walser[2])

월	1	2	3	4	5	6	7	8	9	10	11	12
명	66	63	64	48	64	74	70	59	54	51	45	42

(1) 막대그래프를 이용하여 월별 출생도수를 비교하여라.
(2) 일수와 관계없이 월별 출생비율이 같은지 5% 유의수준에서 검정하고 같지 않다면 어떤 월에서 차이가 있는지를 설명하여라.
(3) 3～5월을 봄, 6～8월을 여름, 9～11월을 가을, 12～2월을 겨울이라고 할 때,
① 계절에 따른 출생비율이 차이가 있는지를 5% 유의수준에서 검정하여라.
② 봄에 태어날 확률에 대한 95% 신뢰구간을 구하여라.
③ 봄 또는 여름에 태어날 확률이 가을 또는 겨울에 태어날 확률보다 높은지를 5% 유의수준에서 검정하여라.

2 Walser, P. (1969). Untersuchung über die Verteilung der Geburtstermine bei der mehrgebärenden Frau, *Helvetica Paediatrica Acta, Suppl*. XX ad vol 24, 3, 1–30.

3 다음 자료는 무작위로 선정된 남성 아이돌 그룹 18팀, 여성 그룹 17팀 멤버의 혈액형 자료를 정리한 것이다.

성별	혈액형				합계
	A	B	O	AB	
남	52	28	26	11	117
여	26	23	23	16	88
합계	78	51	49	27	205

(1) 우리나라 혈액형 분포는 아래와 같다고 한다. 남자그룹 멤버의 혈액형 분포가 우리나라 혈액형 분포와 같은지를 유의수준 5%에서 검정하고 차이가 있다면 어떤 부분에서 차이가 있는지를 설명하여라.

혈액형	A	B	O	AB
비율	34%	27%	28%	11%

(2) 남녀 멤버 간에 혈액형 비율에 차이가 있는지를 알아보고자 한다.

① 어떤 통계적 모형으로 설명해야 하는지 기술하고 분석목적에 맞게 가설을 설정하여라.

② 남녀 멤버 간에 혈액형 분포 차이여부에 대해 5% 유의수준으로 검정하고 차이가 있다면 어떤 차이가 있는지를 수정잔차를 이용하여 설명하여라.

4 【표 13.9】는 【예제 2.3】에서 언급한 도수분포표에서 빈도만 뽑은 것으로, 이를 이용하여 남녀의 출생성비가 같은지를 알아보자 한다. 즉, 남아의 출생확률을 π 라고 하면 $H_0 : \pi = 0.5$ 인지 아닌지를 알아보자. 각각의 출생 성별은 서로 영향을 주지 않는다고 가정한다.

표 13.9 Saxony 지역의 아들 수

아들 수	관측도수 (O_i)	확률 (θ_i^*)	기대도수 (E_i)	$\frac{(O_i - E_i)^2}{E_i}$	피어슨잔차
0	3				
1	24				
2	104				
3	286				

아들 수	관측도수 (O_i)	확률 (θ_i^*)	기대도수 (E_i)	$\frac{(O_i - E_i)^2}{E_i}$	피어슨잔차
4	670				
5	1033				
6	1343				
7	1112				
8	829				
9	478				
10	181				
11	45				
12	7				
합	6115	1.0	6115	249.20	21.75

(1) X_j를 j번째 가구의 아들수라고 하면 $H_0 : \pi = 0.5$ 하에서는 $X_j \sim B(12, 0.5)$라고 할 수 있고 아들의 수가 i일 확률은

$$\theta_i = P(X_j = i) = \binom{12}{i} 0.5^i \, 0.5^{12-i} = \binom{12}{i} 0.5^{12}$$

가 된다. 이 식을 이용하여 위의 표 세 번째 열의 확률을 계산하여라.

(2) θ_i에 총 가구수를 곱하여 기대가구수를 네 번째 열에 표시하여라.

(3) 적합도검정을 위한 $(O_i - E_i)^2 / E_i$를 계산하고 $H_0 : \pi = 0.5$ 인지를 1% 유의수준에서 검정하여라.

(4) 피어슨 잔차를 계산하고 어떤 패턴이 있는지를 고찰하여라.

5 다음 자료는 특정지역에서 하루 동안 발생된 교통사고 건수를 60일간 관측한 자료이다. 이 자료를 이용하여 하루 동안 교통사고 건수가 평균이 3인 포아송 분포를 따른다는 가설에 대한 적합도검정을 하려고 한다. 이 자료를 6개의 범주 $A_1 = \{0\}$, $A_2 = \{1\}$, $A_3 = \{2\}$, $A_4 = \{3\}$, $A_5 = \{4, 5\}$, $A_6 = \{6$ 이상$\}$으로 분류하여 5% 유의수준에서 적합도검정하여라.

```
2 1 3 2 1 3 3 1 2 1 2 0 3 0 3 4 0 2 2 1 2 4 3 3 0 2 1 2 5 4
6 1 4 3 3 2 1 4 2 5 4 2 2 5 1 4 5 3 4 2 3 1 5 4 4 3 3 8 4 4
```

6 다음 자료는 림프종을 치료하기 위해 시토산(cytoxan) + 프레드니손(CP)와 BCNU + 프레드니손(BP)을 처치한 임상시험 결과이다. 138명에게 CP를 처치하고 135명에게 BP를 처치한 후 환자의 종량의 크기변화를 기준으로 4그룹으로 나누었다고 하자. 이 임상시험의 목적은 두 처치 간 처리효과에 차이가 있는지를 검정하는 것이다. (Ezdinli, et al.[3])

종량크기		현저히 작아짐	부분적으로 작아짐	변화없음	더 진행됨	합
처치	BP	26	51	21	40	138
	CP	31	59	11	34	135
합계		57	110	32	74	273

(1) 어떤 통계모형으로 설명해야 하는지 기술하고 그 모형을 근거로 위의 분할표에 비율을 추가하여라.

(2) 두 처치 간 처리효과에 차이가 있는지를 검정하고 차이가 있는 경우 어떤 부분에서 차이가 있는지를 수정잔차를 이용하여 분석하여라.

7 다음 자료는 미국 플로리다 주 법원에서 살인사건에 대한 사형판결 여부를 피고인[4]과 피해자의 인종으로 구분하여 정리한 것이다. (Agresti[5])

피해자	피고인	사형여부		합계
		예	아니오	
백인	백인	53	414	467
	흑인	11	37	48
흑인	백인	0	16	16
	흑인	4	139	143
합계	백인	53	430	483
	흑인	15	176	191

(1) 피고인과 사형여부에 대한 분할표를 재작성하고 피고인과 사형여부 간의 관련이

3 Ezdinli, E., Pocock, S., Berard, C.W., et al. (1976). Comparison of intensive versus moderate chemotherapy of lymphocytic lymphomas: a progress report. Cancer, 38, 1060–1068.

4 용의자는 범인으로 의심되긴 하지만 범죄행위가 아직 드러나지 않은 경우, 피의자는 용의자에 대해 범죄혐의가 드러나 정식으로 입건절차를 거치는 경우, 피고인은 검사에 의해 법원에 공소를 제기한 경우.

5 Agresti, A. (2002). Categorical Data Aanlysis, 2nd Ed. Wiley Interscience.

있는지를 5% 유의수준으로 검정하여라.

(2) 피해자와 피고인에 대한 분할표를 재작성하고 피해자와 피고인 간에 관련이 있는지를 5% 유의수준으로 검정하여라.

(3) 피해자와 사형여부에 대한 분할표를 재작성하고 피해자와 사형여부 간에 관련이 있는지를 5% 유의수준으로 검정하여라.

(4) 위의 결과들을 종합하여 인종과 사형여부 간에 어떤 관련성이 있는지를 설명하여라.

8 다음 자료는 태아의 신경튜브 결함이 산모의 영양섭취와 관련이 있는지를 알아보기 위한 조사 및 시험결과이다. 첫 번째 자료는 결함(사례)이 있는 아이와 정상인 자매(대조)를 가진 어머니를 대상으로 임신 시 영양섭취에 대한 인터뷰를 진행한 결과이다. 두 번째 자료는 결함이 있는 아이를 가진 어머니가 다시 임신했을 때 영양섭취에 대한 상담을 받게 하였으며 자료는 임신 3개월 동안의 영양섭취를 표시한 것이다. (James, Laurence, and Miller[6])

표 13.10 사례대조연구

그룹	영양섭취			합계
	좋음	보통	나쁨	
사례	34	110	100	244
대조	43	48	32	123

표 13.11 코호트연구

그룹	영양섭취			합계
	좋음	보통	나쁨	
정상	68	76	27	171
결함	0	0	5	5

(1) 사례대조연구의 자료를 이용하여 결함여부와 영양섭취 상태 간에 관련성 여부를 5% 유의수준에서 검정하여라.

(2) 코호트연구 자료를 카이제곱통계량으로 분석하는 데 있어 문제점을 기술하고 해결할 수 있는 방법에 대해 생각해 보아라.

(3) 사례대조에서의 대조군과 코호트연구에서의 정상군의 차이는 영양섭취에 대한 상담여부로 생각할 수 있다. 이 두 군의 자료를 이용하여 영양섭취 상담여부에

---

6 James, N., Laurence, K.M. and Miller, M. (1980). Diet as a factor in the aetiology of neural tube malformations. *Zeitschrift für Kinderchirurgie*, 31, 302–307.

따라 영양섭취 상태 간에 차이가 있는지를 검정하여라.

9 다음 자료는 부모가 주로 어떤 손을 사용하는지가 자녀에게 영향을 주는지를 알아보기 위해 400명의 아이와 그 부모를 조사한 것이다. 조사대상에는 부모가 모두 왼손잡이인 경우는 없었다. (Johnson and Bhattacharyya[7])

부모 (아버지×어머니)	자녀		합계
	오른손	왼손	
오른손×오른손	303	37	340
오른손×왼손	29	9	38
왼손×오른손	16	6	22
합계	348	52	400

(1) 부모가 어떤 손잡이인지가 자녀에게 영향을 주는지 5% 유의수준에서 검정하여라.
(2) 아버지가 어떤 손잡이인지가 자녀에게 영향을 주는지 5% 유의수준에서 검정하여라.
(3) 어머니가 어떤 손잡이인지가 자녀에게 영향을 주는지 5% 유의수준에서 검정하여라.

10 다음 자료는 애완용 새를 키우는 것이 폐암에 대한 위험요소가 되는지를 알아보기 위한 조사결과이다. 표에서 사례는 폐암에 걸린 사람이고 대조는 건강인을 의미하며 경험이 있다는 것은 성인 때 애완용 새를 키웠다는 것을 의미한다. (Kohlmeier, et al.[8])

애완용 새	사례	대조
경험있음	98	101
경험없음	141	328
합계	239	429

(1) 분석목적에 적합한 통계적 모형을 기술하고 가설을 설정하여라.
(2) 이 자료를 이용하여 애완용 새를 키우는 것이 폐암에 대한 위험요소가 되는지를 5% 유의수준에서 검정하여라.

---

7 Johnson, R.A. and Bhattacharyya, G.K. (1992). *Statistics: Principles and Methods*, 2nd Ed., Wiley.
8 Kohlmeier, L., Arminger, G., Bartolomeycik, S., Bellach, B., Rehm, J. and Thamm, M. (1992). Pet birds as an independent risk factor for lung cancer: case-contral study. *British Medical Journal*, 305, 986-989

11 당첨확률이 20%로 알려져 있는 즉석복권을 하루에 두 장씩 50일간 구매했다고 하자. 매일 구매한 두 장의 복권 중 당첨된 복권의 수를 기록한 결과 다음과 같은 자료를 얻었다.

1, 0, 0, 1, 0, 0, 0, 1, 0, 0, 0, 0, 1, 0, 1, 0, 0, 0, 0, 1, 2, 0, 1, 1, 1 1, 0, 0, 0, 0, 0, 1, 1, 0, 1, 2, 0, 0 ,0 ,0, 1, 0, 1, 1, 1, 0, 0. 1, 1, 0

(1) 위 자료를 하루에 당첨된 복권의 수를 기준으로 세 개의 범주로 나누어 관측도수를 구한 후, 이를 이용하여 당첨확률이 20%인지 검정하기 위한 가설, 카이제곱 검정통계량의 값을 구하고 유의수준 5%에서 검정하여라.

(2) 위 자료에 따르면 마지막 3일 동안 구매한 6장의 복권 중 당첨된 복권은 두 장이다. 이 값을 이용하여 마지막 3일 동안 당첨확률이 20%보다 큰지 검정하고자 한다. 정확한 유의확률(p−값)을 계산하고 5% 유의수준에서 검정하여라. (참고: 이항분포 이용)

(3) 50일간 구매한 100개의 복권 중 당첨된 복권은 23장이었다. 이를 이용하여 당첨확률이 20%보다 큰지 유의수준 5%에서 검정하여라. (참고: 연속성 수정을 이용한 정규근사 이용)

부록

표 1 이항분포표

$$P[X \le c]=\sum_{x=0}^{c} {}_nC_x p^x (1-p)^{n-x}$$

	c	p: .05	.10	.20	.30	.40	.50	.60	.70	.80	.90	.95
$n=1$	0	.950	.900	.800	.700	.600	.500	.400	.300	.200	.100	.050
	1	1.000	1.000	1.000	1.000	1.000	1.000	1.000	1.000	1.000	1.000	1.000
$n=2$	0	.902	.810	.640	.490	.360	.250	.160	.090	.040	.010	.002
	1	.997	.990	.960	.910	.840	.750	.640	.510	.360	.190	.097
	2	1.000	1.000	1.000	1.000	1.000	1.000	1.000	1.000	1.000	1.000	1.000
$n=3$	0	.857	.729	.512	.343	.216	.125	.064	.027	.008	.001	.000
	1	.993	.972	.896	.784	.648	.500	.352	.216	.104	.028	.007
	2	1.000	.999	.992	.973	.936	.875	.784	.657	.488	.271	.143
	3	1.000	1.000	1.000	1.000	1.000	1.000	1.000	1.000	1.000	1.000	1.000
$n=4$	0	.815	.656	.410	.240	.130	.063	.026	.008	.002	.000	.000
	1	.986	.948	.819	.652	.475	.313	.179	.084	.027	.004	.000
	2	1.000	.996	.973	.916	.821	.688	.525	.348	.181	.052	.014
	3	1.000	1.000	.998	.992	.974	.938	.870	.760	.590	.344	.185
	4	1.000	1.000	1.000	1.000	1.000	1.000	1.000	1.000	1.000	1.000	1.000
$n=5$	0	.774	.590	.328	.168	.078	.031	.010	.002	.000	.000	.000
	1	.977	.919	.737	.528	.337	.188	.087	.031	.007	.000	.000
	2	.999	.991	.942	.837	.683	.500	.317	.163	.058	.009	.001
	3	1.000	1.000	.993	.969	.913	.813	.663	.472	.263	.081	.023
	4	1.000	1.000	1.000	.998	.990	.969	.922	.832	.672	.410	.226
	5	1.000	1.000	1.000	1.000	1.000	1.000	1.000	1.000	1.000	1.000	1.000
$n=6$	0	.735	.531	.262	.118	.047	.016	.004	.001	.000	.000	.000
	1	.967	.886	.655	.420	.233	.109	.041	.011	.002	.000	.000
	2	.998	.984	.901	.744	.544	.344	.179	.070	.017	.001	.000
	3	1.000	.999	.983	.930	.821	.656	.456	.256	.099	.016	.002
	4	1.000	1.000	.998	.989	.959	.891	.767	.580	.345	.114	.033
	5	1.000	1.000	1.000	.999	.996	.984	.953	.882	.738	.469	.265
	6	1.000	1.000	1.000	1.000	1.000	1.000	1.000	1.000	1.000	1.000	1.000
$n=7$	0	.698	.478	.210	.082	.028	.008	.002	.000	.000	.000	.000
	1	.956	.850	.577	.329	.159	.063	.019	.004	.000	.000	.000
	2	.996	.974	.852	.647	.420	.227	.096	.029	.005	.000	.000
	3	1.000	.997	.967	.874	.710	.500	.290	.126	.033	.003	.000
	4	1.000	1.000	.995	.971	.904	.773	.580	.353	.148	.026	.004
	5	1.000	1.000	1.000	.996	.981	.938	.841	.671	.423	.150	.044
	6	1.000	1.000	1.000	1.000	.998	.992	.972	.918	.790	.522	.302
	7	1.000	1.000	1.000	1.000	1.000	1.000	1.000	1.000	1.000	1.000	1.000

표 1. (계속)

	c	.05	.10	.20	.30	.40	.50	.60	.70	.80	.90	.95
							p					
$n = 8$	0	.663	.430	.168	.058	.017	.004	.001	.000	.000	.000	.000
	1	.943	.813	.503	.255	.106	.035	.009	.001	.000	.000	.000
	2	.994	.962	.797	.552	.315	.145	.050	.011	.001	.000	.000
	3	1.000	.995	.944	.806	.594	.363	.174	.058	.010	.000	.000
	4	1.000	1.000	.990	.942	.826	.637	.406	.194	.056	.005	.000
	5	1.000	1.000	.999	.989	.950	.855	.685	.448	.203	.038	.006
	6	1.000	1.000	1.000	.999	.991	.965	.894	.745	.497	.187	.057
	7	1.000	1.000	1.000	1.000	.999	.996	.983	.942	.832	.570	.337
	8	1.000	1.000	1.000	1.000	1.000	1.000	1.000	1.000	1.000	1.000	1.000
$n = 9$	0	.630	.387	.134	.040	.010	.002	.000	.000	.000	.000	.000
	1	.929	.775	.436	.196	.071	.020	.004	.000	.000	.000	.000
	2	.992	.947	.738	.463	.232	.090	.025	.004	.000	.000	.000
	3	.999	.992	.914	.730	.483	.254	.099	.025	.003	.000	.000
	4	1.000	.999	.980	.901	.733	.500	.267	.099	.020	.001	.000
	5	1.000	1.000	.997	.975	.901	.746	.517	.270	.086	.008	.001
	6	1.000	1.000	1.000	.996	.975	.910	.768	.537	.262	.053	.008
	7	1.000	1.000	1.000	1.000	.996	.980	.929	.804	.564	.225	.071
	8	1.000	1.000	1.000	1.000	1.000	.998	.990	.960	.866	.613	.370
	9	1.000	1.000	1.000	1.000	1.000	1.000	1.000	1.000	1.000	1.000	1.000
$n = 10$	0	.599	.349	.107	.028	.006	.001	.000	.000	.000	.000	.000
	1	.914	.736	.376	.149	.046	.011	.002	.000	.000	.000	.000
	2	.988	.930	.678	.383	.167	.055	.012	.002	.000	.000	.000
	3	.999	.987	.879	.650	.382	.172	.055	.011	.001	.000	.000
	4	1.000	.998	.967	.850	.633	.377	.166	.047	.006	.000	.000
	5	1.000	1.000	.994	.953	.834	.623	.367	.150	.033	.002	.000
	6	1.000	1.000	.999	.989	.945	.828	.618	.350	.121	.013	.001
	7	1.000	1.000	1.000	.998	.988	.945	.833	.617	.322	.070	.012
	8	1.000	1.000	1.000	1.000	.998	.989	.954	.851	.624	.264	.086
	9	1.000	1.000	1.000	1.000	1.000	.999	.994	.972	.893	.651	.401
	10	1.000	1.000	1.000	1.000	1.000	1.000	1.000	1.000	1.000	1.000	1.000
$n = 11$	0	.569	.314	.086	.020	.004	.000	.000	.000	.000	.000	.000
	1	.898	.697	.322	.113	.030	.006	.001	.000	.000	.000	.000
	2	.985	.910	.617	.313	.119	.033	.006	.001	.000	.000	.000
	3	.998	.981	.839	.570	.296	.113	.029	.004	.000	.000	.000
	4	1.000	.997	.950	.790	.533	.274	.099	.022	.002	.000	.000
	5	1.000	1.000	.988	.922	.753	.500	.247	.078	.012	.000	.000
	6	1.000	1.000	.998	.978	.901	.726	.467	.210	.050	.003	.000
	7	1.000	1.000	1.000	.996	.971	.887	.704	.430	.161	.019	.002
	8	1.000	1.000	1.000	.999	.994	.967	.881	.687	.383	.090	.015
	9	1.000	1.000	1.000	1.000	.999	.994	.970	.887	.678	.303	.102
	10	1.000	1.000	1.000	1.000	1.000	1.000	.996	.980	.914	.686	.431
	11	1.000	1.000	1.000	1.000	1.000	1.000	1.000	1.000	1.000	1.000	1.000

표 1. (계속)

		p										
	c	.05	.10	.20	.30	.40	.50	.60	.70	.80	.90	.95
$n = 12$	0	.540	.282	.069	.014	.002	.000	.000	.000	.000	.000	.000
	1	.882	.659	.275	.085	.020	.003	.000	.000	.000	.000	.000
	2	.980	.889	.558	.253	.083	.019	.003	.000	.000	.000	.000
	3	.998	.974	.795	.493	.225	.073	.015	.002	.000	.000	.000
	4	1.000	.996	.927	.724	.438	.194	.057	.009	.001	.000	.000
	5	1.000	.999	.981	.882	.665	.387	.158	.039	.004	.000	.000
	6	1.000	1.000	.996	.961	.842	.613	.335	.118	.019	.001	.000
	7	1.000	1.000	.999	.991	.943	.806	.562	.276	.073	.004	.000
	8	1.000	1.000	1.000	.998	.985	.927	.775	.507	.205	.026	.002
	9	1.000	1.000	1.000	1.000	.997	.981	.917	.747	.442	.111	.020
	10	1.000	1.000	1.000	1.000	1.000	.977	.980	.915	.725	.341	.118
	11	1.000	1.000	1.000	1.000	1.000	1.000	.998	.986	.931	.718	.460
	12	1.000	1.000	1.000	1.000	1.000	1.000	1.000	1.000	1.000	1.000	1.000
$n = 13$	0	.513	.254	.055	.010	.001	.000	.000	.000	.000	.000	.000
	1	.865	.621	.234	.064	.013	.002	.000	.000	.000	.000	.000
	2	.975	.866	.502	.202	.058	.011	.001	.000	.000	.000	.000
	3	.997	.966	.747	.421	.169	.046	.008	.001	.000	.000	.000
	4	1.000	.994	.901	.654	.353	.133	.032	.004	.000	.000	.000
	5	1.000	.999	.970	.835	.574	.291	.098	.018	.001	.000	.000
	6	1.000	1.000	.993	.938	.771	.500	.229	.062	.007	.000	.000
	7	1.000	1.000	.999	.982	.902	.709	.426	.165	.030	.001	.000
	8	1.000	1.000	1.000	.996	.968	.867	.647	.346	.099	.006	.000
	9	1.000	1.000	1.000	.999	.992	.954	.831	.579	.253	.034	.003
	10	1.000	1.000	1.000	1.000	.999	.989	.942	.798	.498	.134	.025
	11	1.000	1.000	1.000	1.000	1.000	.998	.987	.936	.766	.379	.135
	12	1.000	1.000	1.000	1.000	1.000	1.000	.999	.990	.945	.746	.487
	13	1.000	1.000	1.000	1.000	1.000	1.000	1.000	1.000	1.000	1.000	1.000
$n = 14$	0	.488	.229	.044	.007	.001	.000	.000	.000	.000	.000	.000
	1	.847	.585	.198	.047	.008	.001	.000	.000	.000	.000	.000
	2	.970	.842	.448	.161	.040	.006	.001	.000	.000	.000	.000
	3	.996	.956	.698	.355	.124	.029	.004	.000	.000	.000	.000
	4	1.000	.991	.870	.584	.279	.090	.018	.002	.000	.000	.000
	5	1.000	.999	.956	.781	.486	.212	.058	.008	.000	.000	.000
	6	1.000	1.000	.988	.907	.692	.395	.150	.031	.002	.000	.000
	7	1.000	1.000	.998	.969	.850	.605	.308	.093	.012	.000	.000
	8	1.000	1.000	1.000	.992	.942	.788	.514	.219	.044	.001	.000
	9	1.000	1.000	1.000	.998	.982	.910	.721	.416	.130	.009	.000
	10	1.000	1.000	1.000	1.000	.996	.971	.876	.645	.302	.044	.004
	11	1.000	1.000	1.000	1.000	.999	.994	.960	.839	.552	.158	.030
	12	1.000	1.000	1.000	1.000	1.000	.999	.992	.953	.802	.415	.153
	13	1.000	1.000	1.000	1.000	1.000	1.000	.999	.993	.956	.771	.512
	14	1.000	1.000	1.000	1.000	1.000	1.000	1.000	1.000	1.000	1.000	1.000

표 1. (계속)

		p										
		.05	.10	.20	.30	.40	.50	.60	.70	.80	.90	.95
	c											
n = 15	0	.463	.206	.035	.005	.000	.000	.000	.000	.000	.000	.000
	1	.829	.549	.167	.035	.005	.000	.000	.000	.000	.000	.000
	2	.964	.816	.398	.127	.027	.004	.000	.000	.000	.000	.000
	3	.995	.944	.648	.297	.091	.018	.002	.000	.000	.000	.000
	4	.999	.987	.836	.515	.217	.059	.009	.001	.000	.000	.000
	5	1.000	.998	.939	.722	.403	.151	.034	.004	.000	.000	.000
	6	1.000	1.000	.982	.869	.610	.304	.095	.015	.001	.000	.000
	7	1.000	1.000	.996	.950	.787	.500	.213	.050	.004	.000	.000
	8	1.000	1.000	.999	.985	.905	.696	.390	.131	.018	.000	.000
	9	1.000	1.000	1.000	.996	.966	.849	.597	.278	.061	.002	.000
	10	1.000	1.000	1.000	.999	.991	.941	.783	.485	.164	.013	.001
	11	1.000	1.000	1.000	1.000	.998	.982	.909	.703	.352	.056	.005
	12	1.000	1.000	1.000	1.000	1.000	.996	.973	.873	.602	.184	.036
	13	1.000	1.000	1.000	1.000	1.000	1.000	.995	.965	.833	.451	.171
	14	1.000	1.000	1.000	1.000	1.000	1.000	1.000	.995	.965	.794	.537
	15	1.000	1.000	1.000	1.000	1.000	1.000	1.000	1.000	1.000	1.000	1.000
n = 16	0	.440	.185	.028	.003	.000	.000	.000	.000	.000	.000	.000
	1	.811	.515	.141	.026	.003	.000	.000	.000	.000	.000	.000
	2	.957	.789	.352	.099	.018	.002	.000	.000	.000	.000	.000
	3	.993	.932	.598	.246	.065	.011	.001	.000	.000	.000	.000
	4	.999	.983	.798	.450	.167	.038	.005	.000	.000	.000	.000
	5	1.000	.997	.918	.660	.329	.105	.019	.002	.000	.000	.000
	6	1.000	.999	.973	.825	.527	.227	.058	.007	.000	.000	.000
	7	1.000	1.000	.993	.926	.716	.402	.142	.026	.001	.000	.000
	8	1.000	1.000	.999	.974	.858	.598	.284	.074	.007	.000	.000
	9	1.000	1.000	1.000	.993	.942	.773	.473	.175	.027	.001	.000
	10	1.000	1.000	1.000	.998	.981	.895	.671	.340	.082	.003	.000
	11	1.000	1.000	1.000	1.000	.995	.962	.833	.550	.202	.017	.001
	12	1.000	1.000	1.000	1.000	.999	.989	.935	.754	.402	.068	.007
	13	1.000	1.000	1.000	1.000	1.000	.998	.982	.901	.648	.211	.043
	14	1.000	1.000	1.000	1.000	1.000	1.000	.997	.974	.859	.485	.189
	15	1.000	1.000	1.000	1.000	1.000	1.000	1.000	.997	.972	.815	.560
	16	1.000	1.000	1.000	1.000	1.000	1.000	1.000	1.000	1.000	1.000	1.000

표 1. (계속)

	c	.05	.10	.20	.30	.40	.50	.60	.70	.80	.90	.95
		p										
n = 17	0	.418	.167	.023	.002	.000	.000	.000	.000	.000	.000	.000
	1	.792	.482	.118	.019	.002	.000	.000	.000	.000	.000	.000
	2	.950	.762	.310	.077	.012	.001	.000	.000	.000	.000	.000
	3	.991	.917	.549	.202	.046	.006	.000	.000	.000	.000	.000
	4	.999	.978	.758	.389	.126	.025	.003	.000	.000	.000	.000
	5	1.000	.995	.894	.597	.264	.072	.011	.001	.000	.000	.000
	6	1.000	.999	.962	.775	.448	.166	.035	.003	.000	.000	.000
	7	1.000	1.000	.989	.895	.641	.315	.092	.013	.000	.000	.000
	8	1.000	1.000	.997	.960	.801	.500	.199	.040	.003	.000	.000
	9	1.000	1.000	1.000	.987	.908	.685	.359	.105	.011	.000	.000
	10	1.000	1.000	1.000	.997	.965	.834	.552	.225	.038	.001	.000
	11	1.000	1.000	1.000	.999	.989	.928	.736	.403	.106	.005	.000
	12	1.000	1.000	1.000	1.000	.997	.975	.874	.611	.242	.022	.001
	13	1.000	1.000	1.000	1.000	1.000	.994	.954	.798	.451	.083	.009
	14	1.000	1.000	1.000	1.000	1.000	.999	.988	.923	.690	.238	.050
	15	1.000	1.000	1.000	1.000	1.000	1.000	.998	.981	.882	.518	.208
	16	1.000	1.000	1.000	1.000	1.000	1.000	1.000	.998	.977	.833	.582
	17	1.000	1.000	1.000	1.000	1.000	1.000	1.000	1.000	1.000	1.000	1.000
n = 18	0	.397	.150	.018	.002	.000	.000	.000	.000	.000	.000	.000
	1	.774	.450	.099	.014	.001	.000	.000	.000	.000	.000	.000
	2	.942	.734	.271	.060	.008	.001	.000	.000	.000	.000	.000
	3	.989	.902	.501	.165	.033	.004	.000	.000	.000	.000	.000
	4	.998	.972	.716	.333	.094	.015	.001	.000	.000	.000	.000
	5	1.000	.994	.867	.534	.209	.048	.006	.000	.000	.000	.000
	6	1.000	.999	.949	.722	.374	.119	.020	.001	.000	.000	.000
	7	1.000	1.000	.984	.859	.563	.240	058	.006	.000	.000	.000
	8	1.000	1.000	.996	.940	.737	.407	.135	.021	.001	.000	.000
	9	1.000	1.000	.999	.979	.865	.593	.263	.060	.004	.000	.000
	10	1.000	1.000	1.000	.994	.942	.760	.437	.141	.016	000	.000
	11	1.000	1.000	1.000	.999	.980	.881	.626	.278	.051	.001	.000
	12	1.000	1.000	1.000	1.000	.994	.952	.791	.466	.133	.006	.000
	13	1.000	1.000	1.000	1.000	.999	.985	.906	.667	.284	.028	.002
	14	1.000	1.000	1.000	1.000	1.000	.996	.967	.835	.499	.098	.011
	15	1.000	1.000	1.000	1.000	1.000	.999	.992	.940	.729	.266	.058
	16	1.000	1.000	1.000	1.000	1.000	1.000	.999	.986	.901	.550	.226
	17	1.000	1.000	1.000	1.000	1.000	1.000	1.000	.998	.982	.850	.603
	18	1.000	1.000	1.000	1.000	1.000	1.000	1.000	1.000	1.000	1.000	1.000

표 1. (계속)

	c	p .05	.10	.20	.30	.40	.50	.60	.70	.80	.90	.95
$n = 19$	0	.377	.135	.014	.001	.000	.000	.000	.000	.000	.000	.000
	1	.755	.420	.083	.010	.001	.000	.000	.000	.000	.000	.000
	2	.933	.705	.237	.046	.005	.000	.000	.000	.000	.000	.000
	3	.987	.885	.455	.133	.023	.002	.000	.000	.000	.000	.000
	4	.998	.965	.673	.282	.070	.010	.001	.000	.000	.000	.000
	5	1.000	.991	.837	.474	.163	.032	.003	.000	.000	.000	.000
	6	1.000	.998	.932	.666	.308	.084	.012	.001	.000	.000	.000
	7	1.000	1.000	.977	.818	.488	.180	.035	.003	.000	.000	.000
	8	1.000	1.000	.993	.916	.667	.324	.088	.011	.000	.000	.000
	9	1.000	1.000	.998	.967	.814	.500	.186	.033	.002	.000	.000
	10	1.000	1.000	1.000	.989	.912	.676	.333	.084	.007	.000	.000
	11	1.000	1.000	1.000	.997	.965	.820	.512	.182	.023	.000	.000
	12	1.000	1.000	1.000	.999	.988	.916	.692	.334	.068	.002	.000
	13	1.000	1.000	1.000	1.000	.997	.968	.837	.526	.163	.009	.000
	14	1.000	1.000	1.000	1.000	.999	.990	.930	.718	.327	.035	.002
	15	1.000	1.000	1.000	1.000	1.000	.998	.977	.867	.545	.115	.013
	16	1.000	1.000	1.000	1.000	1.000	1.000	.995	.954	.763	.295	.067
	17	1.000	1.000	1.000	1.000	1.000	1.000	.999	.990	.917	.580	.245
	18	1.000	1.000	1.000	1.000	1.000	1.000	1.000	.999	.986	.865	.623
	19	1.000	1.000	1.000	1.000	1.000	1.000	1.000	1.000	1.000	1.000	1.000
$n = 20$	0	.358	.122	.012	.001	.000	.000	.000	.000	.000	.000	.000
	1	.736	.392	.069	.008	.001	.000	.000	.000	.000	.000	.000
	2	.925	.677	.206	.035	.004	.000	.000	.000	.000	.000	.000
	3	.984	.867	.411	.107	.016	.001	.000	.000	.000	.000	.000
	4	.997	.957	.630	.238	.051	.006	.000	.000	.000	.000	.000
	5	1.000	.989	.804	.416	.126	.021	.002	.000	.000	.000	.000
	6	1.000	.998	.913	.608	.250	.058	.006	.000	.000	.000	.000
	7	1.000	1.000	.968	.772	.416	.132	.021	.001	.000	.000	.000
	8	1.000	1.000	.990	.887	.596	.252	.057	.005	.000	.000	.000
	9	1.000	1.000	.997	.952	.755	.412	.128	.017	.001	.000	.000
	10	1.000	1.000	.999	.983	.872	.588	.245	.048	.003	.000	.000
	11	1.000	1.000	1.000	.995	.943	.748	.404	.113	.010	.000	.000
	12	1.000	1.000	1.000	.999	.979	.868	.584	.228	.032	.000	.000
	13	1.000	1.000	1.000	1.000	.994	.942	.750	.392	.087	.002	.000
	14	1.000	1.000	1.000	1.000	.998	.979	.874	.584	.196	.011	.000
	15	1.000	1.000	1.000	1.000	1.000	.994	.949	.762	.370	.043	.003
	16	1.000	1.000	1.000	1.000	1.000	.999	.984	.893	.589	.133	.016
	17	1.000	1.000	1.000	1.000	1.000	1.000	.996	.965	.794	.323	.075
	18	1.000	1.000	1.000	1.000	1.000	1.000	.999	.992	.931	.608	.264
	19	1.000	1.000	1.000	1.000	1.000	1.000	1.000	.999	.988	.878	.642
	20	1.000	1.000	1.000	1.000	1.000	1.000	1.000	1.000	1.000	1.000	1.000

표 1. (계속)

		p										
	c	.05	.10	.20	.30	.40	.50	.60	.70	.80	.90	.95
$n = 25$	0	.277	.072	.004	.000	.000	.000	.000	.000	.000	.000	.000
	1	.642	.271	.027	.002	.000	.000	.000	.000	.000	.000	.000
	2	.873	.537	.098	.009	.000	.000	.000	.000	.000	.000	.000
	3	.966	.764	.234	.033	.002	.000	.000	.000	.000	.000	.000
	4	.993	.902	.421	.090	.009	.000	.000	.000	.000	.000	.000
	5	.999	.967	.617	.193	.029	.002	.000	.000	.000	.000	.000
	6	1.000	.991	.780	.341	.074	.007	.000	.000	.000	.000	.000
	7	1.000	.998	.891	.512	.154	.022	.001	.000	.000	.000	.000
	8	1.000	1.000	.953	.677	.274	.054	.004	.000	.000	.000	.000
	9	1.000	1.000	.983	.811	.425	.115	.013	.000	.000	.000	.000
	10	1.000	1.000	.994	.902	.586	.212	.034	.002	.000	.000	.000
	11	1.000	1.000	.998	.956	.732	.345	.078	.006	.000	.000	.000
	12	1.000	1.000	1.000	.983	.846	.500	.154	.017	.000	.000	.000
	13	1.000	1.000	1.000	.994	.922	.655	.268	.044	.002	.000	.000
	14	1.000	1.000	1.000	.998	.966	.788	.414	.098	.006	.000	.000
	15	1.000	1.000	1.000	1.000	.987	.885	.575	.189	.017	.000	.000
	16	1.000	1.000	1.000	1.000	.996	.946	.726	.323	.047	.000	.000
	17	1.000	1.000	1.000	1.000	.999	.978	.846	.488	.109	.002	.000
	18	1.000	1.000	1.000	1.000	1.000	.993	.926	.659	.220	.009	.000
	19	1.000	1.000	1.000	1.000	1.000	.998	.971	.807	.383	.033	.001
	20	1.000	1.000	1.000	1.000	1.000	1.000	.991	.910	.579	.098	.007
	21	1.000	1.000	1.000	1.000	1.000	1.000	.998	.967	.766	.236	.034
	22	1.000	1.000	1.000	1.000	1.000	1.000	1.000	.991	.902	.463	.127
	23	1.000	1.000	1.000	1.000	1.000	1.000	1.000	.998	.973	.729	.358
	24	1.000	1.000	1.000	1.000	1.000	1.000	1.000	1.000	.996	.928	.723
	25	1.000	1.000	1.000	1.000	1.000	1.000	1.000	1.000	1.000	1.000	1.000

표 2 포아송 분포표

$$P[X \le c] = \sum_{x=0}^{c} \frac{e^{-m} m^x}{x!}$$

c \ m	.02	.04	.06	.08	.10	.15	.20	.25
0	.980	.961	.942	.923	.905	.861	.819	.779
1	1.000	.999	.998	.997	.995	.990	.982	.974
2		1.000	1.000	1.000	1.000	.999	.999	.998
3						1.000	1.000	1.000

c \ m	.30	.35	.40	.45	.50	.55	.60	.65
0	.741	.705	.670	.638	.607	.577	.549	.522
1	.963	.951	.938	.925	.910	.894	.878	.861
2	.996	.994	.992	.989	.986	.982	.977	.972
3	1.000	1.000	.999	.999	.998	.998	.997	.996
4			1.000	1.000	1.000	1.000	1.000	.999
5								1.000

c \ m	.70	.75	.80	.85	.90	.95	1.0	1.1
0	.497	.472	.449	.427	.407	.387	.368	.333
1	.844	.827	.809	.791	.772	.754	.736	.699
2	.966	.959	.953	.945	.937	.929	.920	.900
3	.994	.993	.991	.989	.987	.984	.981	.974
4	.999	.999	.999	.998	.998	.997	.996	.995
5	1.000	1.000	1.000	1.000	1.000	1.000	.999	.999
6							1.000	1.000

표 2. (계속)

c \ m	1.2	1.3	1.4	1.5	1.6	1.7	1.8	1.9
0	.301	.273	.247	.223	.202	.183	.165	.150
1	.663	.627	.592	.558	.525	.493	.463	.434
2	.879	.857	.833	.809	.783	.757	.731	.704
3	.966	.957	.946	.934	.921	.907	.891	.875
4	.992	.989	.986	.981	.976	.970	.964	.956
5	.998	.998	.997	.996	.994	.992	.990	.987
6	1.000	1.000	.999	.999	.999	.998	.997	.997
7			1.000	1.000	1.000	1.000	.999	.999
8							1.000	1000

c \ m	2.0	2.2	2.4	2.6	2.8	3.0	3.2	3.4
0	.135	.111	.091	.074	.061	.050	.041	.033
1	.406	.355	.308	.267	.231	.199	.171	.147
2	.677	.623	.570	.518	.469	.423	.380	.340
3	.857	.819	.779	.736	.692	.647	.603	.558
4	.947	.928	.904	.877	.848	.815	.781	.744
5	.983	.975	.964	.951	.935	.916	.895	.871
6	.995	.993	.988	.983	.976	.966	.955	.942
7	.999	.998	.997	.995	.992	.988	.983	.977
8	1.000	1.000	.999	.999	.998	.997	.994	.992
9			1.000	1.000	.999	.999	.998	.997
10					1.000	1.000	1.000	.999
11								1.000

c \ m	3.6	3.8	4.0	4.2	4.4	4.6	4.8	5.0
0	.027	.022	.018	.015	.012	.010	.008	.007
1	.126	.107	.092	.078	.066	.056	.048	.040
2	.303	.269	.238	.210	.185	.163	.143	.125
3	.515	.473	.433	.395	.359	.326	.294	.265
4	.706	.668	.629	.590	.551	.513	.476	.440
5	.844	.816	.785	.753	.720	.686	.651	.616
6	.927	.909	.889	.867	.844	.818	.791	.762
7	.969	.960	.949	.936	.921	.905	.887	.867
8	.988	.984	.979	.972	.964	.955	.944	.932
9	.996	.994	.992	.989	.985	.980	.975	.968
10	.999	.998	.997	.996	.994	.992	.990	.986
11	1.000	.999	.999	.999	.998	.997	.996	.995
12		1.000	1.000	1.000	.999	.999	.999	.998
13					1.000	1.000	1.000	.999
14								1.000

표 2. (계속)

c \ m	5.2	5.4	5.6	5.8	6.0	6.2	6.4	6.6
0	.006	.005	.004	.003	.002	.002	.002	.001
1	.034	.029	.024	.021	.017	.015	.012	.010
2	.109	095	.082	.072	.062	.054	.046	.040
3	.238	.213	.191	.170	.151	.134	.119	.105
4	.406	.373	.342	.313	.285	.259	.235	.213
5	.581	.546	.512	.478	.446	.414	.384	.355
6	.732	.702	.670	.638	.606	.574	.542	.511
7	.845	.822	.797	.771	.744	.716	.687	.658
8	.918	.903	.886	.867	.847	.826	.803	.780
9	.960	.951	.941	.929	.916	.902	.886	.869
10	.982	.977	.972	.965	.957	.949	.939	.927
11	.993	.990	.988	.984	.980	.975	.969	.963
12	.997	.996	.995	.993	.991	.989	.986	.982
13	.999	.999	.998	.997	.996	.995	.994	.992
14	1.000	.999	.999	.999	.999	.998	.997	.997
15		1.000	1.000	1.000	.999	.999	.999	.999
16					1.000	1.000	1.000	.999
17								1.000

c \ m	6.8	7.0	7.2	7.4	7.6	7.8	8.0	8.5
0	.001	.001	.001	.001	.001	.000	.000	.000
1	.009	.007	.006	.005	.004	.004	.003	.002
2	.034	.030	.025	.022	.019	.016	.014	.009
3	.093	.082	.072	.063	.055	.048	.042	.030
4	.192	.173	.156	.140	.125	.112	.100	.074
5	.327	.301	.276	.253	.231	.210	.191	.150
6	.480	.450	.420	.392	.365	.338	.313	.256
7	.628	.599	.569	.539	.510	.481	.453	.386
8	.755	.729	.703	.676	.648	.620	.593	.523
9	.850	.830	.810	.788	.765	.741	.717	.653
10	.915	.901	.887	.871	.854	.835	.816	.763
11	.955	.947	.937	.926	.915	.902	.888	.849
12	.978	.973	.967	.961	.954	.945	.936	.909
13	.990	.987	.984	.980	.976	.971	.966	.949
14	.996	.994	.993	.991	.989	.986	.983	.973
15	.998	.998	.997	.996	.995	.993	.992	.986
16	.999	.999	.999	.998	.998	.997	.996	.993
17	1.000	1.000	.999	.999	.999	.999	.998	.997
18			1.000	1.000	1.000	1.000	.999	.999
19							1.000	.999
20								1.000

표 2. (계속)

c \ m	9.0	9.5	10.0	10.5	11.0	11.5	12.0	12.5
1	.001	.001	.000	.000	.000	.000	.000	.000
2	.006	.004	.003	.002	.001	.001	.001	.000
3	.021	.015	.010	.007	.005	.003	.002	.002
4	.055	.040	.029	.021	.015	.011	.008	.005
5	.116	.089	.067	.050	.038	.028	.020	.015
6	.207	.165	.130	.102	.079	.060	.046	.035
7	.324	.269	.220	.179	.143	.114	.090	.070
8	.456	.392	.333	.279	.232	.191	.155	.125
9	.587	.522	.458	.397	.341	.289	.242	.201
10	.706	.645	.583	.521	.460	.402	.347	.297
11	.803	.752	.697	.639	.579	.520	.462	.406
12	.876	.836	.792	.742	.689	.633	.576	.519
13	.926	.898	.864	.825	.781	.733	.682	.628
14	.959	.940	.917	.888	.854	.815	.772	.725
15	.978	.967	.951	.932	.907	.878	.844	.806
16	.989	.982	.973	.960	.944	.924	.899	.869
17	.995	.991	.986	.978	.968	.954	.937	.916
18	.998	.996	.993	.988	.982	.974	.963	.948
19	.999	.998	.997	.994	.991	.986	.979	.969
20	1.000	.999	.998	.997	.995	.992	.988	.983
21		1.000	.999	.999	.998	.996	.994	.991
22			1.000	.999	.999	.998	.997	.995
23				1.000	1.000	.999	.999	.998
24						1.000	.999	.999
25							1.000	.999
26								1.000

표 3 정규분포표

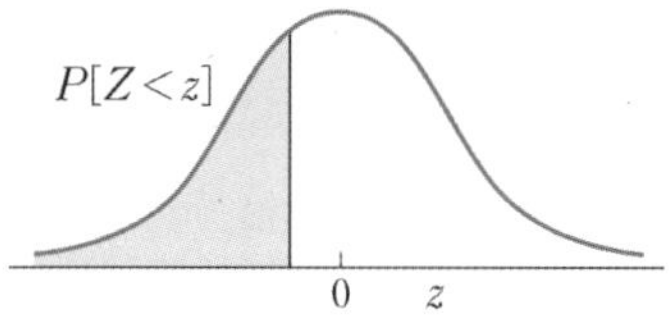

	.00	.01	.02	.03	.04	.05	.06	.07	.08	.09
−3.5	.0002	.0002	.0002	.0002	.0002	.0002	.0002	.0002	.0002	.0002
−3.4	.0003	.0003	.0003	.0003	.0003	.0003	.0003	.0003	.0003	.0002
−3.3	.0005	.0005	.0005	.0004	.0004	.0004	.0004	.0004	.0004	.0003
−3.2	.0007	.0007	.0006	.0006	.0006	.0006	.0006	.0005	.0005	.0005
−3.1	.0010	.0009	.0009	.0009	.0008	.0008	.0008	.0008	.0007	.0007
−3.0	.0013	.0013	.0013	.0012	.0012	.0011	.0011	.0011	.0010	.0010
−2.9	.0019	.0018	.0018	.0017	.0016	.0016	.0015	.0015	.0014	.0014
−2.8	.0026	.0025	.0024	.0023	.0023	.0022	.0021	.0021	.0020	.0019
−2.7	.0035	.0034	.0033	.0032	.0031	.0030	.0029	.0028	.0027	.0026
−2.6	.0047	.0045	.0044	.0043	.0041	.0040	.0039	.0038	.0037	.0036
−2.5	.0062	.0060	.0059	.0057	.0055	.0054	.0052	.0051	.0049	.0048
−2.4	.0082	.0080	.0078	.0075	.0073	.0071	.0069	.0068	.0066	.0064
−2.3	.0107	.0104	.0102	.0099	.0096	.0094	.0091	.0089	.0087	.0084
−2.2	.0139	.0136	.0132	.0129	.0125	.0122	.0119	.0116	.0113	.0110
−2.1	.0179	.0174	.0170	.0166	.0162	.0158	.0154	.0150	.0146	.0143
−2.0	.0228	.0222	.0217	.0212	.0207	.0202	.0197	.0192	.0188	.0183
−1.9	.0287	.0281	.0274	.0268	.0262	.0256	.0250	.0244	.0239	.0233
−1.8	.0359	.0351	.0344	.0336	.0329	.0322	.0314	.0307	.0301	.0294
−1.7	.0446	.0436	.0427	.0418	.0409	.0401	.0392	.0384	.0375	.0367
−1.6	.0548	.0537	.0526	.0516	.0505	.0495	.0485	.0475	.0465	.0455
−1.5	.0668	.0655	.0643	.0630	.0618	.0606	.0594	.0582	.0571	.0559
−1.4	.0808	.0793	.0778	.0764	.0749	.0735	.0721	.0708	.0694	.0681
−1.3	.0968	.0951	.0934	.0918	.0901	.0885	.0869	.0853	.0838	.0823
−1.2	.1151	.1131	.1112	.1093	.1075	.1056	.1038	.1020	.1003	.0985
−1.1	.1357	.1335	.1314	.1292	.1271	.1251	.1230	.1210	.1190	.1170
−1.0	.1587	.1562	.1539	.1515	.1492	.1469	.1446	.1423	.1401	.1379
−.9	.1841	.1814	.1788	.1762	.1736	.1711	.1685	.1660	.1635	.1611
−.8	.2119	.2090	.2061	.2033	.2005	.1977	.1949	.1922	.1894	.1867
−.7	.2420	.2389	.2358	.2327	.2297	.2266	.2236	.2206	.2177	.2148
−.6	.2743	.2709	.2676	.2643	.2611	.2578	.2546	.2514	.2483	.2451
−.5	.3085	.3050	.3015	.2981	.2946	.2912	.2877	.2843	.2810	.2776
−.4	.3446	.3409	.3372	.3336	.3300	.3264	.3228	.3192	.3156	.3121
−.3	.3821	.3783	.3745	.3707	.3669	.3632	.3594	.3557	.3520	.3483
−.2	.4207	.4168	.4129	.4090	.4052	.4013	.3974	.3936	.3897	.3859
−.1	.4602	.4562	.4522	.4483	.4443	.4404	.4364	.4325	.4286	.4247
−.0	.5000	.4960	.4920	.4880	.4840	.4801	.4761	.4721	.4681	.4641

표 3. (계속)

	.00	.01	.02	.03	.04	.05	.06	.07	.08	.09
.0	.5000	.5040	.5080	.5120	.5160	.5199	.5239	.5279	.5319	.5359
.1	.5398	.5438	.5478	.5517	.5557	.5596	.5636	.5675	.5714	.5753
.2	.5793	.5832	.5871	.5910	.5948	.5987	.6026	.6064	.6103	.6141
.3	.6179	.6217	.6255	.6293	.6331	.6368	.6406	.6443	.6480	.6517
.4	.6554	.6591	.6628	.6664	.6700	.6736	.6772	.6808	.6844	.6879
.5	.6915	.6950	.6985	.7019	.7054	.7088	.7123	.7157	.7190	.7224
.6	.7257	.7291	.7324	.7357	.7389	.7422	.7454	.7486	.7517	.7549
.7	.7580	.7611	.7642	.7673	.7703	.7734	.7764	.7794	.7823	.7852
.8	.7881	.7910	.7939	.7967	.7995	.8023	.8051	.8078	.8106	.8133
.9	.8159	.8186	.8212	.8238	.8264	.8289	.8315	.8340	.8365	.8389
1.0	.8413	.8438	.8461	.8485	.8508	.8531	.8554	.8577	.8599	.8621
1.1	.8643	.8665	.8686	.8708	.8729	.8749	.8770	.8790	.8810	.8830
1.2	.8849	.8869	.8888	.8907	.8925	.8944	.8962	.8980	.8997	.9015
1.3	.9032	.9049	.9066	.9082	.9099	.9115	.9131	.9147	.9162	.9177
1.4	.9192	.9207	.9222	.9236	.9251	.9265	.9279	.9292	.9306	.9319
1.5	.9332	.9345	.9357	.9370	.9382	.9394	.9406	.9418	.9429	.9441
1.6	.9452	.9463	.9474	.9484	.9495	.9505	.9515	.9525	.9535	.9545
1.7	.9554	.9564	.9573	.9582	.9591	.9599	.9608	.9616	.9625	.9633
1.8	.9641	.9649	.9656	.9664	.9671	.9678	.9686	.9693	.9699	.9706
1.9	.9713	.9719	.9726	.9732	.9738	.9744	.9750	.9756	.9761	.9767
2.0	.9772	.9778	.9783	.9788	.9793	.9798	.9803	.9808	.9812	.9817
2.1	.9821	.9826	.9830	.9834	.9838	.9842	.9846	.9850	.9854	.9857
2.2	.9861	.9864	.9868	.9871	.9875	.9878	.9881	.9884	.9887	.9890
2.3	.9893	.9896	.9898	.9901	.9904	.9906	.9909	.9911	.9913	.9916
2.4	.9918	.9920	.9922	.9925	.9927	.9929	.9931	.9932	.9934	.9936
2.5	.9938	.9940	.9941	.9943	.9945	.9946	.9948	.9949	.9951	.9952
2.6	.9953	.9955	.9956	.9957	.9959	.9960	.9961	.9962	.9963	.9964
2.7	.9965	.9966	.9967	.9968	.9969	.9970	.9971	.9972	.9973	.9974
2.8	.9974	.9975	.9976	.9977	.9977	.9978	.9979	.9979	.9980	.9981
2.9	.9981	.9982	.9982	.9983	.9984	.9984	.9985	.9985	.9986	.9986
3.0	.9987	.9987	.9987	.9988	.9988	.9989	.9989	.9989	.9990	.9990
3.1	.9990	.9991	.9991	.9991	.9992	.9992	.9992	.9992	.9993	.9993
3.2	.9993	.9993	.9994	.9994	.9994	.9994	.9994	.9995	.9995	.9995
3.3	.9995	.9995	.9995	.9996	.9996	.9996	.9996	.9996	.9996	.9997
3.4	.9997	.9997	.9997	.9997	.9997	.9997	.9997	.9997	.9997	.9998
3.5	.9998	.9998	.9998	.9998	.9998	.9998	.9998	.9998	.9998	.9998

표 4 t 분포의 상위 α의 확률을 주는 값

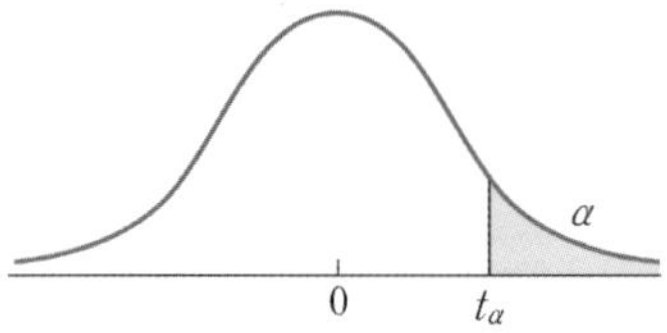

d.f. \ α	.25	.10	.05	.025	.01	.00833	.00625	.005
1	1.000	3.078	6.314	12.706	31.821	38.190	50.923	63.657
2	.816	1.886	2.920	4.303	6.965	7.649	8.860	9.925
3	.765	1.638	2.353	3.182	4.541	4.857	5.392	5.841
4	.741	1.533	2.132	2.776	3.747	3.961	4.315	4.604
5	.727	1.476	2.015	2.571	3.365	3.534	3.810	4.032
6	.718	1.440	1.943	2.447	3.143	3.287	3.521	3.707
7	.711	1.415	1.895	2.365	2.998	3.128	3.335	3.499
8	.706	1.397	1.860	2.306	2.896	3.016	3.206	3.355
9	.703	1.383	1.833	2.262	2.821	2.933	3.111	3.250
10	.700	1.372	1.812	2.228	2.764	2.870	3.038	3.169
11	.697	1.363	1.796	2.201	2.718	2.820	2.981	3.106
12	.695	1.356	1.782	2.179	2.681	2.779	2.934	3.055
13	.694	1.350	1.771	2.160	2.650	2.746	2.896	3.012
14	.692	1.345	1.761	2.145	2.624	2.718	2.864	2.977
15	.691	1.341	1.753	2.131	2.602	2.694	2.837	2.947
16	.690	1.337	1.746	2.120	2.583	2.673	2.813	2.921
17	.689	1.333	1.740	2.110	2.567	2.655	2.793	2.898
18	.688	1.330	1.734	2.101	2.552	2.639	2.775	2.878
19	.688	1.328	1.729	2.093	2.539	2.625	2.759	2.861
20	.687	1.325	1.725	2.086	2.528	2.613	2.744	2.845
21	.686	1.323	1.721	2.080	2.518	2.601	2.732	2.831
22	.686	1.321	1.717	2.074	2.508	2.591	2.720	2.819
23	.685	1.319	1.714	2.069	2.500	2.582	2.710	2.807
24	.685	1.318	1.711	2.064	2.492	2.574	2.700	2.797
25	.684	1.316	1.708	2.060	2.485	2.566	2.692	2.787
26	.684	1.315	1.706	2.056	2.479	2.559	2.684	2.779
27	.684	1.314	1.703	2.052	2.473	2.552	2.676	2.771
28	.683	1.313	1.701	2.048	2.467	2.546	2.669	2.763
29	.683	1.311	1.699	2.045	2.462	2.541	2.663	2.756
30	.683	1.310	1.697	2.042	2.457	2.536	2.657	2.750
40	.681	1.303	1.684	2.021	2.423	2.499	2.616	2.704
60	.679	1.296	1.671	2.000	2.390	2.463	2.575	2.660
120	.677	1.289	1.658	1.980	2.358	2.428	2.536	2.617
∞	.674	1.282	1.645	1.960	2.326	2.394	2.498	2.576

표 5 χ^2 분포의 상위 α의 확률을 주는 값

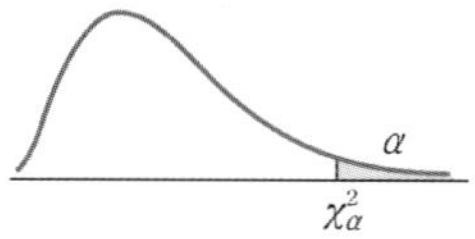

d.f. \ α	.99	.975	.95	.90	.50	.10	.05	.025	.01
1	.0002	.001	.004	.02	.45	2.71	3.84	5.02	6.63
2	.02	.05	.10	.21	1.39	4.61	5.99	7.38	9.21
3	.11	.22	.35	.58	2.37	6.25	7.81	9.35	11.34
4	.30	.48	.71	1.06	3.36	7.78	9.49	11.14	13.28
5	.55	.83	1.15	1.61	4.35	9.24	11.07	12.83	15.09
6	.87	1.24	1.64	2.20	5.35	10.64	12.59	14.45	16.81
7	1.24	1.69	2.17	2.83	6.35	12.02	14.07	16.01	18.48
8	1.65	2.18	2.73	3.49	7.34	13.36	15.51	17.53	20.09
9	2.09	2.70	3.33	4.17	8.34	14.68	16.92	19.02	21.67
10	2.56	3.24	3.94	4.87	9.34	15.99	18.31	20.48	23.21
11	3.05	3.81	4.57	5.58	10.34	17.28	19.68	21.92	24.72
12	3.57	4.40	5.23	6.30	11.34	18.55	21.03	23.34	26.22
13	4.11	5.01	5.89	7.04	12.34	19.81	22.36	24.74	27.69
14	4.66	5.62	6.57	7.79	13.34	21.06	23.68	26.12	29.14
15	5.23	6.26	7.26	8.55	14.34	22.31	25.00	27.49	30.58
16	5.81	6.90	7.96	9.31	15.34	23.54	26.30	28.85	32.00
17	6.41	7.56	8.67	10.09	16.34	24.77	27.59	30.19	33.41
18	7.01	8.23	9.39	10.86	17.34	25.99	28.87	31.53	34.81
19	7.63	8.90	10.12	11.65	18.34	27.20	30.14	32.85	36.19
20	8.26	9.59	10.85	12.44	19.34	28.41	31.41	34.17	37.57
21	8.90	10.28	11.59	13.24	20.34	29.62	32.67	35.48	38.93
22	9.54	10.98	12.34	14.04	21.34	30.81	33.92	36.78	40.29
23	10.20	11.69	13.09	14.85	22.34	32.01	35.17	38.08	41.64
24	10.86	12.40	13.85	15.66	23.34	33.20	36.42	39.36	42.98
25	11.52	13.11	14.61	16.47	24.34	34.38	37.65	40.65	44.31
26	12.20	13.84	15.38	17.29	25.34	35.56	38.89	41.92	45.64
27	12.88	14.57	16.15	18.11	26.34	36.74	40.11	43.19	46.96
28	13.56	15.30	16.93	18.94	27.34	37.92	41.34	44.46	48.28
29	14.26	16.04	17.71	19.77	28.34	39.09	42.56	45.72	49.59
30	14.95	16.78	18.49	20.60	29.34	40.26	43.77	46.98	50.89
40	22.16	24.42	26.51	29.05	39.34	51.81	55.76	59.34	63.69
50	29.71	32.35	34.76	37.69	49.33	63.17	67.50	71.42	76.15
60	37.48	40.47	43.19	46.46	59.33	74.40	79.08	83.30	88.38
70	45.44	48.75	51.74	55.33	69.33	85.53	90.53	95.02	100.43
80	53.54	57.15	60.39	64.28	79.33	96.58	101.88	106.63	112.33
90	61.75	65.64	69.13	73.29	89.33	107.57	113.15	118.14	124.12
100	70.06	74.22	77.93	82.36	99.33	118.50	124.34	129.56	135.81

표 6 F 분포의 상위 α의 확률을 주는 값

$\alpha=0.10$

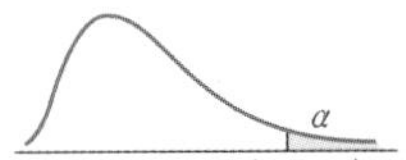

v_2 \ v_1	1	2	3	4	5	6	7	8	9	10	12	15	20	25	30	40	60
1	39.86	49.50	53.59	55.83	57.24	58.20	58.91	59.44	59.86	60.19	60.71	61.22	61.74	62.05	62.26	62.53	62.79
2	8.53	9.00	9.16	9.24	9.29	9.33	9.35	9.37	9.38	9.39	9.41	9.42	9.44	9.45	9.46	9.47	9.47
3	5.54	5.46	5.39	5.34	5.31	5.28	5.27	5.25	5.24	5.23	5.22	5.20	5.18	5.17	5.17	5.16	5.15
4	4.54	4.32	4.19	4.11	4.05	4.01	3.98	3.95	3.94	3.92	3.90	3.87	3.84	3.83	3.82	3.80	3.79
5	4.06	3.78	3.62	3.52	3.45	3.40	3.37	3.34	3.32	3.30	3.27	3.24	3.21	3.19	3.17	3.16	3.14
6	3.78	3.46	3.29	3.18	3.11	3.05	3.01	2.98	2.96	2.94	2.90	2.87	2.84	2.81	2.80	2.78	2.76
7	3.59	3.26	3.07	2.96	2.88	2.83	2.78	2.75	2.72	2.70	2.67	2.63	2.59	2.57	2.56	2.54	2.51
8	3.46	3.11	2.92	2.81	2.73	2.67	2.62	2.59	2.56	2.54	2.50	2.46	2.42	2.40	2.38	2.36	2.34
9	3.36	3.01	2.81	2.69	2.61	2.55	2.51	2.47	2.44	2.42	2.38	2.34	2.30	2.27	2.25	2.23	2.21
10	3.29	2.92	2.73	2.61	2.52	2.46	2.41	2.38	2.35	2.32	2.28	2.24	2.20	2.17	2.16	2.13	2.11
11	3.23	2.86	2.66	2.54	2.45	2.39	2.34	2.30	2.27	2.25	2.21	2.17	2.12	2.10	2.08	2.05	2.03
12	3.18	2.81	2.61	2.48	2.39	2.33	2.28	2.24	2.21	2.19	2.15	2.10	2.06	2.03	2.01	1.99	1.96
13	3.14	2.76	2.56	2.43	2.35	2.28	2.23	2.20	2.16	2.14	2.10	2.05	2.01	1.98	1.96	1.93	1.90
14	3.10	2.73	2.52	2.39	2.31	2.24	2.19	2.15	2.12	2.10	2.05	2.01	1.96	1.93	1.91	1.89	1.86
15	3.07	2.70	2.49	2.36	2.27	2.21	2.16	2.12	2.09	2.06	2.02	1.97	1.92	1.89	1.87	1.85	1.82
16	3.05	2.67	2.46	2.33	2.24	2.18	2.13	2.09	2.06	2.03	1.99	1.94	1.89	1.86	1.84	1.81	1.78
17	3.03	2.64	2.44	2.31	2.22	2.15	2.10	2.06	2.03	2.00	1.96	1.91	1.86	1.83	1.81	1.78	1.75
18	3.01	2.62	2.42	2.29	2.20	2.13	2.08	2.04	2.00	1.98	1.93	1.89	1.84	1.80	1.78	1.75	1.72
19	2.99	2.61	2.40	2.27	2.18	2.11	2.06	2.02	1.98	1.96	1.91	1.86	1.81	1.78	1.76	1.73	1.70
20	2.97	2.59	2.38	2.25	2.16	2.09	2.04	2.00	1.96	1.94	1.89	1.84	1.79	1.76	1.74	1.71	1.68
21	2.96	2.57	2.36	2.23	2.14	2.08	2.02	1.98	1.95	1.92	1.87	1.83	1.78	1.74	1.72	1.69	1.66
22	2.95	2.56	2.35	2.22	2.13	2.06	2.01	1.97	1.93	1.90	1.86	1.81	1.76	1.73	1.70	1.67	1.64
23	2.94	2.55	2.34	2.21	2.11	2.05	1.99	1.95	1.92	1.89	1.84	1.80	1.74	1.71	1.69	1.66	1.62
24	2.93	2.54	2.33	2.19	2.10	2.04	1.98	1.94	1.91	1.88	1.83	1.78	1.73	1.70	1.67	1.64	1.61
25	2.92	2.53	2.32	2.18	2.09	2.02	1.97	1.93	1.89	1.87	1.82	1.77	1.72	1.68	1.66	1.63	1.59
26	2.91	2.52	2.31	2.17	2.08	2.01	1.96	1.92	1.88	1.86	1.81	1.76	1.71	1.67	1.65	1.61	1.58
27	2.90	2.51	2.30	2.17	2.07	2.00	1.95	1.91	1.87	1.85	1.80	1.75	1.70	1.66	1.64	1.60	1.57
28	2.89	2.50	2.29	2.16	2.06	2.00	1.94	1.90	1.87	1.84	1.79	1.74	1.69	1.65	1.63	1.59	1.56
29	2.89	2.50	2.28	2.15	2.06	1.99	1.93	1.89	1.86	1.83	1.78	1.73	1.68	1.64	1.62	1.58	1.55
30	2.88	2.49	2.28	2.14	2.05	1.98	1.93	1.88	1.85	1.82	1.77	1.72	1.67	1.63	1.61	1.57	1.54
40	2.84	2.44	2.23	2.09	2.00	1.93	1.87	1.83	1.79	1.76	1.71	1.66	1.61	1.57	1.54	1.51	1.47
60	2.79	2.39	2.18	2.04	1.95	1.87	1.82	1.77	1.74	1.71	1.66	1.60	1.54	1.50	1.48	1.44	1.40
120	2.75	2.35	2.13	1.99	1.90	1.82	1.77	1.72	1.68	1.65	1.60	1.55	1.48	1.45	1.41	1.37	1.32
∞	2.71	2.30	2.08	1.94	1.85	1.77	1.72	1.67	1.63	1.60	1.55	1.49	1.42	1.38	1.34	1.30	1.24

표 7 Hartley H 통계량의 위수 $P(H \leq H(1-\alpha, k, df)) = 1-\alpha$

$\alpha = 0.05$

df \ k	2	3	4	5	6
2	39.0	87.5	142	202	266
3	15.4	27.8	39.2	50.7	62.0
4	9.60	15.5	20.6	25.2	29.5
5	7.15	10.8	13.7	16.3	18.7
6	5.82	8.38	10.4	12.1	13.7
7	4.99	6.94	8.44	9.70	10.8
8	4.43	6.00	7.18	8.12	9.03
9	4.03	5.34	6.31	7.11	7.80
10	3.72	4.85	5.67	6.34	6.92
12	3.28	4.16	4.79	5.30	5.72
15	2.86	3.54	4.01	4.37	4.68
20	2.46	2.95	3.29	3.54	3.76
30	2.07	2.40	2.61	2.78	2.91
60	1.67	1.85	1.96	2.04	2.11
∞	1.00	1.00	1.00	1.00	1.00

$\alpha = 0.01$

df \ k	2	3	4	5	6
2	199	448	729	1036	1362
3	47.5	85.0	120	151	184
4	23.2	37.0	49.0	59.0	69.0
5	14.9	22.0	28.0	33.0	38.0
6	11.1	15.5	19.1	22.0	25.0
7	8.89	12.1	14.5	16.5	18.4
8	7.50	9.9	11.7	13.2	14.5
9	6.54	8.5	9.9	11.1	12.1
10	5.85	7.4	8.6	9.6	10.4
12	4.91	6.1	6.9	7.6	8.2
15	4.07	4.9	5.5	6.0	6.4
20	3.32	3.8	4.3	4.6	4.9
30	2.63	3.0	3.3	3.4	3.6
60	1.96	2.2	2.3	2.4	2.4
∞	1.0	1.0	1.0	1.0	1.0

찾아보기

| ㄴ |

| ㄷ |

| ㄹ |

| ㅁ |

| ㅂ |

| ㅈ |

| ㅊ |

| ㅋ |

| ㅌ |

| ㅍ |

|ㅎ|

통계학 기본개념과 원리 -제2판-

저 자 여인권
발 행 인 김지영
발 행 처 자유아카데미
주 소 경기도 파주시 회동길 37-42
파주출판도시
전 화 031-955-1321
팩 스 031-955-1322
홈페이지 www.freeaca.com
전자우편 main@freeaca.com (대표)
editor@freeaca.com (편집)
crm@freeaca.com (영업)
등 록 제406-2003-017호, 1980. 7. 12
제2판1쇄 2022년 8월 20일 발행
제2판2쇄 2024년 7월 5일 발행

저자와의
협의하에
인지생략

ISBN 979-11-5808-368-7 93310